Die Keplersche Vermutung

George G. Szpiro

Die Keplersche Vermutung

Wie Mathematiker ein 400 Jahre altes Rätsel lösten

Aus dem Englischen von Manfred Stern

 Springer

George G. Szpiro
Neue Zürcher Zeitung
Hayarmuk St. 3
91060 Jerusalem
Israel
g.szpiro@NZZ.ch

Übersetzer
Manfred Stern
Kiefernweg 8
06120 Halle
Deutschland
info@manfred-stern.de

Die englische Originalausgabe erschien 2003 unter dem Titel Kepler's Conjecture bei John Wiley & Sons, Inc.

ISBN 978-3-642-12740-3   e-ISBN 978-3-642-12741-0
DOI 10.1007/978-3-642-12741-0
Springer Heidelberg Dordrecht London New York

Die Deutsche Nationalbibliothek verzeichnet diese Publikation in der Deutschen Nationalbibliografie; detaillierte bibliografische Daten sind im Internet über http://dnb.d-nb.de abrufbar.

Mathematics Subject Classification (2010): 52-XX, 97-XX, 00-XX, 01-XX

Einbandentwurf: deblik

Gedruckt auf säurefreiem Papier

Springer ist Teil der Fachverlagsgruppe Springer Science+Business Media (www.springer.com)

Vorwort zur deutschen Übersetzung

Es ist mir eine besondere Freude, daß die Geschichte des Beweises der Keplerschen Vermutung sieben Jahre nach ihrem ersten Erscheinen in Amerika nun auch den Lesern in deutscher Sprache zugänglich gemacht werden kann. Die Übersetzung bot Gelegenheit, verschiedene Fehler zu korrigieren und ein zusätzliches Kapitel aufzunehmen, in dem die Ereignisse beschrieben werden, die nach dem Jahr 2003, dem Erscheinungsjahr der amerikanischen Ausgabe, stattfanden.

Ich möchte hier vor allem dem Übersetzer Manfred Stern (Halle an der Saale) danken, der sich mit Elan und Sachwissen an die Aufgabe gemacht hat. Er machte mich auf verschiedene Unklarheiten und Versehen aufmerksam, die in der vorliegenden deutschen Ausgabe beseitigt wurden. Für verbleibende Fehler bin jedoch weiterhin ich verantwortlich.

Ferner danke ich Herrn Martin Peters und Frau Ruth Allewelt vom Springer-Verlag für Vertrauen und Unterstützung.[1]

Gewidmet ist dieses Buch dem Andenken an meinen Vater, Simcha Binem Szpiro (4. August 1915 – 10. Oktober 2009).

George G. Szpiro

Jerusalem, im August 2010

[1] Der Übersetzer bedankt sich zusätzlich und herzlich bei Karin Richter und Gerd Richter (beide Martin-Luther-Universität Halle, Fachbereich Mathematik) für Korrekturen und technischen Support vor Ort und bei Gerhard Betsch (Weil im Schönbuch) für zusätzliche Literaturhinweise. Ein ebenso herzliches Dankeschön geht an Frank Holzwarth (Springer-Verlag Heidelberg) für umfassende LaTeX-Hilfe.

Vorwort zur amerikanischen Ausgabe

Dieses Buch schildert ein Problem, das die Mathematiker nahezu vierhundert Jahre lang gequält hat. Der deutsche Astronom Johannes Kepler vermutete 1611, daß man die dichteste Packung von gleichgroßen Kugeln dadurch erreicht, daß man sie so stapelt wie es manche Obst-und Gemüsehändler mit Orangen oder Tomaten machen. Bis vor kurzem gab es keinen strengen Beweis dieser Vermutung.

An Versuchen hat es nicht gemangelt. Die besten und klügsten Köpfe bemühten sich im Laufe von vier Jahrhunderten, das Problem zu lösen. Erst 1998 gelang Thomas Hales, einem jungen Mathematiker der University of Michigan, der Durchbruch. Dabei mußte er auf Computer zurückgreifen. Es ist wirklich überraschend, wieviel Zeit und welche Anstrengungen die Mathematiker dieses Problem gekostet hat – und es waren sehr viele Mathematiker, die sich damit abmühten. Mathematiker befassen sich routinemäßig mit vier- und höherdimensionalen Räumen. Mitunter ist das schwierig und oft wird die Vorstellungskraft auf eine harte Probe gestellt. Aber zumindest im dreidimensionalen Raum kommen wir zurecht. Oder es scheint so. Aber dem ist nicht so und das geistige Ringen, über das wir in diesem Buch berichten, zeugt von den riesigen Schwierigkeiten. Nachdem Simon Singh seinen Bestseller über das Fermatsche Problem[2] veröffentlicht hatte, schrieb er im *New Scientist*, daß „ein würdiger Nachfolger von Fermats letztem Satz dem Zauber und der Faszination dieser Aussage ebenbürtig sein muß. Keplers Vermutung zur Kugelpackung ist genau ein solches Problem – auf den ersten Blick sieht es einfach aus, aber dann offenbart es subtile Grausamkeiten für diejenigen, die es zu lösen versuchen".

Ich bin Keplers Vermutung erstmalig 1968 begegnet, als ich Student des ersten Studienjahres an der ETH Zürich war. Ein Professor der Geometrie erwähnte in einem anderen Zusammenhang „die Vermutung, daß man die dichteste Kugelpackung erzielt, wenn jede Kugel von zwölf anderen in einer

---

[2] Simon Singh, *Fermats letzter Satz: Die abenteuerliche Geschichte eines mathematischen Rätsels*, Deutscher Taschenbuch Verlag, München 2000.

bestimmten Weise berührt wird". Er sagte auch, daß Kepler der Erste war, der diese Vermutung aussprach, und er fügte hinzu, daß sie zusammen mit Fermats berühmter Vermutung eine der ältesten unbewiesenen mathematischen Vermutungen sei. Ich vergaß das alles dann für einige Jahrzehnte.

Dreißig Jahre und einige Berufswechsel später besuchte ich eine Konferenz in Haifa in Israel. Es ging thematisch um Symmetrie in akademischen und künstlerischen Disziplinen. Ich arbeitete als Korrespondent für die *Neue Zürcher Zeitung (NZZ)*. Die siebentägige Konferenz erwies sich als eine der besten Wochen meiner journalistischen Laufbahn. Unter den Leuten, die ich in Haifa traf, war Tom Hales, der junge Professor der University of Michigan, der gerade ein paar Wochen zuvor seinen Beweis der Kepler-Vermutung abgeschlossen hatte. Sein Vortrag war einer der Höhepunkte der Konferenz. Ich schrieb anschließend für die *NZZ* einen Artikel über die Konferenz und Toms Beweis, den Glanzpunkt der Zusammenkunft. Danach kehrte ich zu meiner Arbeit als politischer Journalist zurück.

Im darauffolgenden Frühling, als ich an einem Nachmittag gerade auf meinem Treadmill-Laufband schwitzte, kam mir plötzlich eine Idee. Vielleicht gibt es Menschen, nicht notwendigerweise Mathematiker, die an einer Lektüre über Keplers Vermutung interessiert sind. Ich stieg vom Laufband und begann zu schreiben. Ich schrieb zweieinhalb Jahre lang. Während dieser Zeit brach der zweite Palästinenseraufstand aus und der Friedensprozeß ging in die Brüche. Es waren sehr traurige und frustrierende Ereignisse. In diesen schweren Zeiten gab meiner Stimmung Auftrieb, daß ich in den Nächten, nach dem Abgabetermin für die Zeitung, in der Lage war, an dem Buch zu arbeiten. Aber dann, als ich den abschließenden Kapiteln gerade den letzten Schliff gab, tötete ein islamischer Dschihad-Selbstmordattentäter einen meiner besten Freunde. Ein paar Tage später, am 11. September 2001, ereigneten sich die Katastrophen von New York, Washington und Pennsylvania. Wenn es doch nur gelänge, menschliches Bestreben ausschließlich auf die Förderung von Wissen zu lenken anstatt manche zu veranlassen, ihren Mitmenschen Zerstörung zu bringen. Wäre es nicht schön, wenn Zeitungen ihre Seiten ausschließlich mit Storys über Kunst, Sport und Wissenschaft füllen könnten, und die letztgenannten Reportagen schlimmstenfalls mit Nachrichten über Prioritätsstreitigkeiten und akademische Kämpfe würzten?

Dieses Buch ist für ein breites Lesepublikum gedacht und wendet sich an Leser, die an Wissenschaft, Wissenschaftlern und Wissenschaftsgeschichte interessiert sind. Es werden nur die üblichen Oberschulkenntnisse in Mathematik vorausgesetzt. Andererseits habe ich versucht, so viele mathematische Details wie möglich zu geben, damit auch diejenigen Leser das Buch interessant finden, die mehr darüber wissen möchten, was Mathematiker tun. Leser, die mehr über die Menschen wissen möchten, die zur Lösung der Kepler-Vermutung beigetragen haben, seien für zusätzliches Material auf www.GeorgeSzpiro.com verwiesen.

Diejenigen Leser, die sich mehr für die „Basis-Story" interessieren, möchten die esoterischen mathematischen Stellen vielleicht überspringen; aus diesem Grund sind die kompakteren mathematischen Passagen in einer anderen Schriftart gesetzt. Weiteres Material, das noch mehr Mathematik enthält, wurde in die Anhänge verbannt. Ich möchte auch darauf hinweisen, daß die hier gegebenen mathematischen Ausführungen keineswegs streng sind. Mein Ziel war es, eine allgemeine Vorstellung von dem zu geben, was einen mathematischen Beweis ausmacht, und ich wollte mich nicht in Details verlieren. Die Betonung liegt auf der Lebendigkeit der Darstellung und manchmal findet man nur ein Beispiel anstelle eines strengen Arguments.

Eine weitere Bemerkung zur Mathematik: Überall im Text werden die Zahlen auf drei oder vier Nachkommastellen „zusammengestutzt". In der mathematischen Literatur schreibt man üblicherweise zum Beispiel $0,883\ldots$, um anzudeuten, daß noch viel mehr (möglicherweise unendlich viele) Nachkommastellen folgen. Im vorliegenden Buch schreibe ich die Pünktchen nach den Ziffern nicht immer hin.

Ich habe viel wertvolles Material in der Mathematics Library, der Harman Science Library und der Edelstein Library for History and Philosophy of Science der Hebrew University of Jerusalem gefunden. Die Bibliothek der ETH Zürich hat freundlicherweise einige Artikel bereitgestellt, die nirgendwo anders vorhanden waren, und sogar die Bibliothek des israelischen Instituts für Atomenergie stellte einen schwer zu findenden Artikel zur Verfügung. Ich möchte mich bei allen diesen Einrichtungen bedanken. Wie immer erwies sich das Internet als Füllhorn vieler nützlicher Informationen ... und vielen Mülls. Zum Beispiel fand ich unter der Überschrift „On Johannes Kepler's Early Life" folgende Perle: „Es gibt keine Aufzeichnungen darüber, daß Johannes irgendwelche Eltern gehabt hat". So viel hierzu. Wahrscheinlich wird es eine der wichtigsten Aufgaben zukünftiger Suchmaschinen sein, die e-Spreu vom e-Weizen zu trennen. Eine der nützlichsten Websites, auf die ich während der Arbeit an diesem Buch stieß, ist das MacTutor History of Mathematics archive (`www-groups.dcs.st-and.ac.uk/~history`), das von der School of Mathematics and Statistics der University of St. Andrews (Schottland) gepflegt wird. Das Archiv enthält eine Sammlung von Biographien von ungefähr 1500 Mathematikern.

Freunde und Kollegen lasen Teile des Manuskripts und machten Vorschläge. Ich gebe die Namen in alphabetischer Reihenfolge an. Zu den Mathematikern und Physikern, die mir Ratschläge und Erläuterungen gaben, gehören András Bezdek, Benno Eckmann, Sam Ferguson, Tom Hales, Wu-Yi Hsiang, Robert Hunt, Greg Kuperberg, Wlodek Kuperberg, Jeff Lagarias, Christoph Lüthy, Robert MacPherson, Luigi Nassimbeni, Andrew Odlyzko, Karl Sigmund, Denis Weaire und Günther Ziegler. Ich bedanke mich bei allen für ihre Mühe, vor allem aber danke ich Tom und Sam, die immer bereit waren, per E-Mail auf meine unzähligen Fragen zu den Feinheiten ihres Beweises zu antworten. Dank geht auch an Freunde, die sich die Zeit nahmen, ausgewählte

Kapitel zu lesen: Elaine Bichler, Jonathan Dagmy, Ray und Jeanine Fields, Ies Friede, Jonathan Misheiker, Marshall Sarnat, Benny Shanon und Barbara Zinn. Itay Almog vollbrachte viel mehr als nur die künstlerische Gestaltung – er korrigierte einige Fehler und machte zahlreiche Verbesserungsvorschläge. Ein besonderes Dankeschön geht an meine Mutter, die das ganze Manuskript gelesen hat. (Selbstverständlich fand sie es faszinierend.) Ich möchte mich auch bei meinem Agenten Ed Knappman bedanken, der mich bereits zu einer Zeit ermutigte, als es nur ein Probekapitel und einen Entwurf gab. Ebenso danke ich Jeff Golick, dem Herausgeber bei John Wiley & Sons, der das Manuskript in eine Form brachte, die veröffentlicht werden konnte.

Und schließlich danke ich meiner Frau Fortunée und meinen Kindern Sarit, Noam und Noga. Sie übten immer Nachsicht mit mir, wenn ich sie auf ein weiteres Beispiel der Keplerschen Kugelpackung aufmerksam machte. Ihre gute Laune machte alles der Mühe wert. Nicht zuletzt habe ich dieses Buch geschrieben, um ihnen etwas Liebe und Bewunderung für die Mathematik und für die Naturwissenschaften zu vermitteln. Ich hoffe, daß es mir gelungen ist. Der Vorname meiner Frau drückt am besten aus, was ich zum Schluß sagen möchte: *c'est moi qui est fortuné de vous avoir autour de moi!*

Ich widme dieses Buch meinen Eltern Simcha Binem Szpiro (aus Warschau, Polen) und Márta Szpiro-Szikla (aus Beregszász, Ungarn).

Inhaltsverzeichnis

1

Kanonenkugeln und Melonen

Der englische Adlige und Seefahrer Sir Walter Raleigh (1552–1618) ist viel-leicht ein eher unwahrscheinlicher Vorläufer für ein intellektuelles Abenteuer. Seine wissenschaftlichen Leistungen werden mitunter angezweifelt, dennoch stieß er eine der großen mathematischen Untersuchungen der letzten vier-hundert Jahre an: Irgendwann gegen Ende der 1590er Jahre, als Raleigh sei-ne Schiffe für eine weitere Entdeckungsreise ausrüstete, bat er seinen besten Freund und mathematischen Assistenten Thomas Harriot um einen Gefallen. Harriot solle eine Formel aufstellen, mit deren Hilfe Raleigh die Anzahl der Kanonenkugeln in einem gegebenen Stapel einfach anhand der Form des Sta-pels ermitteln konnte. Harriot war auf Draht und löste das Problem, das ihm Raleigh gestellt hatte. Wie jeder gute Assistent verstand Harriot die Bedürf-nisse seines Meisters, entwickelte sie einen Schritt weiter und versuchte, die effizienteste Möglichkeit zu finden, so viele Kanonenkugeln wie möglich in den Laderaum eines Schiffes zu stopfen. Auf diese Weise erblickte ein mathemati-sches Problem das Licht der Welt.

Harriot, acht Jahre jünger als Sir Walter, war ein vielseitig gebildeter Ma-thematiker, Astronom und Geograph. Er war auch ein glühender Atheist – eine Überzeugung, die er mit seinem Meister teilte, aber das sollte nicht zur Schau gestellt werden. Die beiden Männer waren durch einen gemeinsamen Tutor miteinander bekannt geworden; ihr Interesse an Seefahrt und Forschungsrei-sen war die Grundlage für eine lebenslange Freundschaft.

Eines der wenigen erhalten gebliebenen schriftlichen Dokumente von Har-riot ist sein Bericht über Sir Walters Expedition 1585–1586 in die Neue Welt: *A Briefe and True Report of the New Found Land of Virginia*. Der 1588 veröffentlichte Bericht war das erste englische Buch, das die erste englische Kolonie in Amerika beschrieb. Der Bericht wurde in gebildeten Kreisen der damaligen Zeit ein echter Hit: Er wurde mehrere Male nachgedruckt und ins Lateinische, Französische und Deutsche übersetzt. Dieser Bericht hat dazu geführt, daß Harriot nicht so sehr als Wissenschaftler, sondern eher als Beob-achter des *American way of life* bekannt geworden ist.

G.G. Szpiro, *Die Keplersche Vermutung*,
DOI 10.1007/978-3-642-12741-0_1, © Springer-Verlag Berlin Heidelberg 2011

Harriot hat viele wissenschaftliche Leistungen aufzuweisen und er war einer
der führenden Denker seiner Zeit, was mitunter zu Unrecht übersehen wird.
Im Jahr 1609 war Harriot der erste Mensch, der den Mond durch ein Fern-
rohr beobachtete, und er entdeckte die Sonnenflecken und die Jupitermonde
unabhängig von Galilei. Das wissen wir jedoch nur aus seinen Notizbüchern,
weil Harriot kaum etwas veröffentlichte. Die meisten seiner wissenschaftlichen
Ergebnisse sind Bestandteil seines opus magnum *Artis analyticae praxis ad
Aequationes Algebraicas Resolvendas* (Anwendungen der Kunst der Analysis
zur Lösung algebraischer Gleichungen), das 1631, zehn Jahre nach seinem
Tod, veröffentlicht wurde. In diesem Buch entwickelte Harriot ein numeri-
sches Verfahren zur näherungsweisen Lösung von algebraischen Gleichungen.
Er entwickelte auch die Techniken zur Lösung von Gleichungen dritten Grades
weiter und ihm wird die Einführung der Zeichen > (größer als) und < (kleiner
als) in die mathematische Notation zugeschrieben. Er leistete Beiträge zum
Verständnis der Lichtbrechung, zum Dualsystem, zur sphärischen Geometrie,
zur Ballistik und zu vielen anderen Gebieten. Im Jahr 1607 beobachtete er
ein UFO am Nachthimmel, das später als der Halleysche Komet identifiziert
werden sollte. Er war auch einer der ersten Atomisten (also jener Denker,
die davon überzeugt waren, daß die gesamte Materie aus winzigen Partikeln
besteht) – zu einer Zeit, als diese Auffassung noch keineswegs weit verbreitet
war. Und er hatte viele Einsichten in die Anordnung von Kristallen – Einsichten, die später dem berühmteren Astronomen Johannes Kepler zugeschrieben
wurden.

Als Antwort auf Sir Walters Frage stellte Harriot eine Tabelle auf, mit
deren Hilfe man die Anzahl von Kanonenkugeln auf Karren von gegebenen
Formen bestimmen kann. Aber wie wir bereits gesagt hatten, ging Harriot noch einen Schritt weiter. Er ersann nicht nur Formeln zur Berechnung
der Anzahl von Kanonenkugeln in Stapeln einer bestimmten Form, sondern
entdeckte auch, wie man die Anzahl der Kanonenkugeln maximiert, die in
den Laderaum eines Schiffes passen. Im modernen mathematischen Sprachgebrauch ausgedrückt, fragte er sich, wie man dreidimensionale Kugeln so dicht
wie möglich packen kann. Nachdem Harriot eine Weile über diese Frage nachgedacht hatte, beschloß er, einen Brief an Kepler zu schreiben, seinen Kollegen
in Prag, der einer der führenden Mathematiker, Physiker und Astronomen der
damaligen Zeit war.

Obwohl Kanonenkugeln dreidimensionale Objekte sind, kann dasselbe Problem auch in niedrigeren Dimensionen formuliert werden, und wir werden uns
das entsprechende Problem zunächst in einer Dimension und dann in zwei Dimensionen ansehen. Die Objekte, die uns interessieren, sind Kugeln, die wir
formal als Gesamtheit aller derjenigen Punkte des Raumes definieren, deren
Abstand vom Mittelpunkt kleiner oder gleich einem bestimmten Radius ist.
Raum und Abstand werden in Bezug auf die jeweilige Dimension definiert.
In *einer* Dimension ist der Raum eine Gerade. In zwei Dimensionen ist der
Raum eine Ebene. Und der dreidimensionale Raum ist der Raum um uns her-
um. Gemäß Definition ist also eine eindimensionale Kugel eine Strecke, deren

Länge gleich dem doppeltem Radius ist. Um das Ganze etwas intuitiver zu machen, betrachten wir eine Gerade und legen einen bestimmten Punkt als Kugelmittelpunkt fest. Dann bewegen wir uns zuerst in eine Richtung entlang der Geraden, bis wir den Abstand R zurückgelegt haben. Anschließend machen wir dasselbe in der anderen Richtung. Insgesamt haben wir damit eine eindimensionale Kugel mit Radius R. Es mag auf den ersten Blick überraschend erscheinen, daß eine gerade Strecke eine Kugel sein kann, da wir uns Kugeln üblicherweise als runde Objekte vorstellen.[1] Aber das sollte uns nicht stören; „Rundheit" hat keine Bedeutung in *einer* Dimension.

Eine zweidimensionale Kugel ist ein vertrauteres Objekt. Man lege einen Punkt in der Ebene fest und betrachte dann die Gesamtheit aller Punkte, die von dem festgelegten Punkt einen Abstand von höchstens R haben; diese Kugel besteht aus der Kreislinie und aus allen denjenigen Punkten, die innerhalb dieser Linie liegen. Man kann die Situation folgendermaßen illustrieren: Stellen Sie sich eine Wiese vor, auf der ein Mast steht. An diesem Mast binde man eine Kuh mit einem Seil der Länge R fest und lasse sie weiden. Nach einiger Zeit hat die Kuh alles Gras gefressen, das vom Mast nicht weiter als R entfernt ist.

Die dreidimensionale Kugel ist natürlich unsere Kanonenkugel.

Warum sollen wir eigentlich bei drei Dimensionen Schluß machen? Tatsächlich haben die Mathematiker – die nichts glauben, wenn man ihnen keinen wasserdichten Beweis gibt – überhaupt keine Schwierigkeiten, etwas zu definieren, das niemand jemals sehen wird. Sie definieren einfach höherdimensionale Kugeln auf dieselbe Weise, wie sie Strecken, Kreise und dreidimensionale Kugeln definiert haben: als die Gesamtheit von Punkten im n-dimensionalen Raum (wobei n eine beliebige natürliche Zahl sein kann), die nicht weiter vom Mittelpunkt entfernt sind als der Radius. Ob Sie es nun glauben oder nicht: Die Mathematiker können sogar das Volumen einer solchen n-dimensionalen Kugel angeben (vgl. Tabelle im Anhang).

Wir kommen nun wieder auf Packungen zurück und definieren, was wir unter deren Dichte verstehen. Immerhin können wir ja stets unendlich viele Kugeln in einen unendlich großen Raum packen. Was bedeutet das für uns? Zunächst einmal haben wir hier ein Beispiel dafür, warum Mathematiker so pingelig in Bezug auf scheinbar offensichtliche Dinge sind. Bevor wir also weitere Untersuchungen durchführen, muß der Begriff der Dichte präzisiert werden. Die Mathematiker definieren die Dichte einer Packung als das Verhältnis des Volumens des Raumes, der mit Kugeln gefüllt ist, zum Volumen des ganzen Raumes. Zur Berechnung der Dichte müssen wir einfach nur das von den Kugeln ausgefüllte Volumen durch das Raumvolumen dividieren. Das gilt für jede Dimension und nach Grenzübergang auch für einen unendlichen Raum. Es mag vielleicht etwas schwierig erscheinen, das Volumen eines unendlichen Raumes zu messen, aber die Mathematiker lassen sich durch der-

---

[1] Man kann auch eine gekrümmte Linie als eindimensionales Objekt definieren. In diesem Raum wären die Kugeln Teile der gekrümmten Linie.

lei geringfügige Hindernisse nicht abschrecken. Sie definieren die Dichte der Packung eines unendlichen Raumes als den Grenzwert des obengenannten Verhältnisses, wenn der Raum immer größer wird.

Können Sie sich vorstellen, was die dichteste Packung von Kugeln in *einer* Dimension ist? Wir wissen bereits, daß ein eindimensionaler Raum aus einer Geraden besteht, und daß die eindimensionalen Kugeln Strecken dieser Geraden sind – zum Beispiel Streichhölzer oder Zahnstocher. Versuchen Sie jetzt, möglichst viele Streichhölzer oder Zahnstocher auf einer Geraden unterzubringen. Man merkt ziemlich schnell, daß die dichtestmögliche Packungsweise darin besteht, die Streichhölzer lückenlos aneinander zu legen. Tatsächlich erreicht man mit dieser Art Packung die bestmögliche Dichte: 100 Prozent der Geraden werden mit Streichhölzern ausgefüllt und zwischen diesen ist kein Platz übrig. Das ist so offensichtlich, daß nicht einmal Mathematiker einen Beweis verlangen.

Wir gehen jetzt zu zwei Dimensionen über. Hier besteht das Problem darin, Kreise in einer Ebene anzuordnen. Wir illustrieren den Sachverhalt durch ein einfaches Beispiel. Man nehme einige Münzen der gleichen Größe, zum Beispiel Fünfcentstücke, lege sie auf einen Tisch und schubse sie dort eine Weile herum. Schnell findet man die dichteste Anordnung heraus: diese liegt vor, wenn jede Münze von sechs anderen umgeben ist, das heißt, wenn die Münzen ein hexagonales Muster bilden. Man muß nicht einmal besonders sorgfältig vorgehen, wenn man die Münzen anordnet: Wenn man sie nur ein bißchen herumschubst, dann ordnen sie sich üblicherweise von selbst in diesem Muster an.

Was ist die Dichte dieser Anordnung? Anhand der Abbildung erkennen wir, daß das Grundmuster, von dem die Packung bestimmt wird, ein Hexagon ist, genauer gesagt ein reguläres Hexagon oder regelmäßiges Sechseck. (Genaue Berechnungen findet man im Anhang.) Die ganze Fläche läßt sich mit solchen Hexagonen überdecken. Ein Teil eines jeden Hexagons ist durch Kreise ausgefüllt, ein anderer Teil bleibt dagegen leer. Jedes reguläre Sechseck kann in gleichseitige Dreiecke zerlegt werden, wobei die Dreiecke miteinander kongruent sind. Wir können uns deswegen darauf beschränken, die Dichte der Dreiecke zu berechnen. Wie sich herausstellt, überdecken die Kreise 90,7 Prozent der Fläche.

Zu Vergleichszwecken wollen wir die Dichte der Münzen bestimmen, wenn sie in einer regulären quadratischen Packung angeordnet werden. In diesem Fall füllen die Münzen weniger als 79 Prozent der Fläche aus (für die Details der Berechnung verweisen wir auf den Anhang). Folglich ist in zwei Dimensionen die regelmäßige quadratische Packung weitaus weniger effizient als die hexagonale Packung.

Es ist wichtig zu bemerken, daß die hexagonale Packung nicht notwendigerweise eine dichtere Packung als die quadratische Packung ist, falls die Fläche nicht bis ins Unendliche erweitert wird. Zum Beispiel könnten wir unter Verwendung der hexagonalen Packung nur drei Kreise in einem Quadrat der Kantenlänge vier unterbringen, während bei einer quadratischen Packung

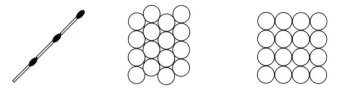

Abb. 1.1. (links) Streichhölzer, (Mitte) Münzen in einer hexagonalen Packung, (rechts) Münzen in einer quadratischen Packung

vier Kreise hineinpassen würden. Etwas Ähnliches gilt auch in drei Dimensionen und die Keplersche Vermutung, der Gegenstand dieses Buches, bezieht sich auf einen Raum, der sich bis ins Unendliche erstreckt.

Wir haben gesehen, daß im zweidimensionalen Raum die hexagonale Packung dichter als die quadratische Packung ist, aber ist sie auch die dichtestmögliche Packung? Es ist keineswegs offensichtlich, daß es keine dichteren Anordnungen gibt, und die Optimalität der hexagonalen Anordnung erfordert tatsächlich einen Beweis. Aber auch wenn das Ergebnis ziemlich banal aussieht, war ein exakter Beweis keine einfache Sache und es hat bis 1940 gedauert, einen Beweis zu finden, der die Mathematiker zufriedenstellte. Wir werden auf dieses Problem in Kapitel 4 zurückkommen.

Aber nun zurück zu Raleighs Kanonenkugeln. Nach Erhalt des Briefes von Harriot mußte Kepler nicht lange nachdenken, um zu dem Schluß zu kommen, daß man die dichtestmögliche Packung dreidimensionaler Kugeln dadurch erreicht, daß man sie so anordnet wie die Marktverkäufer ihre Äpfel, Orangen und Melonen stapeln. Kepler veröffentlichte 1611 eine kleine Broschüre, die er seinem Freund Johann Matthäus Wacker von Wackenfels als Neujahrsgeschenk überreichte. Das Büchlein hieß *Vom sechseckigen Schnee* und Kepler beschrieb darin eine Methode, Kugeln so dicht wie möglich zu packen. Das war die Geburt der Keplerschen Vermutung. Im nächsten Kapitel werden wir ausführlicher auf Schneeflocken und ihre Beziehung zur Packung von Kanonenkugeln eingehen.

Wir wollen Melonen als Illustration verwenden. Wären Melonen würfelförmig, dann wäre alles viel einfacher. Sie könnten dann lückenlos nebeneinander und übereinander gestapelt werden. Wie bei den Streichhölzern würde

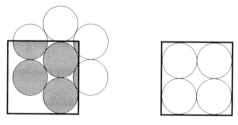

Abb. 1.2. Packung in einer endlichen Box

die Dichte dann 100 Prozent betragen. Aus exakt diesem Grund hat es Versuche gegeben, kubische Melonen zu züchten.[2] Da die Produkte häufig von heißen Ländern zu Überseemärkten geflogen werden, muß man die Melonen in Flugzeuge verladen. Das könnte am effizientesten in Kisten erfolgen, in denen man würfelförmige Melonen stapelt. An dieser Stelle fragt sich der Leser vielleicht, warum die Natur runde Melonen entwickelt hat (wobei wir zu Illustrationszwecken annehmen, daß Melonen vollkommen runde Objekte sind). Und warum sind so viele andere Früchte und Gemüsepflanzen annähernd rund? Nun, die Natur machte sich keine Sorgen wegen des beschränkten Laderaumes auf Schiffen oder in Flugzeugen, wohl aber wegen des Feuchtigkeitsverlustes in heißen Ländern. Und sie war bestrebt, diesen Verlust zu minimieren. Der Feuchtigkeitsverlust eines Objektes ist zu dessen Oberfläche proportional: Je mehr Schale erforderlich ist, um das Objekt zu bedecken, desto höher ist der Feuchtigkeitsverlust aufgrund der Verdunstung. Und welche Form minimiert die Oberfläche für eine Frucht mit gegebenem Volumen? Der Leser ahnt vielleicht schon, daß das die Kugelform ist.[3] Vergleicht man zwei Melonen gleichen Gewichts – eine würfelförmige und eine runde Melone –, dann hat die runde Melone fast 20 Prozent weniger Oberfläche als die würfelförmige (vgl. Anhang). Durch die Entwicklung runder Melonen strebte die Natur danach, die Oberfläche zu minimieren, um den Feuchtigkeitsverlust zu senken. Übrigens war das ein weiteres derjenigen leidigen Probleme, auf deren Beweis man Jahrtausende warten mußte. Bereits Archimedes kannte vermutlich die richtige Form. Aber erst 1894 gab Hermann Amandus Schwarz (1843–1921) eine strengen Beweis, daß die „runde" Kugel diejenige Form ist, die bei einem gegebenen Volumen die Oberfläche minimiert.

Ähnliche Überlegungen dürften zwei Mineralwasservertreiber zu unterschiedlichen Schlußfolgerungen bezüglich der optimalen Form der Behälter veranlaßt haben, die sie für den Vertrieb verwenden sollten. Eines der Unternehmen (Neviot) vertreibt das Wasser in würfelförmigen Dosen. Das andere Unternehmen (Eden) liefert zylindrische Flaschen. (Keine der beiden Firmen verwendet runde Flaschen – vermutlich deswegen, weil diese von den Transportern rollen würden.) Offensichtlich versucht Neviot, die Anzahl der Flaschen zu maximieren, die auf einen Lasttransporter passen, und würfelförmige Flaschen erfüllen diesen Zweck. Was aber macht Eden? Das Unternehmen versucht augenscheinlich, die Rohstoffkosten zu minimieren, denn – für ein und dasselbe Volumen – erfordern zylindrische Flaschen weniger Kunststoff als die würfelförmigen. Aber die Eden-Container haben einen wirklich wichtigen Vorteil für den Endverbraucher. Die 20-Kilogramm-Flaschen können von der Haustür bis in die Küche gerollt werden, während die Neviot-Flaschen getragen werden müssen.

---

[2] Japanische Bauern haben herausgefunden, wie man kubische Wassermelonen anbaut.

[3] Das ist eine Version des sogenannten Problems der Dido, auf das wir in Kapitel 3 zurückkommen.

Um wieder auf den Obststand zurück zu kommen: Eine Methode, die Waren zur Schau zu stellen, besteht darin, diese in wildem Durcheinander in eine Kiste zu legen. Aus gutem Grund wählen nur sehr wenige Verkäufer diese Möglichkeit. Das ist nämlich nicht nur eine extrem unansprechende Weise, Melonen zur Geltung zu bringen, sondern auch eine sehr ineffiziente Methode. Experimente zeigen, daß nur ungefähr 55 bis 60 Prozent einer Kiste gefüllt sind, wenn man die Kugeln nach dem Zufallsprinzip hineinlegt. Eine besseres, obwohl auch nicht viel ästhetischeres Verfahren besteht darin, die Kiste zu verformen, während die Melonen hineingelegt werden. Unter der Voraussetzung, daß bei diesem Verfahren keine der Melonen zerquetscht wird, lassen sich ungefähr 64 Prozent des Behälters füllen.

Eine viel ästhetischere Art und Weise, die Melonen unterzubringen, besteht darin, zuerst die unterste Schicht in ordentlichen „Zeilen" und „Spalten" anzuordnen, und darauf dann die nächste Schicht so zu legen, daß die neu hinzukommenden Melonen sorgfältig auf den oberen „Spitzen" der unteren Melonen positioniert werden. Offensichtlich hat diese kubische Stapelung aber einen ernsthaften Nachteil: die Melonen sind nicht stabil positioniert. Der geringste Ruck oder Stoß von einem Kunden würde den ganzen Stapel zum Einsturz bringen. Aber die Stabilität von Melonenstapeln – eine äußerst wichtige Sache für Marktverkäufer – ist für Mathematiker ohne Belang.[4] Die Mathematiker stört hingegen, daß die kubische Stapelmethode auf einem unendlich großen Tisch ineffizient ist. Die Dichte erreicht nur ungefähr 52 Prozent. Wenn also der Melonenhaufen einstürzt, dann nimmt die Dichte tatsächlich um ungefähr 3 bis 8 Prozent zu. Nur doofe Verkäufer würden so weit gehen, einen instabilen Melonenhaufen anzulegen, der noch dazu ineffizient ist.

Schlauere Verkäufer können es besser machen. Wie es sich herausstellt, wird auf den Märkten überall auf der Welt die gleiche, allgemein akzeptierte Stapelmethode angewendet. Zuerst werden die einzelnen Früchte in einer Reihe von einem Ende des Tisches zum anderen gelegt. Wie wir oben gesehen hatten, ist das die dichteste Packung in *einer* Dimension. Dann wird die nächste Reihe so aufgefüllt, daß jede Melone dieser zweiten Reihe in eine Vertiefung kommt, die zwischen zwei Melonen der ersten Reihe besteht. Im mathematischen Jargon ist die zweite Reihe „um eine halbe Melone transponiert". Dieses Verfahren wird fortgesetzt, bis der Tisch aufgefüllt ist. Sieht man von oben auf den Ladentisch, dann hat der Verkäufer jetzt die dichtestmögliche Packung in zwei Dimensionen.

Wenden wir uns jetzt der nächsten Schicht von Melonen zu, was also dem Übergang zur dritten Dimension entspricht. Es liegt nicht auf der Hand, was der Verkäufer tun sollte. Wir könnten etwa so vorgehen, daß wir jede Melone der zweiten Schicht genau über einer Melone der darunter befindlichen ersten

---

[4] Die Physiker hingegen machen sich da schon eher Sorgen. Wir verweisen auf das, was Per Bak in *How Nature Works* (Copernicus, New York 1996) über die Stabilität von Sandhaufen zu sagen hat.

Schicht plazieren. Das führt zu einer Dichte von 60,5 Prozent (vgl. Anhang). Leider ist das nicht viel besser als die zufällige Anordnung von Melonen.

Aber kluge Mathematiker können es sogar noch besser machen. Sie weisen uns prompt darauf hin, daß sich zwischen jeweils drei benachbarten Melonen der ersten Schicht eine Vertiefung gebildet hat. Eine größere Menge von Früchten kann gestapelt werden, wenn die Melonen der zweiten Schicht in die Vertiefungen der ersten Schicht gelegt werden. In der nachfolgenden Schicht wird eine Vertiefung mit einer Melone gefüllt, die nächste Vertiefung bleibt leer, danach wird wieder eine Vertiefung gefüllt, die nächste wird wieder leer gelassen und so weiter. Wie wir in Kapitel 2 sehen werden, erreicht die Dichte dieser sogenannten *hexagonal dichtesten Packung* (*hexagonal closest packing*, HCP) mordsmäßige 74,05 Prozent. Diese Art und Weise, Melonen zu stapeln, ist nicht nur besser als die vorherige, sondern sogar die beste Methode. Mit anderen Worten: es handelt sich um die dichteste Packung. Marktverkäufer wissen es, Sie und ich wissen es, Harriot und Kepler wußten es, aber die Mathematiker weigerten sich, das zu glauben. Und es dauerte 387 Jahre, um sie von der Richtigkeit dieser Tatsache zu überzeugen.

An dieser Stelle möchte ich zwei interessante und sehr wichtige Fakten über Kugelpackungen bekanntgeben. Diese Fakten zeigen, daß insbesondere in der Mathematik nichts so einfach ist wie es aussieht: 1883 wies der Kristallograph William Barlow (1845–1934) darauf hin, daß es nicht nur *eine* gute Möglichkeit gibt, Melonen zu stapeln, sondern zwei. Barlow war ein autodidaktischer Wissenschaftler, der die Muße, die ihm sein väterliches Erbe gewährte, dazu nutzte, auf dem Gebiet der Kristallographie zu arbeiten. Er war überzeugt davon, daß die Art und Weise, in der die Atome und Moleküle zusammengepackt sind, die Frage nach den symmetrischen Formen von Kristallen beantworten würde. Deswegen untersuchte er verschiedene Packungsanordnungen. Nach langjährigen Untersuchungen veröffentlichte er in der britischen Zeitschrift *Nature* einen Artikel, in dem er fünf räumliche Anordnungen von Atomen beschrieb. Zwei dieser Anordnungen sind hier für uns von Interesse.

Die erste Anordnung ist die oben beschriebene HCP der Marktverkäufer. Wir wollen aber nochmals kurz auf die Strategie der doofen Verkäufer eingehen. Sie beginnen damit, ihre Melonen in ordentlichen „Zeilen" und „Spalten" anzuordnen. Haben wir diese Anordnung nicht soeben als ineffizient zurückgewiesen? Ja schon, aber der springende Punkt ist die nachfolgende zweite Schicht. Man beachte, daß es auch hier (auf der Oberseite der ersten Schicht) Vertiefungen gibt, aber diese bestehen zwischen jeweils vier aneinander angrenzenden Melonen. (Bei der HCP gibt es Vertiefungen zwischen jeweils drei Melonen.) Die doofen Verkäufer legen die Melonen der nachfolgenden Schicht in diese Zwischenräume und errichten auf diese Weise den Stapel. Sie erhalten eine Packung, die als *flächenzentrierte kubische Packung* (*face-centered cubic packing*, FCC) bezeichnet wird.

Warum sollten Verkäufer so etwas Dummes tun, nachdem wir gezeigt haben, daß die HCP die effizienteste Anordnung ist? Nun, die HCP ist die effizienteste Stapelmethode, aber sie ist nicht die *einzige*. Bei genauer – peinlich genauer – Inspektion stellt sich nämlich heraus, daß die FCC und die HCP zwar nicht identisch, aber in gewisser Weise äquivalent sind! Das scheint auf den ersten Blick ziemlich unglaublich zu sein. Aber in Barlows Arbeit zeigt die sehr aufschlußreiche Illustration eines Schnittmodells einer FCC-Anordnung, daß sich die beiden Anordnungen mühelos ineinander transformieren lassen. Um die FCC-Anordnung in dem Schnittmodell fortzusetzen, müssen zehn Kugeln in zehn der verfügbaren sechzehn Lücken positioniert werden. Demzufolge bleiben sechs Lücken leer. Anstelle der zehn Kugeln könnte man nun aber sechs Kugeln in den Lücken positionieren, die zuvor unbesetzt geblieben sind. Setzt man die Positionierung der Kugeln über das Schnittmodell hinaus fort, dann wird wieder klar, daß jede Kugel von zwölf Nachbarn berührt wird. Aber jetzt ist die Schicht nicht als FCC-Anordnung gepackt, sondern als HCP-Anordnung. In Abhängigkeit davon, in welche Lücken die Kugeln der nächsten Schicht plaziert werden, erhält man entweder eine FCC- oder eine HCP-Anordnung. Beide Packungen haben die gleiche Dichte von 74,05 Prozent. Ganz so dumm sind also die dummen Verkäufer doch nicht.

Vierundzwanzig Jahre später schlug der Amateurwissenschaftler erneut zu. Zusammen mit seinem Kollegen William Jackson Pope, der später Chemieprofessor in Manchester wurde, schrieb Barlow einen Artikel, der 1907 im *Journal of the Chemical Society* erschien. In dieser Arbeit zeigten die beiden, daß es nicht nur zwei, sondern unendlich viele Möglichkeiten gibt, Melonen auf effizienteste Weise zu stapeln. (In Wahrheit befaßten sie sich mehr mit Atomen als mit Melonen.) Wir wollen nun beschreiben, was sie damit meinten.

Nach Anordnung der ersten Schicht von Melonen muß der Verkäufer eine Entscheidung treffen: Welche Vertiefungen soll er für die zweite Schicht verwenden? Er könnte die Zwischenräume verwenden, die auf Abbildung 1.4 durch ein Y gekennzeichnet sind. Er könnte aber auch diejenigen Zwischenräume nehmen, die durch ein Z markiert sind. Wir nehmen an, daß der Verkäufer Y verwendet. Bei der nachfolgenden Schicht steht er wieder vor einer Wahl:

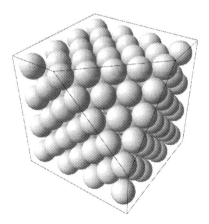

Abb. 1.3. Barlows Illustration

Abb. 1.4. Es gibt unendlich viele Möglichkeiten, Kugeln zu stapeln

Soll er die durch Z gekennzeichneten Zwischenräume oder die mit X markierten Zwischenräume verwenden? Und so weiter. Nach einigen Schichten wird der Haufen als XYZXZX .... oder als XZXZYX .... oder als XYXYXY .... oder als irgendeine andere Folge von Schichten gestapelt, die aus einer unendlichen Vielfalt von Möglichkeiten ausgewählt werden. Alle diese Anordnungen haben eine Dichte von 74,05 Prozent! Wären Harriot und Kepler da nicht überrascht gewesen?

Haben diese unendlich vielen Packungen außer ihrer Dichte noch etwas anderes gemeinsam? Ja, das haben sie. Bei jeder dieser Anordnungen berührt jede Kugel zwölf andere Kugeln. Man darf diese Aussage jedoch nicht mit ihrer Umkehrung verwechseln. Nicht jede Anordnung, bei der jede Kugel zwölf andere berührt, ist effizient. Tatsächlich gibt es äußerst widerliche Anordnungen, die ich als *dreckige Dutzende* bezeichne. In späteren Kapiteln werde ich mehr davon erzählen. Einstweilen wollen wir hier jedoch definitiv festhalten, daß in der Mathematik nichts so einfach ist, wie es aussieht.

2

Das Puzzle der Dutzend Kugeln

Harriots Briefpartner Johannes Kepler wurde in der Nähe von Stuttgart als Kind von Heinrich und Katharina Kepler (geb. Guldenmann) geboren. Heinrich und Katharina heirateten am 15. Mai 1571, und sieben Monate später, am 27. Dezember desselben Jahres, wurde der kleine Johannes geboren. Damit man nicht glaube – Gott verhüte! –, daß Katharina bereits an ihrem Hochzeitstag schwanger war, nehme man zur Kenntnis, daß Johannes eine Frühgeburt war. Er selbst behauptete, daß er am Morgen nach der Hochzeitsnacht siebenunddreißig Minuten nach vier Uhr empfangen worden sei. Der genaue Zeitpunkt der Empfängnis war für Kepler wichtig, da sich dieser gelehrte Mann, der führende Wissenschaftler seiner Zeit, gelegentlich als Liebhaber der Astrologie betätigte.

Seine Eltern sorgten nicht für das, was man ein gemütliches Zuhause nennen würde. Sein Vater war ein äußerst unsympathischer Mann, der von Zeitgenossen als übellauniger Hitzkopf beschrieben wurde, und seine Mutter war nicht viel besser. Sie war eine kleine, dünne Frau, geschwätzig und streitsüchtig; sie war als außergewöhnlich gemeiner Charakter bekannt und sah es augenscheinlich als ihre Aufgabe an, das Leben für Heinrich zu einem Jammerdasein zu machen. In seinem Verdruß büxte dieser von Zuhause aus, um sich der spanischen Armee anzuschließen und ließ den dreijährigen Johannes mit seiner Mutter allein zurück. Aber Katharina war keine Frau, die eine Niederlage akzeptierte, und sie machte sich auf die Suche nach ihrem Mann. Sie erwischte ihn schließlich in Belgien und wir können uns gut vorstellen, wie verlegen Heinrich inmitten seiner Kriegsgefährten wurde, als diese Frau aus heiterem Himmel bei ihm auftauchte. Heinrich hatte keine Wahl und folgte ihr zurück nach Deutschland. Aber er konnte die Heimstätte nicht lange ertragen und sehnte sich nach seinen Trinkgelagen und Raufereien. Bald schlich er sich erneut davon, um sich seinen Kriegskameraden wieder anzuschließen. Als er sich ein weiteres Mal in Belgien aufhielt, beging er ein unbekanntes Delikt und entkam nur mit knapper Not dem Galgen. Drei Jahre später kehrte er bei schlechter Gesundheit und sehr ramponiert nach Deutschland zurück und versuchte sein Glück als Gastwirt. Aber auch dieser Karrierewechsel sagte

G.G. Szpiro, *Die Keplersche Vermutung*,
DOI 10.1007/978-3-642-12741-0_2, © Springer-Verlag Berlin Heidelberg 2011

Heinrich nicht zu, und da er vom ständigen Gezänk seiner Frau die Nase ge-
strichen voll hatte, kam er schließlich zu dem Entschluß, daß es reichte. Eines
Tages verließ er das Haus und wurde nie wieder gesehen. Es ist nicht bekannt,
wie und wo sein Leben endete.

Unter so widrigen Umständen hätten die bis dahin noch verborgenen Talente des jungen Johannes keinerlei Entfaltungsmöglichkeiten gehabt, wäre
da nicht das Programm für begabte Kinder gewesen, das die ortsansässigen
Adligen, die Herzöge von Württemberg, in der Stadt Leonberg initiiert hatten. Johannes wurde in diese Schule aufgenommen. Er tat sich beim Lernen
hervor, ohne an der Spitze zu liegen. Offenbar hatte er die nicht gerade lie-
benswürdige Veranlagung seiner Mutter geerbt, verhielt sich ekelhaft zu den
meisten seiner Klassenkameraden und war ständig an Raufereien und kleineren Auseinandersetzungen beteiligt.

Als Kepler schließlich seine Lebengeschichte niederschrieb, las sich diese
teilweise folgendermaßen:

> Holp hasste mich offen, zweimal raufte er mit mir ... Molitor hatte
> für seine Abneigung insgeheim den gleichen Grund .... einst hatte ich
> ihn und Wieland verraten ... Köllin hasste mich nicht, sondern viel-
> mehr ich ihn ... Braunbaum wurde mir durch meine Ausgelassenheit
> im Benehmen und Scherzen vom Freund zum Feind ... Den Hulden-
> reich entfremdete zuerst verletztes Vertrauen von mir und meine un-
> besonnenen Vorwürfe. Die Abneigung gegen Seifert übernahm ich von
> mir selbst, da ihn auch die anderen nicht mochten ... Ortholf konn-
> te mich nicht leiden wie ich den Köllin ... Den Lendlin [brachte ich
> gegen mich auf] durch unpassendes Schreiben, Spangenberg dadurch,
> dass ich ihn unbesonnen kritisierte, wo er doch der Lehrer war. Kle-
> ber hasste mich aufgrund eines falschen Verdachtes als Rivalen ... Den
> Rebstock reizte es, wenn man meine Begabung lobte ... Husel stellte
> sich ebenfalls feindselig gegen mein Vorankommen ... Zwischen Dauber
> und mir bestand, bei beiden fast gleich, eine stille eifersüchtige Riva-
> lität ... Lorhard verkehrte nicht mit mir ... als mein Begleiter Jaeger
> mein Vertrauen getäuscht hatte ... war ich zwei Jahre lang beleidigt
> ... inzwischen ward mir ein anderer Feind im Rektor beschieden. Der
> Grund seiner Abneigung war, dass ich ihm als Vorgesetztem nicht ge-
> nug Ehre zu erweisen schien. ... den Murr bekam ich als Feind, weil
> ich mir die Freiheit nahm, ihn zurechtzuweisen.

Und so weiter, und so weiter. Nicht ein einziges Mal erwähnte Kepler einen
Freund, außer zu sagen, daß sich auch dieser in einen Feind verwandelt hatte.
Natürlich war die schlechte Atmosphäre nicht die Schuld des armen Jungen.
Der tiefere Grund für Haß und Ressentiment war, daß, wie Kepler selbst
sagte, „Merkur sich im Quadrat des Mars, der Mond sich im Trigon des Mars
und die Sonne sich im Sextil des Saturns befand". Obendrein war Kepler
ein Hypochonder, der in seiner ganzen Jugend an der einen oder anderen
Krankheit litt, obwohl es dafür keine astrologische Erklärung gab.

Abb. 2.1. Johannes Kepler

Aber er schaffte es, in der Schule Latein zu lernen. Das sollte sich später als nützlich erweisen, denn Latein war damals die *lingua franca* der Wissenschaft, so wie es heute Englisch ist. Nach drei Jahren Studium bestand Kepler erfolgreich das Staatsexamen und bekam eine der begehrten Stellen in den Klosterschulen von Adelberg (wo der Tag frühmorgens um vier Uhr mit dem Singen von Psalmen anfing) und später in Maulbronn. 1589, ein halbes Jahr nach der endgültigen Abreise seines Vaters, begab sich der gerade fertig gewordene Baccalaureus an eine Universität mit der Vorstellung, die Laufbahn eines Geistlichen einzuschlagen. Kepler mußte jedoch, wie es damals üblich war, zwei Jahre an der philosophischen Fakultät der Universität Tübingen studieren, bevor er mit dem Studium der Theologie anfangen konnte. Nachdem er den Grad eines Magister Artium erlangt hatte, erhielt er schließlich die Genehmigung, sich an der theologischen Fakultät einzuschreiben. Im Jahr 1594, gegen Ende des Studiums, begann Kepler, sich nach einer Stelle als Geistlicher umzusehen. Aber zu seinem großen Verdruß lief die Sache nicht reibungslos – ein Umstand, der sich als immerwährender Gewinn für die Wissenschaft und für die Welt erweisen sollte.

Michael Mästlin, Professor der Mathematik und Astronomie, war einer von Keplers Lehrern und hatte in diesem Wunderkind ein außergewöhnliches Talent für die Naturwissenschaften bemerkt. Mästlin gab deswegen die Empfehlung, daß Kepler nach Abschluß seines Studiums in die österreichische Stadt Graz geschickt werden solle, um dort als Mathematiklehrer in der Domschule zu arbeiten. Die Mitglieder der theologischen Fakultät der Universität Tübingen waren auch nicht gerade unglücklich darüber, Kepler von seinen seelsorgerischen Ambitionen abzubringen, denn er hatte einen für ihren Geschmack allzu unabhängigen Geist gezeigt. Das Problem bestand in den Augen der Fakultätsmitglieder darin, daß Kepler, angefeuert von seinem Lehrer Mästlin, Interesse für das Kopernikanische System bekundete. Bei diesem System befand sich anstelle der Erde die Sonne im Mittelpunkt des Weltalls und diese Auffassung wurde von den frommen Männern mißbilligt. Also wurde Kepler trotz seines Protestes nach Graz geschickt, um dort mit seiner Arbeit als Lehrer zu beginnen.

Wie sich herausstellte, war seine neue Stelle nicht ganz so schlecht, wie er befürchtet hatte. Sein Blick fiel auf Barbara Müller von Mühlegg, eine junge Adlige, und er beschloß, um ihre Hand anzuhalten. Aber bevor er seinen Schwarm ehelichen konnte, bestand ihre Familie darauf, daß der Bräutigam seine adlige Abstammung beweisen solle. Kepler reiste zurück in seine Heimatstadt, um die erforderlichen Dokumente zu beschaffen. Das gelang ihm, aber als er einige Monate später nach Graz zurückkehrte, mußte er feststellen, daß einige Nebenbuhler Barbara fast davon überzeugt hatten, ihn zu vergessen. Es bedurfte einiger Anstrengungen seinerseits, sie erneut umzustimmen. Die Hochzeit fand schließlich am 9. Februar 1597 statt.

Die Lehrtätigkeit füllte Kepler nicht aus und er beschäftigte sich deswegen auch mit der Überarbeitung des Stadtkalenders. Diese Aufgabe bestand nicht nur darin, die Wochentage den Tagen des Monats zuzuordnen, sondern schloß auch astrologische Vorhersagen ein. Kepler sagte auch einige politische Ereignisse vorher, die sich später als zutreffend erweisen sollten – bei seinen Prognosen stützte er sich mehr auf den gesunden Menschenverstand als auf die Stellungen der Planeten. Er sagte auch einen eiskalten Winter vorher und gemäß zeitgenössischen Berichten wurde es tatsächlich so kalt, daß angeblich die Nasen der Menschen beim Schneuzen abfielen! Diese Prophezeiungen erhöhten sein Ansehen zwar unter den Städtern gewaltig, nicht aber unter der Mitgliedern der Fakultät und des Senats seiner Alma Mater. Ungeachtet der Tatsache, daß Kepler ein frommer Protestant war, hatte er die von Papst Gregor XIII. im Jahre 1582 eingeführte Kalenderreform verwendet. Der Lutherische Senat der Universität Tübingen verbarg sein Mißfallen nicht.

Dieses Unternehmen fachte Keplers Interesse an Astronomie erneut an und er befaßte sich mit der Anzahl der Planeten, mit ihren Größen und mit ihren Umlaufbahnen. Keplers religiöse Überzeugungen blieben jedoch unverrückbar und er suchte nach einer theologischen Erklärung für seine Fragen. Da Gott eine vollkommene Welt geschaffen hat, dachte Kepler, daß es möglich sein sollte, die geometrischen Prinzipien zu entdecken und zu verstehen, die das Weltall regieren. Nach reiflicher Überlegung meinte Kepler, daß er Gottes Prinzipien in den regulären oder regelmäßigen Körpern gefunden hatte. Die Schlüsselidee, so heißt es, sei ihm während einer seiner Unterrichtsstunden gekommen. Seine Erklärungen des Universums beruhten auf einem imaginären System von Würfeln, Kugeln und anderen Körpern, die sich seiner Meinung nach zwischen der Sonne und den Planeten befinden. Kepler schrieb seine Theorie auf und veröffentlichte sie in einem Buch mit dem Titel *Mysterium Cosmographicum*. Dieser Wälzer entschleierte keines der Geheimnisse des Planetensystems. Das konnte er auch nicht tun, da es keine solchen Körper gibt, die im Universum schweben. Aber der große dänische Astronom Tycho Brahe wurde auf das Buch aufmerksam.

Brahe wurde 1546 als erster Sohn einer adligen dänischen Familie geboren. Bereits vor seiner Geburt kam es zu Problemen, weil der Vater seinem Bruder, einem kinderlosen Vizeadmiral, versprochen hatte, ihm das Neugeborene, wenn es ein Junge werden sollte, zur Adoption zu überlassen. Aber als der Vater zum ersten Mal die Augen des süßen kleinen Babys sah, hielt er sich nicht mehr an sein Versprechen. Onkel Jørgen brachte dafür Verständnis auf, aber nachdem Herrn und Frau Brahe ein zweiter Sohn geboren wurde, dachte Jørgen, daß die Brahes keinen weiteren Bedarf für ihren Erstgeborenen hätten und kidnappte Tycho ohne größeres Aufheben. Der Vater hatte andere Vorstellungen und drohte damit, seinen Bruder zu töten. Er beruhigte sich erst, als er begriff, daß sein Sohn die große Erbschaft des kinderlosen Onkels in Aussicht hatte. Der Junge wurde zum Lateinunterricht geschickt, damit er später Rechtsanwalt werden und in den öffentlichen Dienst Dänemarks eintreten konnte. Aber im Alter von dreizehn Jahren wurde Tycho Zeuge eines Ereignisses, das seine Laufbahn bestimmen sollte: Er beobachtete eine partielle Sonnenfinsternis, die für diesen Tag vorausgesagt worden war. Der mit offenem Mund staunende Junge beschloß an Ort und Stelle, die Astronomie zu seinem Beruf zu machen. Aber zuerst mußte er sein Jurastudium in Leipzig beginnen. Sein heimliches Schwärmen für Astronomie ließ jedoch zu keinem Zeitpunkt nach.

Brahe begab sich dann nach Augsburg und schloß sich dort dem Klub der ortsansässigen Sterngucker an. Der junge Mann überzeugte seine neuen Amateurastronomiefreunde, daß sie exaktere Beobachtungen brauchten, und deswegen bestellte der Klub einen Sextanten, einen Apparat, mit dem ein geschickter Astronom die Position von Sternen bestimmen konnte. Der Sextant hatte einen Durchmesser von 12 Metern und entlang seines Gradbogens befanden sich ca. alle 1,5 Millimeter Einkerbungen, was einer Gradeinteilung von $1'$ entspricht ($1'$ ist der sechzigste Teil eines Grades; 360 Grad bilden einen Kreis). Das ermöglichte es, die Position von Himmelsobjekten mit einer beispiellosen Genauigkeit zu bestimmen.

Durch seine Erziehung als Kind aus begütertem Hause war Brahe leicht verhätschelt und hielt sich für den Besten und Klügsten. Eines Tages geriet er mit einem anderen Studenten in Streit darüber, wer der bessere Mathematiker sei, und man beschloß, die Frage ein für allemal nach guter teutonischer Sitte zu erledigen: durch ein Duell. Im Laufe dieser Auseinandersetzung wurde ein Teil von Brahes Nase gestutzt. Es sind keine Angaben darüber überliefert, welchen Körperteil, wenn überhaupt, sein Gegner verloren hat; somit fehlt der abschließende Beweis, wer der bessere Mathematiker war.

Sicher ist jedoch, daß Brahe ein begabter Erfinder astronomischer Instrumente war, und daß er sich im Umgang mit seiner Ausrüstung als gleichermaßen talentiert erwies. Er muß auch eine hohe Toleranzschwelle gegenüber Langeweile gehabt haben, da er es fertigbrachte, stundenlang in einem Observatorium zu sitzen und in die Sterne zu gucken. König Friedrich II. von

Dänemark, Förderer der Künste und der Wissenschaften, machte er Brahe ein beispielloses Angebot: Die malerische Insel Hven würde ihm zusammen mit einem Schloß und allen Annehmlichkeiten gehören, die sich ein Wissenschaftler nur wünschen konnte. Zum Besitztum gehörten eine Papiermühle und eine Druckerpresse, und alle Einwohner der Insel sollten Brahes Untertanen sein. Das Schloß hatte sogar einen eigenen kleinen Kerker, in dem unbotmäßige Bauern eingesperrt werden konnten. Brahe nahm das Angebot dankend an und begann, eine prächtige Sternwarte zu bauen, die er Uraniborg nannte.

Auch wenn der Meister seine Besucher gerne unterhielt und an vielen Abenden Partys und Feste gefeiert wurden, verbrachte Brahe während der nächsten zwanzig Jahre die meisten Nächte mit seinen Gehilfen im Observatorium, wo er die Bewegungen der Planeten verfolgte und aufzeichnete. Zuweilen maßen vier Teams von Beobachtern und Zeitmessern gleichzeitig ein und denselben Sachverhalt und reduzierten dadurch die Fehler auf ein Minimum. Brahe führte seine Messungen nicht nur mit einer beispiellosen Präzision durch, sondern auch – was ebenso wichtig ist – mit einer anhaltenden Kontinuität. Seine peinlich genau geführten Aufzeichnungen sollten der Schlüssel zu einem neuen Verständnis der Astronomie werden. Und dessen war er sich auch bewußt. Er hütete seine Datensammlung eifersüchtig wie einen Schatz und gestattete niemandem den Zugriff auf ihren Inhalt. Das Himmelssystem, das er sich vorstellte, sollte sowohl eine Verbesserung des Ptolemäischen Systems werden, in dem die Erde der Mittelpunkt des Universums ist, als auch eine Verbesserung des Kopernikanischen Systems, bei dem sich die Sonne im Mittelpunkt der kreisförmigen Umlaufbahnen der Planeten befindet. Brahe schlug ein System vor, das natürlich seinen Namen tragen sollte und bei dem die Erde ruht, die Sonne um die Erde kreist und alle Planeten um die Sonne kreisen.

Aber bevor er sein Ziel erreichte, brach der überhebliche Wissenschaftler einen Streit mit dem dänischen König vom Zaun. Offenbar war Brahe der Ruhm zu Kopf gestiegen und er entwickelte sich für die Einwohner der Insel Hven zu einem richtigen Tyrannen. Das zum Schloß gehörende Gefängnis trug zu seinem Sturz bei. Brahe nahm seine Strafbefugnis ernst und ließ einen aufsässigen Bauern und dessen Familie einsperren. Der arme Mann ging beim Obersten Zivilgericht Dänemarks in Berufung und die Richter erteilten Brahe die Anordnung, den Mann freizulassen – ein bemerkenswertes Beispiel für die Gleichheit vor dem Gesetz. Aber der selbstsichere Astronom tat nichts dergleichen und hielt den Mann weiter in Ketten. Zu dieser Zeit hatte jedoch König Christian IV. den Thron bestiegen und der neue König war dem eitlen und selbstgefälligen Astronomen gegenüber nicht mehr so wohlgesinnt wie sein Vorgänger. Der König hatte genug von den Eigenmächtigkeiten und senkte das Gehalt, das Brahe für seinen ruhigen Job erhielt. Das wiederum paßte Brahe nicht so recht und der zutiefst gekränkte Astronom packte seine Instrumente ein, nahm seine Familie und seine Aufzeichnungen mit und verließ Dänemark.

Brahe brauchte zwei Jahre, bis er eine neue Arbeit fand, aber 1599 hatte er Glück. Und was das für eine Arbeit war! Brahe wurde von Kaiser Rudolph II.

gebeten, „Kaiserlicher Mathematiker" am Hof zu Prag zu werden. Zu den vielen Privilegien gehörte auch die Aussicht, einen Gehilfen – obgleich ohne Bezahlung – anzustellen, und Brahe erinnerte sich sofort an Kepler. Tatsächlich hatte der junge Lehrer gerade die Absicht, sich selbst auf die Jagd nach einer Stelle zu machen. Es war zu Problemen zwischen seiner Protestantischen Schule und der katholischen Stadt Graz gekommen. Alle Fakultätsmitglieder wurden gezwungen, eine eidliche Erklärung über ihr religiöses Bekenntnis zu unterzeichnen. Kepler – nicht willens, zu lügen –, erklärte, daß er Protestant sei und ganz genau wisse, daß man ihn wegen seiner Überzeugungen früher oder später aus Graz rausschmeißen würde. Fünf Tage nach seinem neunundzwanzigsten Geburtstag, am 1. Januar 1600, verließ Kepler die Stadt für ein halbes Jahr und ging nach Prag. Er kam im darauffolgenden Juni zurück, aber nur, um seine Sachen endgültig zu packen. Im September verließ er mit seiner Frau Barbara und seinem Kind die Stadt Graz für immer, um die Stelle eines mathematischen Gehilfen beim Kaiserlichen Mathematiker anzunehmen. Sein Gehalt war von seinem neuen Meister zu zahlen.

Die Zusammenarbeit zwischen dem Meister und seinem frischgebackenen Gehilfen erwies sich als nicht ganz einfach. Brahe übertrug Kepler die Aufgabe, die Bewegungen der Planeten zu berechnen, die sich, wie er bereits bemerkt hatte, nicht auf kreisförmigen Bahnen bewegen. Kepler sollte das auf der Grundlage von Brahes eigenen Beobachtungen der Sternpositionen tun, aber ohne vollen Zugang zu den Daten zu bekommen. Nur wenn der Meister dazu aufgelegt war, teilte er Auszüge und Bruchstücke aus seiner Datensammlung mit. Offensichtlich fürchtete er, daß ihn sein kluger Gehilfe übertreffen könnte. Und er hatte Recht, den listigen Gehilfen zu fürchten. „Tycho geizt sehr mit der Mitteilung seiner Beobachtungen. Aber mir wird erlaubt, sie täglich zu nutzen", schrieb Kepler einem ehemaligen Lehrer und fügte hinzu, „wenn ich sie nur schnell genug abschreiben könnte!"

Um den frustrierten Kepler zu beschäftigen, setzte ihn Brahe auf seine eigenen Beobachtungen des Planeten Mars an, der die am wenigsten kreisförmige Umlaufbahn hatte. Kepler entdeckte bald, daß die Umlaufbahn des Mars eine Ellipse ist. Zum Glück für Kepler – nicht so für Brahe – endete die unfruchtbare Beziehung nach einem Jahr, als Brahe an einer Blaseninfektion starb. Die Krankheit soll Brahe getroffen haben, nachdem er sich an einer besonders üppigen Mahlzeit gütlich getan hatte. Kaiser Rudolph II. verlor keine Zeit mit Keplers Ernennung zum Kaiserlichen Mathematiker und der ehemalige Gehilfe erbte den von Brahe so hochgeschätzten Besitz, die Aufzeichnungen. Das Wort *erbte* ist vielleicht eine Idee zu positiv. Möglicherweise ist *entwendete* eine zutreffendere Beschreibung der Handlungsweise, mit der Kepler von den Aufzeichnungen Besitz ergriff, bevor Brahes Erben darauf zugreifen konnten.

Leider brachte der hohe Titel eines Kaiserlichen Mathematikers keine entsprechende finanzielle Vergütung, da die kaiserliche Schatzkammer so gut wie leer war. Dennoch arbeitete Kepler Tag und Nacht an einer Erklärung des Planetensystems und veröffentlichte schließlich 1609 seine *Astronomia nova*. Aber die harte Arbeit forderte ihren Tribut und Kepler litt bald an verschiedenen Krankheiten und Anfällen von Depressionen. 1612 starben seine Frau und sein Lieblingssohn an Fieber und Pocken. Zermürbt vom Kummer über den Tod seines Sohns hatte er sich nicht allzu sehr um seine Frau gekümmert, als sie noch lebte. Kepler wollte Prag verlassen, das zu einem Kessel der religiösen und politischen Auseinandersetzungen geworden war. Aber er war gezwungen, zu bleiben, und erst als sein Förderer Kaiser Rudolph II. ein paar Monate später starb, erhielt er die Erlaubnis, fortzugehen.

Kepler zog nach Österreich zurück, ließ sich in Linz nieder und nahm sich eine neue Frau, Susanna Reuttinger. Für die nächsten vierzehn Jahre fand er ausreichend Ruhe in Linz, um seine Arbeit über astronomische Tafeln fortzusetzen und einige seiner fundamentalen Werke zu veröffentlichen. Aber das Leben hatte nicht nur seine schönen Seiten. Kepler wurde von religiösen Zweifeln geplagt und als er sich einem Geistlichen anvertraute, verlor der gute Mann keine Zeit und hinterbrachte Keplers Bedenken den zuständigen Behörden. Dem Astronomen wurde beschieden, er solle seine theologischen Spekulationen einstellen und sich auf die Mathematik konzentrieren.

Danach brach über ihn – wie ein Blitz aus heiterem Himmel – eine weitere Katastrophe herein: Keplers Mutter Katharina wurde als Hexe angeklagt. Bei ihrem nicht gerade liebenswürdigen Temperament wären Anschuldigungen wegen ihres bösen Naturells keineswegs überraschend gewesen, aber eine Hexe? Das schien sogar für eine Frau mit einem so außergewöhnlich widerlichen Charakter leicht übertrieben zu sein, denn ein Schuldspruch hätte das Todesurteil bedeutet. Katharinas Tante hatte dieses Schicksal ein paar Jahre vorher erlitten. Was hatte sich nun wirklich zugetragen? Katharina, die gerne alle Arten von Kräutern mit angeblichen Heilkräften sammelte, war mit einem alten Weib in Streit geraten, mit einer gewissen Frau Reinhold, die vorher ihre beste Freundin war. Diese Frau, die Katharina in puncto Bosheit ebenbürtig war, beschloß, es ihr heimzuzahlen. Frau Reinhold beschuldigte Katharina, ihr einen Trank verabreicht zu haben, der depressive Anfälle auslöste. Auf einmal erinnerten sich auch andere Einwohner, daß sie nach dem Genuß von Katharinas Kräutermix ebenfalls erkrankt waren – die Hexenjagd konnte beginnen.

Kepler kämpfte sechs schwere Jahre lang für den Freispruch seiner Mutter. Katharina wurde von den Behörden eingekerkert und Kepler fand sie im Gefängnis von Güglingen, Hände und Füße gefesselt und Tag und Nacht von zwei Wächtern bewacht. Da Kepler die Gehälter der Wächter bezahlen mußte, schrieb er dem Gericht einen Brief und fragte an, ob denn nicht *ein* Wächter zur Bewachung einer dreiundsiebzigjährigen Frau ausreichen würde – dies um so mehr, da sie ja auch noch an die Wand gekettet war.

Wider Erwarten schaffte es Kepler, für seine Mutter einen Freispruch zu erwirken. Katharina trug aber auch selbst wesentlich zu ihrer Freilassung bei. Die allgemein übliche Befragungsmethode der damaligen Zeit bestand darin, ein Geständnis durch Folter herauszuholen. In Katharinas Fall machte das Gericht eine Ausnahme. Man beschloß, die verdächtigte Hexe zur Folterkammer zu führen und ihr die Werkzeuge zu zeigen, mit denen sie gefoltert würde, falls sie dem Vernehmer nicht erzählte, was dieser hören wollte. Die guten Männer glaubten, daß die Frau bei der bloßen Ansicht von Zangen, Flaschenzügen, Ketten, rotglühenden Eisenstangen und anderen Folterwerkzeugen alle Missetaten zugeben würde. Jede geringere Frau wäre einer derart sanften Überzeugungskunst erlegen, nicht so diese störrische Dame. Sie legte kein Geständnis ab. Der zunehmend frustrierte Folterknecht schleppte immer mehr unheimlich aussehende Werkzeuge heran, aber vergeblich. Schließlich fiel die alte Frau in Ohnmacht und der arme Folterknecht gab auf. Gestützt auf derart schlüssige Beweise erklärte das Gericht Katharina Kepler im Oktober 1621 für unschuldig. Aber die alte Frau sollte ihren Sieg nicht lange genießen können, denn ein halbes Jahr später starb sie.

Kepler schaffte es, die Arbeit an den astronomischen Tafeln abzuschließen. Anschließend reiste er nach Prag weiter, wo er sein Werk, das ordnungsgemäß „Seiner Exzellenz" gewidmet war, am Hof vorstellte. Der Kaiser zeigte sich äußerst zufrieden und gewährte Kepler das außergewöhnliche Honorar von 4000 Gulden. Diese großzügige Geste kostete Majestät nichts und war auch für Kepler nur von geringem Nutzen, denn der Betrag wurde lediglich zu der Summe addiert, die der Kaiser seinem Kaiserlichen Mathematiker ohnehin bereits schuldete.

Verzweifelt hielt Kepler Ausschau nach Geldmitteln und ritt deswegen 500 Kilometer nach Regensburg. Er hoffte, dort die ausstehenden Schulden des Kaisers beim Reichstag einzutreiben, der Versammlung deutscher Würdenträger, die das Versprechen des Kaisers respektieren sollten. Die Reise dauerte fast vier Wochen. Entsetzliches Herbstwetter machte Kepler zu schaffen. Krank und mittellos kam er schließlich in Regensburg an und fand dort Obdach im Haus eines Freundes. Aber seine letzte Atempause sollte kaum eine Woche dauern. Am 15. November 1630, sechs Wochen vor seinem neunundfünfzigsten Geburtstag, starb Kepler, der Prinz der Astronomie.

Keplers Vermächtnis schloß viele bedeutende Leistungen ein. Sein größter Triumph war jedoch, das Kopernikanische System in seine endgültige Form zu bringen. Wie bereits gesagt, glaubte Kopernikus, daß sich die Planeten des Sonnensystems auf kreisförmigen Bahnen um die Sonne drehen. Kepler studierte die mit peinlicher Sorgfalt zusammengetragenen Beobachtungsdaten, die er geerbt oder gestibitzt hatte – die Interpretation hängt davon ab, auf welcher Seite man steht – und erkannte, daß die Planetenbahnen in Wirklichkeit Ellipsen sind, in deren einem Brennpunkt die Sonne steht. Das war das sogenannte erste Gesetz der Planetenbewegung. Er formulierte noch zwei weitere Gesetze: Die Verbindungslinie Planet-Sonne überstreicht in gleichen Zeiten gleiche Flächen und die Quadrate der Umlaufzeiten zweier Planeten verhalten sich wie die Kuben ihrer Abstände von der Sonne. Er erzielte diese Ergebnisse einfach dadurch, daß er sich die Zahlenreihen – wie auch die Planeten selbst – so lange ansah, bis er hinter den Zahlen ein Muster erkannte.

Aber Kepler beschäftigte sich nicht nur mit den großen Fragen zu den Himmelskörpern, sondern zeigte auch Interesse für die kleineren Werke der Natur. Und hier liegt seine Bedeutung für unsere Untersuchungen. Die Keplersche Vermutung ist Bestandteil des kleinen Büchleins *Vom sechseckigen Schnee*, das er 1611 als Neujahrsgeschenk für seine Freund Johann Matthäus Wacker von Wackenfels verfaßt hatte.[1] Von Wackenfels, ein Reisender, Gelehrter und vormals Diplomat für den Bischof von Breslau, hatte sich mit Kepler während dessen Aufenthalts in Prag angefreundet.

Das in einem umgangssprachlichen Latein geschriebene Büchlein ist voller privater Späße, die heute kaum jemand versteht, und es enthält zahlreiche Verweise auf die griechische Mythologie und auf die Naturwissenschaften, also auf Quellen, die nur belesenen Zeitgenossen zugänglich sind. Offensichtlich waren sowohl Kepler als auch von Wackenfels in Bezug auf die aktuelle Liste von Bestsellerautoren – Vergil, Homer, Aristophanes, Euripides – auf dem Laufenden und kannten alle Verweise. (Naja, nicht ganz. In seinem Bestreben, sich gut informiert zu geben, verweist Kepler auf eine Fabel von Äsop, die es gar nicht gibt.)

Im Vergleich zur Bedeutung seiner umfangreichen Bände über Astronomie erregte die kleine Abhandlung über Schneeflocken nur wenig Aufmerksamkeit und wird in manchen Bibliographien der Keplerschen Arbeiten kaum erwähnt. Man darf aber die Bedeutung der Abhandlung nicht übersehen. Es war einer der ersten Versuche, die physischen Formen von Kristallen und Pflanzen mit den Werkzeugen eines Naturwissenschaftlers zu erklären. Keplers Betrachtungen in diesem kleinen Buch sind von einem Biographen als „ein wissenschaftliches Urteil größten Kalibers beschrieben worden." In der Abhandlung untersucht Kepler die Gründe dafür, warum Schneeflocken so geformt sind, wie sie es sind. Aber bevor er auf den Schnee aufmerksam wurde, untersuchte er drei Fragen zu den Formen der Natur: Warum sind Honigwaben sechseckig geformt, warum haben die Samen von Granatäpfeln eine dodekaedrische Form und warum sind die Blütenblätter von Blumen meistens in Fünfergruppen angeordnet.

Bienen bauen ihr Wabenwerk in einem Muster von Sechsecken, die am Boden durch drei Vierecke geschlossen werden: Folglich sind alle Bienen, außer denjenigen in den „Eckbüros," von sechs Nachbarn an den Seiten und weiteren drei Nachbarn auf dem Boden umgeben. Die kleinen Kreaturen lassen die Oberseite offen, denn wenn sie Dächer hinzufügten – so führte der Kaiserliche Mathematiker scharfsinnig aus – hätten sie von ihren kleinen Eigentumswohnungen keinen Ausgang. Aber eigentlich war es der Grundriß, der Keplers Aufmerksamkeit erregte, und er fragte sich nach möglichen Erklärungen für die sechseckige Form. Er dachte, daß es dafür drei Gründe gebe. Seine schrittweisen Ableitungen sind schön, auch wenn die Argumentation einige Lücken aufweist.

Als Erstes stellte Kepler fest, daß das reguläre Sechseck eine Form ist, die eine Fläche lückenlos überdeckt. Aber das leisten auch Quadrate und Dreiecke. Also warum Sechsecke? Die Antwort lautet gemäß Kepler, daß die beiden anderen Formen eine kleinere Fläche haben als das Sechseck. Hier urteilt der

---

[1] Der Originaltitel des Büchleins lautet *Strena seu de nive sextangula*, also *Neujahrsgeschenk oder vom sechseckigen Schnee.*

berühmte Gelehrte ein wenig großzügig, denn er gibt keinen Maßstab an, mit dessen Hilfe man die Flächen der drei geometrischen Formen auf angemessene Weise miteinander vergleichen kann. Immerhin hat ja ein großes Dreieck eine größere Fläche als ein kleines Sechseck. Wahrscheinlich meinte er, daß beim Vergleich von Quadraten, Dreiecken und Sechsecken mit gleichen Seitenlängen das Sechseck den Sieg davonträgt. Oder daß bei Dreiecken, Quadraten und Sechsecken mit ein und derselben Fläche das Sechseck die Wandlängen minimiert.[2]

Wie dem auch sei, der Meister wendet sich dann einem zweiten Grund für die sechseckige Form der Honigwaben zu. Die komfortabelste Wohnung für Bienen ist laut Kepler kreisförmig. Und von den drei regelmäßigen Formen, die eine Fläche parkettieren können, ähnelt das Sechseck einem Kreis am ehesten, weil es keine spitzen Ecken hat.[3] Deshalb seien die Sechsecke den Dreiecken und Quadraten überlegen. Aber wenn Bequemlichkeit, Speicherraum oder der sparsame Gebrauch von Baumaterialien das Leitprinzip für die Eigentumswohnungen der Bienen wären, warum bauen sie dann keine runden Waben? Schließlich ist für die Errichtung der Wand eines runden Raumes weniger Wachs erforderlich als für die Wände eines sechseckigen Raumes mit derselben Fläche. Hier kommt nun die abschließende Begründung für die sechseckige Form der Bienengemächer und diese Begründung ist eine dreifache. Zunächst einmal können benachbarte Bienen bei der Realisierung des „Hexagonprojekts" gemeinsame Wände arbeitsteilig bauen, indem jeweils eine der Bienen an einer solchen Wand arbeitet. Beim „Kreisbauprojekt" hingegen wäre jede Biene auf sich selbst angewiesen. Als nächstes behauptet Kepler, daß die geraden Kanten des Sechsecks der Wabe mehr Stabilität verleihen als runde Wände, das heißt, die Waben sind weniger zerstörungsgefährdet.[4] Und schließlich könnte – was vielleicht das überzeugendste Argument ist – die Kälte in die Lücken zwischen den Kugelflächen eindringen, weswegen diese Form vermieden werden sollte. Tatsächlich greift Kepler hier auf sein anfängliches Argument zurück, denn lückenlose Grundrisse waren die Voraussetzung, von der er ausging. Alle diese Gründe sollten laut Kepler für die Erklärung ausreichen, warum der Schöpfer die Bienen mit dem Archetyp des sechseckigen Musters ausgestattet hat. Kepler sah keine Notwendigkeit, nach weiteren Ursachen zu forschen, hielt es aber für angemessen, auch „die Schönheit, Vollkommenheit und edle Form" von Sechsecken zu erwähnen.

Kepler wandte sich dann Granatäpfeln zu und formulierte diesbezüglich die Vermutung, welche die Mathematiker, kaiserliche und andere, über fast vier Jahrhunderte in Trab halten sollte. Kepler stellte fest, daß die Samen

---

[2] Das ist ebenfalls eine Version von Didos Problem (vgl. Kapitel 3).

[3] Im Jahr 36 v. Chr. gab der römische Gelehrte Marcus Terentius Varro eine überaus plausible Erklärung: Er dachte, daß Bienenwaben sechseckig seien, weil die Bienen dann ihre sechs Beine am besten verstauen könnten.

[4] Ingenieure würden diese Stabilitätsargumente in Zweifel ziehen. Sogar im Mittelalter wußten die Kirchenbaumeister zum Beispiel, daß Bögen über Türöffnungen mehr Gewicht tragen konnten als Türrahmen.

von Granatäpfeln rhombenförmig sind und zwölf Flächen haben. Er vermutete korrekterweise, daß diese Form entsteht, wenn die Samen in dem eng begrenzten Raum der Frucht zusammengedrückt werden. Solange die Samen klein sind, haben sie eine runde Form und bewegen sich frei hin und her. Aber wenn sie wachsen, organisieren sie sich offenbar so, daß jeder Samen dicht an dicht von zwölf anderen umgeben ist, die gegen ihn gedrückt werden.

Diese Beobachtung wurde 1727, also mehr als ein Jahrhundert später, von dem englischen Botaniker Stephen Hales (1677–1761) angeblich bestätigt.[5] In seinem Buch *Vegetable Staticks*, dem weltweit ersten Werk über Pflanzenphysiologie, berichtete Hales über Versuche zur Respiration und Transpiration von Pflanzen. In einem dieser Versuche gab er Erbsen in einen Topf und wandte dann Druck an: „Ich preßte frische Erbsen in denselben Topf mit einem Druck von 1600, 800 und 400 Pfund. Obschon sich in diesem Versuch die Erbsen dehnten, hoben sie den Deckel doch nicht; denn was sie an Masse zunahmen, wurde durch das große aufgelegte Gewicht in die Zwischenräume zwischen den Erbsen gepreßt, die sie entsprechend ausfüllten. Dadurch wurden die Erbsen in ziemlich regelmäßige Dodekaeder verformt". Hätte er eine Kraft von mehr als 1600 Pfund angewendet, dann wäre sein Gemüse zu Erbsensuppe verarbeitet worden, anstatt reguläre Dodekaeder zu bilden.

Oder zumindest dachte Hales sich das so. Leider war seine Schlußfolgerung nicht korrekt. Schließlich ist es ja gar nicht so leicht zu erkennen, ob eine Erbse zu einem Dodekaeder oder zu einer anderen Art von Polyedern zusammengequetscht worden ist. Vermutlich glaubte Hales, daß er Dodekaeder sah, als er viele fünfeckige Flächen auf den Erbsen beobachtete. (Ein reguläres Dodekaeder hat regelmäßige fünfeckige Flächen.) Aber nicht alle Erbsen konnten zu Dodekaedern deformiert worden sein, denn an einer unwiderlegbaren Tatsache kommt man nicht vorbei: So wie man mit regulären Fünfecken keinen Fußboden parkettieren kann, so läßt sich auch mit regulären Dodekaedern der dreidimensionale Raum nicht lückenlos ausfüllen.

Hierüber werde ich in späteren Kapiteln mehr sagen, aber bevor wir Stephen Hales *ad acta* legen, müssen wir ihn teilweise rehabilitieren. Er behauptete nicht wirklich, daß zerquetschte Erbsen zu regulären Dodekaedern mutieren. Er sagte vielmehr, daß sie zu *ziemlich regelmäßigen* Dodekaedern verformt werden. Er fand vielleicht, daß Dodekaeder schön anzusehen sind, aber wahrscheinlich meinte er, daß die Dodekaeder, die er sah, nicht vollkommen regelmäßig waren. Die Experimente von Hales wurden in den 1950er Jahren von verschiedenen Physikern wiederholt, zum Beispiel von J. D. Bernal und G. D. Scott. Sie preßten Plastilin- bzw. Lagerkugeln in verschiedene Packun-

---

[5] Stephen Hales' Namensvetter Thomas Hales, der Mathematiker, dessen Kampf mit der Keplerschen Vermutung wir in späteren Kapiteln darstellen, schrieb über diesen Botaniker: „Auch wenn Stephen Hales spät heiratete und kinderlos starb, so daß wir ihn nicht als Vorfahren vereinnahmen können, haben ihn die Wissenschaftler meiner Familie inoffiziell 'adoptiert'".

gen und stellten fest, daß die mit FCC bezeichnete Packung, das heißt, die
flächenzentrierte kubische Packung von Kapitel 1, am dichtesten war.

Die etwas fehlerhafte Schlußfolgerung von Stephen Hales bestätigte jedoch
Keplers Beobachtung. Nachdem die Samen und Erbsen zerquetscht und zer-
drückt worden sind, werden sie alle von zwölf Nachbarn berührt. Wenn die
Samen zufällig entlang paralleler Reihen und Spalten liegen und die Samen
der jeweils nächsthöheren Ebene genau über denjenigen der darunter befindlichen Ebene liegen, dann würden sie beim Zusammenquetschen zu Würfeln
werden. Aber das – und hier vollführt Kepler einen riesigen Glaubenssprung –
repräsentiert nicht die dichteste Packung: *„sed non erit arctissima coaptatio"*.

Wir kommen nun zu einigen Problemen im Zusammenhang mit dieser
Behauptung. Erstens hält es Kepler ohne weitere Rechtfertigung für selbstverständlich, daß die Natur oder der Schöpfer die Samen auf die dichtestmögliche Weise anordnet. Zweitens behauptet er, ebenfalls ohne Begründung, daß
die dichteste Packung erreicht wird, wenn sich zwölf Samen in regelmäßiger Weise um einen mittleren Samen anordnen. Dieses sei der Grund dafür,
behauptete er ohne weitere Umstände, daß der mittlere Samen beim Zusam-
mendrücken zu einem Rhombendodekaeder deformiert wird und nicht zu einem Dodekaeder, wie Hales gedacht hatte. Das ist es also. Auf den Seiten 9
und 10 der kleinen Abhandlung Keplers finden wir die Formulierung seiner
berühmten Vermutung: Eine Kugel, die auf eine bestimmte Weise von zwölf
anderen Kugeln umgeben ist, stellt die dichtestmögliche Packung dar. Kepler
bewies diese Behauptung nicht, er gab sie nur bekannt.

Von Unvollkommenheiten dieser Art ließ sich Kepler jedoch nicht abschrecken. Vielmehr fuhr er fort, eine bemerkenswerte Tatsache zu beschreiben. Eine derartige Packung läßt sich aus zwei verschiedenen Anordnungen
aufbauen: Aus einer Anordnung mit einer quadratischen Basis und einer anderen Anordnung mit einer hexagonalen Basis. Er illustrierte die Behauptung sogar mit Bildern. Anstelle von Granatapfelsamen werde ich jetzt von
Kugeln sprechen. Ist die Basisanordnung quadratisch, dann sind alle Kugeln
in horizontalen Reihen und vertikalen Kolonnen angeordnet. Die Kugeln der
nächsten Schicht liegen in den Vertiefungen, die von den vier Kugeln der ersten Schicht gebildet werden. Dasselbe gilt für die darauffolgende Schicht und
für die darüber liegende Schicht und so weiter. In einer solchen Anordnung
wird jede Kugel von vier Kugeln ihrer eigenen Ebene – das heißt, von je einer
Kugel im Norden, Süden, Osten und Westen –, von vier Kugeln der darunter
liegenden Ebene sowie von vier Kugeln der darüber liegenden Ebene berührt.
Wir erkennen die FCC-Packung.

Weiter zur hexagonalen Basis. Hier umgeben sechs Kugeln in einer Ebene
die mittlere Kugel. Zwischen diesen sieben Kugeln bleiben sechs Löcher – oder
Zwischenräume. In jeden zweiten Zwischenraum werden Kugeln gelegt, um die
nächste Schicht zu bilden. Dasselbe erfolgt in der darunter liegenden Schicht.
Aber im Gegensatz zur FCC werden die drei Kugeln in der obersten Schicht
um sechzig Grad bewegt, so daß sie in die Zwischenräume fallen, die vorher
leer geblieben sind. Wir haben jetzt die hexagonal dichteste Packung, die auch

mit HCP (hexagonal closest packing) bezeichnet wird. In beiden Fällen wird
die mittlere Kugel von insgesamt zwölf Kugeln berührt: sechs in der Ebene,
drei darüber und drei darunter.

Nun weist Kepler auf etwas wirklich Bemerkenswertes hin: Beide Packungs-
methoden sind in dem Sinne äquivalent, daß sie die gleiche Dichte haben. Diese
Tatsache wurde 1883 von William Barlow wiederentdeckt. Das mag einerseits
plausibel erscheinen, weil in beiden Fällen zwölf Nachbarn die mittlere Kugel
berühren.[6] Andererseits hält es der Leser möglicherweise für sonderbar, daß
beide Anordnungen die gleiche Dichte haben. Schließlich wird ja bei der quadratischen Anordnung eine Kugel in die Mulde gelegt, die von vier Kugeln
gebildet wird. Bei der hexagonalen Anordnung wird jedoch eine zusätzliche
Kugel in die Mulde zwischen drei Kugeln gelegt. Man könnte meinen, daß
die letztgenannte Anordnung dichter ist (eine zusätzliche Kugel für je drei
Kugeln gegenüber einer zusätzlichen Kugel für je vier Kugeln in der quadratischen Anordnung). Aber das ist nicht so: Die Zwischenräume in der quadratischen Anordnung sind tiefer als die Zwischenräume in der hexagonalen
Anordnung. Wie es sich herausstellt, heben sich bei der Dichteberechnung die
Anzahl der Kugeln, welche die Mulde bilden, und die Tiefen der Mulden genau
auf. Es ist nicht leicht, die Äquivalenz der beiden Anordnungen zu erkennen
und man benötigt etwas Vorstellungskraft, um sich davon zu überzeugen, daß
beide Packungen die gleiche Dichte haben. Die folgende Abbildung macht das
hoffentlich deutlich.

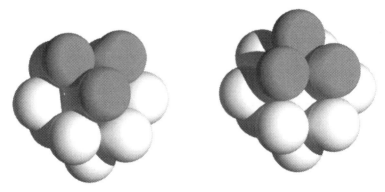

Abb. 2.2. (links) FCC, (rechts) HCP

Es bleibt Keplers Frage, warum die Blütenblätter in Fünfergruppen angeordnet sind oder warum zum Beispiel die Kerne von Äpfeln und Birnen in

---

[6] Jedoch werden wir später sehen, daß es mehrere Möglichkeiten dafür gibt, daß
   ein Dutzend Kugeln die mittlere Kugel berühren, und daß dabei die Dichten
   unterschiedlich sein können. Die Diskussion zwischen Isaac Newton und David
   Gregory (vgl. Kapitel 5) dreht sich um genau diesen Punkt, und so verhält es
   sich auch mit dem „dreckigen Dutzend" (vgl. Kapitel 11).

Fünferzellen untergebracht sind. Kepler dachte über dieses Phänomen nach und das veranlaßte ihn, über die Schönheit der Zahl fünf zu spekulieren. Da diese Zahl mit Pflanzen und Früchten zusammenhängt, schlußfolgerte er, daß sie etwas mit dem Leben zu tun haben muß. Bei diesem Ableitungsprozeß vollführte er einige dramatische Glaubenssprünge: Zunächst begann er mit den regelmäßigen geometrischen Körpern, die in seiner Weltsicht die grundlegenden Bausteine des Universums sind. Zweitens besteht einer dieser Körper, das Dodekaeder, aus kongruenten regulären Fünfecken. Drittens steht die Konstruktion eines regulären Fünfecks in enger Beziehung zum Goldenen Schnitt, über den unten mehr zu sagen sein wird. Der Goldene Schnitt wird auch als Göttliche Teilung oder Göttliches Verhältnis (proportio divina) bezeichnet; es handelt sich um ein Teilverhältnis, das sich aus einer Zahlenfolge ableiten läßt. Viertens ist eine Zahlenfolge, bei der die vorhergehenden Glieder die nachfolgenden Glieder erzeugen, ein Symbol der Fruchtbarkeit. Und fünftens ist es von der Fruchtbarkeit nur ein kurzer Schritt zurück zu den Kernen von Äpfeln und Birnen. Deswegen schlußfolgerte der Meister, daß die Zahl fünf über besondere Kräfte als Symbol der Fruchtbarkeit verfügen muß, und das „erklärt", warum diese Zahl bei Blumen und Früchten auftritt.

Wir wollen Keplers Gedankengang etwas eingehender untersuchen. Die Zahl fünf tritt bei zwei regelmäßigen (oder regulären) Körpern auf, beim Dodekaeder und beim Ikosaeder. Die Flächen eines Dodekaeders sind reguläre Fünfecke, und fünf Schnittflächen eines Ikosaeders sind ebenfalls reguläre Fünfecke. Das Zeichnen eines regulären Fünfecks (oder Pentagons) erfordert ein Verhältnis, das als Göttliches Verhältnis oder Goldene Zahl bezeichnet wird. Dieses Göttliche Verhältnis läßt sich aus einer ganz besonderen Zahlenfolge berechnen. Eine Zahlenfolge besteht aus einigen spezifizierten Gliedern und einer Regel, gemäß der man die nachfolgenden Glieder aus den vorhergehenden Zahlen berechnet. Die berühmte Fibonacci-Folge, die von Leonardo von Pisa[7] zu Beginn des dreizehnten Jahrhunderts entdeckt wurde, spezifiziert die ersten beiden Glieder als Einsen und definiert die weiteren Glieder der Folge jeweils als Summe der beiden vorhergehenden Zahlen:

$$1, 1, 2, 3, 5, 8, 13, 21, 34, 55, 89, 144, 233, \ldots$$

Zum Beispiel: 5 plus 8 ist gleich 13, 8 plus 13 ist gleich 21, 13 plus 21 ist gleich 34 und so weiter. Wir berechnen nun die Verhältnisse zwischen Paaren von aufeinanderfolgenden Zahlen:

$$1/1 = 1, 1/2 = 0,5, 2/3 = 0,666, \ldots, 144/233 = 0,61802\ldots, \ldots$$

Je weiter wir voranschreiten, desto mehr nähert sich das Verhältnis einem Grenzwert: $0,6180339\ldots$. Diese Zahl und ihr Kehrwert $1/0,6180339\ldots = 1,6180339\ldots$ werden die Goldenen Zahlen genannt. Man dachte, daß man alles, was von der Natur oder vom Menschen im Verhältnis von etwa 0,618 zu 1

---

[7] Der Sohn des Bonacci – deshalb der Spitzname Fibonacci: filius Bonacci.

oder 1 zu 1,618 entworfen wird, als ästhetisch besonders angenehm empfindet. Deswegen wird dieses Verhältnis auch als Göttliches Verhältnis bezeichnet. Es tritt häufig in der Geometrie auf und ist in der Natur allgegenwärtig. Künstler und Handwerker versuchen, das Verhältnis in ihrer gestalterischen Arbeit zu verwenden, und bei vielen Gebäuden, Bildern und Statuen spielt das Göttliche Verhältnis eine wichtige Rolle.

Wir sehen jetzt, wie Kepler vom regulären Fünfeck auf das Göttliche Verhältnis kam, aber wie kam er vom Göttlichen Verhältnis auf die Fruchtbarkeit? Daß Zahlen in einer Folge neue Zahlen „gebären", kann man mit etwas Phantasie als Hinweis auf die Fruchtbarkeit verbuchen. Aber es gibt eine andere Erklärung. Fibonacci entdeckte die Folge, die seinen Spitznamen bekommen sollte, als er untersuchte, wie sich Kaninchen vermehren. Er ging von der Voraussetzung aus, daß ein Kaninchenpaar nach einem Monat geschlechtsreif wird und dann in jedem nachfolgenden Monat ein Paar an Nachkommen hat. Wir wollen annehmen, daß es im Januar nur ein Paar von neugeborenen Kaninchen gibt. Im Februar wird dieses Paar geschlechtsreif und im März hat es sein erstes Paar Nachkommen. Es gibt jetzt zwei Paare. Im April hat das ursprüngliche Paar ein weiteres Paar an Nachkommen, während sein erstes Jungtierpaar noch die Geschlechtsreife erreicht. Insgesamt gibt es jetzt drei Paare. Im Mai haben das erste Paar und dessen erste Nachkommen wieder Nachkommen, während die April-Nachkommen noch ihre Geschlechtsreife erreichen – ingesamt haben wir also fünf Paare. Im Juni haben das erste Paar und seine Nachkommenschaft erneut Nachkommen; auch die März-Nachkommenschaft hat jetzt Nachkommen, aber die April-Nachkommen sind noch nicht geschlechtsreif. Insgesamt sind es jetzt acht Paare. Von da an werden die Dinge ein bißchen komplizierter.

Somit wächst die Kaninchenpopulation entsprechend der Fibonacci-Folge, und sie wächst und wächst und wächst. Aber Leonardo von Pisa vergaß ein geringfügiges Detail: Kaninchen haben die merkwürdige Angewohnheit, irgendwann mal zu sterben.[8] Somit wächst die Population durchaus nicht über alle Schranken, wie es durch die Folge suggeriert wird. Dennoch ließ sich Kepler durch Fibonaccis leicht fehlerhafte Überlegungen zum Fortpflanzungsverhalten der Kaninchen davon überzeugen, daß diese Folge ein Symbol für die Fruchtbarkeit ist, und von der Fruchtbarkeit kommt man schnell auf die Kerne von Äpfeln und Birnen. Das ist also laut Kepler der Grund dafür, warum Obst, Gemüse und Pflanzen überhaupt einen Hang zur Zahl fünf haben.

Keplers weit hergeholte Kette von Argumenten hat natürlich keine Grundlage in der realen Welt, aber man neigt heute zu der Meinung, daß dieser Anhänger der Astrologie und esoterischen Symbolik nicht weit von der Wahrheit entfernt war. Zum Beispiel sind die Samen einer Sonnenblumenblüte, die Schuppen eines Kiefernzapfens und die Fruchtspelzen einer Ananas spiralförmig so angeordnet, daß man zahlenmäßig die aufeinanderfolgenden Glie-

---

[8] Und je mehr es gibt, desto schneller sterben sie wegen der zunehmenden Knappheit der Ressourcen.

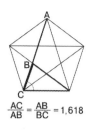

$$\frac{AC}{AB} = \frac{AB}{BC} = 1,618$$

Abb. 2.3. Göttliches Verhältnis im regulären Fünfeck (oben), reguläre Fünfecke im Ikosaeder (unten links) und im Dodekaeder (unten rechts)

der einer Fibonacci-Folge erkennt. Das scheint auch im Allgemeinen für die Anordnung von Zweigen rund um den Stamm eines Baumes oder die Anordnung von Blättern um den Stengel einer Pflanze zu gelten. Es sieht demnach so aus, daß die Phyllotaxis, also die Lehre von der Blattstellung der Pflanzen, zumindest teilweise auf der berühmten Fibonacci-Folge beruht. Warum das so sein sollte, ist sogar noch heute ein Mysterium.

Nachdem Kepler die Bienen, Granatäpfel, Äpfel und Birnen „erledigt" hatte, war er bereit, sein ursprüngliches Projekt in Angriff zu nehmen und sich an die Schneeflocken zu machen. Die erste Frage war, warum diese Gebilde eher flach als dreidimensional sind. Nach einigen Überlegungen kam Kepler zu folgendem Schluß: Schneeflocken müssen entstehen, wenn eine Warmfront auf eine Kaltfront trifft, und da das nur in einer Ebene geschehen kann, müssen Schneeflocken zwangsläufig flach sein. Diese Erklärung sieht ziemlich plausibel aus, aber es gibt da ein kleines Problem: sie ist nicht richtig. Die Schnittstelle zwischen der heißen und der kalten Luft ist groß und es können sich sehr flache Schneeflocken bilden, solange ihr Durchmesser nur klein genug ist. Aber die Schneeflocken können auch „richtig dreidimensional" sein. Wir werden später auf den wahren Grund der Flachheit eingehen.

Kepler wandte sich nun der Sechseckigkeit zu. Er wies darauf hin, daß die sichtbaren Eigenschaften einer Schneeflocke durch Eigenschaften der Flockenbausteine verursacht sein könnten, wobei diese Bausteine so klein sind, daß man sie nicht einmal sehen kann. Diese Bemerkung ist sehr wichtig, weil es nach der Antike eines der ersten Male war, daß ein Wissenschaftler eine atomistische Erklärung für eine Naturerscheinung vorschlug – der griechische Denker Demokrit hatte im vierten Jahrhundert v. Chr. die Existenz von Atomen postuliert. Tatsächlich war es Thomas Harriot, der in seinen Briefen an Kepler die Existenz von Atomen vorgeschlagen hatte, aber Kepler weigerte sich, ihm zu glauben. Das hinderte Kepler jedoch nicht daran, die Idee in seinem Büchlein darzulegen, ohne die Korrespondenz mit Harriot zu erwähnen.[9]

An dieser Stelle endeten Keplers Überlegungen zum Schnee. Was unser Held auch versuchte, er fand keine befriedigende Erklärung für die sechseckige Form von Schneeflocken. Nach seitenlangen Ausführungen postulierte er die Existenz einer *facultas formatrix*, einer „formenden Kraft", welche die Schneeflocken in ihrem schönen Muster entsprechend dem Design des Schöpfers anlegt. Tief in seinem Inneren wußte er, daß das ein Rückzieher war, und im letzten Abschnitt des Büchleins stellte er künftigen Wissenschaftlern das Problem, die Gründe für die sechseckige Form der Schneeflocken zu finden. Insbesondere „klopfte er an die Tür der Chemie" und sagte vorher, daß Chemiker irgendwann mal in der Lage sein würden, die Antwort zu geben. Und so sollte es nur drei Jahrhunderte später geschehen.

Kepler sah sich also außerstande, zufriedenstellende Antworten auf die Fragen zu geben, die er selbst aufgeworfen hatte. Aber sein Büchlein ist dennoch bemerkenswert. Im Laufe seiner Untersuchungen gab er außergewöhnliche Kommentare zu dichten Packungen in zwei und drei Dimensionen. Er deutete die Tatsache an, daß die hexagonale Packung von zweidimensionalen Kugeln die dichtestmögliche Packung ist. Er gab hierfür keinen Beweis und es sollte 341 Jahre dauern, bis diese Behauptung schlüssig bewiesen war. Dann gab er es als Binsenwahrheit aus, daß die oben beschriebene Anordnung die dichteste Packung in drei Dimensionen ist. Wir wissen, daß es insgesamt 387 Jahre dauerte, bis diese Vermutung bewiesen wurde.[10]

Wir kommen nun wieder auf den Schnee zurück. Man muß zwischen Schneeflocken und Schneekristallen unterscheiden. Kepler gab seiner Abhandlung, wie wir bereits wissen, den Titel *Strena seu de nive sexangula*, das heißt „Neujahrsgeschenk oder vom sechseckigen Schnee". Oxford University Press veröffentlichte 1966 die erste englische Version dieser Arbeit und übersetz-

---

[9] Harriot hatte auch alle diejenigen Einsichten in die Kristallstruktur, die Kepler zugeschrieben worden sind. Harriot hat auch die Unterschiede zwischen der HCP und der FCC-Packung erkannt.

[10] Abgesehen von den unbewiesenen Behauptungen enthält die Abhandlung auch einen Schnitzer. An einer Stelle behauptet Kepler, daß in dem Fall, wenn ein Raum vollständig mit Würfeln der gleichen Größe gefüllt wird, „*unum cubum contingunt alii ... octo et triginta*" („ein Würfel von achtunddreißig anderen berührt wird"). Achtunddreißig liegt reichlich daneben. Die Leser erinnern sich vielleicht an den populären „ungarischen Würfel", der von dem Designprofessor Ernő Rubik erfunden wurde. Der Würfel besteht seinerseits aus drei Schichten von kleinen Würfeln und jede Schicht besteht aus drei Reihen mit jeweils drei Würfeln pro Reihe. Insgesamt sind es also $3 \times 3 \times 3 = 27$ Würfel, das heißt, 1 Würfel befindet sich in der Mitte und 26 Würfel sind um diesen herum angeordnet. Zu diesem Ergebnis führt auch eine andere Sichtweise. Ein Würfel in der Mitte kann an seinen Flächen von 6 Würfeln, an seinen Kanten von 12 Würfeln und an seinen Ecken von 8 anderen Würfeln berührt werden. Das ergibt wieder ein Endergebnis von $6 + 12 + 8 = 26$ Würfeln, die einen mittleren Würfel berühren, und nicht 38, wie Kepler, der Kaiserliche Mathematiker, behauptet hatte.

te das lateinische *nix* (Schnee, Genitiv *nivis*, Ablativ *nive*) fälschlicherweise durch Schneeflocke. Jedoch sind Schneeflocken nichts anderes als Mischmasch-anhäufungen von mehreren Schneekristallen, und nur die letzteren sind sechs-eckig.[11] Es ist klar, daß Kepler von diesen sprach.

Warum also sind Schneekristalle sechseckig? Kepler deutete zwei mögli-che Gründe an. Erstens ist die sechseckige Anordnung von Kreisen die dich-testmögliche Anordnung von „Kugeln" in der Ebene. Zweitens können Sechs-ecke eine Ebene lückenlos ausfüllen. Seine erste Erklärung lag völlig daneben. Es wäre sehr schön gewesen, aber die Form von Schneekristallen hat abso-lut nichts mit dichten Packungen in zwei Dimensionen zu tun.[12] Seine zweite Erklärung hat dagegen wirklich einen gewissen Realitätsbezug, wie wir sehen werden.

Ein Vierteljahrhundert nach der Veröffentlichung des Neujahrsgeschenks, das Kepler seinem Freund Wacker von Wackenfels machte, beschloß der französische Mathematiker und Philosoph René Descartes (1596–1650), einen genaueren Blick auf Schneekristalle zu werfen. Er gab ziemlich akribische Be-schreibungen dieser „kleinen Eisplatten ... die so vollkommen in Sechsecken geformt sind, wobei die sechs Seiten so gerade und die sechs Winkel dermaßen gleich sind, daß es für den Menschen unmöglich ist, irgendetwas so exakt zu machen". Es dauerte weitere zwanzig Jahre, bis Descartes von dem Experi-mentator Robert Hooke (1635–1703) übertroffen wurde. Hooke setzte nicht nur das unbewaffnete Auge ein, um die Natur im Kleinen zu beobachten, sondern verbrachte seine Karriere damit, alles auzuspähen, was unter dem Mikroskop, dem modernsten Gerät der damaligen Zeit, stillsaß.[13] Natürlich entgingen auch die Schneekristalle seiner Aufmerksamkeit nicht, und er nahm in seinen Bestseller *Micrographia* (1665) viele Zeichnungen dieser komplexen und komplizierten Wunder der Natur auf.

Danach hat sich in Bezug auf Schneekristalle bis in die 1920er Jahre nicht mehr viel ereignet. Erst dann verbesserte der amerikanische Farmer und Foto-Enthusiast Wilson A. Bentley (1865–1931) Robert Hookes *Micrographia*. Der Rancheigentümer aus Virginia wurde ein Spezialist für Mikrofotografie. Er hielt den Atem an, so daß die Objekte seiner Leidenschaft nicht schmolzen, und bannte auf diese Weise ungefähr fünftausend Schneekristalle auf den Film. Mit seinen Bildern bewies er, wenn auch nicht im mathematischen Sinne, daß keine zwei Schneeflocken gleich sind. „Jeder Kristall war ein Meisterwerk des Designs und kein Design wiederholte sich jemals," schrieb er. „Wenn eine Schneeflocke schmolz, war dieses Design für immer verloren. Die Schönheit war dahin, ohne eine Spur zu hinterlassen" – außer wenn Wilson „Snowflake" Bentley ein Foto gemacht hatte, bevor die Schneeflocke dahinschied.

---

[11] Jedoch ist nur der Titel des Buches irreführend. Das Kapitel, in dem die Sechs-eckigkeit erklärt wird, heißt „Über die Form von Schnee-Kristallen".

[12] Im nächsten Kapitel werden wir ausführlicher über dichte Packungen in der Ebene sprechen.

[13] Die Natur im Großen wurde seit den Zeiten von Harriot und Galilei mit Fernroh-ren beobachtet.

Um ungefähr dieselbe Zeit führte der japanische Kernphysiker Ukichiro Nakaya (1900–1962) jenseits des Stillen Ozeans die erste systematische Untersuchung von Schneekristallen durch. Er hatte eine Professur an der Kaiserlichen Universität Hokkaido inne, wo er sich überqualifiziert und unterbeschäftigt fühlte. Es gab einfach keine Kernforschung in Hokkaido. So mußte er sich ein anderes Interessengebiet suchen und konzentrierte sich auf ein Thema, das nicht ganz zur Hochtechnologie gehörte: Schnee. Nakaya begann, künstliche Schneekristalle unter kontrollierten Laborbedingungen zu züchten und konnte bald bestätigen, daß sie nie ein und dieselbe Form haben. Er war jedoch imstande, die Formen zu klassifizieren und entwickelte das Nakaya-Diagramm, das die Formen von Schneekristallen in Beziehung zu den meteorologischen Bedingungen setzt.

Kepler und Descartes beobachteten Schneekristalle mit dem bloßen Auge, Hooke betrachtete sie unter dem Mikroskop, Bentley hielt sie mit einer Kamera fest und Nakaya untersuchte sie in einem kalten Labor – die Zeit war gekommen, eine modernere Maschinerie einzusetzen. In Deutschland hatte der Physiker Max von Laue die Beugung von Röntgenstrahlen an Kristallen entdeckt. Diese Entdeckung, die ihm 1914 den Nobelpreis einbrachte, ermöglichte die Untersuchung der Struktur und Form von Schneekristallen auf molekularer Ebene. Die Ergebnisse, die Ende der 1920er Jahre erzielt wurden, lieferten schließlich auch Antworten auf die Fragen, die Kepler drei Jahrhunderte zuvor gestellt hatte.

Eis ist gefrorenes Wasser und Schneekristalle sind, wie das Wort andeutet, kristallisiertes Wasser. Wasser besteht seinerseits aus H_2O-Molekülen, die zwei Wasserstoffatome und ein Sauerstoffatom enthalten. Aber zu Beginn des siebzehnten Jahrhunderts kannte niemand die winzig kleinen Bausteine, aus denen alle Materie besteht – legt man vier Millionen dieser Bausteine nebeneinander, dann ergibt sich eine Länge von 1 Millimeter. Thomas Harriot hielt Atome für eine praktische Möglichkeit, Gewichtsunterschiede zwischen verschiedenen Materialien zu erklären und teilte Kepler seine Überlegungen mit. Er stellte die These auf, daß die Atome von leichten Materialien so gepackt sind, daß das mittlere Atom von sechs anderen berührt wird, während die Atome von schweren Materialien von zwölf anderen umgeben sind.[14] Harriot hatte keine Ahnung, daß das tatsächlich eine teilweise Erklärung für die Massenunterschiede von Materialien ist.

Aber dieses Modell war nur ein Konstrukt, das als gute Erklärung taugte. Kepler selbst weigerte sich, auf die Idee einzugehen, daß sich alle Materie – Steine, Pflanzen und sogar Menschen – aus diesen kleinen Bausteinen zusammensetzt.[15] Der englische Chemiker und Physiker John Dalton griff 1805 erneut die Hypothese auf, daß Materie aus kleinen Teilchen besteht; damit

---

[14] Offensichtlich hatte Harriot die Keplersche Vermutung ein paar Jahre vorweggenommen und sie hätte mit mindestens der gleichen Berechtigung auch *Harriots Vermutung* genannt werden können.

[15] Wie wir gesehen hatten, hinderte ihn das nicht daran, als erster Naturwissenschaftler die These zu formulieren, daß eine makroskopische Eigenschaft eines

wollte er bestimmte Phänomene erklären, die bei chemischen Reaktionen auftreten. Aber die Atome blieben lange Zeit nur eine Hypothese. Erst gegen Ende des neunzehnten Jahrhunderts akzeptierte man allgemein, daß Materie aus Atomen besteht, die sich zu Molekülen zusammensetzen. Mit Elektronenmikroskopen – mit einer Auflösung von fast einem Millionstel eines Millimeters – konnte man gegen Mitte des zwanzigsten Jahrhunderts Moleküle schließlich auch sehen.

Kepler hielt Schneekristalle für Ansammlungen von Kügelchen kondensierter Feuchtigkeit. Wieder lag er falsch. Schneekristalle bestehen aus Wasser, das rund um Staubteilchen kristallisiert, die in die Atmosphäre getragen worden sind. Die Kristalle sind aber nicht immer sechseckig und ihre genauen Formen hängen von der Temperatur ab. Offensichtlich hatten sich die Schneekristalle, die Kepler beobachtete, zu einem Zeitpunkt gebildet, als die Lufttemperatur in den Wolken zwischen -12 und -16 Grad Celsius lag. Bei diesen Temperaturen nehmen die Kristalle eine hexagonale Form an.[16] Wenn die Kristalle wachsen, werden sie schwerer und fallen auf die Erde. Auf dem Weg nach unten können bis zu zweihundert von ihnen zu Schneeflocken gebündelt werden.

Die Gestalt und Form eines Kristalls widerspiegelt die Anordnung der Kristallmoleküle. Und die Anordnung der Moleküle hängt ihrerseits davon ab, wie sich die betreffenden Atome miteinander verbinden. Schneekristalle sind wegen der Art und Weise sechseckig, in der die Wassermoleküle angeordnet sind. Die H_2O-Moleküle ähneln Tetraedern, bei denen das Sauerstoffatom in der Mitte sitzt, die beiden Wasserstoffatome am Ende zweier Ecken hocken und die anderen beiden Ecken von ungebundenen Elektronpaaren besetzt werden. Die Wassermoleküle können sich miteinander verbinden, indem sich ein Wasserstoffatom eines Moleküls an ein ungebundenes Elektron eines anderen Moleküls hängt. Das wird als Wasserstoffbindung bezeichnet.

Unter Verwendung von Wasserstoffbindungen lassen sich verschiedene Formen zusammensetzen – warum also sollten Wassermoleküle eine hexagonale Anordnung wählen, wenn sie Schneekristalle bilden? Die Antwort liegt in einem universellen Prinzip der Natur, das besagt, daß *jedes physikalische System einen Zustand anstrebt, in dem die Energie ihr niedrigstes Niveau erreicht.* Dieses Prinzip wird als Axiom akzeptiert – „Axiom" ist ein Phantasiewort für etwas, das offensichtlich wahr ist, wobei aber niemand wirklich weiß, warum das so ist. Wasser, Schnee und Eis sind keine Ausnahmen vom Prinzip der niedrigsten Energie, und die Anordnung der Moleküle erfolgt dementsprechend.

Objekts so winzige Bausteine haben kann, daß man diese mit dem bloßen Auge nicht sehen kann.

[16] Wenn es kälter ist, bilden die Eiskristalle kleine Säulen oder sie sind sternförmig. Bei etwas höheren Temperaturen bilden sich Plättchen, danach Nadeln und schließlich wieder Plättchen.

Wärme ist eine Manifestation der Energie und bei verschiedenen Temperaturen treten deswegen unterschiedliche Formen auf.[17] Bei relativ hohen Temperaturen wirbeln die Wassermoleküle zu stark umher, um sich aneinander zu hängen. Aber bei fallenden Temperaturen beruhigen sie sich und fangen an, Bindungen einzugehen. Bei Temperaturen zwischen -12 und -16 Grad Celsius wird das niedrigste Energieniveau erreicht, wenn die Wassermoleküle in einem Gitter derart angeordnet sind, daß jedes Molekül von vier Nachbarn umgeben ist: Ein Molekül sitzt in der Mitte und die anderen vier in den Ecken eines Tetraeders, der das mittlere Molekül umgibt.[18] Von oben sieht diese Anordnung wie ein Sechseck aus. Und das ist auch der Grund für die Sechseckigkeit.

Wenn Eiskristalle anfangen, um ihren „Kern" herum zu wachsen, dann behalten sie zunächst die hexagonale Form ihrer Molekularstruktur bei. Wenn sich mehr Wassermoleküle durch die mit Dampf gefüllte Luft bewegen und nach einem guten Landeplatz suchen, dann bieten sich die herumwirbelnden Sechsecke als ideale Flughäfen an. Und da die Ecken der Sechsecke weiter in den Raum abstehen als die Kanten, docken die Moleküle dort gerne an. Hängen sich nun immer mehr Moleküle aneinander, dann wachsen baumartige Strukturen aus den Ecken des Sechsecks. Das ist der Grund dafür, warum Schneekristalle flach und sechseckig sind.

Wie wir sehen, hat die Sechseckigkeit nichts mit der Tatsache zu tun, daß die hexagonale Anordnung von Kreisen die dichtestmögliche Anordnung in einer Ebene darstellt. Tatsächlich ist die Packung von Atomen in Eiskristallen nicht besonders dicht, wie das folgende einfache Experiment lehrt. Füllen Sie eine Glasflasche bis zum Rand mit Wasser, verschließen Sie sie und stellen Sie die Flasche dann in Ihre Tiefkühltruhe. Die Flasche wird in die Brüche gehen. Warum geschieht das? Immerhin gibt es ja nach dem Einfrieren genau so viele Wassermoleküle wie davor. Die Flasche geht kaputt, weil die Moleküle mehr Platz brauchen, wenn sie nicht in flüssigem Zustand, sondern als Eisgitter angeordnet sind. Mit anderen Worten: Die hexagonale Anordnung von Molekülen im Eis ist nicht so dicht wie die Anordnung der Moleküle im Wasser, so daß es sich gewiß nicht um die dichtestmögliche Packung handeln kann.

Andererseits erweist sich Keplers Verdacht als richtig, daß es eine Beziehung zwischen der Sechseckigkeit von Schneekristallen und dem Parkettieren der Ebene gibt. Reguläre Kristalle bestehen aus sogenannten Einheitszellen, die eine spezifische Form haben und sich immer wieder wiederholen. Wir stellen uns ein Tapetenmuster vor. Wenn man aus der Nähe darauf schaut, kann man das Motiv herausgreifen, das für das Muster repräsentativ ist: Dieses Motiv erzeugt – wenn man es nach oben, nach unten, nach rechts und nach links fortsetzt – das Tapetenmuster. Wenn nun die Motive auf reguläre Poly-

---

[17] Sogar eiskalte Temperaturen werden als Wärme betrachtet, solange sie über dem absoluten Nullpunkt von -273 Grad Celsius oder null Grad Kelvin liegen.

[18] Dieses Tetraeder leitet sich von dem Tetraeder ab, das von dem Wassermolekül gebildet wird, wobei aber beide Tetraeder nicht identisch sind.

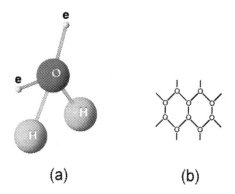

(a)   (b)

Abb. 2.4. Ein Wassermolekül (a) und ein Kristallgitter (hexagonale Anordnung von oben gesehen) (b)

gone beschränkt sind – das heißt, auf geometrische Figuren mit gleichlangen Seiten und gleichgroßen Winkeln – dann sind nur bestimmte Formen möglich. Tatsächlich gibt es von allen vorstellbaren Formen nur drei regelmäßige Vielecke, die als Tapetenmotive verwendet werden können. Das Motiv könnte ein Quadrat sein, weil man damit eine Wand lückenlos tapezieren oder den Badezimmerfußboden lückenlos fliesen kann. Aus demselben Grund könnte das Motiv ein gleichseitiges Dreieck oder ein regelmäßiges Sechseck sein. Aber das war's dann auch schon! Das Motiv kann zum Beispiel niemals ein regelmäßiges Fünfeck sein: Wie man es auch anstellt, man schafft es nicht, einen Fußboden mit einem fünfeckigen Parkett auszufüllen. Zwischen den Fünfecken treten immer Lücken auf, die sich nicht ausfüllen lassen.

In diesem Sinne ähneln Kristalle einer Tapete. Betrachtet man ein Kristallgitter von oben, dann muß sich seine Form in alle Richtungen lückenlos fortsetzen lassen. Das Tapetenargument engt die Möglichkeiten signifikant ein. In den 1780er Jahren spähte Robert Bergman mit Hilfe des kurz zuvor erfundenen Mikroskops Kristalle aus. Seine Untersuchungen brachten ihn darauf, daß Kristalle aus gepackten Rhomboedern bestehen. In der ersten Hälfte des neunzehnten Jahrhunderts gaben der deutsche Mineraloge Johann Hessel (1796–1872) und der französische Astronom und Physiker Auguste Bra-

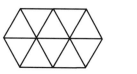  

Abb. 2.5. Dreiecke, Quadrate und Sechsecke als Tapetenmuster

vais (1811–1863) einen mathematischen Beweis dafür, daß nur zweiunddreißig Klassen von Kristallformen möglich sind. Sie zeigten auch Folgendes: Soll ein Kristall eine n-fache Symmetrie besitzen, dann kann n nur 3, 4 oder 6 sein.[19] Das bedeutet, daß sich ein solches Kristallgitter nur aus gleichseitigen Dreiecken, Quadraten oder regulären Sechsecken zusammensetzen läßt. Keine andere regelmäßige Form erfüllt diese Voraussetzungen.

Kepler wußte natürlich, daß man einen Küchenfußboden nur mit einer von drei verschiedenen Formen fliesen kann: mit Dreiecken, Quadraten oder Sechsecken. Aber während er zu wissen meinte, warum Bienen die Sechsecke gegenüber den anderen beiden Formen bevorzugen, fand er nie heraus, warum das bei Schneekristallen so ist. Er war aufgebracht und beließ die Sache dabei. Wie wir jetzt wissen, liefert das Prinzip der niedrigsten Energie den Ausweg aus seinem Dilemma, das in Wirklichkeit ein Trilemma ist. Schneekristalle sind sechseckig, weil das Energieniveau des Schnees (bei Temperaturen zwischen -12 und -16 Grad Celsius) am niedrigsten ist, wenn die Wassermoleküle hexagonal angeordnet sind.[20]

---

[19] Eine zweifache Symmetrie, die einer Symmetrie in der Ebene entspricht, ist im Prinzip ebenfalls möglich, und Quasikristalle haben eine fünffache Symmetrie.

[20] Christoph Lüthy vom Center of Medieval and Renaissance Natural Philosophy der Universität Nijmegen hat mir folgende Information gegeben: Es gibt einige Hinweise darauf, daß Kepler bei seinen Überlegungen zur dichtesten Kugelpackung auch durch die 1588 erschienene Veröffentlichung *Articuli Adversus Mathematicos* von Giordano Bruno inspiriert worden sein könnte.

3

Hydranten und Fußballspieler

In diesem und im folgenden Kapitel beschränken wir die Diskussion auf zwei Dimensionen, das heißt, auf die Ebene. Und in der Ebene – wir stellen uns einfach eine Tischplatte vor – wollen wir zweidimensionale Kugeln, das heißt, Kreise, auf effiziente Weise anordnen. Die offensichtliche Frage ist, wie man Scheiben der gleichen Größe so anordnen kann, daß die Dichte in der Ebene maximiert wird. In Kapitel 1 hatten wir ausgerechnet, daß sechs Kreise, die in einem regelmäßigen Sechseck um einen mittleren Kreis herum angeordnet werden, eine Dichte von 90,7 Prozent erreichen. Durch herumschubsen der Münzen kann man experimentell leicht nachprüfen, daß das die dichtestmögliche Packung in zwei Dimensionen ist. Aber ist das ein Beweis? Offensichtlich nicht! In diesem und im nächsten Kapitel werden wir zeigen, daß die hexagonale Anordnung tatsächlich die dichtestmögliche Packung ist.

Aber bevor wir uns an eine eingehendere Analyse dieser Frage machen, wollen wir ein anderes Problem erwähnen, das sogenannte duale Problem. Welches ist die kleinste Anzahl von Kreisen (identischer Größe natürlich), die erforderlich ist, um eine Ebene vollständig zu überdecken? Im Gegensatz zu dem uns inzwischen vertrauten „Packungsproblem" wird diese Frage als „Überdeckungsproblem" bezeichnet.[1] Beim Packungsproblem dürfen Lücken zwischen den Kreisen auftreten, aber keine Überlappungen; beim Überdeckungsproblem dürfen die Kreise überlappen, aber es darf keine Lücken geben. Mit anderen Worten: Beim Packungsproblem müssen die *Lücken* minimiert werden und beim Überdeckungsproblem müssen die *Überlappungen* minimiert werden. Noch etwas anders formuliert: Die Dichte einer Packung beträgt *höchstens* 100 Prozent, denn kein Teil der Ebene kann von mehr als einer Scheibe bedeckt werden. Beim Überdeckungsproblem hingegen müssen die Scheiben die ganze Ebene und noch einiges mehr überdecken. Die Dichte beträgt deswegen *mindestens* 100 Prozent.

---

[1] Ein duales Problem ist in einem gewissen Sinn das Gegenteil des ursprünglichen Problems. Der zur Minimierung duale Begriff ist die Maximierung, das zum Packungsproblem duale Problem ist das Überdeckungsproblem.

G.G. Szpiro, *Die Keplersche Vermutung*,
DOI 10.1007/978-3-642-12741-0_3, © Springer-Verlag Berlin Heidelberg 2011

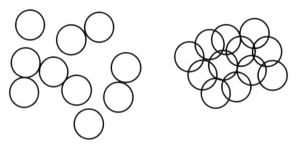

Abb. 3.1. Packung (links) und Überdeckung (rechts)

Man stelle sich eine Gruppe von Diktatoren vor – dieses Beispiel ist einer sehr wichtigen mathematischen Abhandlung entnommen – deren Machtbereiche sich in alle Richtungen gleich weit erstrecken. Demzufolge herrscht jeder über ein kreisförmiges Gebiet. Da sich die Diktatoren nicht in die Haare geraten möchten, beschließen sie auf einer der jährlich stattfindenden Diktatorenkonferenzen, den größtmöglichen Abstand voneinander zu halten. Deswegen stellen sie dem Diktatorenmathematiker die Frage: Wie läßt sich die größte Anzahl von Diktatoren in ein bestimmtes Gebiet packen? Übrigens erlaubt es jede Lösung dieses Problems einigen glücklichen Personen, sich in den demokratischen Gebietsteilen zwischen den kreisförmigen Diktaturen aufzuhalten.

Das zu diesem Packungsproblem duale Problem läßt sich etwa so formulieren: Wie müssen städtische Selbstverwaltungsdienstleistungen organisiert werden, damit jeder Einwohner in den Genuß eines bestimmten minimalen Dienstleistungsniveaus kommt. Wieviele Müllcontainer müssen aufgestellt werden, damit kein Einwohner den Abfall weiter als 50 Meter von seiner Haustür bis zur nächsten Mülltonne tragen muß? Wieviele Löschfahrzeuge sind erforderlich und wo müssen sie stationiert werden, damit niemand länger als sechs Minuten nach einem Notruf warten muß? Wir stellen fest, daß es auch hier einige glückliche Menschen gibt, die mehr als *einen* Müllcontainer zur Auswahl haben. Wenn der Bürger wirklich Glück hat, erscheinen die Löschfahrzeuge von zwei Feuerwehrstandorten innerhalb von sechs Minuten an der Haustür, nachdem der Junior das Haus in Brand gesteckt hat.

Wir begeben uns jetzt vom Erhabenen zum Lächerlichen und analysieren einen Bombenteppichabwurf. „Teppich" ist natürlich eine falsche Bezeichnung, da diese ja – abgesehen von der irreführenden Heraufbeschwörung häuslicher Gemütlichkeit – den Eindruck suggeriert, daß das Gebiet, dem eine Bombe Schaden zufügt, rechteckig ist. Aber die Bombensplitter fliegen in alle Richtungen gleich weit und deswegen ist das verwüstete Gebiet kreisförmig. Es ist eine Folge der modernen Kriegsführung, daß ein Teil der scharfen Munition vergeudet wird, wenn infolge der Überlappungen das Ziel der „verbrannten Erde" erreicht werden soll.

Zu den banaleren Bemerkungen gehört, daß Packungsprobleme in zwei Dimensionen auftreten, wenn Container auf das Deck eines Schiffs geladen werden, wenn ein Schneider Formen aus einem Stück Stoff schneidet oder wenn Fässer entlang der Wände eines Weinkellers gestapelt werden. Überdeckungsprobleme entstehen in Kommando- und Kontrollsystemen beim Militär, bei der Überwachung des Luftraumes, bei der Verteilung von Vertriebspersonal oder bei der Zuweisung von Servicetechnikern. Die Liste der Beispiele könnte erweitert werden, aber andererseits macht sich kein Mathematiker, der etwas auf sich hält, Sorgen um Anwendungen. Man stellt Hypothesen auf, entdeckt Lösungen und beweist Sätze nur um ihrer selbst willen und selten zu einem späteren Zweck. Manchmal können Anwendungen später auftreten, mitunter sogar sehr viel später, aber nicht das ist es, was den Geist der Mathematiker ticken läßt. Zum Beispiel diente die Arbeit, die der Mathematiker Arthur Cayley (1821–1895) über algebraische Matrizen schrieb, als eines der mathematischen Fundamente der Quantenmechanik, die erst im zwanzigsten Jahrhundert entwickelt wurde. Cayley wußte nicht, wozu seine Matrizen gut sein würden und er kümmerte sich auch nicht darum.

Die beste vorstellbare Packung würde eine vollkommene Dichte von 100 Prozent erreichen. Die ökonomisch beste Überdeckung würde ebenfalls eine vollkommene Dichte von 100 Prozent erreichen. Kann man derart perfekte Packungen oder Überdeckungen überhaupt jemals erreichen? Jedenfalls nicht mit kreisförmigen Scheiben, da diese entweder Lücken lassen oder überlappen. Aber warum sollten wir uns auf Scheiben beschränken? Und selbst wenn wir uns wirklich auf reguläre Formen beschränken, könnten andere geometrische Objekte existieren, mit denen der Trick gelingt. Mit Fünfecken geht das nicht: Eine hundertprozentige Überdeckung der Ebene durch reguläre Fünfecke ist unmöglich. Wie man es auch anstellt, es gibt keine Möglichkeit, sie so nebeneinander anzuordnen, daß zwischen ihnen keine Lücken auftreten. Gibt es also überhaupt Packungen oder Überdeckungen von 100 Prozent Dichte?

Die Antwort ist „ja". Aber da gibt es eine Überraschung. Sie existieren nicht nur, diese Figuren, die vollkommene Überdeckungen und vollkommene Packungen gestatten –, sondern es handelt sich dabei sogar um ein und dieselben Figuren. Vollkommene Überdeckungen und vollkommene Packungen gehen sozusagen Hand in Hand. Eine Anordnung, die eine Packung mit einer Dichte von 100 Prozent ist, stellt gleichzeitig eine vollkommene Überdeckung dar. Können Sie sich eine Anordnung von geometrischen Objekten vorstellen, die gleichzeitig die dichteste Packung und die ökonomisch vorteilhafteste Überdeckung ist? Wir gehen zunächst einen Schritt zurück. Wie wir in Kapitel 2 gesehen hatten, wußte bereits Johannes Kepler, daß man den Küchenfußboden mit gleichseitigen Dreiecken, Quadraten und regulären Sechsecken fliesen oder „parkettieren" kann. Folglich packen und überdecken diese Figuren die Ebene vollkommen. Und das ist genau die Definition einer Parkettierung: Eine Anordnung von Figuren, welche die Ebene lückenlos und überlappungsfrei überdecken. Die drei genannten Figuren – gleichseitige Dreiecke, Quadrate und reguläre Sechsecke – sind die einzigen regulären Figuren, die dieses leisten. Das ist auch der Grund dafür, warum Keramikgeschäfte üblicherweise keine fünfeckigen, sieben eckigen oder andere exotisch geformten Fliesen in ihren Warenbeständen führen.

Wir beginnen mit der Festlegung, daß sich die Mittelpunkte der Kreise auf einem regulären Gitter befinden sollen. Wir sehen uns etwa den New Yorker Stadtbezirk Manhattan an und untersuchen das Problem der Feuerwehr, an welchen Stellen Hydranten angebracht werden sollen. Es ist von allergrößter Bedeutung, daß man eine vollkommene Überdeckung erreicht und daß die Schläuche, die an die Hydranten angeschlossen werden, jede Ecke und Ritze des Stadtbezirkes erreichen können. Folglich sind die Planer mit einem Überdeckungsproblem konfrontiert. Da die Längen der Schläuche die Reichweite bestimmen, liegt der Überdeckungsbereich eines Hydranten innerhalb eines Kreises, dessen Radius gleich der Schlauchlänge ist. Wir haben es also mit einem Kreisüberdeckungsproblem zu tun.[2] Aber es gibt noch mehr zu beachten. Wenn Feuer ausbricht, wollen wir nicht, daß die Feuerwehrmänner mit ihren Schläuchen hektisch hin und herlaufen und nach Wasseranschlüssen suchen. Es wäre also eine gute Idee, die Hydranten so aufzustellen, daß man sie auch in einem Durcheinander und Chaos mühelos findet. So kann sich der Leiter der Feuerwehr zum Beispiel dafür entscheiden, Hydranten nur an den Kreuzungen bestimmter Blöcke und Avenues aufstellen zu lassen. Die möglichen Positionen der Hydranten bilden ein Gitter. Wir haben es also mit einem Kreisüberdeckungsproblem in einem zweidimensionalen Gitter zu tun. Die Lösung könnte etwa darin bestehen, Hydranten an sämtlichen Kreuzungen aller Avenues und geradzahlig durchnumerierter Straßen aufzustellen.

Eine nicht gitterförmige Überdeckung hingegen läßt sich etwa dadurch darstellen, daß wir Fußballspieler auf einem Spielfeld betrachten. Jeder Kapitän will, daß seine Mannschaft die gesamte eigene Spielfeldhälfte verteidigt. Jeder Spieler ist für seinen Teil des Feldes verantwortlich, etwa für 20 Meter nach allen Richtungen. Folglich muß er einen Kreis mit einem Radius von 20 Metern verteidigen. Zwar erwarten wir vom Torwart, daß er irgendwo in der Nähe seines Tores agiert, aber die übrigen zehn Spieler müssen nicht in regelmäßigen Abständen auf dem Feld stehen. Dadurch haben sie zusätzliche Optionen und für die Spieler der gegnerischen Mannschaft ist es schwerer, darauf zu reagieren. Die Fußballspieler sind also mit dem Beispiel eines nicht gitterförmigen Kreisüberdeckungsproblems konfrontiert. Wir ermutigen den Leser, nach weiteren Beispielen für Packungs- und Überdeckungsprobleme zu suchen, und zwar sowohl für gitterförmige als auch für nicht gitterförmige Anordnungen.

Beim ersten Problem (gitterförmige Anordnungen) werden den möglichen Lösungen Beschränkungen auferlegt. Ist also eine Behauptung für ein Gitter bewiesen worden, dann ist damit das allgemeine Problem keinesfalls erledigt.

---

[2] Berücksichtigen wir, daß die Schläuche bis zu den oberen Fußböden eines Gebäudes reichen müssen, dann haben wir es mit einem dreidimensionalen Überdeckungsproblem zu tun. Aber in diesem Kapitel ignorieren wir die dritte Dimension.

Es ist sehr wohl denkbar, daß sich irgendwo eine nicht gitterförmige Lösung versteckt hält, die der gitterförmigen Anordnung überlegen ist. Andererseits könnte es sich herausstellen, daß die gitterförmige Anordnung auch die optimale Lösung des allgemeinen Problems ist. Aber das muß bewiesen werden. Es kann viel schwieriger sein – und ist es oft auch –, die Lösung für die nicht gitterförmige Anordnung zu finden, da es in diesem Falle mehr Möglichkeiten gibt.

Wer war der Erste, der seine Gedanken über die dichteste Anordnung von Kreisen gedruckt veröffentlicht hat? Im Allgemeinen wird angenommen, daß es Kepler mit seiner Abhandlung *Vom sechseckigen Schnee* war (vgl. Kapitel 2). Aber als ich meine Recherchen zum vorliegenden Buch machte, fand ich etwas anderes heraus. In Zürich lud mich Caspar Schwabe, ein Designer geometrischer Objekte, in sein Büro ein. Als wir zwischen den merkwürdigen mathematischen Objekten saßen, die Schwabe entweder selbst hergestellt oder gesammelt hatte – darunter auch das Original der *Tensegrity*[3] von Buckminster Fuller, die den größten Teil des Luftraums in seinem Büro einnimmt – machten wir eine kleine Entdeckung. Schwabe zeigte mir eine seiner neuen Anschaffungen, ein reich illustriertes Buch des Renaissancekünstlers Albrecht Dürer. Ich verwende hier das Wort „Buch" mit einer gewissen Nonchalance, da Buchdruck und Typographie zu Dürers Zeiten eine ziemlich neue Erfindung war. Dürer wurde 1471 geboren, als der Buchdruck, den der Metallurg und Goldschmied Johannes Gutenberg gerade dreißig Jahre zuvor erfunden hatte, noch seine Alpha-Test-Phase durchlief. Dürer verwendete diese neue Technologie in seinem gesamten Berufsleben nutzbringend.

Albrecht war Nummer drei in einer Reihe von Kindern, die sich bis zur Nummer achtzehn fortsetzte. Sein Vater war ein Juwelier aus Ungarn, der in Nürnberg eingewandert war. Er war ein religiöser Mann, der es schaffte, seinen Kindern eine gesunde Gottesfurcht einzuimpfen. Dürer beschrieb seinen Vater als „sanft und geduldig ... freundlich zu allen und voller Dankbarkeit gegenüber seinem Schöpfer".

Albrecht erhielt seine erste Ausbildung in Malerei und Holzschneiden in Deutschland. Nach dem Abschluß seiner Lehre, bei der er auf die Walz durch deutsche Städte ging, arrangierten seine Eltern die Ehe mit Agnes Frey, einer jungen Frau aus guter Familie. Albrecht selbst war nicht sonderlich begeistert davon und fühlte sich in der Ehe nicht allzu glücklich. Ein paar Monate nach der Hochzeit machte er sich wieder auf den Weg, dieses Mal nach Italien. In Venedig hielt er sich bei ortsansässigen Künstlern auf, besuchte Galerien und skizzierte Szenen der Stadt. Nach seiner Rückkehr nach Deutschland 1512 fand er eine Anstellung bei Kaiser Maximilian I.

Leider stieg Dürer der Ruhm mit der Zeit zu Kopf und er legte sich die Allüren einer Primadonna zu. Deswegen wurde er auch ein wenig neurotisch, und bei seiner nächsten Italienreise dachte er, daß ihn ehrgeizige Konkurrenten

---

[3] Das in der Architektur verwendete Kunstwort „tensegrity" ist eine Zusammensetzung aus „tension" (Spannung) und „integrity" (Ganzheit).

Abb. 3.2. Albrecht Dürer (Selbstbildnis)

los werden wollten, indem sie Gift in sein Essen mischten. Diese vermeintliche Bedrohung setzte ihm derart zu, daß er fortan keine Einladungen zum Mittagessen mehr annahm. Zurück in seinem geliebten Nürnberg gehörten er und seine Frau zu den Ersten, die ihren Lebensunterhalt mit der neuen Technologie der Buchdruckerkunst verdienten, die inzwischen die Beta-Test-Phase erreicht hatte. Die Dürers stellen ihre eigene Druckerpresse auf. Albrecht lieferte den Input und Agnes verkaufte den Output auf lokalen Messen. Heute gilt Dürer als einer der führenden Maler und Holzschneider aller Zeiten.

Dürers mathematische Interessen und Leistungen sind weniger bekannt, aber als echter Mensch der Renaissance war er nicht nur in den Künsten versiert, sondern auch in den Naturwissenschaften. Zwischendurch hatte er so unterschiedliche Fachgebiete wie Anatomie, Aeronautik und Architektur studiert. Mit einigem Stolz betrachtete er sich selbst als *Mathematicus* und verlieh sich diesen Titel in der Einleitung des Buches, das ich mir in Zürich angesehen hatte. Dürer betrachtete die Mathematik als notwendige Voraussetzung für alle Künste. Das Problem der Perspektive hat die Maler schon immer bewegt und bis zum fünfzehnten Jahrhundert zeichneten sie Figuren nur in einer einzigen Ebene. In den 1420er Jahren erfand der Florentiner Architekt Filippo Brunelleschi die Technik der perspektivischen Zeichnung. Dürer, der hiervon während einer Italienreise erfahren hatte, war einer der ersten Künstler, der Figuren gleichzeitig im Vorder- und Hintergrund darstellte.

Seine geometrischen Untersuchungen waren revolutionär und sein Buch *Unterweisung der Messung mit Zirkel und Richtscheit* war das erste Mathematiklehrbuch in deutscher Sprache. In diesem Buch diskutierte er die Perspektive und Proportionen und er zeigte, wie man Figuren mit Zirkel und Lineal konstruiert.

Dürers geometrische Untersuchungen beeinflußten nicht nur Künstler, sondern auch Mathematiker. Seine Versuche, die Probleme der Projektion, der Perspektive und der Beschreibung beweglicher Körper zu bewältigen, führten ihn zur Entwicklung einer neuen Disziplin, der darstellenden Geometrie. Für diesen Zweig der Geometrie schuf der Franzose Gaspard Monge in der zweiten Hälfte des achtzehnten Jahrhunderts ein intaktes mathematisches Fundament. In jüngster Vergangenheit erfuhren die von Albrecht Dürer begonnenen Untersuchungen sozusagen eine neue Renaissance, als Computerwissenschaftler anfingen, sich mit der Darstellung dreidimensionaler Objekte auf zweidimensionalen Bildschirmen zu beschäftigen. Sie mußten dabei auf die Probleme von verborgenen Linien und – einmal mehr – auf Probleme der Perspektive eingehen.

Das Buch, das wir uns ansahen, wurde 1528, kurz nach dem Tod des Künstlers veröffentlicht. Als wir den 450 Jahre alten Wälzer durchblätterten, stolperten wir über einige Abbildungen, die sofort unsere Aufmerksamkeit erregten. Auf der ersten Abbildung sind neun Kreise in einer quadratischen Anordnung gepackt. Daneben befindet sich eine Abbildung mit sieben Vollkreisen und zehn partiellen Kreisen, die hexagonal in ein Quadrat ähnlicher Größe gepackt sind. Dieses Bild entspricht fast exakt einer Abbildung in einer modernen Einführung in die Geometrie.

Es dauerte eine Weile, den alten deutschen Text zu entziffern, der die Abbildungen begleitete, aber schließlich stellte sich heraus, daß Dürer wirklich auf Packungen Bezug nahm, obgleich keinerlei Hinweis auf dichteste Packungen zu sehen war. In Dürers Schrift ging es darum, daß es nur zwei Möglichkeiten gibt, die Decke oder die Wände eines Hauses mit einer regelmäßigen Anordnung von Kreisen zu dekorieren: die quadratische Packung und die hexagonale Packung. Er deutet dann an, daß die letztere dichter ist als die erstere. Es kann nicht ausgeschlossen werden und wir dürfen sogar annehmen, daß der belesene Kepler tatsächlich Dürers Buch gegen Ende des 16. Jahrhunderts oder Anfang des 17. Jahrhunderts gelesen hat und dadurch inspiriert worden ist.

Dürer wies also darauf hin, daß von den zwei regelmäßigen Anordnungen für Kreise die hexagonale Anordnung dichter ist als die quadratische, und Kepler behauptete, daß die hexagonale Packung die dichtestmögliche in zwei Dimensionen sei. Aber wer hat das bewiesen? Wie wir bereits gesagt hatten, muß diese Frage in zwei Abschnitte unterteilt werden. Vom Datum der Dürerschen Veröffentlichung an gerechnet dauerte es zweieinhalb Jahrhunderte bis zum Beweis, daß die hexagonale Anordnung die dichteste Gitterpackung von Kreisen in der euklidischen Ebene ist. Danach dauerte es weitere hundertsiebzig Jahre, um zu zeigen, daß dieselbe hexagonale Anordnung auch die dichtestmögliche allgemeine Packung ist. Im Rest dieses Kapitels untersuchen wir die dichteste gitterförmige Anordnung. Die dichteste allgemeine Anordnung wird in Kapitel 4 diskutiert.

Die Handlung verlagert sich jetzt nach Italien. Giuseppe Lodovico Lagrangia (der sich später Joseph-Louis Lagrange nannte) wurde 1736 in Turin als Sohn eines gutsituierten Staatsbeamten geboren, der für die Schatzkammer des Stadtamtes für Öffentliche Arbeiten und Befestigungen zuständig war. Vielleicht hatte dieser ehrenwerte Mann etwas zuviel mit dem Inhalt der Schatzkammer herumgespielt, um mehr sich selbst und nicht die Stadt zu stärken, oder vielleicht war er auch nur ein cleverer Investor. Wie dem auch sei, er wurde ein wohlhabender Mann. Aber leider war die Gunst der Göttin Fortuna nicht von Dauer und eines Tages hatte die Glückssträhne des Lagrange sen. ein Ende: Er verlor alles durch Spekulationen. Giuseppe Lodovico jr. wurde auf die Universität geschickt, um Jura zu studieren. Als siebzehnjähriger Student glänzte er mit seinem klassischen Latein (so wie Kepler 160 Jahre vor ihm) und zeigte vorerst kaum Interesse an Mathematik. Aber eines Tages stieß er auf eine mathematische Abhandlung – er begann, sie zu lesen, sein Interesse erwachte und er beschloß, den Rest seines Lebens der Mathematik zu widmen. Er vertiefte sich Tag und Nacht in das Studium der Mathematik. Es war ein Glück für die Welt, daß das finanzielle Glück seines Vaters abgelaufen war, denn Lagrange jr. sagte später selbst: wäre er reich gewesen, dann wäre er Rechtsanwalt geworden.

Zwei Jahre später war Lagrange bereits so weit, sich einen Namen zu machen. Er schrieb einen Brief an Leonhard Euler, den Großmeister der Mathematik aus der Schweiz. Euler, damals Direktor der Klasse für Mathematik der Akademie der Wissenschaften zu Berlin, war einer der fruchtbarsten Mathematiker überhaupt und leistete Beiträge zu allen Gebieten der Mathematik.

In seinem Brief beschrieb Lagrange die Lösung eines Problem, mit dem sich die Mathematiker mehr als ein halbes Jahrhundert gequält hatten. Es ging um das sogenannte isoperimetrische Problem, das heißt, um die Maximierung einer Fläche oder eines Volumens bei Vorhandensein von Nebenbedingungen und Randbedingungen. Wir sind in Keplers Abhandlung über den sechseckigen Schnee bereits einem Beispiel des isoperimetrischen Problems begegnet. Wir erinnern uns an die Biene, deren Aufgabe es ist, den Speicherraum einer Honigwabe zu maximieren und gleichzeitig die Menge des Wachses zu minimieren, die zum Bauen der Wabe erforderlich ist. Das ist ein Beispiel für ein isoperimetrisches Problem, und wie Pappos von Alexandria bereits im dritten Jahrhundert n. Chr. behauptet hatte, ist das Hexagon die Lösung.

Tatsächlich stammt das erste bekannte Beispiel eines isoperimetrischen Problems aus einer viel früheren Zeit, nämlich aus dem achten Jahrhundert v. Chr. Es ist die Geschichte von Dido, der Königin von Karthago. Die Legende berichtet, daß Dido vor ihrem tyrannischen Bruder, König Pygmalion, floh. Sie landete an der nordafrikanischen Küste und erklärte dort ihre Absicht, ein Stück Land zu kaufen. Die Ortsansässigen zeigten sich wohl bereit, ihr Geld entgegen zu nehmen, waren aber nicht so scharf darauf, ihr allzu viel Grund und Boden dafür zu geben. Ein kichernder Eingeborener sagte Dido, sie könne sich so viel Land nehmen, wie sie mit dem Fell eines Stieres bedecken könne. Anscheinend dachte er, der schönen Dame einen kleinen

Garten von ungefähr 5 Quadratmetern zu verkaufen, aber die kluge Dido handelte nach dem Motto „wer zuletzt lacht, lacht am besten". Sie zerschnitt das Stierfell in ganz dünne Streifen, fügte diese an ihren Enden zusammen und verkündete anschließend, daß ihr alles Land gehören würde, das sie mit diesem langen Streifen umfassen könne. Wahrscheinlich verwechselte sie absichtlich „überdecken" mit „umschließen" – die armen Ortsansässigen fielen jedenfalls darauf rein. Nachdem Dido auf die Idee gekommen war, das Stierfell in Streifen zu schneiden, mußte sie noch entscheiden, welche Form das Land haben sollte. An dieser Stelle kommt das isoperimetrische Problem ins Spiel. Offensichtlich wollte Dido, daß sich ihr neues Haus auf der größtmöglichen Grundstücksfläche befindet. Folglich mußte sie herausfinden, welche Form die größte Fläche überdeckt, die durch eine Grenze von gegebener Länge umfaßt wird. Die Antwort ist – wir hatten es ja schon geahnt – ein Kreis. Wie die Ortsansässigen mit Entsetzen feststellten, machte sich Dido daran, mit dem Fellstreifen ein großes Stück Land zu umschließen und wurde Königin der runden Stadt Karthago.

Lagrange schrieb Leonhard Euler über die dreidimensionale Version des Problems der Dido, also über das Problem, das größte Volumen zu einer fest vorgegebenen Oberfläche zu finden. Euler hatte sich gerade daran gemacht, das Problem selbst zu lösen, sah aber ein, daß der unbekannte junge Mann aus Turin eine Methode gefunden hatte, die später unter dem Namen *Variationsrechnung* bekannt werden sollte und der Methode überlegen war, die Euler vorschlagen wollte. Er erkannte die Fähigkeiten des jungen Mannes und hielt sein eigenes Manuskript zurück, um die Arbeit von Lagrange veröffentlichen zu lassen. Mit einem Schlag fand sich der bisher unbekannte italienische Student an der vordersten Front der Mathematiker-Innung wieder. Etwas später wies Lagrange bei seinen Untersuchungen über schwingende Saiten und Schallausbreitung einen Fehler nach, der dem großen Isaac Newton bei der Analyse desselben Phänomens unterlaufen war. Darüber hinaus wies Lagrange auch auf einen Mangel an Allgemeinheit in den von früheren Wissenschaftlern verwendeten Methoden hin. Er ging daran, eine revolutionäre Abhandlung über Echos, Rhythmen und zusammengesetzte Töne zu schreiben, wodurch er sich einen Namen als früher Anhänger der Rockmusik machte – zweihundert Jahre, bevor die Rolling Stones an die Spitze der Charts stießen.

Aber das war nicht die Woodstock-Generation und Rockmusik bedeutete auch nicht automatisch Pazifismus. Und so wurde Giuseppe Lodovico im Alter von neunzehn Jahren Professor der Mathematik an der Königlichen Artillerieschule von Turin. Schließlich brauchten ja nicht nur Künstler ein solides mathematisches Fundament, wie Dürer bemerkt hatte; auch Schützen mußten imstande sein zu berechnen, wo ihre Geschosse einschlagen. Lagrange unterrichtete die Artillerie-Offiziere in angewandter Mathematik und setzte gleichzeitig seine Forschungsarbeit fort. Im Alter von fünfundzwanzig Jahren war er bereits als führender Mathematiker seiner Zeit anerkannt. Aber die intensive Arbeit der vorhergehenden Jahre forderte ihren Tribut und Lagrange wurde physisch und psychisch krank. Er erholte sich schließlich von seinen körperlichen Beschwerden, aber sein Nervensystem blieb weiterhin angegriffen. In seinem ganzen Leben sollte er unter Anfällen tiefer Melancholie und an Depressionen leiden.

Lagrange erhielt viele Arbeitsangebote aus verschiedenen Ländern, aber der zurückhaltende junge Mann lehnte alles ab und zog es vor, in bescheidenen Verhältnissen in seiner Heimatstadt Turin zu leben. Er wollte sich ausschließlich der Mathematik widmen. Die Situation änderte sich jedoch 1766. Leonhard Euler hatte genug von seinem Boss Friedrich dem Großen, der darauf bestand, sich in die Angelegenheiten der Akademie einzumischen. Euler verließ Berlin, um sein Lager in St. Petersburg bei Peter dem Großen aufzuschlagen. (Peter der Große war übrigens nicht mit Friedrich dem Großen verwandt, sie betrachteten sich nur beide als groß.) Der Alte Fritz war über den Deserteur äußerst erzürnt und schlug Lagrange vor, daß „der größte Mathematiker Europas" zum „größten König Europas" kommen solle.

Sogar der anspruchslose Lagrange konnte sich einem solchen Vorschlag nicht entziehen und am 6. November 1766 wurde er Eulers Nachfolger als Direktor der mathematischen Klasse der Berliner Akademie der Wissenschaften. Er sollte die nächsten zwanzig Jahre an Friedrichs Hof verbringen.

Während seiner Berliner Jahre verfaßte Lagrange ungefähr eine Abhandlung pro Monat, insgesamt Hunderte von Arbeiten. Er war beileibe kein engstirniger Spinner, sondern beschäftigte sich mit einer großen Bandbreite von Themen: Algebra, Zahlentheorie (er bewies einige Vermutungen von Fermat, aber leider nicht die berühmt gewordene), analytische Geometrie, Differentialgleichungen, Astronomie und Mechanik. Während seiner Zeit am preußischen Hof erhielt er auch die meisten Preise, die von der *Académie des Sciences* in Paris alle zwei Jahre für die Lösung eines besonders interessanten Problems vergeben wurde. (Er erhielt den Preis 1764, 1766, 1772, 1774 und 1778.)

Friedrich starb 1787 und damit wurde Lagranges Leben in Berlin weniger amüsant. Er erhielt zahlreiche Arbeitsangebote, das verlockendste kam von Frankreichs König Louis XVI. Es enthielt vor allem eine Klausel, die Lagrange von allen Lehrverpflichtungen befreite, was er bereitwillig annahm. Die *Académie des Sciences* in Paris machte ihn sofort zum Mitglied – wahrscheinlich, um nunmehr auch anderen jungen Mathematikern die Möglichkeit zu geben, einen Preis zu gewinnen.

Zu Beginn der Französischen Revolution war Lagrange ein aktives Mitglied des Komitees zur Standardisierung der Maße und Gewichte. Die *Académie* und viele andere gelehrte Gesellschaften waren während der Schreckensherrschaft gezwungen worden, ihre Tore zu schließen, aber das Komitee für Maße und Gewichte durfte seine Tätigkeit fortsetzen. Sogar die Revolutionäre begriffen, daß eine gewisse Ordnung in dem Chaos erforderlich war, das auf den Märkten herrschte. Die Händler verwendeten in den verschiedenen Landesteilen unterschiedliche Meßmethoden (hielten jedoch die Preise konstant, was ein sicheres Rezept für eine Inflation ist). Der Auftrag des Komitees bestand in der Schaffung eines Systems, das für das ganze Land verbindlich sein sollte.

Nach reiflicher Überlegung kam man zu dem Schluß, daß Zählen und Multiplizieren für die einfachen Leute leichter ist, wenn sie dabei ihre Finger benutzen dürfen. Und so ersann das Komitee das Dezimalsystem als Grundlage für die Einheiten Meter, Gramm und Liter. Im Gegensatz hierzu hatten die Römer das Pfund und den Fuß in zwölf Unzen bzw. zwölf Zoll unterteilt – vermutlich, weil sie alle ihre Finger zuzüglich zweier Zehen dazu verwendeten, um bis zu einem Dutzend zu zählen. Sogar bis vor kurzem bestanden die Engländer und die Amerikaner darauf, daß die Benutzung der Finger und eines Zehenpaares eine gute Idee sei, Arithmetik zu treiben. Es hat den Anschein, daß sich die Angelsachsen nicht so sehr mit Multiplikation von Maßen und Gewichten befaßten, sondern mehr mit der Division. Und da sich ein Dutzend leicht durch 2, 3, 4 und 6 dividieren läßt, während im metrischen System nur die Division durch 2 und 5 einfach ist, entschieden sie sich für das Duodezimalsystem. Erst jetzt lassen sie sich langsam zu dem System bekehren, das von Lagrange und seinen Mannen vorgeschlagen wurde.[4]

Die Schreckensherrschaft ließ auch Lagrange nicht ungeschoren. Die Nationalversammlung verabschiedete ein Gesetz, das die Verhaftung sämtlicher in Feindesstaaten geborenen Ausländer sowie die Beschlagnahme ihres Eigentums anordnete. Dieser Erlaß traf offensichtlich auf Lagrange zu – soviel zu der Behauptung, daß er Franzose sei – aber der Chemiker Antoine-Laurent Lavoisier, einer der führenden französischen Wissenschaftler seiner Zeit und ein Kollege im Komitee für Maße und Gewichte – intervenierte für den berühmten Mathematiker und man machte mit Lagrange eine Ausnahme. Dadurch wurde Lagrange verschont, aber schon bald darauf geriet Lavoisier – bis dahin ein geachteter Staatsbeamter und Kommissar für Schießpulver – mit der revolutionären Ideologie in Konflikt. Ein Gericht brauchte gerade mal einen Tag dazu, um diesem großen Mann den Prozeß zu machen, ihn zu verurteilen und hinzurichten. Lagrange war tief betroffen wegen der Exekution seines Freundes, der ihn nur ein Jahr zuvor vor der Verhaftung und vielleicht vor einem ähnlichen Schicksal gerettet hatte. „Es hat nur einen Moment gedauert, ihm den Kopf abschlagen zu lassen, und hundert Jahre werden nicht ausreichen, ehe es wieder einen ähnlichen Kopf geben wird," rief er aus.[5]

---

[4] Am 4. Juli 2000 beging Steven Thoburn, seines Zeichens Obst- und Gemüsehändler in Sunderland (England), eine ziemlich schwerwiegende Straftat. Er beharrte darauf, für die von ihm verkauften Bananen die Gewichtseinheit Pfund zu verwenden und nicht die Gewichtseinheit Kilogramm, die von der Europäischen Union gesetzlich vorgeschrieben worden war. Der Metrikmärtyrer Mr. Thoburn wurde wegen Verletzung der erlassenen Gesetze verurteilt.

[5] Ein junger Buchhalter, der für Lavoisier gearbeitet hatte, war durch den Tod seines Herren so mitgenommen, daß er seine Sachen packte und nach Amerika abreiste. Er nahm auch das Knowhow für die Herstellung von Schießpulver mit. Auf Drängen von Präsident Thomas Jefferson gründete der Buchhalter eine Gesellschaft in Wilmington (Delaware), wo seine Expertise auf dem Gebiet der Schießpulverproduktion genutzt wurde. Der Name des jungen Mannes war Irenée Du Pont. Der Rest ist Geschichte.

Privilegien wurden von den Revolutionären ausgesprochen mißbilligt und
ohne viel Federlesen annullierte man die Klausel, gemäß der Lagrange keine Vorlesungen halten mußte. Von da an war er gezwungen, Vorlesungen zu
halten, zuerst an der *École Polytechnique* – heute die Spitzenuniversität für
Frankreichs Elitebeamte und Geschäftsleute –, und später an der *École Nor-
male*, die als Ausbildungseinrichtung für Lehrer gegründet wurde, aber heute
der Platz für die echten Intellektuellen ist. Lagrange mußte nicht nur lehren,
sondern seine Vorlesungen wurden sogar mitstenographiert, so daß die Ab-
geordneten selbst inspizieren konnten, ob der Professor von seinem Thema
abwich. Offensichtlich waren die Behörden in großer Sorge ob des umstürz-
lerischen Effektes von Differentialgleichungen und wegen des konterrevoluti-
onären Einflusses der Infinitesimalrechnung – sie dachten gar nicht daran, das
erste Drittel ihres Schlachtrufes („liberté, égalité, fraternité") auf die akademische Freiheit anzuwenden.

In seinem späteren Leben wurde Lagrange für seine mathematischen Leistungen mit Ehren überhäuft. 1796 wurde der französische Kommissar in Italien an den Wohnsitz von Lagranges Vater gesandt, um ihm die Glückwünsche
der Republik zu den Leistungen seines Sohnes zu übermitteln. Nachdem Napoleon an die Macht kam, wurde Lagrange zum Offizier der Ehrenlegion und
zum *Comte de l'Empire* ernannt. Am 3. April 1813, eine Woche vor seinem
Tod, wurde ihm der *Ordre Impérial de la Réunion* zuerkannt. Lagrange wird
als führender Mathematiker des achtzehnten Jahrhunderts angesehen.

Wir kehren jetzt zum Thema Kreispackungen zurück.[6] Lagrange schrieb 1773,
als er noch am Hofe Friedrichs des Großen weilte, eine Abhandlung mit dem Titel „Recherche d'arithmétique", die in den *Nouveaux mémoires de l'Académie
royale des Sciences et Belles-Lettres de Berlin* veröffentlicht wurde. Der Leser
sei hiermit vorgewarnt, damit er nicht denkt, daß diese Abhandlung ein einfacher Essay über die vier arithmetische Grundrechenarten – Addition, Subtraktion, Multiplikation und Division – ist. Lagrange vergeudete nicht seine Zeit
mit der trivialen Mathematik der höheren Schulen. Er beschäftigte sich mit
höherer Arithmetik, das heißt, mit dem Gebiet, das man heute als Zahlentheorie bezeichnet. In seiner Abhandlung diskutierte Lagrange *binäre quadratische
Formen*, das heißt speziell Ausdrücke wie $a^2 + 2b + c^2$. Er fand, daß die wichtigste Eigenschaft einer quadratischen Form deren sogenannte *Diskriminante*

---

[6] Die folgenden Seiten sind keine leichte Lektüre. Wir empfehlen, daß sich nur
fortgeschrittene Leser damit beschäftigen, die sich mit den graphischen Darstellungen der mathematischen Sachverhalte auskennen. Leser, die sich mehr für die
Geschichte des Kugelpackungsproblems interessieren, können die folgenden Seiten
überspringen (oder überfliegen) und sich gleich die Schlußfolgerungen am Ende
dieses Kapitels ansehen. Wir verwenden hier und in den folgenden Kapiteln eine
andere Schriftart, um Abschnitte anzuzeigen, die sich ausführlicher mit Mathematik befassen.

$a^2c^2 - b^2$ ist. Wie es sich herausstellt, stehen Diskriminanten in einem engen Zusammenhang zu Gittern.

Um diesen Zusammenhang zu erklären, müssen wir zuerst den Begriff der Gitterbasis definieren. Zwei Vektoren, einer für jede Richtung, bestimmen ein zweidimensionales Gitter. In Graphen und Abbildungen werden diese Vektoren üblicherweise durch kleine Pfeile angegeben, mit deren Hilfe die Reisenden, die durch das Gitter wandern, ihren Weg finden können. Die Vektoren und der Winkel zwischen ihnen bilden die Basis des Gitters.[7] In Manhattan besteht eine nützliche Basis aus den *avenues* und den *streets* – wir wollen diese Basis als „Manhattan-Basis" bezeichnen. Der Abstand zwischen zwei Avenues (etwa 300 Meter in Ostrichtung) repräsentiert den Vektor in einer Richtung und wird mit a bezeichnet. Der Abstand zwischen zwei Straßen (100 Meter in Nordrichtung) repräsentiert den Vektor in der anderen Richtung und wird mit b bezeichnet.[8] Der Winkel zwischen den Avenues und den Straßen beträgt $90°$. Folglich bezieht sich eine Adresse wie „8. und 12." auf die Kreuzung 8. Avenue und der 12. Straße. Nach dem Start vom „imaginären" Ursprung –

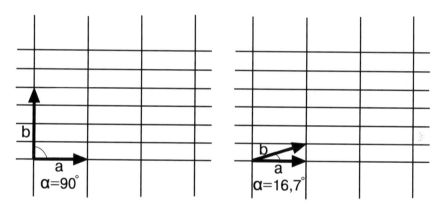

Abb. 3.3. Zwei Basen für Manhattan

irgendwo in der Nähe des Hudson River in unserem imaginären Manhattan – müßten Sie acht Avenues ($8a = 2400$ Meter) nach Osten und zwölf Straßen ($12b = 1200$ Meter) nach Norden gehen, um diese Position zu erreichen.

Als Lagrange seine höhere Arithmetik verfaßte, gab es noch keinen Eiffelturm in Paris und in Manhattan gab es auch noch keine großen Gebäude. Daher hatte man mehrere Möglichkeiten, ein und denselben Punkt zu erreichen. Nach dem Start am Ausgangspunkt konnte man in beliebige Richtungen gehen, dann eine Abkürzung durch die Felder nehmen und danach wieder bei

---

[7] Für ein dreidimensionales Gitter besteht die Basis aus drei Vektoren.

[8] Die Zahlen und Richtungen dienen nur zu Illustrationszwecken. In New York City betragen die Abstände zwischen Straßen und Avenues nicht genau 100 bzw. 300 Meter und die Richtungen zeigen nicht genau nach Norden bzw. Osten.

der obengenannten Kreuzung „8. und 12." landen. Zum Beispiel hätte Peter Stuyvesant zuerst vier Avenues nach Osten gehen und dann den kürzesten Weg durch die restlichen Blöcke nehmen können, um zur Kreuzung zu kommen. Seine Basis hätte aus den beiden Vektoren „300 Meter in Ostrichtung" und „316 Meter in Ostnordostrichtung" bestanden.[9] Der Winkel zwischen den beiden Vektoren beträgt ungefähr 17°. Unter Verwendung der „Stuyvesant-Basis" kann ein Reisender ebenfalls jeden Punkt auf dem Gitter erreichen und daher handelt es sich ebenfalls um eine Basis für das Manhattan-Gitter. Auf dieselbe Weise kann man sich unendlich viele verschiedene Basen für Manhattan vorstellen. Und das wirft ein Problem auf, wie wir gleich sehen werden.

Was haben quadratische Formen mit Gittern zu tun? Das Gebiet zwischen Avenues und Straßen ist als Block bekannt. Allgemeiner bezeichnet man einen Block in einem beliebigen Gitter gewöhnlich als Fundamentalzelle. Wäre es nicht schön, wenn es für die Fläche einer solchen Zelle irgendeinen einfachen Ausdruck gäbe? Wir haben Glück! Wie wir im Anhang zeigen, ist die Fläche des Blocks einer Basis gleich der Quadratwurzel aus der Diskriminante der quadratischen Form. Das ist der Zusammenhang zwischen Gittern und quadratischen Formen.

All das vermittelte den Mathematikern, die an Packungsproblemen arbeiteten, eine Idee. Um das Gitter zu finden, das die dichteste Packung repräsentiert, würde man folgendermaßen vorgehen müssen: (1) Diejenigen Gitter finden, die eine Positionierung von vier Kreisen in den Ecken der Zelle gestatten, ohne daß irgendwelche Überlappungen stattfinden und (2) aus diesen Gittern dasjenige auswählen, dessen Fundamentalzelle die kleinste Fläche hat.

Warum würde diese Vorgehensweise das Packungsproblem lösen? Zunächst muß man erkennen, daß jede Gitterzelle einen Vollkreis enthält, falls die Vektoren hinreichend lang sind und der Winkel zwischen ihnen hinreichend groß ist. Positioniert man vier Pizzas in den Ecken einer Zelle (vgl. Abbildung 3.4), dann bilden die Scheiben, die innerhalb der Zelle enthalten sind, zusammen wieder eine vollständige Pizza – unabhängig davon, welche Form die Zelle hat. Im Allgemeinen hat man dann zwei große Scheiben für die Erwachsenen und zwei kleine Scheiben für die Kinder. Zusammengesetzt bilden die vier Scheiben eine vollständige Quattro-Stagioni-Pizza.

Alles, was wir tun müssen, um die dichteste Packung zu erzielen, besteht darin, dasjenige Gitter zu finden, das die kleinste Fläche zwischen den Pizzascheiben verschwendet.[10] Mit anderen Worten: Wir müssen das Gitter finden, dessen Fundamentalzelle die kleinste Fläche hat. Aber die Fläche der Fundamentalzelle ist die Quadratwurzel aus ihrer Diskriminante. Die Dinge sehen glänzend aus: Alles, was wir tun müssen, besteht darin, sämtliche Basen aller

---

[9] Die Richtung ist nicht genau Ostnordost. Nach Pythagoras beträgt in einem rechtwinkligen Dreiecks mit Katheten von 100 und 300 Metern Länge die Länge der Hypotenuse 316 Meter.

[10] Die Zelle muß groß genug sein, um die Pizzas an den Ecken der Fundamentalzelle ohne Überlappungen aufzunehmen. (Wer würde denn schon zerquetschte Pizzas essen wollen?)

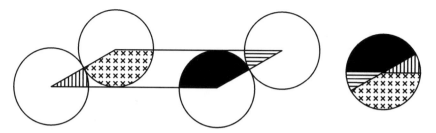

Abb. 3.4. Pizzas in einer Zelle

Gitter zu überprüfen und dann dasjenige auswählen, das die kleinste Diskriminante hat.

Aber wir erinnern uns, daß wir hier ein Problem haben. Es gibt nicht nur sehr, sehr viele Gitter, sondern für jedes Gitter gibt es auch eine unendliche Anzahl von Basen. Wie können wir hoffen, die beste Packung zu finden, wenn wir alle Gitter unendlich oft überprüfen müssen? Das von Lagrange betrachtete Problem bestand also darin, wie man die unendliche Anzahl der Basen, die jedes Gitter hat, auf einen einzigen Repräsentanten reduzieren kann. Grundsätzlich besteht dieses als Reduktion bezeichnete Verfahren darin, daß man unter allen Basen, die ein spezifisches Gitter beschreiben, diejenige mit den kürzesten Vektoren findet.[11] Als Lagrange mit den Parametern von reduzierten Basen herumbastelte, fand er etwas ziemlich Bemerkenswertes. Er stellte fest, daß die Diskriminante einer reduzierten Basis nie kleiner als $\frac{3}{4}a^4$ sein konnte. Er fand weiter, daß der Winkel zwischen den beiden Vektoren einer reduzierten Basis zwischen $60°$ und $90°$ liegen muß.

Wir erinnern uns jetzt wieder daran, daß die Fläche der Zelle gleich der Quadratwurzel aus der Diskriminante ist. Lagrange hat also entdeckt, daß die Fläche einer Gitterzelle niemals kleiner als $0,866a^2$ sein kann. Solange die beiden Vektoren und der Winkel zwischen ihnen groß genug sind, um Kreise an den Gitterpunkten ohne Überlappungen zuzulassen, kann man mit den Parametern beliebig herumspielen: Die Fläche der Fundamentalzelle kann niemals kleiner als diese Schranke werden. Und welches Gitter erreicht dieses Minimum? Lagrange zeigte, daß das Minimum nur dann auftritt, wenn $a = c$ ist und wenn der Winkel zwischen den beiden Vektoren $60°$ beträgt. Und was folgt nun hieraus? Siehe da, es handelt sich um die hexagonale Anordnung. Die quadratischen Pizzaschachteln sollten langsam aber sicher verschwinden: Man kann große Mengen Karton sparen, wenn die Pizzas in sechseckige Schachteln gepackt werden. (Runde Schachteln wären natürlich noch besser.) Es gibt wirklich nichts Neues unter der Sonne: Bereits Dürer und Kepler hatten die hexagonale Anordnung genannt. Aber Lagrange gab der Sache den letzten Schliff.

---

[11] Lagrange zeigte, daß eine reduzierte Basis die Ungleichungen $0 \leq 2b \leq a^2 \leq c^2$ erfüllen muß, wobei $b = ac \cos \alpha$ (α ist der Winkel zwischen den beiden Vektoren).

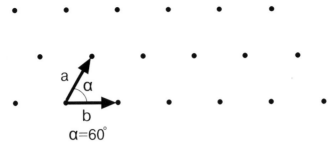

Abb. 3.5. $a = c$, Winkel $= 60°$

Lagrange stellte die mathematischen Zutaten für den Beweis zur Verfügung, daß ein Gitter, dessen Punkte hexagonal angeordnet sind, die Platzverschwendung minimiert. In Wirklichkeit hatte Lagrange aber keinerlei Interesse an Kreispackungen *per se* und in seinem *Mémoire* von 1773 betrachtete er quadratische Formen als rein mathematische Objekte. Er entwickelte die Reduktionstheorie binärer quadratischer Formen, aber der Zusammenhang zu Gittern entging seiner Aufmerksamkeit. Erst sechzig Jahre später, im Jahr 1831, führte Carl Friedrich Gauß (über den wir in Kapitel 7 viel ausführlicher sprechen werden) die sogenannten Gitter ein und wies auf ihren Zusammenhang mit quadratischen Formen hin. Aber auch er betrachtete Kreispackungen nicht speziell. Gegen Ende des neunzehnten Jahrhunderts, als wieder Interesse am Thema aufkam, stellte man fest, daß Lagrange bereits alles zur Verfügung gestellt hatte, was für den Beweis erforderlich war, daß die hexagonale Packung die dichteste Anordnung von Kreisen auf einem Gitter ist.

Im nächsten Kapitel lassen wir die Voraussetzung fallen, daß die Mittelpunkte der Kreise auf einem Gitter liegen, und wenden uns dem allgemeinen Packungsproblem in zwei Dimensionen zu.

4

Die zwei Versuche von Thue und Fejes Tóths Leistung

Im vorhergehenden Kapitel hatten wir Packungen und Überdeckungen in zwei Dimensionen betrachtet. Wir hatten darauf hingewiesen, daß das tatsächlich zwei verschiedene Fragen sind, die in Abhängigkeit davon untersucht werden müssen, ob die Mittelpunkte der Kreise auf einem Gitter liegen oder nicht. Joseph-Louis Lagrange lieferte die Zutaten für den Beweis, daß die hexagonale Anordnung die dichteste gitterförmige Packung in zwei Dimensionen ist. Wir wollen uns nun in Richtung des allgemeinen Falles bewegen. Gibt es vielleicht eine unregelmäßige Anordnung, die eine dichtere Packung gestattet?

Es wurde lange vermutet, daß die hexagonale Anordnung auch die dichteste allgemeine Packung darstellt, das heißt, daß es keine nicht gitterförmige Packung gibt, die dichter als die hexagonale Anordnung ist. Jedoch ist das nicht ganz offensichtlich und muß bewiesen werden. Man nehme etwa einen zweidimensionalen Bereich, zum Beispiel ein Rechteck der Länge 6 und der Breite 5,8. Die Fläche des Rechtecks ist 34,8. Verwendet man die quadratische Anordnung, dann passen sechs Kreise mit dem Radius 1,0 in das Rechteck hinein und dabei ergibt sich eine Dichte von 54,2 Prozent.[1] Bei der hexagonalen Gitteranordnung lassen sich andererseits sieben Kreise innerhalb des Rechtecks unterbringen, was eine Dichte von 63,2 Prozent ergibt. Das ist besser, aber wir können eine weitere Verbesserung erreichen, wenn wir nicht verlangen, daß die Anordnung gitterförmig ist. Durch wohlüberlegtes Positionieren können wir acht Kreise innerhalb des Rechtecks unterbringen, womit wir eine Dichte von 72,2 Prozent erzielen. Gibt es also Anordnungen, die dichter sind als die hexagonale Anordnung? Die Antwort ist: manchmal schon, wenn wir beschränkte Bereiche betrachten. Der Grund für die größere Dichte der nicht gitterförmigen Anordnung ist, daß sich das Rechteck nicht bis ins Unendliche erstreckt. Man darf lokale Dichte nicht mit globaler Dichte verwechseln; es ist die letztere, die wir maximieren wollen. Aber dieses kleine Beispiel weist auf ein echtes Problem hin und man muß die Frage stellen, ob es allgemeine Anordnungen gibt, die dichter als die hexagonale Gitterpackung sind.

---

[1] $6\pi r^2/34,8 = 54,2$ (Prozent).

G.G. Szpiro, *Die Keplersche Vermutung*,
DOI 10.1007/978-3-642-12741-0_4, © Springer-Verlag Berlin Heidelberg 2011

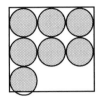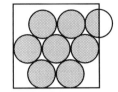

Abb. 4.1. 6, 7 und 8 Vollkreise innerhalb eines Quadrats

Gegen Ende des neunzehnten Jahrhunderts kam ein Mathematiker namens Axel Thue des Nor-Wegs. Heute ist der Norweger Thue hauptsächlich wegen seiner Beiträge zur Zahlentheorie bekannt, aber er arbeitete auch auf den Gebieten der mathematischen Logik, der Geometrie und der Mechanik. Seine Arbeit „Om nogle geometrisk-taltheoretiske Theoremer" (Über einige geometrisch-zahlentheoretische Sätze) war der erste veröffentlichte Versuch, das allgemeine Kreispackungsproblem zu lösen. Die Betonung liegt auf dem Wort *Versuch*, weil sich herausstellte, daß es gar kein Beweis war. Tatsächlich war es nicht viel mehr als die Skizze eines möglichen Beweises. Dennoch wird Thue mitunter als derjenige genannt, der das zweidimensionale Packungsproblem gelöst hat – wer versteht denn schon Norwegisch?

Thues wissenschaftliche Verdienste werden unterschiedlich eingeschätzt. Ein berühmter Zahlentheoretiker (Edmund Landau) beurteilte einen Satz von Thue als „die wichtigste Entdeckung, die ich auf dem Gebiet der elementaren Zahlentheorie kenne". Aber seine Biographen (Trygve Nagell, Atle Selberg, Sigmund Selberg und Knut Thalberg) gehen in ihrer Einschätzung von „tiefgründiger Arbeit, die ein neues Zeitalter in der Theorie der Diophantischen Gleichungen einleitete" bis zu „einfach, aber elegant und nützlich." Thues Lebenswerk ist reich an Frustrationen; seine Attacke auf das Kreispackungsproblem ist nur ein Beispiel dafür.

So wie Lagrange kam der junge Axel eher etwas zufällig mit der Welt der Mathematik in Berührung. Als Jugendlicher interessierte er sich für Physik und eines Tages sah er eine Anzeige für ein Buch mit dem Titel *Pendulum's Influence on Geometry* (Der Einfluß des Pendels auf die Geometrie). Was kann ein Pendel denn schon mit Geometrie zu tun haben, dachte er bei sich und bestellte das Buch. Nachdem er es erhalten hatte, erkannte er, daß die Anzeige einen Druckfehler enthielt: Der wirkliche Titel war *Poncelet's Influence on Geometry*. Jean-Victor Poncelet war mitnichten ein Pendel. Er war ein Ingenieur, der 1812 an Napoleons Feldzug teilnahm und in die Gefangenschaft der Russen geriet. Während seiner Haft schrieb er eine Abhandlung über analytische Geometrie, die erst fünfzig Jahre später veröffentlicht wurde. In dem Buch, das sich Thue bestellt hatte, ging es also um reine Mathematik, aber er las es und wurde süchtig. Es begann eine lebenslange Freundschaft mit dem Autor Elling Holst, der sein Lehrer und Mentor werden sollte.

Thue begann sein Studium an der Universität Oslo und hielt als Student mehr als ein Dutzend Vorträge vor ausgewählten Zuhörern in der Wissenschaftlichen Gesellschaft und im Mathematischen Seminar. Obwohl er offensichtlich begabt war, kamen seine Bildungslücken bald zum Vorschein. Thues norwegischer Landsmann Sophus Lie, der Vater der passend nach ihm benannten Lieschen Algebra, bemerkte, daß Thues „mathematische Kenntnisse seiner Begabung und seinem Enthusiasmus nicht gerecht werden", und daß „die Wahrscheinlichkeit, daß er ein hinreichend umfassendes Fundament für seine Arbeit erwirbt, von Jahr zu Jahr geringer wird". Aber es war noch nicht zu spät, die Wissenslücken zu schließen, und Thue erhielt für die Jahre 1890 und 1891 Stipendien, um in Leipzig und Berlin zu studieren. Er trat die Reise an, nutzte aber die Gelegenheit kaum. Gewöhnlich war der ungestüme junge Mann glücklich, die allgemeine Idee tiefgründiger Theorien zu erfassen und pflegte das Studium der einschlägigen Details auf einen späteren Zeitpunkt zu verschieben. Beispielsweise hatte er einen guten Start in Leipzig, wo ihn Sophus Lie betreute. Aber als die Zeit kam, sich in die wesentlichen Einzelheiten zu vertiefen, machte er sich stattdessen auf eine Urlaubsreise nach Prag. Dort zog er sich Gelbfieber zu, das ihn ein paar Monate lang „lahmlegte". Das Ergebnis faßte er kurz und bündig mit folgenden Worten an seinen früheren Lehrer zusammen: „Meine Arbeit ... hat zu keinem positiven oder abschließenden Resultat geführt". In einem anderen Brief schrieb er, „Ich habe ungefähr 500 Seiten verfaßt, aber die meisten von ihnen können dem Papierkorb überantwortet werden". Seine Beziehung zu Lie ist die Geschichte einer verpaßten Gelegenheit. Die seltene Chance, mit seinem berühmten Landsmann zusammenzuarbeiten, hinterließ absolut keine Spuren in Thues Arbeit.

Die nahezu vollständige Abwesenheit von Quellenverweisen und bibliographischem Material am Schluß seiner Arbeiten – mit Ausnahme von Verweisen auf seine eigenen Arbeiten – zeigt auch, daß Thue mit der einschlägigen Literatur einfach nicht vertraut war. Er hätte begreifen sollen, daß er auf dem falschen Weg war, denn er stellte selber fest: „Jedes Mal, wenn ich ein wichtiges Resultat erzielt hatte, stellte sich heraus, daß es bereits wohlbekannt war. Es ist zu hoffen, daß immer noch etwas übrig bleibt, das als neu bezeichnet werden kann und nach dem Geschmack gelehrter Mathematiker ist".

Diese willkürliche Herangehensweise ist für seine gesamte Laufbahn charakteristisch. Thue machte es einfach keine Freude, sich in Ergebnisse zu vertiefen, die andere Leute vor ihm erzielt hatten. Er verfolgte einen anderen Ansatz und erfand das Rad immer wieder neu. Erst nachdem er einen Satz bewiesen hatte, bat er einen Assistenten um Überprüfung, ob das Ergebnis wirklich neu war. Sehr oft stellte sich heraus, daß irgendjemand dieselbe Idee bereits hatte, manchmal Dutzende von Jahren früher. In einer Fußnote am Ende seiner 1909 erschienenen Arbeit über die Existenz transzendenter Zahlen räumt Thue ein, daß sein Beweis fast wörtlich mit dem Beweis übereinstimmt, den Liouville 1851 gegeben hatte, also mehr als ein halbes Jahrhundert früher. Der Titel einer anderen seiner Arbeiten, „Proof of a known theorem about transpositions," zeugt ebenfalls von diesem Mangel an Originalität. Thue war sich dieser Schwächen vollkommen bewußt. „Der Grund dafür, warum ich die Arbeit nicht veröffentlicht habe, liegt darin ... daß ich nicht wußte, was neu war

Abb. 4.2. Axel Thue

und was bereits bekannt war". Ein möglicher Grund für Thues Widerwillen, die Fachliteratur zu studieren, war vielleicht die Unfähigkeit, dem Gedankengang eines Anderen zu folgen. Eine andere Erklärung für dieses merkwürdige selbstauferlegte Handikap ist möglicherweise, daß Thue einfach nur faul war. Aber er weigerte sich, aus seinen Mißgriffen zu lernen und versuchte stattdessen, aus seinem Charakterfehler eine Tugend zu machen. Er behauptete, daß er es nicht gern habe, ein Thema gründlich zu studieren, denn „eine solche Untersuchung ... hat ... eine hemmende Wirkung auf meine Vorstellungskraft". Das ist einer der unaufrichtigsten Vorwände, die es gibt. Jeder Schullehrer hat schon bessere Entschuldigungen gehört.

Bevor Thue beschloß, sein Leben der Neuerfindung von Rädern zu widmen, begann er seine berufliche Laufbahn mit einer wirklich fehlerhaften Arbeit. Und das ist die Arbeit, die uns hier beschäftigt. Es war erst die zweite Veröffentlichung Thues und wir können den Schnitzer der Unerfahrenheit des Neunundzwanzigjährigen zuschreiben. Kurz nachdem Thue von seinen Auslandsreisen zurückkam, entschloß er sich, auf der Jahresversammlung 1892 der *Scandinavian Society of Natural Scientists* einen Vortrag über seine Ideen zum allgemeinen Kreispackungsproblem zu halten. Vielleicht kannte er die Lösung von Lagrange für Gitter, aber er blieb sich treu und erwähnte die Arbeit des Italofranzosen nicht. Thues Ziel war jedoch, das allgemeine Packungsproblem zu lösen, ohne die Kreise auf ein Gitter zu beschränken.

Ungefähr zur gleichen Zeit begann der junge Deutsche Hermann Minkowski seinen Aufstieg zur mathematischen Berühmtheit. Er wurde 1864 in Rußland geboren, aber seine Familie zog in die deutsche Stadt Königsberg, als Hermann noch ein Kind war. In der Schule freundete er sich mit einem etwas älteren Jungen namens David Hilbert an, der später einer der einflußreichsten

Mathematiker des zwanzigsten Jahrhunderts werden sollte (vgl. Kapitel 8). Aber als sie noch Jungen waren, stahl ihm Minkowski die Schau. 1882, im Alter von achtzehn Jahren, trat er in Lagranges Fußstapfen und gewann den *Grand Prix des Sciences Mathématiques* der *Académie des Sciences* zu Paris. Die Preisaufgabe betraf die Darstellung einer ganzen Zahl als Summe von fünf Quadraten und der Schüler des Königsberger Gymnasiums erhielt den Preis gemeinsam mit dem englischen Zahlentheoretiker Henry John Stephen Smith aus Oxford.[2] Tatsächlich verlor Minkowski seinen Preis beinahe wieder, weil es die Engländer – die ja schon immer faire Sportler waren – nicht gerade freundlich aufnahmen, daß der angesehene Savilian-Professor der Geometrie die Ehre mit einem Jungen aus Deutschland teilen sollte. Smith war selbst nicht mehr in der Lage, sich mit der Angelegenheit abzugeben, da er ein paar Wochen zuvor gestorben war. Man setzte jedoch Rechtsanwälte auf das Kleingedruckte der Preisstatuten an. Die Anwälte schafften es tatsächlich, einen Grund zu finden, die Entscheidung der *Académie* anzufechten: Minkowski hatte seinen Aufsatz in Deutsch geschrieben, während die Regeln klar festlegten, daß die Arbeit in Französisch zu schreiben war. Aber die Proteste von der anderen Seite des Kanals verhallten ungehört. Die Jury ließ sich nicht erweichen und Minkowski ging mit seiner Hälfte des Preises nach Hause. Es ist eine Ironie des Schicksals, daß Smith, ein durchschnittlicher Mathematiker, heutzutage meistens mit dem Nebensatz erwähnt wird, daß er sich den Grand Prix mit dem großen Minkowski geteilt hat.

Die Laufbahn des frühreifen jungen Mannes wurde unterbrochen, als er in der Armee seines Vaterlandes dienen mußte. Anschließend lehrte er am Polytechnikum Zürich, der späteren Eidgenössischen Technischen Hochschule (ETH). Minkowski, ein ziemlich zurückhaltender Mann, war kein fesselnder Vortragender und viele Studenten schwänzten seine Vorlesungen. Besonders ein Student zog Minkowskis Zorn auf sich, weil er durch ständige Abwesenheit glänzte. Dieser Student machte sich später einen Namen als Angestellter des Patentamtes der schweizerischen Hauptstadt Bern. Offensichtlich prallten aber nicht alle Lehrveranstaltungen des Professors von dem vorlesungsschwänzenden Studenten ab – sein Name war natürlich Albert Einstein –, denn Minkowskis Erfindung des „Raum-Zeit-Kontinuums" legte die mathematischen Grundlagen für die Relativitätstheorie. 1902 erhielt Minkowski auf Betreiben seines Jugendfreundes David Hilbert, der zu diesem Zeitpunkt bereits ein berühmter Professor war, einen Ruf an die Universität Göttingen, das damalige Weltzentrum der Mathematik. Beide Männer arbeiteten eng zusammen, bis Minkowski im Alter von vierundvierzig Jahren plötzlich und unerwartet an einem Blinddarmdurchbruch starb.

Axel Thues Angelegenheit von 1892 gehörte zu einer Forschungsrichtung, die Minkowski erfunden hatte. Dieses Gebiet sollte später die Bezeichnung „Geometrie der Zahlen" erhalten. Vielleicht war es auf Minkowskis jüdischen

---

[2] Professor H. J. S. Smith verwendete alle drei seiner Vornamen. Henry Smith hätte für einen Oxforder Universitätslehrer etwas zu prosaisch geklungen.

Abb. 4.3. Hermann Minkowski

Hintergrund zurückzuführen, daß er sich für diese neue Theorie interessierte, die Geometrie und Zahlentheorie miteinander kombinierte. *Gematria* (ein hebräisch-jiddischer Ausdruck für „Geometrie") ist eine nicht ganz ernst gemeinte Technik, die jedem Buchstaben des hebräischen Alphabets eine Zahl zuordnet. Das gestattet dann den Rabbis, heilige Texte durch deren numerische Entsprechungen zu interpretieren.[3] Aber Minkowski beschäftigte sich nicht mit heiligen Texten; seine Untersuchungen bezogen sich auf quadratische Formen, denen wir im vorigen Kapitel begegnet sind. Seine Version der Gematria entwickelte sich schließlich zu einem unabhängigen Zweig der Zahlentheorie. Mit Hilfe dieses Gebietes werden Probleme der Zahlentheorie mit geometrischen Methoden untersucht oder umgekehrt. Mitunter kann die Lösung eines Problems, das in seiner ursprünglichen Fassung unzugänglich erscheint, durch Verwendung von Abbildungen offensichtlich werden. Minkowskis Vorschlag lautete, die zahlentheoretischen Probleme in geometrische Formulierungen zu übersetzen, die sich dann leichter beweisen lassen könnten. Anschließend werden sie zurück in die Zahlentheorie übersetzt und, voilà, schon haben wir die Lösung.

Als Beispiel betrachten wir eine Luftfahrtgesellschaft, die ihre Flotte erneuern will. Wieviele Jets sollte die Gesellschaft kaufen, damit (1) ihr Gewinn maximiert wird und (2) bestimmte Bedingungen erfüllt sind: Mindestens eine Landung pro Tag in Paris, Rom und London; nicht mehr als wöchentlich

---

[3] Die berüchtigten „Bibel-Codes" sind Beispiele für die Verwendung und den Mißbrauch der Gematria.

zwölf Abflüge von Seattle; mindestens doppelt so viele verfügbare Sitzplätze auf der Strecke Atlanta - San Francisco als auf der Strecke Kairo - Tel Aviv; kein Nachtstart in Zürich und so weiter. Das ist ein Optimierungsproblem mit Nebenbedingungen und man hat Computerprogramme entwickelt, um die optimale Anzahl von Flugzeugen zu ermitteln.[4] Nach langem Rattern und Stuckern spuckt der Computer möglicherweise das folgende Ergebnis aus: Die Gewinne werden durch den Einsatz von 17,9 Flugzeugen maximiert. Offensichtlich nutzt diese Lösung nichts. Weder Boeing noch Airbus noch irgendeine andere Gesellschaft haben sich eine Methode ausgedacht, Bruchteile von Flugzeugen zu bauen und fliegen zu lassen. Und wagen Sie es ja nicht, die Anzahl auf- oder abzurunden! Lassen Sie sich durch die Nähe zur Zahl 18 nicht zum Narren halten, denn es ist keineswegs sicher, daß 18 Flugzeuge die optimale ganzzahlige Lösung ergeben. Selbst wenn das beste Bruchzahlergebnis 17,9 ist, könnte die optimale Flotte aus 6 oder 74 oder 38 Flugzeugen bestehen!

Wie kann man also erkennen, ob das Problem eine ganzzahlige Lösung hat? Angenommen, es gibt d Bedingungen der Form „nicht mehr als zwölf Starts", „mindestens doppelt so viele Sitzplätze" und so weiter. Diese Bedingungen definieren ein System von d Ungleichungen. Geometrisch formuliert definiert dieses System einen Körper im d-dimensionalen Raum. Wir sehen uns jetzt die Achsen dieses Raums an. In jeder Richtung definieren sie ein Kontinuum von reellen Zahlen. Die Punkte auf einer Achse, die ganze Zahlen darstellen, definieren ein Gitter im d-dimensionalen Raum. Die Frage nimmt also folgende Form an: Enthält ein bestimmter, in einem d-dimensionalen Gitter befindlicher Körper mindestens einen der Gitterpunkte oder schwimmt der Körper zwischen den Gitterpunkten? Zurückübersetzt in die Arithmetik ist das gleichbedeutend mit der Frage: Hat ein System von d Ungleichungen (das den Körper definiert) eine ganzzahlige Lösung (enthält das System einen Gitterpunkt)? Wenn ja, dann wähle man diejenige Lösung aus, welche die Gewinne maximiert. Andernfalls gibt es keine optimale ganzzahlige Lösung und

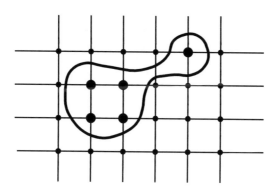

Abb. 4.4. Körper in einem Gitter

---

die Luftfahrtgesellschaft muß entweder einige ihrer Einschränkungen lockern oder mit einer suboptimalen Lösung auskommen.

Die Geometrie der Zahlen läßt sich auch auf Packungsprobleme anwenden. 1893 kündigte Minkowski in einem Brief an einen Kollegen an, daß die Dichte einer Gitterpackung von Kugeln (ein geometrisches Problem) mit der sogenannten Zetafunktion (einem Begriff aus der Zahlenheorie) zusammenhängt. Zwölf Jahre später, 1905, veröffentlichte er einen Beweis dieser Behauptung. Er zeigte, daß die dichteste Gitterpackung in zwei Dimensionen eine Dichte von *mindestens* $\frac{1}{2}(1 + \frac{1}{4} + \frac{1}{9} + \frac{1}{16} + \frac{1}{25} + \dots)$ haben muß. Das ist gleich $0,8224\dots$ und ein ziemliches Stück entfernt von $0,9068$, der Dichte der hexagonalen Packung. Aber damals, im Jahr 1905, war noch nicht bekannt, ob die hexagonale Packung tatsächlich die dichtestmögliche ist, und deswegen wurde Minkowskis untere Schranke als ein echter Fortschritt betrachtet.[5] Leider ist Minkowskis Satz nicht konstruktiv, das heißt, er garantiert lediglich die Existenz eines solchen Gitters, zeigt aber nicht, wie es wirklich aussieht. Aber Thue befürchtete, daß sich Minkowski früher oder später der allgemeinen Version zuwendet und dabei vielleicht Erfolg haben könnte. Also beeilte er sich sehr, vor die Öffentlichkeit zu treten und kündigte einen Vortrag zum Thema an. Auf diese Weise konnte er gegenüber Minkowski immer die Priorität beanspruchen, falls diese Frage jemals auftreten sollte.

Das Publikum auf der Konferenz in Kopenhagen wartete gespannt, um Thue zu hören, kam aber lediglich in den Genuß eines ziemlich wortkargen Vortrags. Zumindest können wir das anhand des veröffentlichten Berichtes so schlußfolgern. Die gedruckte Version des sibyllinischen Vortrags von Thue enthält alles in allem dreiundzwanzig Zeilen (plus eine Abbildung). Aber es war nicht die Kürze, die Anlaß zur Kritik gab. Thue präsentierte lediglich eine Skizze dessen, wie das Packungsproblem in zwei Dimensionen gelöst werden könnte. Er hat vielleicht eine gute Idee gehabt, aber ein Beweis war es gewiß nicht. Der berühmte Zahlentheoretiker Carl Ludwig Siegel beschrieb Thues Versuch als „vernünftig, aber voller Lücken". Der Experte Claude Ambrose Rogers sollte siebzig Jahre später schreiben, daß „der veröffentlichte Bericht über den Vortrag sehr kurz ist und kaum ausreicht, Thues Beweis zu rekonstruieren". Insbesondere kritisierte er, daß „es keine [Diskussion der] Situation gibt, wenn sieben seiner Punkte innerhalb eines [kritischen] Abstands von einem der Punkte liegen". Über das Problem der sieben Punkte wird später mehr zu sagen sein.

Falls Thue seinen Vortrag als einen vorläufigen Bericht über eine mögliche Strategie einer Beweisführung betrachtete, dann warteten die Mathematiker vergeblich auf die Endversion, in der die besagten Lücken geschlossen werden. Eine solche Version ist nie erschienen.

Achtzehn Jahre später, im Jahr 1910, unternahm Thue einen neuen Anlauf, verwendete aber dieses Mal eine vollkommen andere Methode. Er tat

---

[5] Minkowskis untere Schranke ist noch immer die beste Abschätzung für hochdimensionale Räume (vgl. Kapitel 9).

das nicht, weil er sich irgendwelcher Fehler seiner ersten Arbeit bewußt geworden war – tatsächlich findet man in einer Fußnote einen selbstbewußten Verweis auf seinen vorhergehenden Aufsatz –, aber anscheinend hatte er das Gefühl, daß ein weiterer Artikel über Kreispackungen anstünde. Dieses Mal hatte er das richtige Gespür und schrieb auf Deutsch, das vor langer Zeit das Lateinische als *lingua franca* unter den Mathematikern ersetzt hatte. Jetzt konnte zumindest auch seinesgleichen die Arbeit lesen. Aber das Verdikt ließ nicht lange auf sich warten: Auch Thues neueste Arbeit genügte den strengen Anforderungen der Fachleute nicht.[6] Vielleicht war es doch keine gute Idee gewesen, die Arbeit in Deutsch zu schreiben. Hätte Thue seinen Artikel in Dänisch oder wieder in Norwegisch veröffentlicht, dann wäre die Arbeit für eine derart genaue Prüfung weniger zugänglich gewesen.

Thue schaffte es also trotz seiner beiden Versuche nicht, spätere Mathematiker zu überzeugen. Die Fachleute mußten weitere dreißig Jahre auf einen befriedigenden Beweis des allgemeinen Kreispackungsproblems warten. Der ungarische Mathematiker László Fejes Tóth (1915–2005) betrat 1940 die Bühne. Er wurde in Szeged geboren und studierte Mathematik und Physik an der Universität Budapest. Er verteidigte 1938 seine Dissertation. Es folgte ein zweijähriger Dienst in der ungarischen Armee und danach erhielt er seine erste akademische Stelle an der Universität Kolozsvár (Klausenburg). Anschließend folgten Stellen in Budapest, Veszprém und erneut Budapest. Fünfzehn Jahre lang, von 1970 bis 1985, war er Direktor des Mathematischen Forschungsinstitutes der Ungarischen Akademie der Wissenschaften, des jetzigen Alfréd-Rényi-Institutes. Fejes Tóth veröffentlichte ungefähr einhundertachtzig Arbeiten und zwei Bücher auf den Gebieten der konvexen und der diskreten Geometrie. Zwar hatte er keine Doktoranden, aber seine Arbeiten und die von ihm formulierten offenen Fragen haben fast alle diskreten Geometer seiner Zeit beeinflußt. Er wird uns auch in einigen der folgenden Kapitel begleiten.

Nichtgitterförmige Kreispackungen müssen etwas an sich haben, das zu kurzen Arbeiten führt. Die Tatsache, daß Fejes Tóths Beweis doppelt so lang war wie Thues erste Arbeit, bedeutet nicht viel. Die Arbeit bestand aus nur siebenundvierzig Zeilen zuzüglich einer Abbildung. Aber selbst wenn der Beweis nicht sehr redselig war, so war er doch streng – es gab hier kein vages Durchwinken mehr.[7] Die Arbeit enthält auch vier Fußnoten und eine von diesen ist ziemlich signifikant, da es um den notorischen Fall der sieben Punkte geht.

Mathematische Arbeiten zeichnen sich nicht gerade durch eingängige Titel aus, aber sogar unter dieser mageren Kost wählte Fejes Tóth wohl sicher

---

[6] Ein Rezensent bemerkte, daß die Arbeit „dem Einwand unterliegt, daß es keine leichte Aufgabe ist, bestimmte Kompaktheitsresultate zu beweisen, die [Thue] als selbstverständlich betrachtet".

[7] Fejes Tóth war so freundlich, Thue als denjenigen zu benennen, der als Erster das Packungsproblem in zwei Dimensionen bewiesen hatte, obwohl sich Fejes Tóth der Mängel dieses Beweises ganz sicher vollkommen bewußt war.

einen „Siegertypen" aus. Die in Deutsch geschriebene Arbeit trug den Titel
„Über einen geometrischen Satz", der an Thues Artikel erinnerte. Es war garantiert sicher, daß die Arbeit auf wenig Interesse stoßen würde. Oberflächlich
betrachtet scheint der Satz nichts mit Kreispackungen zu tun zu haben. Jedoch ist er an und für sich überraschend, und wir werden zuerst beschreiben,
was er aussagt. Danach werden wir Fejes Tóths Beweis skizzieren und dabei
erkennen, warum dieser Satz eine endgültige Antwort auf das Problem der
allgemeinen (also nicht gitterförmigen) Kreispackung gibt.

Wir wollen den Satz zunächst illustrieren. Ein Farmer hat fünfhundert
Bäume auf einem Feld gepflanzt, das er gepachtet hatte. Um den Zutritt von
Sonnenstrahlen und eine ausreichende Bewässerung des Waldes zu gewährleisten, ließ er einen Abstand von mindestens 2 Metern (manchmal auch mehr)
zwischen zwei beliebigen Bäumen. Als der Eigentümer des Landes starb, stellte dessen Sohn den Farmer vor folgende Wahl: Entweder das Gebiet, auf dem
die Bäume stehen, zu einem Preis von 20 Dollar pro Quadratmeter zu kaufen oder die Forstwirtschaft zu vergessen. Der arme Bauer hatte 34000 Dollar
zur Verfügung und keine Idee, wie groß sein Feld war. Er versuchte, schnell
im Kopf auszurechnen, wieviel er zu bezahlen hätte; da er aber ein ziemlich
einfacher Mann war, stand er nur da und kratzte sich am Kopf. Ohne auch
nur einen einzigen Landvermesser zu konsultieren, hätte Fejes Tóth dem Farmer sofort sagen können, daß dieser nicht genug Geld hat: Das Gebiet, das er
hätte kaufen müssen, konnte nicht kleiner sein als 1732 Quadratmeter. Wie
ist Fejes Tóth auf diese Zahl gekommen? Um das herauszufinden, lesen Sie
bitte weiter.

Man betrachte eine Fläche von beliebiger Größe und Form und bringe darauf
eine sehr große Anzahl von Punkten unter. (Wir bezeichnen die Anzahl der
Punkte mit N. Der Satz gilt auch, wenn N unendlich groß ist.) Die Punkte dürfen ganz beliebig positioniert werden. Man könnte auch Wurfpfeile auf
ein Brett werfen, die Punkte zufällig auf der Fläche verteilen oder Pflanzen
nach einem Muster in einem Blumenbeet pflanzen. Der Satz, den wir hier
diskutieren, gilt für jede beliebige Anordnung von Punkten, Wurfpfeilen oder
Blumen. Die einzige Bedingung besteht darin, daß diese Objekte nicht übereinander liegen dürfen. Sobald die Punkte positioniert worden sind, nehme
man diejenigen zwei von ihnen, die einander am nächsten liegen und messe
ihren Abstand D. Nun lege man Quadrate der Seitenlänge D um jeden der
Punkte. Dabei kann es zu Überlappungen und Lücken kommen, aber das stört
uns nicht. Wir haben die Fläche jetzt mit N Quadraten „bepackt", von denen
jedes eine Fläche der Größe D^2 bedeckt. Die von den Quadraten bedeckte Gesamtfläche beträgt ND^2, wobei die Überlappungen doppelt gezählt werden.
Der Satz von Fejes Tóth besagt, daß die Gesamtfläche der Quadrate die Fläche
des ursprünglichen Gebietes nicht um mehr als 15,5 Prozent übertreffen kann.
Das ist ziemlich überraschend. Warum sollte es denn eigentlich nicht mehr

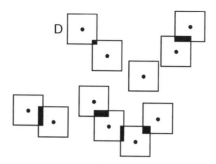

Abb. 4.5. Punkte in einem Gebiet

Überlappungen geben? Warum können die Quadrate kein Gebiet bedecken, das etwa um 20 Prozent größer als das ursprüngliche Gebiet ist?

Wir wollen versuchen, den Satz auszutricksen, und vergrößern den Abstand zwischen den beiden Punkten ein wenig. Wenn D groß genug wird, dann wird doch wohl auch ND^2 größer als das ursprüngliche Gebiet plus 15,5 Prozent sein, richtig? Falsch! Wird der Abstand zwischen zwei Nachbarn hinreichend vergrößert, dann liegen andere Punkte dichter beieinander. Und plötzlich identifiziert man zwei andere Punkte derart, daß ihr Abstand F den Satz erfüllt. Mit anderen Worten: Sobald ND^2 das ursprüngliche Gebiet um mehr als 15,5 Prozent übertrifft, dann liegen zwei andere Punkte nahe genug beieinander, so daß NF^2 den Satz erfüllt.

Woher kommen die 15,5 Prozent und wie kann man den Satz beweisen? Um Fejes Tóths Beweis zu reproduzieren, rufen wir uns zuerst in Erinnerung, daß alle Punkte mindestens den Abstand D voneinander haben. Nun betrachten wir drei Punkte, die so nahe wie möglich beieinander liegen; sie liegen in den Ecken eines gleichseitigen Dreiecks der Seitenlänge D. Im Folgenden brauchen wir eine ganz spezielle Zahl – den Radius des Kreises, der durch die drei Ecken dieses Dreiecks geht (es gibt nur einen solchen Kreis). Dieser Radius ist gleich $0,577 \cdot D$ (vgl. Anhang). Wir ziehen jetzt Kreise mit diesem Radius um jeden der Punkte. Das garantiert, daß kein Teil des Gebietes von mehr als zwei Kreisen überdeckt wird.

Bevor wir den Beweis fortsetzen, müssen wir folgende Frage beantworten. Wir wissen, daß in jedem beliebigen Punkt nicht mehr als zwei Kreise überlappen können, aber wieviele Kreise können in einen anderen Kreis hineinreichen? Die Antwort ist, daß es höchstens sieben sind. Warum können nicht acht oder mehr Kreise in einen mittleren Kreis hineinreichen? Damit zwei Kreise mit dem Radius R überlappen – oder sich wenigstens berühren –, können ihre Mittelpunkte nicht weiter voneinander entfernt sein als das Doppelte ihres Radius $(2R = 2 \cdot 0,577 \cdot D = 1,154 \cdot D)$. Andererseits müssen die umgebenden Punkte mindestens den Abstand D vom mittleren Punkt haben, denn das ist nach Voraussetzung der kleinste Abstand zwischen zwei beliebigen Punkten. Man kann es auch so formulieren, daß die umgebenden Punkte außerhalb eines

Kreises liegen müssen, der mit dem Radius D um den mittleren Punkt (als Mittelpunkt) gezogen wird.

Wir rekapitulieren das Ganze kurz. Positionieren wir einen Punkt in der Mitte, dann müssen die Mittelpunkte der überlappenden Kreise weiter weg liegen als D, aber gleichzeitig dürfen sie nicht weiter weg als $1,154 \cdot D$ liegen. Diese beiden Bedingungen definieren ein ringförmiges Gebiet um den mittleren Punkt und die umgebenden Punkte müssen innerhalb dieses Gebietes liegen.

Aber die Punkte müssen auch voneinander mindestens den Abstand D haben. Wieviele Punkte lassen sich also innerhalb dieses Ringes unterbringen, damit diese Bedingung erfüllt ist? Wir wollen einen schwachen Versuch unternehmen, acht Punkte auf wohlüberlegte Weise unterzubringen. Eine Möglichkeit, so viele Punkte wie möglich – mit einem maximalen Abstand zwischen ihnen – in dem ringförmigen Gebiet unterzubringen, wäre deren Anordnung auf dem Außenrand des Ringes. Im Anhang wird gezeigt, daß eine solche Anordnung auf einen Abstand von $0,884 \cdot D$ zwischen jedem Paar von Punkten hinausläuft. Das ist zu kurz und deswegen sind acht Überlapper unmöglich.

Und wie sieht es mit sieben Überlappern aus? Wir positionieren die Punkte erneut auf dem Außenkreis und prüfen, ob sie den erforderlichen Abstand voneinander haben. Im Anhang wird gezeigt, daß bei sieben – auf dem Außenkreis gleichweit voneinander entfernten – Punkten der Abstand zweier benachbarter Punkte gleich $1,002 \cdot D$ ist. Das ist um eine Haaresbreite größer als D. Folglich ist die Voraussetzung erfüllt und sieben Überlapper sind eine reale Möglichkeit.

Wir setzen den Beweis fort, indem wir fragen, welche Fläche von den Kreisen überdeckt wird. Um diese Fläche zu berechnen, müssen wir darauf achten, die von zwei Kreisen überdeckten Flächen nur einmal zu zählen. Hierzu wendete Fejes Tóth einen raffinierten Trick an. Er spaltete einfach die doppelt überdeckten Flächen entlang der Mitte auf, indem er eine Gerade durch die keilförmigen Sektoren zog. Eine Hälfte der überlappten Fläche wird einem der Kreise zugeordnet, die andere Hälfte dem anderen. Dieser Trick vermeidet

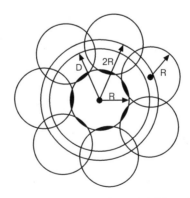

Abb. 4.6. Kreise mit Radius D, $R (= 0,577\,D)$ und $2R (= 1,254\,D)$

nicht nur ein doppeltes Zählen, sondern hat auch den zusätzlichen Vorteil, die Mathematik zu vereinfachen. Anstatt sich umständlich mit Flächen von Kreisen und Keilen zu befassen, muß man nur die Flächen von geradlinig begrenzten Figuren berechnen, die leichter zu behandeln sind.

Wie groß ist also die Gesamtfläche, die von den Kreisen überdeckt wird? Wir betrachten hierzu einen typischen Kreis, der von anderen Kreisen umgeben ist. Offensichtlich ist die überdeckte Fläche kleiner, wenn der mittlere Kreis von einem der Außenkreise teilweise überlappt wird. Die Fläche ist noch kleiner, wenn der mittlere Kreis von zwei Außenkreisen überlappt wird. Und je größer die Anzahl der Außenkreise ist, die den mittleren Kreis bedecken, desto kleiner wird die Fläche, nicht wahr? Wieder falsch! Wir sehen uns an, warum das so ist. Der Schlüssel zum Problem liegt in den überlappten Keilen, da es sich bei ihnen um diejenigen Flächen handelt, die Platz sparen. Ist das überlappte Gebiet groß, dann wird ein großer Teil der Fläche den Außenkreisen zugeordnet und das verbleibende Gebiet – die Fläche, die man dem mittleren Kreis zuordnet – wird kleiner. Wir fangen also nochmal von vorn an.

Reicht ein Außenkreis in den mittleren Kreis hinein, dann erhalten wir einen Keil, dessen eine Hälfte dem Außenkreis zugeordnet wird. Wir betrachten nun einen zweiten Kreis, der ebenfalls in den mittleren Kreis hineinreicht. Es gibt jetzt zwei Keile und jeweils die Hälfte ihrer Fläche wird den Außenkreisen zugeordnet. Und wenn drei Kreise in den mittleren Kreis hineinragen, dann sind die überlappten Flächen dreimal so groß. Und so geht es weiter: Die dem mittleren Kreis zugeordnete Fläche wird immer kleiner, bis wir zum Kreis Nummer sechs kommen. Aber an dieser Stelle geschieht etwas: Es gibt nicht genügend Platz, um Kreis Nummer 7 hinzuzufügen! Um den siebenten Kreis unter den anderen unterzubringen, müssen die Kreise 1 bis 6 Platz machen und sich zum Außenrand des Ringes bewegen. Sie müssen sich so weit zum Außenumfang des Ringes bewegen, daß sie kaum noch in den mittleren Kreis hineinragen. Demzufolge sind die sieben keilförmigen Sektoren so klein, daß

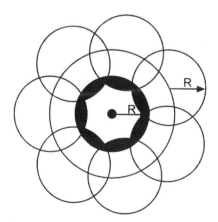

Abb. 4.7. Kreise umgeben einen mittleren Kreis

Abb. 4.8. Zuordnung von Keilen

die dem mittleren Kreis zugeordnete Fläche größer ist, als es bei nur sechs überlappenden Kreisen der Fall war. Demnach wird dem mittleren Kreis die kleinste Fläche zugeordnet, wenn sechs Kreise in ihn hineinragen.

Bis jetzt ging es im Beweis um einen typischen mittleren Kreis der Ebene, der von mehreren Außenkreisen umgeben ist. Aber „mittlerer Kreis" und „Außenkreis" sind relative Begriffe, wenn die Anzahl N der Kreise gegen unendlich geht. Jeder Kreis kann abwechselnd als mittlerer Kreis oder als Außenkreis betrachtet werden. Und da die Hälfte der Fläche eines jeden Keils jedem der beiden Kreise zugeordnet wurde, läßt sich das ganze Argument ohne weiteres auf alle N Kreise in der Ebene ausdehnen.

Somit haben wir Folgendes gezeigt: Unabhängig von der Anordnung der Punkte kann die von den Kreisen überdeckte Fläche nie kleiner werden als die Konfiguration, bei der sechs Kreise in den mittleren Kreis hineinreichen. Und um auf die effizienteste Weise zu überlappen – so daß also die Gesamtfläche der sechs Keile ein Maximum erreicht –, müssen die sechs Außenkreise hexagonal angeordnet werden. Wieviel der Fläche wird dann überdeckt? Wird jeder Keil entlang der Mitte geschnitten, dann ist die dem mittleren Kreis zugeordnete Fläche ein reguläres Sechseck mit der Seitenlänge D, dessen Fläche sich leicht bestimmen läßt. Im Anhang wird gezeigt, daß dieses Sechseck eine Fläche von $0,866 \cdot D^2$ überdeckt. (Die Zahl 0,866 ist gleich $1/(1 + 15,5)$.) Mit anderen Worten erfordert jeder Punkt eine Umgebung von mindestens dieser Fläche. Fejes Tóth hat also Folgendes bewiesen: Die Gesamtfläche T, die erforderlich ist, um N Punkte so zu positionieren, daß sie voneinander mindestens den

Abb. 4.9. 1, 2, 3, ..., 6, 7 Kreise, die einen mittleren Kreis umgeben

Abstand D haben, muß größer als $0,866 \cdot ND^2$ sein. Umgekehrt können wir sagen, daß ND^2 kleiner sein muß als das $1/0,866$-fache der Fläche T. Das ist gleich T plus 15,5%, womit der Beweis erbracht ist.[8]

❖❖❖

Das ist also der Grund dafür, warum das Land des Farmers größer als 1732 Quadratmeter sein muß: 0,866-mal 500 (Bäume) mal 22. Was bedeutet das alles nun für die Kreispackungen? Fejes Tóth hat gezeigt, daß die Fläche größer als eine bestimmte untere Grenze sein muß – unabhängig davon, wie die Punkte angeordnet sind. Diese Grenze wird erreicht, wenn die Punkte so positioniert werden, daß sechs Kreise in einen mittleren Kreis hineinragen. Folglich wird die dichteste Kreispackung erreicht, wenn die Punkte, welche die Mittelpunkte der Kreise darstellen, hexagonal angeordnet sind. Im vorhergehenden Kapitel hatten wir gesehen, daß sich das gleiche Resultat aus den Ergebnissen ableiten läßt, die Lagrange 1773 erzielte. Aber Lagrange bewies sein Ergebnis unter der Voraussetzung, daß die Kreise gitterförmig angeordnet sind. Fejes Tóth erlegte der Position der Punkte keinerlei Beschränkungen auf und gab somit einen Beweis des allgemeinen Kreispackungsproblems.

Dem Gelegenheitsleser mag es scheinen, daß Fejes Tóth einfach nur ein Sechseck aus dem Hut gezaubert hat, aber die Beweisführung ist komplizierter. Die entscheidende Einsicht war folgende Tatsache: Um Platz zu sparen, müssen genau sechs Kreise in den mittleren Kreis hineinreichen. Die hexagonale Anordnung war eine Folge des Versuches, die Fläche der Keile zu maximieren. Ein signifikanter Fortschritt des Beweises von Fejes Tóth gegenüber den früheren Versuchen war seine Fußnote Nr. 4, in der er das Problem der sieben Kreise behandelte, das Axel Thue völlig außer Acht gelassen hatte.

Als ob sich nun die Schleusen geöffnet hätten, machte Fejes Tóths Beweis den Weg für weitere Arbeiten zum zweidimensionalen Packungsproblem frei. Es gab wohlgemerkt keinen hysterischen Ansturm, aber 1944, vier Jahre nachdem Fejes Tóths Arbeit in der *Mathematischen Zeitschrift* erschienen war, veröffentlichten zwei Mathematiker der Universität Manchester in England, Beniamino Segre und Kurt Mahler, die Arbeit „On the Densest Packing of Circles" im *American Mathematical Monthly*. Das war diesmal ein wirklich aussagekräftiger Titel. Außerdem war die Arbeit in Englisch geschrieben. Als die Verfasser am Problem arbeiteten, kannten sie Fejes Tóths früheres Resultat noch nicht. Erst als ein Kollege, Richard Rado aus Sheffield, ihr Manuskript las, machte er sie auf die frühere Arbeit von Fejes Tóth aufmerksam. Rado informierte sie außerdem, daß er ebenfalls an dem Problem arbeitete, aber er wurde wahrscheinlich durch die Flut der Beweise entmutigt und veröffentlichte seine Ergebnisse nicht.

Segre und Mahler begegneten sich an der Universität Manchester. Beide Männer hatten einen vollkommen verschiedenen Werdegang, aber sie hatten drei Dinge gemeinsam: ihr Geburtsjahr (1903), ein Interesse an Kreispackungungen und ihre jüdische Abstammung. Ihre Herkunft war in Europa in den

---

[8] Mathematisch formuliert bedeutet das $T \geq 0,866 \cdot ND^2$ oder $ND^2 \leq 1,155 \cdot T$.

1930er Jahren folgenschwer und führte dazu, daß sie ihre Heimatländer verließen. Segre wurde im italienischen Turin geboren (in derselben Stadt, aus der Joseph-Louis Lagrange stammte) und Mahler in der deutschen Stadt Krefeld. Segre kam aus einer Familie von bekannten Wissenschaftlern und war ein begabter Student. Er promovierte im Alter von zwanzig Jahren und hatte danach Stellen in Turin, Paris und Rom inne. Im Alter von achtundzwanzig Jahren, als er einen Ruf auf einen Lehrstuhl in Bologna erhielt, hatte er bereits vierzig Arbeiten auf verschiedenen Gebieten der Mathematik auf seiner Habenseite.

Mahler hatte dagegen eine weniger glückliche Jugend. Von früher Kindheit an litt er unter Tuberkulose und mußte deswegen die Schule im Alter von dreizehn Jahren abbrechen. Er begann einen Job als Fabrikarbeiter, hörte aber nie auf, seinen Studien nachzugehen. Nach der Arbeit studierte er als Autodidakt Mathematik und versuchte sich sogar an der mathematischen Forschungsarbeit. Sein Vater, der sich sehr darüber freute, schickte einige der kleinen Artikel einem Mathematiker, den er kannte; dieser reichte die Arbeiten an seine Freunde weiter. Die Arbeiten landeten schließlich bei Carl Ludwig Siegel, der damals Professor an der Universität Frankfurt war. Siegel war einigermaßen beeindruckt von dem, was er sah, und sorgte dafür, daß Mahler an der Universität Frankfurt und später an der Universität Göttingen angestellt wurde. 1927 wurde Kurt zum „Herrn Doktor Mahler", aber gerade zu dem Zeitpunkt, als es in seiner akademischen Laufbahn mit einer Berufung an die Universität Königsberg aufwärts gehen sollte, kamen die Nazis in Deutschland an die Macht. In Italien hatten die Faschisten schon früher die Macht übernommen.

Sowohl Segre als auch Mahler waren wegen ihrer jüdischen Herkunft durch die politischen Entwicklungen aufs Äußerste in Mitleidenschaft gezogen. Die faschistische italienische Regierung zwang Segre, die Universität Bologna zu verlassen, und Mahler beschloß zu gehen, bevor ihn die Nazis aus der Universität Königsberg hinauswerfen würden. Sie reisten aus ihren Heimatländern aus und machten sich auf den Weg zu den Küsten Englands. Nach ihrer Ankunft hatten sie nicht das Gefühl, besonders willkommen zu sein. Entsprechend der damaligen verhängnisvollen Gewohnheit wurden alle diejenigen, die aus Deutschland oder Italien stammten und in Großbritannien einreisten – Juden und andere – zunächst als „feindliche Ausländer" interniert. Segre und Mahler waren beileibe keine Ausnahmen und beide kamen in den Genuß der zweifelhaften Ehre, nach 1940 für einige Monate in einer Untersuchungshaftanstalt Ihrer Majestät einsitzen zu müssen.[9] Nach ihrer Entlassung trafen sie sich auf Einladung des Mathematikers Louis Mordell an der Universität Manchester. Segre und Mahler waren einundvierzig Jahre alt, als sie an ihrem gemeinsamen Beitrag über Kreispackungen arbeiteten.

---

[9] Richard Rado wurde 1906 in Berlin geboren und war jüdischer Abstammung wie Segre und Mahler. Seine Familie ahnte jedoch die heraufziehende Katastrophe und zog 1936 nach England. Deswegen blieb Rado – im Gegensatz zu Segre und Mahler – eine Internierung erspart.

Sie gingen anders an das Problem heran als Fejes Tóth. Sie stellten die Frage, wieviele Kreise mit dem Radius 1 in ein Dreieck, ein Quadrat, ein Fünfeck oder in ein Sechseck der Fläche T gepackt werden können. Ihre Antwort: höchstens $0,289 \cdot T$. Um diese Behauptung zu beweisen, legten Segre und Mahler um jeden Kreis eine geradlinige Zelle und berechneten dann die Fläche dieser sogenannten Voronoi-Zellen.[10]

Wir wollen die Situation durch das folgende Szenario illustrieren. Eine Gruppe von Investoren kauft ein am Meeresufer gelegenes Grundstück der Fläche T, um das Voronoi-Dorf als Ferienort zu errichten. Die Bauunternehmer wollen das Grundstück in gesonderte Parzellen aufteilen. Inspiriert durch Buckminster Fullers Dymaxion-Häuser soll auf jeder Parzelle eine runde, auf einem Pfahl ruhende Villa stehen (so hatte Bucky die Villen entworfen), die von einem kleinen umzäunten Garten umgeben ist. Die Grundstücksgrenzen sollten entlang der Mitte des Platzes zwischen zwei beliebigen Villen verlaufen, so wie durch die Zäune in Abbildung 4.10 („Voronoi-Dorf") angezeigt. Betrachtet man bei einer gegebenen Villa diese Grenzlinien von oben, dann bilden sie Polygone mit einer Anzahl von geraden Kanten, die gleich der Anzahl der (die betreffende Villa) umgebenden Villen ist. Grenzen zwei Villen aneinander, dann verläuft der Gartenzaun einfach durch den Kontaktpunkt. Wie alle Immobilienbauunternehmer, die etwas taugen, möchte auch das Voronoi-Dorf-Konsortium den Gewinn dadurch maximieren, daß es so viele Villen wie möglich in das Grundstück am Meeresufer hineinpreßt. Wieviele Villen können sie auf dem Grundstück unterbringen?

Segre und Mahler machten sich zunächst daran, die Flächen der einzelnen Parzellen zu berechnen. Zur Vereinfachung der Berechnungen nahmen sie an, daß die Villen den Radius 1 haben. Sie partitionierten die Parzellen in Dreiecke und zeigten, daß jedes dieser Dreiecke größer sein muß als 0,5513 multipliziert mit einem geeigneten Winkel in der Mitte der Villa.[11] (Die Details der Berechnungen sind ziemlich kompliziert und sollen hier nicht wiederholt werden.) Da sich die Winkel aller Dreiecke einer Parzelle zu einem Vollkreis addieren müssen, der gleich 2π ist (in Bogenmaß), ist die Summe der Dreiecksflächen größer als 0,5513-mal 2π. Das ist gleich 3,464 und bedeutet, daß jede Parzelle eine Fläche von mindestens 3,464 überdeckt. Segre und Mahler schlußfolgerten, daß das Voronoi-Dorf, also das am Meeresufer liegende Grundstück der Fläche T, nicht mehr als $\frac{T}{3,464}$ einzelne Parzellen enthalten kann.

Wir übersetzen jetzt die Erfahrungen des Voronoi-Dorf-Konsortiums zurück in eine für Mathematiker verständliche Sprache und werden sehen, was das alles für die Kreispackung bedeutet. Segres und Mahlers Berechnungen implizieren, daß die größte Dichte in zwei Dimensionen erreicht wird, wenn $\frac{T}{3,464}$ Kreise in ein Polygon der Fläche T gepackt werden. Und bei welcher Anordnung wird diese Dichte erreicht? Die Antwort ist – welch eine Überraschung – die hexagonale Anordnung! Somit ist ein weiteres Mal bewiesen worden, daß

---

[10] In Kapitel 9 wird viel mehr über Voronoi-Zellen zu sagen sein.
[11] Winkel werden durch ihr Bogenmaß zwischen Null und 2π gemessen.

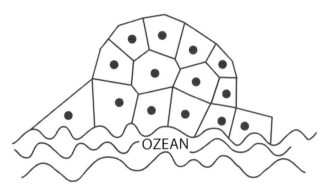

Abb. 4.10. Voronoi-Dorf

die Konfiguration „sechs um einen herum" die dichteste Packung von Kreisen in der Ebene ist.[12]

Und was ist die Dichte? Erinnern wir uns daran, daß die Dichte als das Verhältnis zwischen der von den Kreisen überdeckten Fläche und der Gesamtfläche definiert ist. Da ein Kreis mit Radius 1 die Fläche π hat und da es $\frac{T}{3,464}$ Kreise in einem Polygon der Fläche T gibt, erhalten wir eine Dichte von $\pi \cdot (\frac{T}{3,464})/T$, das heißt, 90,69 Prozent. Kommt uns das nicht irgendwie bekannt vor? Das tut es, denn diese Zahl ist die maximale Dichte von Kugeln in zwei Dimensionen, wie wir bereits in Kapitel 3 ausgeführt hatten.

Nun, da das Packungsproblem einige Male – sogar im allgemeinen nichtgitterförmigen Fall – gelöst worden ist, spinnen wir einen Faden weiter, der im vorhergehenden Kapitel sozusagen „in der Luft" hängen geblieben ist. Ich meine damit die Überdeckungen in der Ebene. Wir rufen uns in Erinnerung, daß eine Überdeckung als eine Menge von Kreisen definiert ist, welche die Ebene vollständig überdecken (wobei Teile der Ebene von mehr als einem Kreis überdeckt werden können).

Wir gehen jetzt in die späten 1930er Jahre zurück. Auf der anderen Seite des Atlantiks, an der Universität Wisconsin, arbeitete der Mathematiker Richard B. Kershner über Kreisüberdeckungen. Kershner wurde 1913 in Crestline (Ohio) geboren. Als er ein Jahr alt war, wurde sein Vater Schulleiter der Franklin Day School und die Familie zog nach Baltimore. Im Alter von vierzehn Jahren ging Kershner zur See als Deckjunge auf einem Frachtschiff. Zwei Jahre später schrieb sich der Sechzehnjährige für das Ingenieurprogramm der Johns Hopkins Universität ein. Aber das Abenteuer rief und nach seinem ersten Jahr am College ging er erneut zur See, dieses Mal als Leichtmatrose. Als

---

[12] Tatsächlich zeigten Segre und Mahler, daß Dreiecke, Quadrate oder Sechsecke der Fläche T genau $\frac{T}{3,464}$ Kreise mit dem Radius 1 dann und nur dann enthalten, wenn jeder Kreis von sechs anderen Kreisen berührt wird. Übrigens spielten Segre und Mahler auch auf das Problem „sieben um einen herum" an und betrachteten es korrekterweise als erledigt.

Kershner von dieser Großtat zurückkam, wurde er an der Johns Hopkins Universität zu einem Graduiertenprogramm für befähigte Studenten zugelassen. Er verteidigte 1937 seine Dissertation. Bis dahin hatte er bereits mehr als ein Dutzend Arbeiten im *American Journal of Mathematics* veröffentlicht.

Nach der Graduierung wurde Kershner außerplanmäßiger Professor für Mathematik an der Universität Wisconsin. Er blieb drei Jahre dort. Als er als Dozent an den Fachbereich für Mathematik seiner Alma Mater zurückkehrte, hatte er nicht mehr die Muße, sich mit reiner Mathematik zu beschäftigen. Die Zeiten waren hektisch und die Atmosphäre war aufgeladen: Der Eintritt der Vereinigten Staaten in den Zweiten Weltkrieg stand bevor. Alle wurden für die Kriegsanstrengungen angeworben. Der junge Mathematiker wandte sich der Ballistik zu, was immer ein dankbares Thema für einen Mathematiker war, der mit dem Militär zu tun hatte. (Wir erinnern an Lagrange und die Schützen in Turin.) Während der folgenden Jahre schufen Kershner und ein Kollege die Grundlagen für die Entwicklung fortgeschrittener Artillerie- und Raketensysteme. Dadurch leistete Kershner seinen Beitrag zum Sieg über die Faschisten und über die Nazis, die Segre und Mahler aus ihren Heimatländern vertrieben hatten.

Als sich über Europa dunkle Wolken zusammengezogen hatten, war Kershner mit dem Überdeckungsproblem beschäftigt. An der Universität Wisconsin schrieb er eine Arbeit mit einem weiteren vernünftigen Titel: „The Number of Circles Covering a Set". Er reichte die Arbeit im Dezember 1938 beim *American Journal of Mathematics* ein, wo sie im folgenden Jahr veröffentlicht wurde. Kershner hatte also das Überdeckungsproblem ein Jahr vor dem Zeitpunkt gelöst, als Fejes Tóth das Packungsproblem löste.

Wir überdecken eine Fläche mit Kreisen und verbinden die Mittelpunkte aller Kreise mit den Mittelpunkten der benachbarten Kreise. Dadurch erhalten wir ein Netz von Dreiecken. Es gibt ein sehr schönes Ergebnis von Leonhard Euler über solche Netze. Man zähle die Anzahl der Flächen (F), Kanten (K) und Ecken (E). Nun addiere man die Anzahl der Ecken zur Anzahl der Flächen. Euler zeigte, daß diese Summe immer gleich der Anzahl der Kanten plus 1 ist. Unabhängig von der Art des Netzes, das man betrachtet, gilt immer $E + F = K + 1$.

Es ist ziemlich leicht, diesen überraschenden Satz zu beweisen.[13] Wir betrachten zunächst ein einziges Dreieck. Es hat drei Ecken, eine Fläche und drei Kanten. Folglich gilt Eulers Satz für diesen Fall: $3 + 1 = 3 + 1$. Nun fügen wir zwei Kanten hinzu, so daß ein Netz aus zwei Dreiecken entsteht. Einmal mehr gilt Eulers Satz, denn wir haben vier Ecken, zwei Flächen und fünf Kanten: $4 + 2 = 5 + 1$. Manchmal ist es möglich, durch Hinzufügen von nur einer Kante ein Netz von drei Dreiecken zu bilden. Erneut gilt Eulers Satz, denn obwohl die

---

[13] Tatsächlich muß das Netz nicht unbedingt aus Dreiecken bestehen. Jede beliebige Kombination von Polygonen, die zu einem Netz zusammengesetzt werden, erfüllt den Satz von Euler.

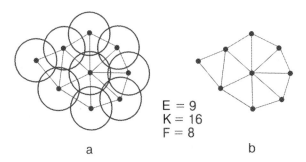

$$E = 9$$
$$K = 16$$
$$F = 8$$

a   b

Abb. 4.11. Überdeckung (a) und zugehöriges Netz von Dreiecken (b)

zusätzliche Kante zu einer zusätzlichen Fläche führt, sind keine neuen Ecken dazu gekommen: $4 + 3 = 6 + 1$. Eine dritte Möglichkeit, Flächen zum Netz hinzuzufügen, wird im Folgenden beschrieben. Wir betrachten einen zusätzlichen „Knoten" in der Mitte eines vorhandenen Dreiecks und verbinden diesen Knoten mit den drei vorhandenen Ecken. In diesem Fall kommen eine neue Ecke, zwei neue Flächen (ein Dreieck wird in drei kleinere Dreiecke umgewandelt) und drei neue Kanten dazu. Wir erhalten $5 + 5 = 9 + 1$. Dieses Spiel kann man beliebig lange fortsetzen, und das Ergebnis ist immer $E + F = K + 1$. Der Grund hierfür besteht darin, daß man beim Hinzufügen eines Dreiecks am Rande eines Netzes entweder zwei Kanten hinzufügen muß, wodurch sich gleichzeitig die Anzahl der Ecken um eins erhöht, oder man fügt genau eine Kante hinzu, wobei in diesem Fall keine zusätzlichen Ecken auftreten. Wird eine Ecke in der Mitte des Netzes hinzugefügt, dann fügt man wohl oder übel zwei Flächen und drei Kanten hinzu. Der Satz von Euler gilt in jedem dieser Fälle. Wir werden dieses Ergebnis in den folgenden Abschnitten verwenden.

Wir beschreiben jetzt Kershners Beweis. Wie groß können die Dreiecke des Netzes sein? Wir rufen uns zunächst in Erinnerung, daß die Ecken des Netzes die Mittelpunkte von Kreisen darstellen, die das Netz überdecken. Wir zeichnen jetzt *Scheiben* um die Dreiecke. (Um eine Verwechslung mit den ursprünglichen Kreisen zu vermeiden, deren Mittelpunkte die Ecken des Netzes bilden, bezeichnen wir die um die Dreiecke gezeichneten Kreise als *Scheiben*.) Der Abstand vom Mittelpunkt eines Dreiecks zu seinen Ecken kann nicht größer als 1 sein, und somit haben diese Scheiben einen Radius, der kleiner als 1 ist. (Hätten die Scheiben einen größeren Radius, dann würden die Kreise nicht überlappen.). Wie groß kann ein Dreieck sein, das in eine Scheibe mit Radius 1 einbeschrieben wird? Diese Frage ist eine Version des Problems der Königin Dido, das wir im vorhergehenden Kapitel diskutiert hatten: Welches in eine Scheibe mit Radius 1 einbeschriebene Dreieck hat die größte Fläche? Antwort: das gleichseitige Dreieck. Im Anhang zu diesem Kapitel zeigen wir, daß jedes solche Dreieck eine Fläche von 1,299 hat. Folglich muß die Fläche eines jeden Dreiecks im Netz kleiner als diese Zahl sein. Da sich das Netz aus F

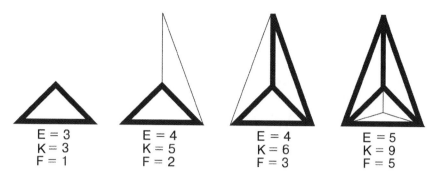

E = 3	E = 4	E = 4	E = 5
K = 3	K = 5	K = 6	K = 9
F = 1	F = 2	F = 3	F = 5

Abb. 4.12. Der Satz von Euler mit Auflistung der Ecken (E), Flächen (F) und Kanten (K)

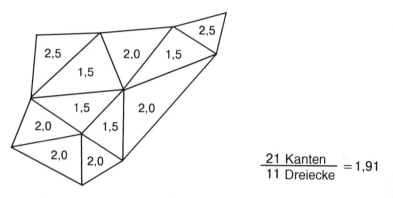

$$\frac{21 \text{ Kanten}}{11 \text{ Dreiecke}} = 1,91$$

Abb. 4.13. Durchschnittliche Anzahl von Kanten pro Dreieck

Dreiecken zusammensetzt (*ein* Dreieck für jede Fläche), muß die Gesamtfläche des Netzes kleiner als $1,299 \cdot F$ sein.

Unsere nächste Aufgabe besteht darin, in einem Netz eine Beziehung zwischen der Anzahl der Flächen und der Anzahl der Ecken zu finden. Jede Fläche des Netzes ist von drei Kanten umgeben. Folglich gibt es dreimal so viele Kanten, wie es Dreiecke gibt. Aber das würde eine Doppelzählung beinhalten, da die meisten Kanten zu zwei Dreiecken gehören, die auf den gegenüberliegenden Seiten der betreffenden Kante liegen. Wir bezeichnen diese Kanten als innere Kanten. Nur die Kanten am Rand des Netzes gehören zu einem einzigen Dreieck. Werden jedem Dreieck die Hälfte der Innenkanten und alle Randkanten zugeordnet, dann muß die durchschnittliche Anzahl der Kanten pro Dreieck größer als $1\frac{1}{2}$ sein, das heißt, $K \geq 1\frac{1}{2}F$. Andererseits hatte Euler bewiesen, daß $K = E + F - 1$. Kombinieren wir diese beiden Tatsachen, dann können wir eine obere Grenze für die Anzahl der Flächen eines Netzes angeben: $F \leq 2E$, das heißt, die Anzahl der Flächen beträgt höchstens das Doppelte der Anzahl der Ecken. Und das bedeutet, daß die Gesamtfläche des Netzes kleiner als $2E \cdot 1,299 = 2,598\,E$ ist.

Wir wollen jetzt die Dichte der durch die Kreise überdeckten Fläche berechnen. Es gibt E Ecken im Netz und jede von ihnen repräsentiert einen Kreis. Da der Radius gleich 1 ist, bedeckt jeder dieser Kreise eine Fläche der Größe π. Die Gesamtfläche des Netzes ist kleiner als $2,598\,C$, wie wir gerade gezeigt hatten. Folglich ist die Dichte – das heißt, die von den Kreisen überdeckte Fläche dividiert durch die Fläche des Netzes – mindestens $\frac{\pi C}{2,598 C}$. Setzen wir den numerischen Wert von π ein, dann erhalten wir 1,209. Das ist eine Art magische Zahl. Selbst wenn wir das Netz unter Hinzufügung von immer mehr Dreiecken unendlich groß machen, kann die Dichte niemals unter 1,209 fallen. Aber wenn die Anzahl der Dreiecke zunimmt, wie kann dann die Dichte unveränderlich bleiben? Nun, die Anzahl E der Ecken tritt sowohl im Zähler als auch im Nenner der Dichtegleichung auf. Infolgedessen kann man diese Zahl im Bruch kürzen und somit ist es belanglos, wie groß das Netz ist oder wieviele Dreiecke sich dort befinden. Die Dichte eines beliebigen Netzes kann nie kleiner als 1,209 sein. Es wird immer unvermeidliche Überlappungen in einer Größenordnung von 20,9 Prozent geben.

Eine letzte Frage: Welche Kreisanordnung erreicht die kleinste Dichte? Richtig, hier kommt wieder unser gutes altes reguläres Sechseck ins Spiel. Der Schlüssel zum Verständnis dieser Tatsache besteht darin, daß das einzige Dreieck im Einheitskreis, das genau eine Fläche von 1,299 bedeckt, das gleichseitige Dreieck ist. Und nebeneinander gelegte gleichseitige Dreiecke bilden zusammen ein hexagonales Netz.

Wir nehmen eine Auszeit, um den Sachverhalt zu illustrieren. Der Bewirtschafter eines Strandabschnitts hat gerade ein Angebot für neue Sonnenschirme bekommen: Spitzenqualität, niedriger Preis, wunderbare Farben und ein Radius von einem Meter. Sein Strandabschnitt hat eine Fläche von 26 mal 10 Metern und er möchte, daß durch die Schirme alles im Schatten liegt. Vor kurzer Zeit hat sich ein Oberschüler gemeldet, der sich durch die Überwachung der Aktion und durch die Anordnung der Sonnenschirme etwas Geld dazuverdienen möchte. Er hat gerade einen Leistungskurs in Geometrie absolviert und teilt dem Bewirtschafter selbstbewußt mit, daß der Schatten eines jeden Sonnenschirms eine Fläche von 3,141 Quadratmetern bedeckt.[14] Der Bewirtschafter möchte diese praktische Information nutzbringend verwenden. Er zieht seinen Taschenrechner heraus, berechnet für sein Strandgebiet eine Fläche von 260 Quadratmetern, dividiert diese Zahl durch 3,141 und erteilt einen Auftrag für dreiundachtzig Sonnenschirme. Aber die Sonnenschirm-Gesellschaft hatte ihren Handelsvertreter in einem Intensivlehrgang über „Anwendungen der höheren Geometrie auf das Aufstellen von Sonnenschirmen unter besonderer Berücksichtigung des Satzes von Euler" geschult. Der Handelsvertreter teilt dem Bewirtschafter rundheraus mit: „Vergessen Sie es! Jeder Sonnenschirm kann bestenfalls Schatten für höchstens 2,598 Quadratmeter spenden. Selbst dann, wenn Sie die Sonnenschirme auf optimale Weise auf-

---

[14] $3,141 = \pi r^2$. Das ist mittags der Fall, wenn die Sonne im Zenit steht.

stellen, brauchen Sie mindestens einhundert davon, um genügend Schatten für den ganzen Strandabschnitt zur Verfügung zu haben." Selbstverständlich glaubte der Bewirtschafter kein Wort von dem, was der Handelsvertreter sagte, und bestellte nach wie vor dreiundachtzig Sonnenschirme. Nachdem diese eintrafen, trug er seinem Helfer auf, sie in den Sand zu stecken. Der arme Junge versuchte, die Schirme anzuordnen und umzuordnen, aber vergeblich. Wie er es auch anstellte: es gab immer wieder Stellen, an denen die Sonne zwischen den Sonnenschirmen hindurchschien. Nach zahlreichen Beschwerden der Stammgäste bestellte der Bewirtschafter weitere siebzehn Sonnenschirme und der Helfer ging in die Schule zurück.

Somit ist die hexagonale Anordnung die dichteste Packung und mit etwas größeren Kreisen liefert sie auch die beste Überdeckung. Damit ist der Beweis erbracht und in einem solchen Fall sagen die Mathematiker gerne *quod erat demonstrandum*. Dieser lateinische Ausdruck bedeutet „was zu beweisen war" und wird üblicherweise durch QED abgekürzt. Mit einem Seufzer der Erleichterung setzt man dieses Akronym gewöhnlich nach der letzten Beweiszeile auf den rechten Seitenrand. Also:

QED

Diejenigen Leser, die genügend Mut aufbrachten, diesen Beweis durchzugehen, haben vielleicht etwas vom Zauber und von der Schönheit der Mathematik gespürt. Der Beweis bestand aus mehreren Schritten, von denen jeder für sich ziemlich plausibel erschien, vielleicht sogar ein bißchen trivial. Aber am Ende des Weges begreift man, daß etwas Bemerkenswertes geschehen ist: Eine überraschende und keineswegs triviale Behauptung ist bewiesen worden. Tatsächlich haben viele Mathematiker unter großen Anstrengungen viele Jahre dazu gebraucht, die Behauptung zu beweisen.

Damit haben wir unsere Diskussion des Keplerschen Problems in zwei Dimensionen abgeschlossen. Wir hatten im vorhergehenden Kapitel mit der Gitterversion des Packungsproblems begonnen. Im vorliegenden Kapitel haben wir den Weg zur allgemeinen Version des Packungsproblems fortgesetzt. Wir haben auch gezeigt, wie die allgemeine Version des Überdeckungsproblems gelöst wurde. Es ist nicht notwendig, die eingeschränktere Gitterversion des Überdeckungsproblems zu beweisen, denn die von Kershner bewiesene allgemeine Version umfaßt auch die Gitterversion. In den nachfolgenden Kapiteln verlassen wir das „flache Land", um uns erneut in die reale Welt des dreidimensionalen Raumes zu begeben.

5

Dreizehn Kugeln sind eine zuviel

In diesem Kapitel gehen wir zeitlich zurück bis ans Ende des siebzehnten Jahrhunderts und begeben uns räumlich „nach oben" in die dritte Dimension. Im Jahr 1694 fand auf dem Campus der Universität Cambridge in England eine berühmte Diskussion zwischen Isaac Newton und David Gregory, den beiden damals führenden Naturwissenschaftlern, statt. In ihrem Disput ging es um das „Kußproblem". Schrauben Sie aber bitte Ihre Erwartungen nicht allzu hoch. Der Begriff *Kuß* hat in diesem Zusammenhang nichts mit der bekannten Geste der Zuneigung zu tun. Hier bezieht sich das Verb *küssen* auf das Billardspiel und bedeutet, daß sich zwei Kugeln leicht berühren.

Newton und Gregory stritten sich über die Anzahl von Kugeln mit gleichem Radius, die in Kontakt mit einer mittleren Kugel gebracht werden können. Auf einer Geraden können zwei Kugeln eine mittlere Kugel küssen, eine links und eine rechts. Auf einem Billardtisch können höchstens sechs Kugeln eine mittlere Kugel berühren. Es gibt keinen Platz für eine siebente Kugel, wie jeder nachprüfen kann, indem er die Kugeln ein wenig hin und her rollt. Der Grund dafür ist, daß ein Heptagon (das heißt, ein reguläres Siebeneck) der Seitenlänge 2 (Durchmesser einer Kugel) zu groß ist, um sich eng genug an einen Kreis mit Radius 1 anzuschmiegen. Soweit ist alles klar. Aber nun wollen wir uns von der grünen Billardwiese weg in den Raum begeben.

In den 1950er Jahren studierte H. W. Turnbull, ein englischer Schulinspektor, das Leben Isaac Newtons. Turnbull arbeitete sich durch zahlreiche Artikel, Briefe und Notizen hindurch und stieß dabei auf zwei Dokumente, welche die Grundlage für das Kußproblem darstellen: Das Memorandum einer Diskussion, die die beiden Naturwissenschaftler in Cambridge geführt hatten, und ein unveröffentlichtes Notizbuch, in dem Gregory in Oxford, Christ Church, einige Zeichen rasch zu Papier gebracht hatte.[1] Die beiden Männer hatten über die Verteilung von Sternen diskutiert, die unterschiedliche Größenordnungen haben und um ein Zentralgestirn kreisen. Im Laufe ihrer Überlegungen tauch-

---

[1] Christ Church ist die Kathedrale der Anglikanischen Diozese von Oxford und gleichzeitig ein College der Universität Oxford.

G.G. Szpiro, *Die Keplersche Vermutung*,
DOI 10.1007/978-3-642-12741-0_5, © Springer-Verlag Berlin Heidelberg 2011

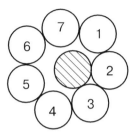

Abb. 5.1. Heptagon-Anordnung: kein Berühren und kein Küssen

te die Frage auf, ob eine Kugel mit dreizehn anderen Kugeln derselben Größe in Kontakt gebracht werden kann. Und an diesem Punkt schieden sich die Geister.

Wieviele weiße Billardkugeln können eine schwarze Billardkugel im dreidimensionalen Raum küssen? Kepler stellte in seiner Abhandlung *Vom sechseckigen Schnee* fest, daß zwölf Kugeln eine mittlere Kugel berühren können, und anschließend beschrieb er zwei Möglichkeiten, die Kugeln anzuordnen. Aber vielleicht können ja auch dreizehn Kugeln in Kontakt mit einer mittleren Kugel gebracht werden? Man könnte zunächst auf den Gedanken verfallen, daß das völlig unmöglich ist, da die Keplersche Anordnung vollkommen dicht und starr ist. Alle Kugeln berühren die mittlere Kugel und sie berühren auch einander. Wie sollte man also eine weitere Kugel dazwischen quetschen können? Die Frage ist nicht ganz trivial, da die hexagonale Packung (drei Kugeln unterhalb der mittleren Kugel, sechs um diese herum und drei oben) nicht die einzige Anordnung „12 um 1 herum" ist. Wir hatten bereits gesehen, daß die kubische Packung (vier Kugeln unter der mittleren Kugel, vier an den Seiten und vier oben) eine andere Realisierung von „12 um 1 herum" ist. Kepler hatte jedoch bereits darauf hingewiesen, daß diese beiden Anordnungen identisch sind und daß alle scheinbaren Unterschiede nur darauf zurückzuführen sind, daß man die Kugeln aus unterschiedlichen Perspektiven betrachtet. Aber vielleicht gibt es ja wirklich eine ganz andere Anordnung, die ein Dutzend weiße Kugeln mit der schwarzen Kugel in Kontakt bringt.

Es gibt sie wirklich – und nicht nur *eine* Anordnung. Man setze eine Kugel ganz unten dran, danach ordne man fünf Kugeln in einem Fünfeck unterhalb des Äquators der mittleren Kugel an und positioniere fünf weitere Kugeln mehr oder weniger in den Zwischenräumen der unteren fünf Kugeln, wodurch diese etwas über den Äquator der mittleren Kugel gedrückt werden. Abschließend „runde" man die ganze Sache mit der zwölften Kugel ganz oben ab. Und schon haben wir sie: Eine andere Anordnung von einem Dutzend Kugeln um die mittlere Kugel. Wie Sie feststellen können, liegen die Kugeln mehr oder weniger auf den Ecken eines Ikosaeders, weswegen diese Konfiguration auch als ikosaedrische Anordnung bezeichnet wird.

Schauen wir uns das Ganze nun etwas näher an, dann fällt eine äußerst überraschende Tatsache auf: diese Anordnung ist nicht starr. Es gibt genügend

OBEN
↓

↑
UNTEN

Abb. 5.2. Ikosaedrische Anordnung

Platz in den Zwischenräumen zwischen den zwölf Kugeln, so daß diese auf der Oberfläche der mittleren Kugel etwas herumrollen können. Wir können uns dieselbe Frage stellen, die sich auch Gregory gestellt hat: Lassen sich die Kugeln so bewegen, daß ausreichend Platz für eine zusätzliche Kugel zur Verfügung steht? Vielleicht lassen sich die „Freiräume" so kombinieren, daß man eine dreizehnte Kugel hineinzwängen kann? Das scheint absurd zu sein, aber Gregory hatte wirklich ein Argument und wir werden einen mathematischen Beweis dafür geben, daß „13 um 1 herum" zumindest denkbar ist.

Wir betrachten eine – vorläufig unbekannte – Anzahl von Kugeln, die eine mittlere Kugel küssen und alle den Radius 1 haben. Nun bringen wir die ganze Anordnung in einer Superkugel mit dem Radius 3 unter. Dabei stellen wir uns im Mittelpunkt der mittleren Kugel eine Lampe vor, welche die Schatten der um sie herum liegenden Kugeln auf die Innenoberfläche der Superkugel wirft. Diese kreisförmigen Schatten können nicht überlappen. Im Anhang wird gezeigt, daß jeder Schatten eine Oberfläche von 7,6 hat und daß die Gesamtoberfläche der Superkugel 113,1 beträgt. Wieviele Schatten können also auf die Oberfläche der Superkugel passen? Dividiert man 113,1 durch 7,6, dann ergibt sich 14,9. Die unweigerliche Schlußfolgerung ist, daß der Platz für fast fünfzehn Kugeln reicht! Bestimmt gibt es also, zumindest theoretisch, ausreichend Platz für vierzehn Kugeln und somit sollten dreizehn Kugeln gewiß als Möglichkeit in Betracht gezogen werden.

Auf einmal klingt Gregorys Behauptung gar nicht so absurd wie am Anfang. Dennoch mutet es ein wenig seltsam an, daß er unerschütterlich behauptete, daß es eine Anordnung „13 um 1 herum" gibt, aber nie das Rezept präsentierte, wie und wo die Kugeln positioniert werden sollten. Warum hat er nicht einfach 13 Kugeln um eine mittlere Kugel herum plaziert und Newton seine Anordnung gezeigt? Das hätte Newton ganz sicher überzeugt. Nun, mit

Abb. 5.3. Superkugel

den damaligen Werkzeugen war es sehr schwer, vollkommen runde Kugeln aus Holz oder Stein herzustellen, und somit waren die Experimente nie ganz zufriedenstellend. Tatsächlich blieb die Frage weitere zweieinhalb Jahrhunderte offen: der Streit wurde erst 1953 beigelegt.

Wir machen nun einen kleinen Abstecher. Der Engländer H. S. M. Coxeter[2] (1907–2003), der an der Universität Toronto lehrte, zeigte 1963, daß sich Keplers Anordnung „12 um 1 herum" (die hexagonale Anordnung) in die ikosaedrische Anordnung transformieren läßt, indem man die Kugeln nur herumrollt, ohne sie von der Oberfläche der mittleren Kugel hoch zu heben. Da die ikosaedrische Anordnung ebenfalls ein Herumrollen der Kugeln gestattet, kann man eine Kugel ein wenig in *eine* Richtung schieben, eine andere Kugel in eine *andere* Richtung und so weiter. Einige Jahre später bezeichnete der Designer, Erfinder und Architekt Buckminster („Bucky") Fuller das Verfahren, das die hexagonale Anordnung in die ikosaedrische Anordnung überführt, als Jitterbug-Transformation.[3] (Über Bucky Fuller wird in Kapitel 10 mehr zu sagen sein.) Diese Transformation hat weitreichende Folgen: Sie bedeutet nämlich, daß es zwischen der hexagonalen Anordnung und der ikosaedrischen Anordnung eine *unendliche* Anzahl von Konfigurationen „12 um 1 herum" gibt. Und das ist ein anderer Grund dafür, warum das Kußproblem so lange unbeantwortet geblieben ist: Unter den unendlich vielen Anordnungen könnte es ja auch eine solche geben, bei der genügend viel Platz für eine dreizehnte Kugel vorhanden ist.

Der in den Zwischenräumen verbleibende Platz der ikosaedrischen Anordnung beschäftigte Generationen von Mathematikern. Wir müssen aber darauf hinweisen, daß man sogar nach der Beilegung des Newton-Gregory-Disputs

---

[2] Die Initialen stehen für Harold Scott MacDonald. Ursprünglich sollte er Harold MacDonald Scott heißen, aber Freunde wiesen seinen Vater darauf hin, daß der Name H. M. S. Coxeter dann fast so klingen würde wie eines von „Her Majesty's Ships".

[3] Der Jitterbug ist ein um 1935 aus dem Boogie-Woogie entstandener Tanz, der durch akrobatische, formlose Bewegungen gekennzeichnet ist.

(zugunsten von Newton) die Keplersche Vermutung nicht *ad acta* legen konnte. Das Problem der dichtesten Packung wird nämlich nicht dadurch gelöst, ob eine dreizehnte Kugel eine mittlere Kugel berührt oder nicht. Die Anzahl der Kugeln, die eine mittlere Kugel umgeben, sagt nichts darüber aus, wie sich die Kugeln im unendlichen Raum anordnen lassen. Um es mathematisch auszudrücken: Das Kußproblem ist eine *lokale* Frage, während die Kepler-Vermutung ein *globales* Problem ist.

Doch nun zurück zu den Akteuren der Handlung. Isaac Newton war einer der bedeutendsten Wissenschaftler aller Zeiten. Wenn Johannes Kepler als Fürst der Astronomie angesehen wurde, dann war Isaac Newton ganz gewiß der Fürst der Physik. Er wurde am 4. Januar 1643 in Woolsthorpe (Lincolnshire) als winziges und schwaches Baby geboren, dem man nicht mehr als eine Woche gab. Aber Newton strafte die Ärzte und Hebammen Lügen und lebte weitere vierundachtzig Jahre.[4] Sein Vater, ein unkultivierter und ungebildeter Mann, starb drei Monate vor Isaacs Geburt. Nach dem Tod ihres Mannes bedurfte Isaacs verzweifelte Mutter Hannah, geborene Ayscough, dringend des kirchlichen Mitgefühls, und Barnabas Smith, der Pfarrer des nahe gelegenen Dorfes, war nur allzu glücklich, diesem Verlangen nachzukommen. Hochwürden nahm seine Pflichten, Trost zu spenden, sehr ernst, und nach einer angemessenen Trauerzeit heirateten die beiden. Damit wurde der kleine Isaac überflüssig und man verfrachtete ihn zu seinen Großeltern, die vom plötzlichen Auftauchen des zweijährigen Jungen nicht sonderlich erbaut waren. Isaac hatte keine glückliche Kindheit bei ihnen. Er und sein Großvater James Ayscough hatten nichts füreinander übrig. Der alte Mann schloß ihn sogar von seinem Testament aus. Isaac war wütend. Seine Mutter und seinen Stiefvater, so phantasierte er, würde er „verbrennen und das Haus über ihnen ebenfalls".

Newtons Ziel an der Universität war – wie hätte es auch anders sein können – einen Abschluß in Jurisprudenz zu erhalten. In Cambridge gehörte hierzu das Studium der mittlerweile veralteten Texte des Aristoteles, bei denen die Erde der Mittelpunkt des Universums war und die Natur qualitativ statt quantitativ beschrieben wurde. Aber revolutionäre Ideen lassen sich nicht unterdrücken – sie sind in den Zentren der Gelehrsamkeit überall gegenwärtig – und irgendwann noch zu Beginn seines Studiums entdeckte Newton die Naturphilosophie des René Descartes. Descartes sah die Welt um sich herum in Form von Materieteilchen und erklärte die Naturphänomene durch die Bewegung dieser Teilchen und durch mechanische Wechselwirkungen. Descartes' Schriften veranlaßten Newton – ohne, daß jemand davon wußte – die wichtigen mathematischen Werke der damaligen Zeit zu studieren. Dann begann sich sein Genie zu entfalten. Allein vollbrachte er revolutionäre Fortschritte auf den Gebieten der Mathematik, der Optik und der Astronomie. Er erfand

---

[4] Einige Quellen legen Newtons Geburt auf den ersten Weihnachtsfeiertag des vorhergehenden Jahres, aber das liegt daran, daß der Gregorianische Kalender in England erst einhundert Jahre später eingeführt worden ist.

Abb. 5.4. Isaac Newton

eine neue mathematische Methode zur Beschreibung von Bewegungen und Kräften. Seine Erfindung, die er als „Fluxionsmethode" bezeichnete, wurde in der Folgezeit als Infinitesimalrechnung[5] bekannt. In seinem späteren Leben bereute er zutiefst, niemals eine Darstellung der Methode veröffentlicht zu haben, die es ihm gestattete, Flächen, Kurvenlängen, Tangenten sowie Maxima und Minima von Funktionen zu berechnen. Er dachte wahrscheinlich, daß die neuen Techniken eine allzu radikale Abkehr von der traditionellen Mathematik seien und daß einschlägige Diskussionen die Leser seiner Astronomietexte nur von den Hauptergebnissen ablenken würden. Aus diesem Grund hat er seine Spuren vielleicht absichtlich verwischt und die Erfindung der Differentialrechnung geheim gehalten. Er verfaßte 1671 die Abhandlung „De methodis serierum et fluxionum" (Über die Methode der Reihen und Fluxionen), in der er schließlich die neue Methode beschrieb, aber diese Abhandlung wurde erst fünfundsechzig Jahre später, zehn Jahre nach seinem Tod, veröffentlicht.

Newtons größte Entdeckung war das Gravitationsgesetz. Johannes Kepler hatte entdeckt, daß sich die Planeten auf elliptischen Bahnen bewegen. Dann gab es da diesen Apfel, der vom Baum fiel. Diese Fingerzeige, gepaart mit einem phänomenalen Scharfblick, gestatteten Newton, das Gesetz aufzustellen, daß die auf einen Planeten wirkende Kraft mit dem Quadrat seines Abstands von der Sonne abnimmt. Kepler hat das „wie?" gezeigt, aber Newton hat das „warum?" erklärt. Auf Drängen seines Freundes, des Astronomen Edmond Halley, schrieb Newton sein Werk *Philosophiae naturalis principia mathematica* (Mathematische Prinzipien der Naturphilosophie), das 1687 veröffentlicht

---

[5] Englisch „differential (and integral) calculus", abkürzend „calculus".

wurde. In den *Principia*, die man als das „bedeutendste jemals geschriebene wissenschaftliche Werk" bezeichnete, analysierte Newton die Bewegung von Körpern unter der Einwirkung von Zentripetalkräften und gab Erklärungen für die Bahnen von Körpern, Projektilen und Pendeln, für den freien Fall von Körpern, für die Gezeiten, exzentrische Kometenbahnen, die Präzession der Erdachse und für die Bewegung des Mondes.

Aber die meisten seiner Kollegen akzeptierten das physikalische Gesetz der Gravitation nicht. Das Gesetz, gemäß dem sich alle Materie gegenseitig anzieht, stellte Newtons Zeitgenossen vor ein Rätsel. Jeder konnte sich vorstellen, einen halsstarrigen Esel an einem Strick zu ziehen, aber wie soll man das mit einem Esel ohne Strick bewerkstelligen? Das war zuviel des Guten für den einfachen Mann von der Straße, aber auch für die Gelehrten. Offensichtlich ist ein Strick erforderlich, um den Esel mit dem zerrenden Bauern zu verbinden, und klarerweise kann ein Körper einen anderen Körper nur dann bewegen, wenn beide Körper in Kontakt sind (sozusagen, wenn sie sich küssen – was schließlich wirklich eine bewegende Erfahrung bezeichnet). Eine unsichtbare Kraft kann doch wohl kaum durch die dünne Luft oder gar durch das Vakuum wirken, dachten Newtons Kollegen. Sie hatten doch erst unlängst den Glauben aufgegeben, daß ein Zauberer durch bloßes Händewinken Gegenstände zum anderen Ende eines Zimmers bewegen kann. Es dauerte lange und kostete viel Überzeugungskraft, bis die „Fernwirkung" allgemein akzeptiert wurde.[6]

Im Alter von dreiundfünfzig Jahren beschloß Newton, eine andere Karriere einzuschlagen. Er wurde Wardein der Königlichen Münze („Warden of the Royal Mint") und drei Jahre später ihr „Master", ein Amt, das er bis zu seinem Tode innehatte. Da er für alle Münzen, die geprägt wurden, eine Provision erhielt, ging es ihm ziemlich gut. Er machte grimmig und unbarmherzig Jagd auf Fälscher.

Viele bedeutende Leute hatten in ihrem Wandschrank ein Skelett verborgen und Newton war keine Ausnahme. Im Falle Keplers war das auf dessen Vernarrtheit in die Astrologie zurückzuführen; das heimliche Hobby Newtons war die Alchimie. Er war von der Idee besessen, Metall in Gold zu verwandeln. Unglücklicherweise war Quecksilber das Material, das er und viele andere Alchimisten für ihre Experimente verwendeten. Viele seiner Kollegen mußten die böse Erfahrung machen, daß sich Quecksilber nicht nur nicht in Gold verwandeln läßt, sondern zu allem Überfluß auch noch giftig ist. Die damals allgemein verwendete Methode, die Eigenschaften einer Verbindung zu bestimmen, bestand darin, an ihr zu riechen, sie abzuschmecken oder sogar zu verschlucken. Im Falle von Quecksilber war das keine gute Idee. Zum Glück hat Newton bei seinen Experimenten keine schädlichen Auswirkungen davongetragen.[7]

---

[6] Zweieinhalb Jahrhunderte später standen die Naturwissenschaftler vor demselben Problem, als sie versuchten, Einsteins Relativitätstheorie der Öffentlichkeit zu erklären.

[7] Einige Biographen glauben jedoch, daß Newtons Depression in späteren Jahren möglicherweise auf die Inhalation von Quecksilber zurückzuführen sei.

Im Jahre 1703 wurde Newton zum Präsidenten der Royal Society gewählt. Er wurde in jedem Jahr wiedergewählt, bis zu seinem Tod vierundzwanzig Jahre später. Abgesehen davon, daß er gegen Ende seines Lebens während der Sitzungen einnickte, setzte er seine Präsidentschaft ganz zu seinem eigenen Vorteil ein, wie wir sehen werden. Sir Isaac widmete die letzten fünfundzwanzig Jahre seines Lebens dem Prioritätsstreit mit Gottfried Wilhelm Leibniz über die Entdeckung der Infinitesimalrechnung, Newtons Fluxionsmethode. Der Einsatz war hoch. Die Infinitesimalrechnung führte zu einem fundamentalen Wandel in der Mathematik und dem Erfinder winkte dafür die Unsterblichkeit. Als Präsident der Royal Society berief Newton eine „unvoreingenommene Kommission", um zu entscheiden, wer die Infinitesimalrechnung als Erster erfunden hatte. Natürlich wußten die unvoreingenommenen Kommissionsmitglieder genau, was von ihnen erwartet wurde und dachten nicht im Traum daran, Leibniz aus der Patsche zu helfen. Der Herr aus Deutschland wurde nicht einmal über seine Version der Ereignisse befragt. Um auf der sicheren Seite zu sein, schrieb Newton selber heimlich den Abschlußbericht der Kommission. Und zur Krönung des Ganzen verfaßte er – wieder anonym – auch eine sehr wohlwollende Rezension des Berichtes für die *Transactions of the Royal Society.*

Heutzutage ist allgemein anerkannt, daß Newton die Priorität zukommt, da er seine Methode 1665 und 1666 erfunden hatte. Leibniz erfand seine „Differenzenmethode" etwa zehn Jahre später. Isaac Newton starb am 31. März 1727 in London.

Der andere Teilnehmer an der Debatte über die Kußzahl war David Gregory, ein Neffe des berühmteren Wissenschaftlers James Gregory. Gregory, der sechzehn Jahre jünger als Newton war, wurde 1659 in Aberdeen (Schottland) als Sohn einer sehr fruchtbaren Familie geboren: Er war eines von neunundzwanzig Kindern, die sein Vater (von zwei Frauen) hatte. Als frühreifes Kind begann James sein Universitätsstudium im zarten Alter von zwölf Jahren. Aber der Frühstart dauerte nicht an. Stattdessen endete der Anlauf ebenso schnell wie er begonnen hatte und Gregory schloß sein Studium nicht ab. Das hinderte die Universität Edinburgh nicht daran, ihn im Alter von vierundzwanzig Jahren zum Professor der Mathematik zu ernennen. Gregory war einer der ersten Anhänger Newtons. Tatsächlich war er der erste Universitätslehrer, der Vorlesungen über die innovativen Theorien hielt, die noch keine andere Universität auf ihrem Lehrplan hatte. Im Jahr 1690, als in Schottland Unruhen ausbrachen, ging er nach Oxford. Newton zeigte sich erkenntlich dafür, daß Gregory seine Theorie unterstützte, und arrangierte, daß Gregory zum Savilian-Professor der Astronomie ernannt wurde.

Die Diskussion über die Kußzahlen begann, als der einundfünfzigjährige Newton gerade den Job wechselte. Er hatte bereits einen Fuß in der Königlichen Münze in London, stand aber mit dem anderen Fuß noch im Elfenbeinturm des Trinity College. Am 4. Mai 1694 stattete ihm Gregory einen Besuch ab. Sein Aufenthalt in Cambridge dauerte mehrere Tage, an denen die beiden Männer ohne Unterbrechung über wissenschaftliche Dinge sprachen. Es war dennoch eine ziemlich einseitige Unterhaltung, bei der sich Gregory, der pflichtbewußte Jünger, Notizen über alles machte, was der große Meister sagte. Er mußte sich beeilen, weil Newton frei über seine Gedanken berichtete und dabei von einem Thema zum anderen sprang. Es ging um die redaktionellen Korrekturen der *Principia*, die Krümmung geometrischer Objekte, um den von einem Kometen ausgehenden „Rauch", die Geschwindigkeiten der verschiedenen Farben des Lichtes, um Kegelschnitte, um die Wechselwirkung zwischen Saturn und Jupiter und so weiter. All das erfolgte in Blitzgeschwindigkeit und Gregory versuchte, sich alles zu notieren. Wenn er nicht ganz folgen konnte, nahm Newton seinem Freund den Schreibblock aus der Hand und kritzelte seine eigenen Bemerkungen in das Notizbuch.

In einem der besprochenen Punkte, Nummer 13 in Gregorys Vermerk dieses Tages, ging es darum, wieviele Planeten um die Sonne kreisen. Die Diskussion schweifte dann ab auf die Frage, wieviele gleichgroße Kugeln um eine mittlere Kugel derselben Größe rotieren könnten. In einem weiteren Abstecher diskutierte man dann die Verteilung von Sternen unterschiedlicher Größe um ein Zentralgestirn. Schließlich stellte Gregory die Frage: Kann eine starre materielle Kugel mit dreizehn anderen gleichgroßen Kugeln in Kontakt gebracht werden?

In einem der von H. W. Turnbull gefundenen Notizbücher[8] finden wir eine Passage, in der Gregory die Packung von Kreisen diskutiert, die in konzentrischen Ringen rund um einen mittleren Kreis angeordnet sind, das heißt, es geht um das zweidimensionale Problem. Er wies korrekt darauf hin, daß sich rund um den innersten Ring einer mittleren Kugel sechs Kugeln anordnen lassen. Das ist das Problem, das Fejes Tóth 1940 löste. Gregory bemerkte auch, daß die nachfolgenden Ringe zwölf und achtzehn Kugeln enthalten. Gregory fuhr dann fort, die Frage für drei Dimensionen zu diskutieren. Wieviele Kugeln lassen sich in konzentrischen Schichten so positionieren, daß sie alle die mittlere Kugel berühren? An dieser Stelle sprach er die Behauptung aus, an der sich die Debatte entzündete und die 250 Jahre dauernde Suche nach der endgültigen Antwort begann. Gregory erklärte – ohne großes Aufheben –, daß im dreidimensionalen Raum die erste Schicht, die eine mittlere Kugel umgibt, *dreizehn* Kugeln enthält.

Andererseits hatte Newton in *A table of ye fixed Starrs for ye yeare 1671* geschrieben, daß es dreizehn Sterne der ersten Größenordnung gibt, und in Gregorys Bericht über die Diskussion vom 4. Mai 1694 lesen wir, daß „um zu entdecken, wieviele Sterne es von der ersten, zweiten, dritten usw. Größenordnung gibt, [Newton] betrachtet, wieviele Kugeln eine Kugel im dreidimensionalen Raum in einer am nächsten liegenden ersten Schicht, einer darauf folgenden zweiten, dritten usw. Schicht umgeben: Es gibt 13 Kugeln der ersten Größenordnung." Natürlich meinte Newton insgesamt dreizehn Kugeln, also einschließlich der mittleren Kugel.

---

[8] Diese Notizbücher werden heute in der Christ Church in Oxford aufbewahrt.

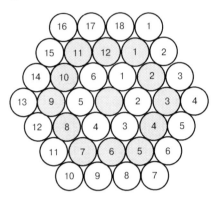

Abb. 5.5. Ringe, die 6, 12, und 18 Kreise enthalten

Gregory und Newton konnten sich also nicht einigen, wieviele Kugeln eine mittlere Kugel küssen können. Wenn Sie eine Wette abschließen müßten, auf wen würden Sie dann setzen? Glauben Sie an „12 um 1 herum" oder an „13 um 1 herum"? Mit einer Wette auf Newton liegt man auf der sicheren Seite. Gregory wird als redlicher, aber keineswegs herausragender Mathematiker angesehen. Newton hingegen lag in den meisten Dingen richtig, zu denen er jemals etwas gesagt hatte. Aber er war nicht unfehlbar, wie seine Versuche zur Umwandlung von Quecksilber in Gold gezeigt hatten. Und zugunsten von Gregory spricht, daß es genug Platz für fast fünfzehn Kugeln gibt, wie wir bereits gesehen hatten.

Wie sich herausstellte, hatte Newton Recht: „13 um 1 herum" ist nicht möglich. Deswegen wird die größte Anzahl von Kugeln, die eine mittlere Kugel berühren können, heute auch als Newtonsche Zahl bezeichnet. Den beiden Männern war es jedoch nicht beschieden, die richtige Antwort zu erfahren. Keiner von beiden wußte, nach wem die Kußzahlen dereinst benannt werden würden. Aber wie dem auch sei: Recht zu haben ist nur eine Hälfte von dem, was in der Mathematik Freude macht. Die andere Hälfte besteht darin, einen Beweis zu finden, und auf dem Weg dorthin kam man erst 180 Jahre nach der Kontroverse zwischen Newton und Gregory etwas voran – obwohl man auch das noch keinen richtigen Fortschritt nennen konnte. Auf den endgültigen Beweis mußte man weitere achtzig Jahre warten, bis zum Jahr 1953.[9] Im

---

[9] Den Lesern sei verziehen, wenn sie die obigen Argumente nicht vollkommen überzeugend finden. Nach Abschluß der Arbeiten an dem Buch, das Sie gerade lesen, war der Verfasser auch weiterhin voller Zweifel. Deutet Newtons Aussage wirklich darauf hin, daß er wußte, daß die richtige Anzahl zwölf ist? Oder dachte er wie Gregory, daß die mittlere Kugel von dreizehn Kugeln berührt werden kann? Auf der Suche nach einer Antwort setzte ich mich mit Dr. Robert Hunt, dem stellvertretenden Direktor des Isaac Newton Institute for Mathematical Sciences der Universität Cambridge in Verbindung. Wir suchten nach weiteren Quellen, um

folgenden Kapitel beschreibe ich die verschiedenen Versuche, das Kußproblem zu lösen.

---

zu bestätigen, daß Newton die richtige Antwort kannte. Leider fanden wir keine solchen Quellen, so daß die Frage vorläufig offen bleibt.

6

Netze und Knoten

Im Jahr 1869 reichte ein Mathematiker namens Bender aus der schönen
Schweizer Stadt Basel einen Beweis des Kußproblems bei dem hochangesehenen *Archiv der Mathematik und Physik* ein, einer in Deutschland verlegten
Zeitschrift. Die Arbeit hatte den sperrigen Titel „Bestimmung der grössten
Anzahl gleich grosser Kugeln, welche sich auf eine Kugel von demselben Radius, wie die übrigen, auflegen lassen." Die auf den Disput zwischen Newton
und Gregory zurückgehenden Wurzeln des Problems wurden nicht erwähnt
und waren dem Autor anscheinend unbekannt, der sich gerade einem geometrischen Problem zugewandt hatte, das er interessant fand. Dr. Bender
reichte seine Arbeit am 25. Mai 1869 beim *Archiv* ein. Und dann wartete er.
Und wartete. Und wartete.

Insgesamt wartete er fünf Jahre lang bis 1874, als seine Ausführungen
schließlich im Druck erschienen. Es gab jedoch einen guten Grund für die
Verzögerung und dieser Grund war nicht der verwirrende Titel der Arbeit.
Benders angeblicher Beweis war überhaupt kein Beweis. Alles, was er gezeigt
hatte, bestand darin, daß zwölf Kugeln die mittlere Kugel berühren können
und daß jede Kugel vier Nachbarn gleichzeitig berührt. Bender zeigte Folgendes: Werden zwölf Kugeln auf der Oberfläche der mittleren Kugel in der
vertrauten Anordnung positioniert, dann verbleiben dort acht leere Dreiecke
und sechs Vierecke zwischen den Kugeln. Bender berechnete dann die Flächen
dieser Dreiecke und Vierecke, summierte sie und schlußfolgerte, daß es dort
nur für die zwölf Kugeln ausreichend viel Platz gibt, mit denen er angefangen
hatte. Am Schluß seiner Arbeit fügte er gleichsam nebenbei hinzu, daß man
„leicht zeigen kann, daß keine andere Anordnung eine größere [Anzahl von Ku-
geln] gestattet," und deshalb „nicht mehr als zwölf Kugeln auf der Oberfläche
einer Kugel mit dem gleichen Radius positioniert werden können".

Das sind in der Tat große Worte, aber Bender hatte rein gar nichts bewiesen. Schlimmer noch, er hatte die Kardinalsünde begangen, eine Tautologie
aufzustellen und versucht, diese als Beweis auszugeben: Wenn du mit zwölf
Kugeln anfängst, dann hast du am Ende wieder zwölf Kugeln. Bestenfalls hatte Bender gezeigt, daß zu der speziellen Anordnung, die er betrachtete, keine

G.G. Szpiro, *Die Keplersche Vermutung*,
DOI 10.1007/978-3-642-12741-0_6, © Springer-Verlag Berlin Heidelberg 2011

dreizehnte Kugel zu den bereits vorhandenen zwölf Kugeln hinzugefügt werden konnte. Das war keine große Leistung, denn es war schon seit geraumer Zeit bekannt – zumindest seit Harriot und Kepler die Angelegenheit gegen Ende des sechzehnten Jahrhunderts diskutiert hatten –, daß zwölf Kugeln eine mittlere Kugel küssen können. Die wirkliche Frage bestand darin, ob es eine andere Art der Anordnung gibt, die es gestattet, daß dreizehn Kugeln mit der mittleren Kugel in Kontakt treten. Und diese Frage hatte Bender offen gelassen.

Seltsamerweise waren die Herausgeber des *Archivs* der Ansicht, daß dieser Unsinn dennoch eine Veröffentlichung wert sei. Warum waren die Herausgeber, die sich typischerweise um die Qualität des Materials sorgen, das zwischen den Umschlagblättern ihrer Zeitschrift erscheint, in diesem Fall so weichherzig? Der Grund für ihre Milde wird schnell offensichtlich. Benders angeblicher Beweis, der niemals hätte erscheinen dürfen, gab einem Mathematiker namens Reinhold Hoppe die Gelegenheit, seine eigene Version der Lösung des Kußproblems unter die Leute zu bringen. Hoppe war zufälligerweise der Herausgeber des *Archivs.*

Hoppes ganzes Leben verlief außergewöhnlich unspektakulär und seine Veröffentlichungen waren nicht minder mittelmäßig. Seine Forschungsarbeiten erstreckten sich auf Mathematik, Physik, Philosophie und Linguistik. Er veröffentlichte 250 mathematische Arbeiten, was auf den ersten Blick eine äußerst respektable Anzahl ist. Aber 80 Prozent der Arbeiten erschienen in der Zeitschrift, die er selbst herausgab, und viele seiner Beiträge waren einfach nur „Lückenfüller", also kurze Mitteilungen, um eine Seite zu „vervollständigen", wenn der vorhergehende Artikel auf der Seitenmitte endete. Die Qualität seiner gewichtigeren Beiträge war auch nicht überragend. Er hielt sich selten – wenn überhaupt – damit auf, was andere Autoren zu einem gegebenen Thema zu sagen hatten. Deswegen war ein Großteil der Untersuchungen Hoppes nur von marginalem Interesse. Die meisten seiner Arbeiten waren derart unbedeutend, daß er manchmal sogar selber vollkommen vergaß, daß er ein paar Jahre zuvor bereits etwas zum gleichen Thema geschrieben hatte. Im Alter von vierzig Jahren hörte er auf, sich mit der einschlägigen Literatur abzugeben, und kannte von da an nicht einmal mehr die Namen seiner berühmtesten Zeitgenossen. Ein Kollege beschrieb ihn als „Einsiedler der Wissenschaft". Hoppe hatte ein sehr unfreundliches Aussehen und seine Anspruchslosigkeit und Demut führten zu einem sehr vernachlässigten Auftreten.

Aber als Herausgeber einer der führenden europäischen Mathematikzeitschriften hatte er eine große Macht, die er nach eigenem Gutdünken nutzen konnte. In seinem Nachruf, der ja eigentlich eine Gelegenheit gewesen wäre, die Leistungen des Verstorbenen zu würdigen, schrieb ein Kollege, Hoppe habe viele Artikel verfaßt, die besser ungeschrieben geblieben wären. Beiträge externer Autoren erledigte er gleichermaßen nachlässig. Besonders gegen Ende seines Lebens erlaubte sein Mangel an Scharfsinn „vielen selbstgefälligen und geschwätzigen Autoren mit geringen Kenntnissen und noch weniger Fähigkeiten, ihn davon zu überzeugen, die mittelmäßigen und mitunter unsinnigen

Ergüsse ihrer Federn zu veröffentlichen. Aber wer hätte das Herz gehabt, mit einem Achtzigjährigen zu streiten?"[1]

Nun aber zurück zum anstehenden Problem. 1874 beschloß Hoppe, den Beitrag Benders zu veröffentlichen, aber er fügte am Schluß der fehlerhaften Arbeit einen Nachtrag mit dem Titel „Kommentar des Herausgebers" an. Das geschah auf ziemlich diskrete Weise. Tatsächlich unterschrieb Hoppe den Kommentar nicht einmal. Wahrscheinlich verhielt es sich so, daß Hoppe, nachdem Bender seine Arbeit eingereicht hatte, deren Unzulänglichkeit erkannte. Jedoch zündete die Arbeit bei Hoppe eine Idee, die dann fünf Jahre lang reifte. Schließlich war Hoppe so weit, der Welt seinen Beweis vorzulegen. Aber offenbar hielt er es für unfair, seinen Aufsatz zu veröffentlichen, ohne Benders Arbeit entsprechend zu würdigen. Demzufolge wurden beide Arbeiten im *Archiv* gedruckt, und zwar gleich hintereinander.

Hoppe begann seinen Kommentar, indem er auf die Mängel der vorhergehenden Arbeit hinwies. Ausgehend von der Anordnung, die Bender betrachtet hatte, bemerkte Hoppe, daß viele Bewegungen und Verschiebungen der Kugeln möglich seien. Die wirkliche Frage, so schrieb er, bestünde darin, ob die Kugeln so herumgeschubst werden können, daß es genügend Platz gibt, um eine dreizehnte Kugel hineinzuquetschen. Bender hatte diese Frage unbeantwortet gelassen und jetzt machte sich Hoppe daran. Ich werde nur die Hauptpunkte seines Beweises skizzieren, weil im Anhang ein ähnlicher Beweis beschrieben wird.

Wir nehmen an, daß dreizehn Kugeln die mittlere Kugel berühren können, und betrachten die Punkte, an denen sie die mittlere Kugel berühren. Wir weben nun ein Netz rund um die mittlere Kugel.[2] Von jedem Kontaktpunkt wird ein Faden zu seinen benachbarten Kontaktpunkten gewoben. Kreuzen sich zwei Fäden, dann wird der längere entfernt. Das resultierende Netz hat dann dreizehn Knoten und besteht ausschließlich aus Dreiecken. Die Fäden müssen lang genug sein, um zwei Kugeln nebeneinander unterzubringen, und hieraus schlußfolgerte Hoppe, daß das Netz aus genau zweiundzwanzig Dreiecken bestehen muß. (Er tat dies unter Verwendung des Satzes von Euler in drei Dimensionen. Einzelheiten folgen.) Danach berechnete er die Fläche des kleinsten derartigen Dreiecks, multiplizierte die Fläche mit 22 (also mit der Anzahl der Dreiecke im Netz), und schloß, daß sogar das kleinste Netz viel zu locker ist, um sich eng um die mittlere Kugel zu legen.

Hoppes Beweis ist gleichbedeutend mit der Aussage, daß dreizehn Kugeln nicht gleichzeitig die mittlere Kugel berühren können. Im Gegensatz zu Bender hatte er keine Voraussetzungen über die Anordnung der Kugeln gemacht. Sein Beweis war ziemlich allgemein.

---

[1] E. Lampe, *Archiv der Mathematik und Physik*, Band 1, 1901.

[2] Tatsächlich betrachtete Hoppe die Mittelpunkte der umgebenden Kugeln und nicht die Kontaktpunkte, aber das ist unwichtig.

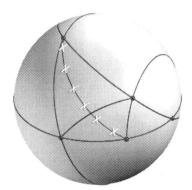

Abb. 6.1. Hoppes Netz

Ein Jahr später ließ sich jemand sowohl auf Benders Aufsatz als auch auf Hoppes Kommentar ein. 1875 erschien Siegmund Günthers Arbeit „Ein stereometrisches Problem" im *Archiv der Mathematik und Physik*. Günther war ein Geograph und Geophysiker in München, der die einst populäre Theorie vorangetrieben hatte, daß der Erdkern aus einem Gas hoher Dichte besteht. Er interessierte sich auch für Molekularphysik und formulierte das Problem der dreizehn Kugeln als Frage, wieviele Atome durch die Kräfte eines anderen Atoms beeinflußt werden können, wenn sich diese Kräfte in alle Richtungen erstrecken.[3] Er stellte fest, daß die von Hoppe verwendete Methode zu kompliziert war und schlug als Alternative seine eigene, einfachere Technik vor.

Günther begann seine Ausführungen, indem er die Schatten betrachtete, die von den umgebenden Kugeln auf die Oberfläche der mittleren Kugel geworfen werden. Es war keine Überraschung, daß er zu dem Schluß kam, daß es im Prinzip ausreichend viel Platz für dreizehn Schatten gibt und daß sogar noch ein zusätzlicher Platz übrig bleibt. Danach führte er weitere Berechnungen durch und kam zu dem Urteil, daß die von ihm vorgeschlagene einfache Technik nicht stark genug ist, um zu entscheiden, ob tatsächlich eine dreizehnte Kugel zwischen die zwölf Kugeln paßt, die sich um die mittlere Kugel anordnen lassen. Das war ein gewisser wissenschaftlicher Fortschritt.

Das war der Stand der Dinge am Ende des neunzehnten Jahrhunderts. Aber dann wurde ganz plötzlich Hoppes eigener Beitrag einer genauen Untersuchung unterzogen. Es stellte sich heraus, daß sein Beweis unvollständig war.

Hoppe hatte vorgeschlagen, die Mittelpunkte aller Kugeln mit Fäden zu verbinden. Wenn zwei Fäden einander kreuzten, dann entfernte er den längeren. Seine Behauptung war, daß das resultierende Netz ausschließlich aus Dreiecken besteht. Aber er irrte sich! Wir geben ein Gegenbeispiel in der nachstehenden

---

[3] Er hatte das in einer Zeit geschrieben, als die Existenz von Atomen noch nicht bewiesen war.

Abbildung 6.2. Zuerst werden alle fünf Punkte miteinander verbunden. Dann werden die überflüssigen Fäden entfernt. Bei Kreuzung A ist Faden m länger als Faden n und muß entfernt werden. Bei Kreuzung B ist Faden n länger als Faden o und muß entfernt werden. Bei Kreuzung C ist Faden o länger als Faden p und wird entfernt. Und bei Kreuzung D ist schließlich q länger als p und wird entfernt. Übrig bleiben die fünf äußeren Fäden und der innere Faden p. Und genau das ist das Problem. Im Widerspruch zu Hoppes Behauptung setzt sich das verbleibende Netz nicht ausschließlich aus Dreiecken zusammen. Es enthält ein Viereck.

❖❖❖

Der Fehler machte Hoppes ganzen Beweis ungültig. Erst gegen Mitte des zwanzigsten Jahrhunderts gaben zwei Mathematiker schließlich die endgültige Antwort auf das Kußproblem. 1953 vereinten Kurt Schütte aus Deutschland und der Holländer Bartel Leendert van der Waerden ihre Kräfte, um den Newton-Gregory-Disput ein für allemal zu erledigen. Die Früchte ihrer Zusammenarbeit wurden unter dem Titel „Das Problem der dreizehn Kugeln" in den *Mathematischen Annalen* veröffentlicht, der führenden deutschen Mathematikzeitschrift.

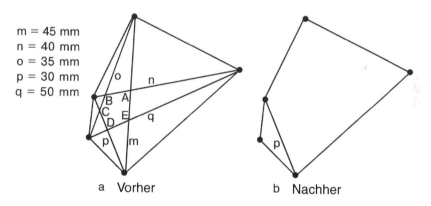

$$m = 45\ \text{mm}$$
$$n = 40\ \text{mm}$$
$$o = 35\ \text{mm}$$
$$p = 30\ \text{mm}$$
$$q = 50\ \text{mm}$$

a Vorher   b Nachher

Abb. 6.2. Hoppes Fehler

Schütte und van der Waerden waren sich bereits vor dem Ausbruch des Zweiten Weltkriegs an der berühmten Universität Göttingen begegnet. Der 1909 geborene Kurt Schütte war der neunundsechzigste und letzte Doktorand David Hilberts, des bedeutendsten Mathematikers der ersten Hälfte des zwanzigsten Jahrhunderts.[4] Der Doktorand sah jedoch nicht viel von seinem Betreuer, der damals bereits einundsiebzig Jahre alt war. Schüttes Kontakte zu dem Professor liefen über Paul Bernays, der Hilberts Assistent war und

---

[4] Die Franzosen würden Henri Poincaré als bedeutendsten Mathematiker der damaligen Zeit ansehen. Bestenfalls wäre Hilbert einer der *zwei* größten Mathematiker der ersten Hälfte des zwanzigsten Jahrhunderts gewesen.

später ein weltberühmter Logiker in Zürich werden sollte. Vor seiner 1933 erfolgten Verteidigung traf der vierundzwanzigjährige Schütte Professor Hilbert nur ein einziges Mal.

Nach Abschluß seiner Dissertation, in der es um Entscheidungsprobleme ging, arbeitete Schütte zwei Jahre als Lehrer und erkannte, daß die Berufsaussichten für Mathematiker nicht gerade glänzend waren. Also entschloß er sich während des Zweiten Weltkriegs für eine zweite Karriere als Meteorologe. Nach dem Krieg war Schütte als Gymnasiallehrer tätig und arbeitete sich dann langsam auf der akademischen Stufenleiter nach oben. Der Höhepunkt seiner Karriere kam 1959, als Kurt Gödel ihn zu einem Forschungsaufenthalt an das Institute for Advanced Studies nach Princeton einlud. Seine Forschungsarbeit konzentrierte sich auf Probleme mathematischer Beweise und kulminierte in dem hochangesehenen Buch *Proof Theory*, das 1977 erschien. Noch im gleichen Jahr ging Schütte in den Ruhestand, ließ sich aber durch sein Alter nicht von der Arbeit abhalten. Obwohl er praktisch blind war, blieb er bis zu seinem Tod 1998 aktiv. Seine letzte Arbeit erschien postum 1999.

B. L. van der Waerden war der ältere der beiden. Er hatte bereits als Assistent in Göttingen gearbeitet, als Schütte noch Doktorand war. Van der Waerden wurde 1903 in Amsterdam geboren und zeigte als Kind ein erstaunliches Talent für Mathematik. Nach Abschluß des Gymnasiums studierte er Mathematik an der Universität Amsterdam. Es gab nicht viel, was man dem begabten Studenten noch beibringen konnte, und er schloß das erforderliche Studienprogramm vorfristig ab. Da er nun Zeit hatte, beschloß er, ein Semester an der berühmten Universität Göttingen zu verbringen. Es war eine Universität alten Stils. Die Professoren waren tadellos gekleidet, reserviert und eingebildet. Sie hielten ihre Vorlesungen entweder makellos oder aber so konfus, daß jeder vor einem Rätsel stand. Die Studenten wagten kaum, die Professoren anzusprechen und senkten die Augen, wenn einer dieser Halbgötter zu ihnen sprach. Es war eine große Ehre, wenn ein vielversprechender Schüler in das Haus eines Professors eingeladen wurde.

In der Universität Göttingen befand sich das mathematische Nervenzentrum der Welt: das Mathematische Institut. Felix Klein, der „große Felix," wie ihn seine Studenten nannten, hielt Hof am Institut, das auch deswegen berühmt war, weil es als erste akademische Einrichtung einen Lesesaal mit offen zugänglichen Bücherregalen hatte. Hier gab es keine grummeligen Bibliothekare, die die demütigen Leser stundenlang warten ließen, bevor sie ihnen endlich ein eifersüchtig gehütetes Buch übergaben.

Nach dem ersten Pensum in Göttingen war es für van der Waerden an der Zeit, seinen Wehrdienst zu leisten, und er nutzte seine Freizeit als Einberufener der niederländischen Armee, um seine Dissertation zu schreiben. Er hätte seine Doktorarbeit gerne auf Deutsch vorgelegt, damit die verehrten Professoren und Kollegen in Göttingen sie lesen können, aber die Vorschriften der Universität Amsterdam gestatteten nur eine einzige Fremdsprache: Latein. Es war also nicht überraschend, daß van der Waerden Holländisch bevorzugte.

1926 erhielt der junge Mann ein Rockefeller-Stipendium, um im Anschluß an die Promotion ein Semester in Göttingen zu verbringen.

Der überwältigende Intellekt in Göttingen war natürlich Hilbert, aber es gab auch andere Mathematiker ähnlichen Kalibers, und van der Waerden traf Fräulein Emmy Noether, die – um Albert Einstein zu zitieren – „der bislang bedeutendste kreative [weibliche] mathematische Genius war." Als einzige Frau, die jemals Privatdozent in Göttingen wurde, revolutionierte sie die Algebra und hatte einen großen Einfluß auf den jungen fahrenden Holländer. Auf der Grundlage ihrer Vorlesungen, die nur einem handverlesenen Hörerkreis verständlich waren, sowie auf der Grundlage der Vorlesungen von Emil Artin, den er in Hamburg besuchte, schrieb van der Waerden ein bahnbrechendes Werk: die zweibändige *Moderne Algebra*, die 1930 und 1931 erschien. Die Bücher wurden augenblicklich zu Bestsellern und sofort ins Englische, Chinesische und Russische übersetzt; auch heute noch werden sie von Studenten überall auf der Welt gekauft. Die zwei Bände machten den Namen van der Waerden berühmt. Um mit Saunders Mac Lane zu sprechen „war es van der Waerden, der die wirkliche Stoßrichtung der abstrakten Algebra verstand, und der sie [in den beiden Bänden] abstrakt, aber ohne Pedanterie darlegte ... Wir haben das Glück, daß [Noethers] schöpferische Phantasie durch van der Waerden zugänglich gemacht worden ist."

Van der Waerden hätte die nächsten zwei Jahrzehnte seines Lebens gerne geheim gehalten. Die Klappentexte auf beiden Bänden seines berühmten Werkes erwähnen nur eine Anstellung in Groningen 1928, beschönigen dann die nächsten dreiundzwanzig Jahre und greifen den Faden 1951 wortkarg wieder auf, als van der Waerden Professor in Zürich wurde. Was geschah in der Zeit zwischen diesen zwei Anstellungen? Es gibt nicht viel, dessen van der Waerden sich schämen mußte, aber es gibt gewiß auch nichts, auf das er stolz sein konnte. Kurz vor Beginn der dunkelsten Periode in der neuen europäischen Geschichte, 1931, wurde van der Waerden eine Professur in Leipzig angeboten. Er sagte zu und seine Familie zog ostwärts. Nichts weist darauf hin, daß der Professor jemals den Nazis nahestand. Ein langjähriger Kollege van der Waerdens in Zürich, Benno Eckmann von der ETH, beschrieb van der Waerden als jemanden, der in seinen Überzeugungen anständig, aber naiv ist. Der spätere Widerwille van der Waerdens, über seine persönlichen Erfahrungen während der Kriegsjahre zu sprechen, könnte einige unangenehme Fragen begünstigt haben.

Die Partnerschaft zwischen van der Waerden und Schütte fand Anfang der 1950er Jahre statt. Im Anschluß an ihre ersten Begegnungen in Göttingen trennten sich ihre Wege, aber nach dem Krieg kamen sie wieder zusammen, um die definitive Arbeit über das Problem der dreizehn Kugeln zu schreiben. Die Arbeit enthielt zwei Beweise. Schütte hatte über das Problem nachgedacht und einen Beweis gefunden, als van der Waerden einen einfacheren Beweis vorlegte. Was sollte man in dieser Situation tun? Einerseits wäre es ein Jammer gewesen, einen guten Beweis – auch wenn er überflüssig ist – unter den Tisch fallen zu lassen. Aber kann man denn andererseits guten Gewissens einen komplizierten Beweis veröffentlichen, wenn es einen einfacheren gibt? Offenbar nicht und so entschlossen sich Schütte und van der Waerden, beide Beweise zusammen zu veröffentlichen.

Die beiden Herren begannen ihre gemeinsame Arbeit damit, sich höflich voreinander zu verbeugen. Auf der ersten Seite hoben sie hervor, daß Schüttes Beweis, der in den letzten Abschnitt relegiert worden war, chronologisch gesehen der erste war und daß dem Autor deshalb die Priorität gebührt. Im Anschluß hieran betonten sie, daß van der Waerdens Beweis, der erst später das Licht der Welt erblickte, der wirklich einfachere ist und deshalb an erster Stelle gebracht wird. Danach führten sie den Leser durch sechs Abschnitte von Propositionen, Lemmata und Sätzen, mit denen sie bewiesen, daß Newton die ganze Zeit über Recht gehabt hatte. Beide Beweise zeigten, daß eine Kugel, die gleichzeitig von dreizehn Kugeln mit Radius 1 berührt werden kann, selber einen Radius haben muß, der größer als 1 ist. Das war das Totengeläut für Gregorys dreizehnte Kugel.

Übrigens: Wie groß muß eine Kugel sein, damit sie von dreizehn Kugeln berührt werden kann? In einer früheren Arbeit hatten Schütte und van der Waerden eine derartige Anordnung gefunden, wobei die mittlere Kugel den Radius 1,04557 hat. Ist das die kleinste Kugel, die von dreizehn Kugeln geküßt werden kann? Man glaubte, daß es so sei, aber es war noch nicht bewiesen worden.

Schütte und van der Waerden war es nicht beschieden, sich lange auf ihren Lorbeeren auszuruhen. Jenseits des Kanals hatte der Engländer John Leech das Gefühl, daß die Arbeit vom Kontinent zu verwickelt war und daß sogar van der Waerdens einfacherer Beweis immer noch zu kompliziert war. Leech beschloß, einen noch einfacheren Beweis für die Unmöglichkeit von dreizehn Kugeln zu geben.

Leech wurde 1926 geboren und besuchte das King's College in Cambridge, das er 1950 als B. A. mit Auszeichnung[5] in Mathematik abschloß. Leech begann seine berufliche Laufbahn mit dem Bau früher Versionen von Digitalrechnern, kehrte aber ein paar Jahre später als Doktorand nach Cambridge zurück. Er war einer der ersten Mathematiker, die Großrechner verwendeten, und zwar nicht für numerische Lösungen von militärischen oder ingenieurtechnischen Problemen, sondern zur Anwendung auf theoretische Fragen. Leech war ein Wegbereiter bei der Nutzung von Computern für die Algebra: Er schrieb eines der ersten Programme für die Implementierung eines Enumerationsalgorithmus. Er arbeitete acht Jahre lang als Dozent im Computerlabor der Universität Glasgow in Schottland. 1968 wurde in Stirling, in der Nähe von Glasgow, eine neue Universität gegründet und Leech wurde Leiter des Fachbereiches Computer Science. Er blieb zwölf Jahre in Stirling und ging dann aus gesundheitlichen Gründen 1980 in Frühpension. Leech starb 1992 an einer Herzattacke, als er gerade an Bord eines Raddampfers auf einem

---

[5] Leech wurde „Wrangler", ein Titel, der in Cambridge Studenten verliehen wurde, welche die Abschlußprüfung in Mathematik mit Auszeichnung bestanden haben.

Fluß in Schottland unterwegs war. Auf dem Rückweg nach Glasgow wurde die rote Flagge des Dampfers auf Halbmast gesenkt. Heute ist Leechs Name hauptsächlich wegen des sogenannten Leech-Gitters bekannt, über das ich im Folgenden mehr erzählen werde.

Als Leech seine Version des Beweises für das dreidimensionale Kußproblem schrieb, hielt er sich nicht damit auf, einen attraktiven Titel zu finden. Zwar machte er sich daran, die Arbeit von Schütte und van der Waerden zu vereinfachen und zu verbessern, aber offensichtlich gefiel ihm der ursprüngliche Titel so sehr, daß er ihn einfach ins Englische übersetzte und als Überschrift für seine eigene Arbeit verwendete, die dann also „The problem of the thirteen spheres" lautete. Das fällt zwar nicht unter die Rubrik Plagiat, offenbart aber ernstliche Wortfindungsschwierigkeiten.

Leechs Arbeit, die auf der von Reinhold Hoppe ausprobierten Methode aufbaut, wurde 1956 in der *Mathematical Gazette* veröffentlicht – ohne den Beitrag des deutschen Mathematikers zu erwähnen. Die *Gazette* wird von einer Vereinigung von britischen Lehrern und Studenten der Elementarmathematik herausgegeben. Das Blatt hat keinen hochgestochenen Namen wie „Archiv", „Annalen" oder „Zeitschrift", aber es handelt sich keineswegs um einen zweitrangigen Newsletter für mittelmäßige Lehrer. Die *Gazette* veröffentlicht qualitativ hochwertige Arbeiten für ihren Leserkreis, der aus erstklassigen Lehrern, College- und Universitätsdozenten sowie anderen Lesern besteht, die sich für den Mathematikunterricht interessieren.

Leechs Artikel war kurz, nur zwei Seiten lang. Zwar verwendet der Autor nur elementare mathematische Techniken und setzt diese auf unkomplizierte Weise ein, aber dennoch kann man die Arbeit nicht als trivial bezeichnen. Andererseits ist sie auch keine leichte Lektüre. Versuchen Sie doch bitte einmal, den folgenden Satz laut zu lesen: „No two joins of this network cross, since any four points of the network form a quadrilateral of sides at least $\frac{1}{2}\pi$ whose diagonals cannot both be less than $\frac{1}{2}\pi$, the extreme case being that of the regular quadrilateral of side $\frac{1}{2}\pi$ whose diagonals are both exactly $\frac{1}{2}\pi$." Es ist einigermaßen erstaunlich, daß derartige Bandwurmmonster auf zwei Seiten passen. Hätten die Leser der *Gazette* nicht nur am Mathematikunterricht, sondern auch am Englischunterricht Interesse gehabt, dann hätte die Redaktion sicher da und dort ein Interpunktionszeichen mehr hinzugefügt und gelegentlich aus zwei Sätzen einen Satz gemacht. Dadurch wäre die Arbeit nicht wesentlich länger geworden, aber die Anstrengung hätte sich weidlich gelohnt.

Sobald man jedoch Leechs Arbeit in ordentliches Englisch übersetzt, wird sie zu einer Perle der mathematischen Beweisführung. Einzig und allein unter Verwendung elementarer Mathematik wird eine tiefliegende Wahrheit bewiesen. Lassen Sie sich aber nicht durch das Wort „elementar" täuschen: Man darf es nicht mit „einfach" verwechseln. Leechs Beweis stützt sich auf sphärische Trigonometrie, die ein recht verwirrendes Gebiet der Mathematik ist. Aber der Beweis, den wir im Anhang vorstellen, ist immer noch unkompliziert.

Schütte und van der Waerden hatten bewiesen, daß für den Fall, daß dreizehn Kugeln eine mittlere Kugel berühren, diese Kugel einen Radius > 1 haben muß. Leech zeigte mit seinem Beweis, daß es unmöglich ist, ein Netz so zu weben, daß dreizehn Kugeln mit gleichem Radius eine mittlere Kugel küssen. Somit war auf drei verschiedene Weisen bewiesen worden, daß Newton Recht hatte und Gregory sich irrte: dreizehn Kugeln können keine mittlere Kugel berühren. Das klassische Kußproblem war damit endlich gelöst. Wir wissen jetzt, daß die Newtonschen Zahlen in ein, zwei und drei Dimensionen gleich 2, 6 bzw. 12 sind (in dieser Reihenfolge).

Wie steht es mit höheren Dimensionen? Ich hatte bereits gesagt, daß die Mathematiker kein Problem damit haben, in Räumen beliebig hoher Dimensionen zu arbeiten. Man muß dabei nur seine Vorstellungskraft walten lassen. Was können wir also über Kußzahlen in höheren Dimensionen sagen? Hier erreichen wir die gegenwärtigen Grenzen des mathematischen Wissensstandes. Außer den Lösungen des Problems im ein-, zwei- und dreidimensionalen Raum sind die Kußzahlen nur für die Dimensionen acht und vierundzwanzig bekannt. Für Räume mit anderen Dimensionen haben wir bestenfalls Intervalle, die obere und untere Schranken für die tatsächlichen Kußzahlen sind.

Wie in den vorhergehenden zwei Kapiteln muß man unterscheiden, ob die Kugeln auf einem Gitter liegen oder ob sie die Freiheit haben, sich irgendwie umeinander legen zu können. Die untere Schranke des Intervalls ist gewöhnlich durch die dichteste gitterförmige Anordnung gegeben. Das könnte vielleicht die wahre Kußzahl sein, aber man wird das erst mit Sicherheit wissen, wenn es bewiesen worden ist. Bis dahin kann man über die Kußzahlen in beliebigen höheren Dimensionen (mit Ausnahme der Dimensionen acht und vierundzwanzig) nur Folgendes sagen: Die betreffende Kußzahl muß mindestens ebenso groß sein wie die untere Schranke, das heißt, die Zahl, die bereits für irgendein Gitter gefunden worden ist.

1979 schafften zwei Mathematiker von den AT&T Bell Labs, Andrew Odlyzko und Neil Sloane, einen weiteren Schritt nach vorn: sie entwickelten eine Methode, obere Schranken für Kußzahlen zu berechnen. Zusammen mit den bereits feststehenden unteren Schranken haben wir jetzt Intervalle, in denen die Kußzahlen höherdimensionaler Räume liegen müssen.

Odlyzko erhielt seine Ausbildung am Caltech (California Institute of Technology) und am MIT (Massachusetts Institute of Technology), den führenden Technischen Universitäten der Vereinigten Staaten. Seine Forschungsinteressen erstrecken sich auf ein breites Themenspektrum: Er hat wichtige Beiträge zur Zahlentheorie, Kombinatorik, Wahrscheinlichkeitstheorie, Analysis, Kryptographie, Komplexitätstheorie und Kodierungstheorie geleistet. Noch als Student verbrachte er einige Sommer am Jet Propulsion Laboratory in Pasadena und hatte auch einen Aufenthalt bei den AT&T Bell Labs. Das machte ihn süchtig und er wurde bei AT&T Bell Labs für einige Zeit Leiter der Forschungsabteilung für Mathematik und Kryptographie. Jetzt ist er Direktor des Digital Technology Center der Universität Minnesota.

Odlyzko tat sich mit seinem Kollegen Sloane zusammen, um Kußzahlen in hohen Dimensionen zu untersuchen. N. J. A. Sloane war ein alter Fuchs im Umgang mit Kugeln und Kugelflächen: Zusammen mit John Leech hatte er

Anfang der 1970er Jahre zwei Arbeiten geschrieben. Er wuchs in Australien auf und arbeitete dort als Student für das Postmaster General's Department. Das ist ein ausgefallener Name für die staatliche Telefongesellschaft und es machte Sloane viel Spaß, Telegrafenmasten aufzustellen, Kabel zu spleißen und in großen Trucks durch das Land zu fahren. Als er in die Vereinigten Staaten kam, war er gut vorbereitet, für eine andere Telefongesellschaft zu arbeiten: Nach Abschluß seiner Dissertation, die er an der Cornell University verteidigte, wurde er Mitarbeiter der Forschungsabteilung von Bell Labs. Zusammen mit John H. Conway von der Princeton University schrieb er den mathematischen Bestseller *Sphere Packings, Lattices and Groups*, der als die Bibel der Kugelpackungen betrachtet wird. *SPLAG*, wie das Buch von Eingeweihten genannt wird, hatte bereits seine dritten Auflage, was – abgesehen von van der Waerdens Algebra – eine ziemlich seltene Leistung für ein mathematisches Werk ist.[6] Ein Rezensent schrieb, daß SPLAG „der beste

Abb. 6.3. Andrew Odlyzko

Überblick über die besten Arbeiten der besten Autoren auf einem der besten Gebiete der Kombinatorik ist. Das Buch wird die beste Lektüre für die besten Studenten sein, die an der besten derzeitigen Mathematik interessiert sind." Einige selbstgerechte Puristen behaupten, daß *SPLAG*, so wie die Bibel, keine Beweise enthält, aber Sloane stimmt diesem Urteil nicht zu. Überall im Buch werden die Beweise zumindest skizziert.

Aber Sloane ist kein Autor zum „einmaligen Gebrauch": auch mit einem anderen Buch hat er einen Volltreffer gelandet. Schenkt man einem der Leser des Werkes *An Encyclopedia of Integer Sequences* Glauben, dann „gibt es

---

[6] Natürlich gibt es Lehrbücher mit vielen Ausgaben und Neudrucken. Aber das ist etwas anderes, da es sich um Pflichtliteratur handelt.

das Alte Testament, das Neue Testament und die *Encyclopedia of Integer Sequences.*" Die e-Version des Buches wird täglich achttausend Mal aufgerufen. Sloanes Interessengebiete beschränken sich jedoch nicht auf Kugelpackungen und ganzzahlige Folgen. In seinem Lebenslauf erwähnt er seine Mitgliedschaft im American Alpine Club gleich neben der Medaille, die er 1984 vom Collège de France erhielt, und neben dem Claude E. Shannon Preis, der ihm 1998 von der IEEE Information Theory Society verliehen wurde. Und ein Buch über Felsenklettern auf den Klippen von New Jersey steht in seiner Bibliographie kurz nach den Bibeln über Kugelpackungen und ganzzahlige Folgen.

Übrigens ist Conway, Sloanes Koautor von *SPLAG*, eine äußerst wichtige Erscheinung im Kugelpackungsgeschäft. Er ist auch eine echte Persönlichkeit und läuft barfuß oder in Sandalen herum. Seit dreißig Jahren weigert er sich, zum Friseur zu gehen. In dieser Hinsicht wetteifert er unwissentlich mit Hoppe, ohne jedoch unter den anderen Mängeln des Deutschen zu leiden. Tatsächlich ist Conway gewöhnlich der Mittelpunkt einer Party. Er beherrscht Kartenkunststücke und Münztricks, kennt die Namen aller sichtbaren Sterne der nördlichen Hemisphäre, kann zu jedem Datum den korrekten Wochentag angeben und ist allzeit bereit, die ersten tausend Nachkommastellen von π zu rezitieren, wenn man ihm dazu auch nur die geringste Möglichkeit einräumt. Ein Journalist nannte ihn einmal einen *Mathemagier* („mathemagician").

Conway wurde 1937, einen Tag nach Weihnachten, im englischen Liverpool geboren. Das war gerade mal ein paar Jahre, bevor die Beatles in derselben Stadt das Licht der Welt erblickten. Conways Vater war der Chemielehrer von Paul McCartney und John Lennon. Als Schüler zeigte Conway großes Talent in allen Fächern, am meisten jedoch in Mathematik. Nach der Oberschule studierte er in Cambridge, wo er auch seine erste Stelle als Universitätsdozent für mathematische Logik erhielt. Aber dann blieb seine Karriere stecken. Er war bereits Ende zwanzig und hatte noch nichts getan, um unsterblich zu werden. „Ich litt unter großen Depressionen. Ich spürte, daß ich keine richtige Mathematik mache; ich hatte nichts veröffentlicht und fühlte mich deswegen ziemlich schuldig," schrieb er. Er wußte, daß er ein erstklassiger Mathematiker war, aber kein anderer wußte das. Conway wollte sich unter allen Umständen einen Namen machen. Und dann bekam er einen Kurzurlaub. Das Gebiet, das ihn zum Star machen sollte, war die Gruppentheorie.

Eine Gruppe besteht aus einer Menge von Elementen und einer Operation, die zwei beliebige Elemente miteinander verknüpft. Dabei wird unter anderem gefordert, daß die Verknüpfung der beiden Elemente wieder ein Element der betreffenden Grundmenge ist. Betrachtet man zum Beispiel die ganzen Zahlen $\ldots, -3, -2, -1, 0, 1, 2, 3, \ldots$ mit der Verknüpfung der Addition, dann ist etwa die Summe von 7 und 9 ebenfalls eine ganze Zahl.[7] Die geraden Zahlen bilden

---

[7] Es gibt noch zwei weitere Forderungen: Eine Gruppe muß ein neutrales Element enthalten und zu jedem Element muß es ein inverses Element geben. Zum Beispiel ist in der additiven Gruppe der ganzen Zahlen die Zahl 0 das neutrale Element und das zu 5 inverse Element ist die Zahl -5.

ebenfalls eine „additive" Gruppe, da die Summe zweier gerader Zahlen wieder eine gerade Zahl ist (und da auch die beiden anderen Forderung erfüllt sind). Andererseits bilden die ungeraden Zahlen in Bezug auf die Addition keine Gruppe, denn die Summe zweier ungerader Zahlen, etwa 11 und 17, ist *keine* ungerade Zahl.

Die beiden obengenannten Gruppen (das heißt, die additiven Gruppen der ganzen Zahlen und der geraden Zahlen) haben unendlich viele Elemente. Aber es gibt auch Gruppen mit endlich vielen Elementen. Zum Beispiel bilden die Zahlen, welche die Stunden auf Ihrer Armbanduhr anzeigen, eine endliche Gruppe in Bezug auf die Addition. Zeigt der kleine Zeiger auf 9 und drehen Sie ihn 7 Stunden weiter, dann zeigt er auf die Zahl 4 Ihrer Armbanduhr. Demnach ist die Forderung erfüllt, daß die Verknüpfung von 9 und 7 ebenfalls in der Grundmenge liegt. Die „Armbanduhr-Gruppe" ist eine endliche Gruppe mit zwölf Elementen.

Es ist eine der bemerkenswerten wissenschaftlichen Leistungen des zwanzigsten Jahrhunderts – und in Bezug auf den Umfang fast mit der Kartierung des menschlichen Genoms vergleichbar –, daß es die Mathematiker fertiggebracht haben, alle endlichen Gruppen zu klassifizieren. Es bedurfte der vereinten Anstrengungen Dutzender von Mathematikern und ungefähr fünfhundert verschiedener Arbeiten mit insgesamt mehr als zehntausend Seiten, um diese Aufgabe zu bewältigen. Der Sieg wurde 1982 verkündet. Aber Mitte der 1960er Jahre war die Arbeit an der Klassifikation der endlichen Gruppen noch in ihrer Blütezeit. Tatsächlich glaubten die meisten, daß es noch weit bis ins einundzwanzigste Jahrhundert hinein dauern würde, die Klassifikation abzuschließen. Es waren Gruppen entdeckt worden und es wurden immer noch Gruppen entdeckt, die in keines der entwickelten Schemata paßten. Diese bizarren Gruppen hießen „sporadische einfache Gruppen." (Als alles vorbei war, stellte sich heraus, daß es genau sechsundzwanzig sporadische einfache Gruppen gibt, und daß diese Gruppen keineswegs im üblichen Sinne „einfach" sind.)

Als Conway versuchte, sich in Cambridge einen Namen zu machen, hatte John Leech gerade das vierundzwanzigdimensionale Gitter entdeckt, das von da an seinen Namen tragen sollte. Leech machte sich daran, die Eigenschaften dieses Gitters zu untersuchen. Eines der wichtigen Attribute eines geometrischen Objekts, etwa eines Gitters, ist seine Symmetrie. In der gleichen Weise, wie man einen Würfel um seine Achsen drehen und wenden kann und er dabei immer noch wie ein Würfel aussieht, kann man das auch mit einem Leech-Gitter tun – zugegebenermaßen im vierundzwanzigdimensionalen Raum –, und es sieht danach immer noch so aus wie das Original.

Hat ein Körper mehrfache Symmetrien, dann kann man ihn um eine Achse, anschließend um eine andere Achse, und danach wieder um die erste Achse in der entgegengesetzten Richtung drehen und so weiter. Symmetrisch zu sein heißt, daß der Körper nach jeder der Drehungen genau so aussieht. Das bedeutet, daß man Drehungen so miteinander verknüpfen („addieren") kann, daß man eine endliche Gruppe erhält. Die Gruppeneigenschaften hängen vom betreffenden Objekt ab. Leech wußte, daß die Symmetrien seines Gitters interessant sein würden, aber er war sich auch bewußt, daß seine gruppentheoretischen Kenntnisse nicht ausreichen, um diese Symmetrien zu untersuchen. Daher köderte er Conway mit dem Problem und Conway biß sofort an.

Conway sagte seiner Frau, daß es sich um etwas Wichtiges und Schwieriges handle, und daß er deswegen an Mittwochen von sechs Uhr abends bis Mitternacht und an Samstagen von Mittag bis Mitternacht arbeiten werde. Er hätte nicht so weit im Voraus planen müssen. Er benötigte nur eine einzige Samstagssitzung, um das Rätsel zu knacken. Conway entdeckte an diesem Abend, daß die Symmetriegruppe des Leech-Gitters nichts anderes ist als eine der sporadischen einfachen Gruppen, die sich ihrer Entdeckung bis dahin entzogen hatten. Die besagte Gruppe enthält 8.315.553.613.086.720.000 Elemente. Bald danach führte das Auffinden der „Conway-Gruppe" zur Entdeckung dreier weiterer bis dahin unbekannter sporadischer einfacher Gruppen. Dieser Durchbruch, der die weltweiten Klassifikationsbemühungen einen Riesenschritt nach vorn brachte, gab Conway den dringend benötigten Ego-Auftrieb. Er wurde sofort zum Fellow of the Royal Society ernannt und gehört seitdem zur vordersten Reihe der Mathematiker. Seit 1986 ist er an der Universität Princeton tätig.

Beiläufig bemerkt ist die Conway-Gruppe, so groß sie auch scheinen mag, keineswegs die größte sporadische Gruppe. Die zutreffenderweise als Monster-Gruppe bezeichnete Gruppe, die 1980 von Robert Greiss entdeckt wurde, hat 808.017.424.794.512.875.886.459.904.961.710.757.005.754.368.000.000.000 Elemente. Sie enthält mehr Elemente als es Partikel im Weltall gibt. Das Baby-Monster, das nur 4.154.781.481.226.426.191.177.580.544.000.000 Elemente hat, ist immer noch einige Größen größer als die bereits riesige Conway-Gruppe. Die Mathematiker, die sich durch bizarre Objekte sonst nicht so leicht aus der Fassung bringen lassen, betrachten die sporadischen einfachen Gruppen wirklich als ziemlich unheimlich.

Mit der Entdeckung seiner sporadischen Gruppe hatte sich Conway einen Namen gemacht und von da an konnte er machen, was er wollte. Und das tat er dann auch. Eine seiner Hauptbeschäftigungen war das alte chinesische Brettspiel Go. Dieses Interesse brachte ihn auf Umwegen auf die Entdeckung der surrealen Zahlen. Danach erfand er das *Game of Life*, eine Computersimulation von Zellularautomaten. Die Spielregeln sind extrem einfach, aber das sich entwickelnde Spiel zeichnet sich durch ein erstaunlich komplexes Verhalten aus. Laut Martin Gardner haben Leute, die durch das Spiel süchtig geworden sind „Millionen Dollar an illegaler Rechnerzeit in Anspruch genommen", weil sie während ihrer Arbeitszeit spielten.

Abgesehen von seinen Arbeiten zur Gruppentheorie hat Conway auch bedeutende Beiträge zur Zahlentheorie, Spieltheorie, Kodierungstheorie, zu Parkettierungen, zur Knotentheorie und zur Theorie der quadratischen Formen geleistet. Er schreibt nicht nur esoterische Werke wie *SPLAG*. Seine allgemein beliebten Bücher *On Numbers and Games*[8], *The Book of Numbers*[9], *Winning Ways for Your Mathematical Plays*[10] und *The Sensual (Quadratic) Form* haben durchweg positive Rezensionen bekommen. Natürlich weiß er auch dies und das über Geometrie. Tom Hales, der uns in den letzten Kapiteln dieses Buches begleiten wird, hörte zum ersten Mal von der Kepler-Vermutung, als er in Cambridge studierte und Conway das ungelöste Problem in einer seiner Vorlesungen erwähnte.

Die Methode, die Odlyzko und Sloane zur Berechnung der oberen Schranken von Kußzahlen erfunden hatten, beruht auf Polynomen, die bestimmte Voraussetzungen erfüllen. Sie berechneten 25 als obere Schranke in vier Dimensionen. Andererseits ist eine gitterförmige Anordnung bekannt (das sogenannte Lamellen-Gitter), in dem 24 Kugeln die mittlere Kugel küssen. Demnach kann man eine moderne Version des Newton-Gregory-Disputs folgendermaßen formulieren: Ist 24 oder 25 die maximale Anzahl von weißen Kugeln, die im vierdimensionalen Raum eine mittlere schwarze Kugel küssen können? In fünf Dimensionen liegt die Newtonsche Zahl irgendwo zwischen 40 und 46, in der Dimension sechs ist sie mindestens 72 und höchstens 82, und in sieben Dimensionen ist das Intervall durch die Zahlen 126 und 140 beschränkt.

In acht Dimensionen ist die Newtonsche Zahl dann auf einmal genau bekannt: 240 weiße Kugeln können die schwarze Kugel in der Mitte küssen. Warum ist diese Zahl genau bekannt? In diesem Fall kam 240 als obere Schranke heraus, aber eine bestimmte wohlbekannte gitterförmige Anordnung, die E_8 heißt, gestattet ebenfalls, daß 240 Kugeln die mittlere Kugel berühren. Da die tatsächliche Kußzahl von E_8 mit der theoretischen oberen Schranke übereinstimmt, muß 240 die größte Kußzahl sein. In den Dimensionen neun bis dreiundzwanzig sind wieder nur Schranken bekannt.

Ein interessanter Fall tritt in der Dimension neun auf. Bis hierher hängt alles, was wir wissen oder als korrekt voraussetzen, von Gittern ab. So tritt etwa in der Ebene die dichteste Anordnung von Scheiben (zum Beispiel Münzen) auf, wenn diese in Form eines regulären Sechsecks angeordnet werden. Dasselbe gilt für Kreisüberdeckungen. Kepler vermutete, daß die dichteste Packung von Kugeln dann auftritt, wenn man sie in regelmäßigen Anordnungen so stapelt wie es manche Obstverkäufer auf ihren Marktständen tun. Sogar die höchste Kußzahl im dreidimensionalen Raum tritt auf einem regulären Gitter auf[11], und wie wir gerade gesehen hatten, gilt dasselbe auch für die achtdimensionale Kußzahl. Aber bei Dimension 9 geschieht plötzlich etwas Unerwartetes: Die größtmögliche Kußzahl für Gitter ist 272, aber es gibt eine

---

[8] In deutscher Sprache unter dem Titel *Über Zahlen und Spiele* 1983 im Vieweg Verlag erschienen.

[9] In deutscher Sprache unter dem Titel *Zahlenzauber — von natürlichen, imaginären und sonstigen Zahlen* 1997 im Birkhäuser Verlag erschienen.

[10] In deutscher Sprache unter dem Titel *Gewinnen – Strategien für mathematische Spiele*, 1985/1986 in vier Bänden im Vieweg Verlag erschienen.

[11] In Kapitel 5 hatten wir jedoch gesehen, daß „12 um 1 herum" auch auf Ikosaedern auftreten kann, die sich nicht zu Gittern kombinieren lassen.

nicht gitterförmige Packung, bei der eine Kugel weitere 306 Kugeln berühren kann! Wir begegnen hier also zum ersten Mal einer nicht gitterförmigen Anordnung, die größer als jede mögliche gitterförmige Anordnung ist.[12] Dieses Beispiel zeigt, daß nichts – aber auch gar nichts – in der Mathematik jemals als selbstverständlich betrachtet werden kann. Alles kann wunderbar schön und glatt gehen, bis in der Dimension 9 auf einmal das genaue Gegenteil dessen geschieht, was wir erwarten.

In Dimension 24 haben wir dann wieder einmal ein exaktes Ergebnis für Gitterpackungen: 196.560 weiße Kugeln können die mittlere vierundzwanzig-dimensionale schwarze Kugel küssen. Das war das Gitter, das John Leech 1965 entdeckte. Folglich können im vierundzwanzigdimensionalen Raum mindestens genauso viele Kugeln eine mittlere Kugel küssen. Vierzehn Jahre später ergab die Methode von Odlyzko und Sloane, daß auch höchstens so viele Kugeln eine mittlere Kugel küssen können. Fällt die obere Schranke mit der unteren Schranke zusammen – bumm! –, dann haben wir den Heiligen Gral gefunden: die höchste Kußzahl in vierundzwanzig Dimensionen. (Der Mathematiker V. I. Levenshtein von der Russischen Akademie der Wissenschaften entdeckte die Kußzahl für vierundzwanzig Dimensionen zur gleichen Zeit, aber unabhängig von Odlyzko und Sloane. Seine Leistung war umso bemerkenswerter, da er keine Computer zur Verfügung hatte.)

Die Entdeckung und Beschreibung gewisser Gitter in höherdimensionalen Räumen ist Leechs bleibendste Leistung. Sein aufregender Ausflug in höhere Dimensionen fing 1964 mit einer Arbeit an, in der er Kugelpackungen in acht oder mehr Dimensionen diskutierte. Ein Jahr später folgte eine Ergänzung über „sein" vierundzwanzigdimensionales Leech-Gitter. Dieses Gitter ermöglichte eine Kugelpackung, die lokal doppelt so dicht war wie die ursprüngliche Packung. Seitdem ist gezeigt worden, daß das Leech-Gitter im vierundzwanzigdimensionalen Raum die Kugeln lokal auf die absolut dichteste Weise anordnet (das heißt, es gibt weder eine gitterförmige noch eine nicht gitterförmige Anordnung, bei der die Kugeln dichter gepackt werden). Außerdem wird vermutet, daß das Leech-Gitter auch global die dichteste Packung in vierundzwanzig Dimensionen darstellt. Im vorliegenden Buch gehen wir nicht weiter auf dieses Gebiet ein; wir bleiben bei Keplers drei Dimensionen.

Übrigens gibt es im 128-dimensionalen Raum ein Gitter, das es 218 Milliarden Kugeln gestattet, eine mittlere Kugel zu küssen. Das ist eine ganze Menge, möchte man meinen. Schert man sich aber nicht um solche Nettigkeiten wie Gitter, dann gibt es eine nicht gitterförmige Anordnung, die mindestens 8.863.556.495.104 (das heißt, mehr als acht Billionen) Kugeln gestattet, die mittlere Kugel zu berühren. Man glaubt jedoch, daß keine dieser Zahlen das letzte Wort – oder besser gesagt: die letzte Zahl – zu diesem Thema ist.

Das Echo der Debatte, die mit Newton und Gregory 1694 ihren Anfang genommen hat, ist immer noch deutlich zu vernehmen. Man denke etwa nur an Folgendes: In einem Preprint einer 1996 erschienenen Arbeit bestimmten

---

[12] Es ist nicht bekannt, ob 306 auch die absolut größtmögliche Kußzahl ist.

die Autoren eine obere Schranke für den Grad des Polynoms, das für die Berechnung einer oberen Schranke der Kußzahlen in verschiedenen Dimensionen verwendet werden muß. In der Arbeit werden keine Kußzahlen offeriert – das wäre zuviel des Guten gewesen. Vielmehr finden wir einen Hinweis auf das Polynom, das seinerseits dazu verwendet werden könnte, nicht die Kußzahl selbst, sondern nur eine obere Schranke für die Kußzahl anzugeben. Das führt uns vor Augen, wie kompliziert Mathematik sein kann – jede noch so kleine Spur ist von Interesse. Sherlock Holmes hätte es bei solchen „an den Haaren herbeigezogenen" Fingerzeigen glatt die Sprache verschlagen.

7

Verdrehte Schachteln

Anno 1831 erschien ein Buch eines unbekannten Professors der Physik und Mathematik, das indirekt zu unserem Problemkreis gehört. Das Buch selbst hatte keinen großen Einfluß auf die Mathematik, eine Rezension des Buches dafür umso mehr. Ludwig August Seeber (1793–1855) hinterließ weder in der Physik noch in der Mathematik bedeutende Spuren. Gerade mal drei seiner Arbeiten sind bekannt. Eine von ihnen befaßte sich mit der Struktur von Festkörpern und wird gelegentlich, wenn auch selten, in der heutigen Literatur zur Kristallographie erwähnt. Eine andere Arbeit ist vollkommen in Vergessenheit geraten. Seine dritte Arbeit, ein Buch, das er 1831 veröffentlichte, trug den Titel *Untersuchungen über die Eigenschaften der positiven ternären quadratischen Formen*. Dieses Buch ist Seebers Hauptbeitrag zur Mathematik und es ist dieses Werk, das uns im vorliegenden Kapitel interessiert.

Seebers weitschweifige Untersuchung über quadratische Formen war sehr lobenswert, aber äußerst ermüdend. Dennoch zeigte Carl Friedrich Gauß, der Koloß von Göttingen und der größte Mathematiker seiner Zeit, Interesse an Seebers Werk.

Gauß wurde am 30. April 1777 in Braunschweig geboren. Sein Vater, Gerhard Dietrich Gauß, war ein despotischer Mann – „autoritär, ungehobelt und unkultiviert" in Carl Friedrichs Worten –, der nie das Vertrauen seines Sohnes gewann. Seine Mutter war eine intelligente, aber nur unzulänglich gebildete Frau: sie konnte lesen, aber nicht schreiben. Ihr ganzes Leben lang unterstützte sie ihren Sohn hingebungsvoll. Der alte Gauß versuchte sich in mehreren Berufen, um über die Runden zu kommen. Mal verdiente er seinen Lebensunterhalt als Maurer, mal als Metzger, Gärtner oder Kanalarbeiter. Die Familie lebte in bescheidenen Verhältnissen. Der einzige Verwandte mit irgendwelchen, wenn auch nur bescheidenen intellektuellen Gaben, war der Bruder der Mutter, ein Webermeister.

In der Volksschule zeigte der kleine Carl Friedrich außergewöhnliche Fähigkeiten. Eines Tages, als er acht Jahre alt war, versuchte der Lehrer, die Kinder eine Weile zu beschäftigen und gab ihnen die Aufgabe, alle Zahlen von eins bis hundert zu addieren. In der Zwischenzeit wollte sich der Lehrer eine Tasse

G.G. Szpiro, *Die Keplersche Vermutung*,
DOI 10.1007/978-3-642-12741-0_7, © Springer-Verlag Berlin Heidelberg 2011

Abb. 7.1. C. F. Gauß

Tee gönnen. Der frühreife Gauß bemerkte sofort, daß 1 plus 100 gleich 101 ist, 2 plus 99 gleich 101 ist und so weiter bis 50 plus 51, das ebenfalls gleich 101 ist. Somit gibt es 50 Paare von Zahlen, deren Summe immer gleich 101 ist. Der aufgebrachte Lehrer, der nicht mal zum Nippen gekommen war, muß ganz verärgert gewesen sein, als der kleine Stift nach kaum einer Minute das richtige Ergebnis 5050 auf seine Tafel geschrieben hatte.

Es war ein großes Verdienst des armen Lehrers J. G. Büttner und insbesondere seines Assistenten Martin Bartels, das Talent von Gauß zu entdecken. Es war beileibe keine einfache Sache, in einer Klasse von ungefähr fünfzig widerspenstigen Kindern den einen Jungen auszumachen, der die Wissenschaft so gewaltig voranbringen sollte. Bartels, der später Professor der Mathematik an der Universität Kazan wurde, erteilte Gauß spezielle Instruktionen (so gut er konnte), versorgte ihn mit Büchern und machte die Behörden auf Gauß aufmerksam.

Als Gauß das Alter von elf Jahren erreicht hatte, kam er ins Gymnasium – und zwar gegen den Wunsch seines Vaters, der wollte, daß sein Sohn einem Broterwerb nachgehen solle. Der Junge war in Mathematik und Sprachen hervorragend und wurde innerhalb von zwei Jahren Klassenbester. Im Alter von vierzehn Jahren wurde er bei Hofe dem Herzog Carl Wilhelm Ferdinand von Braunschweig-Wolfenbüttel vorgestellt. Der Herzog war von Gauß so beeindruckt, daß er ihm an Ort und Stelle ein Stipendium von 10 Talern pro Jahr gewährte. Das Stipendium sollte im Laufe der folgenden sechzehn Jahre regelmäßig erneuert und erhöht werden, so daß Gauß bis zu seinem dreißigsten Lebensjahr keine finanziellen Sorgen hatte. Aus Dankbarkeit zum Herzog unterstützte Gauß sein ganzes Leben lang die Monarchie.

Im Alter von fünfzehn Jahren schrieb sich Gauß am Collegium Carolinum ein, der Vorgängerin der heutigen Technischen Universität Braunschweig. Dort las er Newtons *Principia* und alle in der Bibliothek vorhandenen Werke von Euler und Lagrange. Aber der Buchbestand des Collegiums war leider lückenhaft und der junge Student fing an, sich anderswo nach einer vollständigeren Bibliothek umzusehen. Drei Jahre nach seinem Eintritt ins Collegium hatte er noch keinen Abschluß und wechselte zur Universität Göttingen.

Der Herzog hätte Gauß gerne weiter in Braunschweig gehalten, gab aber nach, nachdem er erfahren hatte, daß die Göttinger Bibliothek eine Viertelmillion Bücher hatte und daß sie durch ihre modernen Kataloge und durch die liberale Ausleihpraxis zur führenden Forschungsbibliothek Europas geworden war. Der Herzog zahlte Gauß sogar das Stipendium weiter. Gauß verschlang die in Göttingen verfügbaren Bücher. Er nutzte die Zeit auch, um sich mit speziellen Zahlen vertraut zu machen und verbrachte lange Jahre mit endlosen Rechnungen, scheinbar ziellosen Manipulationen von Zahlen und mit der Berechnung von rätselhaften Tabellen.

So gut die Bibliothek auch war, der Professor der Mathematik, Abraham Gotthelf Kästner, war nicht besonders anregend. Er hatte mittelmäßiges Talent und Gauß war bald desillusioniert. Nach einer Weile ging er nicht mehr zu Kästners Vorlesungen, da sie zu elementar waren. Der Sprachgelehrte, ein Mann namens Heyne, war beeindruckender. Der junge Student mußte eine schwierige Karriere-Entscheidung treffen: Mathematik oder Sprachen?

Während der Neunzehnjährige noch mit dieser Frage rang, machte er eine bedeutsame Entdeckung. Er bewies, daß es möglich ist, das regelmäßige Siebzehneck mit Zirkel und Lineal zu konstruieren, und er zeigte auch, wie man das macht.

Zweitausend Jahre lang war nicht bekannt, welche regulären Vielecke auf diese Weise konstruiert werden können. Es war bekannt, wie man ein gleichseitiges Dreieck, ein Quadrat und ein gleichseitiges Fünfeck konstruiert. Und da es leicht ist, einen Winkel durch zwei zu teilen, konnte man die Anzahl der Seiten immer weiter verdoppeln. Folglich sind regelmäßige 6-Ecke, 8-Ecke und 10-Ecke ebenso konstruierbar wie regelmäßige 12-Ecke, 16-Ecke und 20-Ecke. Aber wie steht es mit den regelmäßigen 7-, 9-, 11-, 13-, 14-, 15-, 17- und anderen regelmäßigen n-Ecken? Können sie mit Hilfe von Zirkel und Lineal konstruiert werden oder nicht? Das Problem der Konstruktion eines regelmäßigen n-Ecks ist äquivalent zur Teilung von 2π (das heißt, der 360 Grad eines Kreises) in n gleiche Teile. Das ist kein Problem für einen Taschenrechner, der sechs oder acht Nachkommastellen berücksichtigt. Diese Stellenzahl ist gewiß mehr als genug für den Alltagsgebrauch, reichte aber dem „kleinlichen" Gauß keineswegs. Er wollte ein exaktes Ergebnis. Außerdem hatte Gauß nicht einmal Zugang zu einem Rechenschieber.[1] Und das Messen von $21\frac{3}{7}$ Grad wäre Betrug gewesen. Nur Zirkel und Lineal waren erlaubt.

Die Lösung fiel Gauß eines Morgens ein, als er nach dem Aufwachen noch im Bett lag: Ein regelmäßiges Vieleck läßt sich mit Zirkel und Lineal konstruieren, wenn die Anzahl n der Seiten gleich $2^k pqrs \ldots$ ist, wobei k eine natürliche Zahl ist und $p, q, r, s, \ldots$ Fermatsche Primzahlen sind. Keine anderen regelmäßigen Vielecke lassen sich mit Zirkel und Lineal konstruieren.

Fermatsche Zahlen sind Zahlen der Form $2^{2^m} + 1$. Bis jetzt sind nur fünf Fermatsche Primzahlen bekannt: 3, 5, 17, 257 und 65537. Diese entsprechen den Werten $m = 0, 1, 2, 3$ und 4. Für $m = 5$ lautet die Fermatsche Zahl 4.294.967.297, die aber keine Primzahl ist: sie kann in das Produkt von 641 und 6.700.417 zerlegt werden. Ich werde hier die Fermatsche Zahl für $m = 6$ nicht aufschreiben, da sie neununddreißig Ziffern hat. Aber glauben Sie mir bitte, daß es keine Primzahl ist, denn sie läßt sich in die Faktoren 59.649.589.127.497.217 und 5.704.689.200.685.129.054.721 zerlegen.

Diese fünf Fermatschen Zahlen waren zusammen mit der Zahl 4 die Grundlage für Gauß' frühmorgendliche Grübeleien. Er fand heraus, daß sich ein regelmäßiges Vieleck mit Zirkel und Lineal konstruieren läßt, wenn die Anzahl der Seiten des Vielecks eine der fünf bekannten Fermatschen Primzahlen (oder die Zahl 4) ist, oder ein Vielfaches von 2^m oder eine Kombination dieser Zahlen ist. Aber jede Zahl darf nur einmal auftreten. Zum Beispiel ist das regelmäßige 12-Eck als Vierfaches des gleichseitigen Dreiecks konstruierbar, das regelmäßige 15-Eck ist eine Kombination des gleichseitigen Dreiecks und des gleichseitigen Fünfecks und so weiter. Folglich ist es möglich, ein regelmäßiges n-Eck mit Zirkel und Lineal zu konstruieren, falls n gleich 3, 4, 5, 6, 8, 10, 12, 15, 16, 17, 20, 24, 32, ... ist. (Es ist *nicht* möglich, ein regelmäßiges 18-Eck zu konstruieren, da die Zahl 3 im Produkt $2 \cdot 3 \cdot 3$ zweimal auftritt.)

Als Gauß sein 17-Eck Abraham Kästner zeigte, verstand der Professor nicht einmal, worüber Gauß sprach. Aber Hofrat E. A. W. von Zimmermann, Professor am Collegium Carolinum, war mit der Entdeckung des Studenten äußerst zufrieden und kündigte sie im *Intelligenzblatt der allgemeinen Litteraturzeitung* unter dem Titel *Neue Entdeckungen* an. Gauß' Leistung bestand in der Zurückführung des geometrischen Problems auf eine Frage der Zahlentheorie. Übrigens hob Gauß auch hervor, daß sich kein anderes regelmäßiges Vieleck mit Zirkel und Lineal konstruieren läßt, aber er gab keinen Beweis dafür. Diese Frage wurde erst vierzig Jahre später von P. Wantzel beantwortet, der bewies, daß es unmöglich ist, regelmäßige Vielecke mit 7, 9, 11, 13, 14, 18, 19, 21, 22, 23, 25, 26, 27, 28, 29, 30, 31, ... Seiten zu konstruieren.[2]

---

[1] Rechenschieber wurden Mitte des siebzehnten Jahrhunderts erfunden. Es gibt jedoch keine Hinweise, daß Gauß jemals einen solchen verwendet hat.

[2] Wantzel bewies auch, daß sich außer $90° \cdot m/2^n$ kein Winkel mit Zirkel und Lineal dreiteilen läßt.

Abgesehen von der Beantwortung der Frage, welche regelmäßigen Vielecke geometrisch konstruierbar sind, traf Gauß mit dieser Leistung auch seine Karriere-Entscheidung: Sprachen waren „out", Mathematik war „in". Man kann sich aber die Frage stellen, welch große Leistungen Gauß beim Studium der lateinischen Sprache vollbracht hätte oder welche griechischen Aphorismen für immer verloren sind, weil er dieses Fachgebiet aufgab. Aber der Verlust der Philologen war und ist der Gewinn der Mathematiker und wird das auch bleiben.

Nach seinem Erfolg mit dem Siebzehneck kamen die Ideen so schnell, daß er nicht einmal die Zeit hatte, sie niederzuschreiben. Sein Tagebuch ist voller mathematischer Entdeckungen, mit deren Umsetzung er sich nie abgegeben hat. Viele der halbfertigen Ideen, die er in seine Notizbücher kritzelte, hätten anderen als Arbeit für ein ganzes Leben gereicht.

1799 erhielt Gauß seinen Doktortitel *in absentia* sogar noch vor der Veröffentlichung seiner Dissertation, in der er einen Beweis des Fundamentalsatzes der Algebra gab. Der Fundamentalsatz besagt, daß jedes Polynom mit komplexen Koeffizienten eine Wurzel im Körper der komplexen Zahlen hat. Gauß genoß bereits ein so großes Ansehen, daß er nicht zur üblichen mündlichen Verteidigung seiner Dissertation antreten mußte. Zwei Jahre später veröffentlichte der erst vierundzwanzigjährige Gauß die *Disquisitiones Arithmeticae*, ein Buch, in dem es – in unserer heutigen Terminologie – um Zahlentheorie geht. Gauß' Zeitgenossen verstanden den Inhalt des Buches nicht ganz, aber es katapultierte ihn sofort in die vorderste Linie der Prominenz. Einer der Abschnitte befaßte sich mit quadratischen Formen, die Lagrange bereits früher entdeckt hatte (vgl. Kapitel 3), aber dessen Bedeutung der italienisch-französische Mathematiker nicht richtig eingeschätzt hatte.

Im gleichen Jahr vollbrachte Gauß noch eine andere Leistung. Ein Astronom namens Giuseppe Piazzi hatte im vorhergehenden Winter am Himmel einen Asteroiden entdeckt. Er nannte ihn Ceres und verlor ihn dann prompt aus den Augen. Piazzi und andere schwenkten ihre Fernrohre in alle Himmelsrichtungen und hofften, den Asteroiden wieder aufzufinden. Aber alles war vergeblich: Ceres blieb verschwunden. Aber dann kam Gauß und schaffte es, die Bahn des winzigen und weit entfernten Asteroiden zu berechnen, wobei er sich auf die wenigen Beobachtungen stützte, die Piazzi aufgezeichnet hatte.[3] Die Astronomen hörten auf, ihre Fernrohre herumzuschwenken und richteten sie auf den Punkt, den Gauß vorhergesagt hatte. Dieser Punkt war ein klein wenig von der Stelle entfernt, an der die Astronomen Ceres vermutet hatten, aber sie entdeckten den Asteroiden unverzüglich wieder. Jetzt wurde Gauß auch als Astronom berühmt. Der junge Mann hat für seine Berechnungen eine Geheimwaffe verwendet. Er hat die Methode der kleinsten Quadrate entwickelt, um die Bahn des Asteroiden trotz der dürftigen Datenlage zu bestimmen. Aber ähnlich wie Newton, der die Planetenbewegungen

---

[3] 1978 zeichneten die Astronomen Radiosignale auf, die von Ceres reflektiert worden waren.

enträtselt hat, ohne die Infinitesimalrechnung offen zu legen, hielt auch Gauß die Methode der kleinsten Quadrate geheim.

Gauß' Wohltäter, der siebzigjährige Herzog von Braunschweig-Wolfenbüttel, wurde 1806 zum Kampf gegen Napoleon gerufen. Gegen den Willen des Herzogs hatte ihn die preußische Regierung zum Oberkommandierenden der Armee ernannt. Aber der Herzog – vierzig Jahre zuvor ein erfolgreicher General im Dienst von König Friedrich dem Großen, dem einstigen Vorgesetzten Leonhard Eulers – war zu alt und schwach, um das Kommando über eine desorganisierte Armee zu übernehmen, die keine klare Befehlskette hatte. Die Preußen wurden in der Doppelschlacht bei Jena und Auerstedt vernichtend geschlagen. Der Herzog erlitt tödliche Verletzungen und starb ein paar Tage später.

Gauß war beunruhigt. Für ihn war der Herzog einer der edelsten Vertreter einer aufgeklärten Monarchie gewesen, während Napoleon die schlimmsten Gefahren der Revolution symbolisierte. Gauß' konservative Neigungen verstärkten sich. Von nun an weigerte er sich Französisch zu schreiben und er tat so, als kenne er die Sprache nicht, wenn ihn die Umstände dazu zwangen, mit Franzosen zu kommunizieren. Tatsächlich mochte er nicht nur die französischen Mathematiker nicht – seine Abneigung erstreckte sich auch auf Mathematikerkollegen im Allgemeinen. Er behandelte viele seiner Kollegen, als ob sie aus einer anderen Welt kämen, und beklagte die „Seichtheit der damaligen Mathematik."

Nach dem Tod des Herzogs mußte Gauß andere Wege finden, um seine finanzielle Sicherheit zu gewährleisten. Er war dem Gedanken nicht zugetan, in der Lehre tätig zu werden, sondern bevorzugte eine Arbeit, in der er sich auf seine Forschung konzentrieren konnte. Glücklicherweise machte das Auffinden des Asteroiden Ceres seinen Namen bei den Behörden bekannt. Er entschied sich für einen Karrierewechsel. Ein Jahr nach dem Ableben des Herzogs wurde Gauß Direktor der Sternwarte der Universität Göttingen. Von da an war er Berufsastronom. Er behielt die Stelle an der Sternwarte ein halbes Jahrhundert, bis zu seinem Tod.

Seit seinen Zeiten mit dem verehrten Herzog von Braunschweig-Wolfenbüttel blieb Gauß ein tief konservativer und nationalistischer deutscher Patriot. Auch wenn er viele Bücher in verschiedenen Sprachen las, blieben seine kulturellen Ansichten in engen Grenzen. Und gewöhnlich widerstrebte es ihm, Stellung zu beziehen. Als Wilhelm IV., König von England und Hannover, starb, folgte ihm Königin Victoria auf dem Thron von England, aber die chauvinistischen Gesetze Hannovers ließen keinen weiblichen Herrscher zu. Deswegen wurde Victorias Onkel, der Herzog von Cumberland, König von Hannover. Eines seiner ersten Dekrete war die Aufhebung des Eides, den die Professoren der Universität Göttingen auf die Verfassung geleistet hatten. Das steigerte die Wut der Fakultät und sieben angesehene Professoren verfaßten ein Manifest, um gegen diese Verordnung zu protestieren. Unter den Göttinger Sieben (G-7) waren Gauß' Freund und Kollege Wilhelm Weber sowie der Orientalist Heinrich Ewald, der Mann von Gauß' ältester Tochter Wilhelmine. Der

König ließ sich durch den Protest nicht beeindrucken, da es nicht schwer war, den Professoren beizukommen. Die Professoren können ebenso leicht geheuert und gefeuert werden wie Ballerinen, bemerkte er und ließ die G-7 achtkantig aus der Universität Göttingen hinauswerfen. Für Gauß war der Verlust von Weber – der für ihn nicht nur ein Kollege, sondern gleichsam auch ein Sohn war, wie er ihn sich immer gewünscht hatte – unersetzlich und der Weggang seiner geliebten Tochter aus Göttingen hinterließ in ihm eine tiefe Leere. Aber als die Kontroverse ihren Höhepunkt erreichte, rührte er keinen Finger, um seinen gepeinigten Kollegen zu helfen. Vielleicht ließen es seine konservativen Neigungen nicht zu, sich mit der königlichen Regierung einzulassen, oder vielleicht widerstrebte es ihm, sich in die Politik einzumischen. Was auch immer der Grund gewesen sein mag, Gauß' Furchtsamkeit und sein illoyales Verhalten gegenüber seinen Kollegen stehen ganz im Gegensatz beispielsweise zu der deutlichen Stellungnahme Isaac Newtons gegen die Einmischung der Krone in die Angelegenheiten der Universität Cambridge.

Nachdem Seebers Buch herausgekommen war, gehörte es zum guten Ton, daß Gauß, der frühere Lehrer des Autors, eine Rezension für die *Göttingischen Gelehrten Anzeigen* schrieb. Die *Gelehrten Anzeigen* waren und sind immer noch eine Rezensionszeitschrift, in der Wissenschaftler auf den Gebieten der Philologie, Philosophie, Theologie, Naturwissenschaft, Mathematik und anderen Disziplinen die Bücher ihrer Konkurrenten rezensieren. Die 1739 gegründeten *Göttingischen Gelehrten Anzeigen* wurden unter der Schirmherrschaft der Königlich Preußischen Akademie der Wissenschaften in Frakturschrift veröffentlicht. Im achtzehnten und neunzehnten Jahrhundert waren die *Anzeigen* die weltweit führende Rezensionszeitschrift. Die führenden Gelehrten Deutschlands nutzten die Seiten der *Anzeigen*, um ihre Kollegen mit Lob zu überhäufen oder ihre Werke zu verreißen. Die Zeitschrift wurde als Verkörperung des Ruhmes der Universität Göttingen betrachtet. Heute werden die *Anzeigen* von der Akademie der Wissenschaften zu Göttingen herausgegeben; es ist die einzige Rezensionszeitschrift, die eine so lange Geschichte hat. Rezensionen sind seriöse Angelegenheiten und geben den Rezensenten die Gelegenheit, die Arbeiten ihrer Kollegen kritisch zu besprechen und in einen größeren Zusammenhang zu stellen. Sehr oft muß man ein Spezialist sein, um eine Rezension lesen zu können.

Gauß war ein aktiver Rezensent. Auch wenn er ein strenger und häufig ungerechter Kritiker der Arbeiten anderer war, waren seine Buchrezensionen üblicherweise milde und er neigte häufig dazu, gütiges Lob zu spenden. Ausgenommen sind natürlich seine Bemerkungen, daß er alles schon die ganze Zeit gewußt habe.

Gauß' Rezension des Seeberschen Werkes erschien am 9. Juli 1831, nur einige Monate, nachdem das Buch herausgekommen war. Gauß unterzeichnete die Rezension nicht, da das damals nicht üblich war und die Beiträge höchstens mit den Initialen des Autors abgezeichnet wurden.[4] Das „publish or perish"-Syndrom der modernen Universitäten war noch nicht die Norm und es war gleichgültig, wieviele Arbeiten ein Professor veröffentlicht hatte. Ruhm und Anerkennung gab es für wahrhaft originelle Arbeiten, welche die Zeit überdauerten. Gauß setzte nicht einmal seine Initialen unter die Rezension, aber Eingeweihte wußten, wer sie geschrieben hatte – insbesondere weil die *Disquisitiones Arithmeticae* oft erwähnt wurden. Und jeder wußte, wer der Autor *dieses* Werkes war.

Die Rezension war ziemlich schmeichelhaft, wenn auch etwas herablassend. An einer Stellte bemerkte Gauß, daß er den Löwenanteil der Arbeit bereits dreißig Jahre früher in seinen *Disquisitiones Arithmeticae* geleistet habe, daß aber Seebers langatmiges Werk dennoch lobenswert sei. Weiter schrieb er, daß es nur einiger Worte bedürfe, um zusammenzufassen, was in Seebers Buch neu war. Ein Kompliment. Laut Gauß bestand Seebers Hauptbeitrag darin, einige der losen Enden zusammenzuknüpfen, die der Autor der *Disquisitiones Arithmeticae* offen gelassen hatte – aber nur, weil er sich damals nicht für diese Details interessiert hatte.

Die Hauptstoßrichtung der Arbeit Seebers ist die Beschreibung einer Methode, welche die Transformation einer beliebigen quadratischen Form in ihre reduzierte Form gestattet. Hieran schließt sich der Beweis eines Satzes an, der besagt, daß es in jeder Klasse von äquivalenten Formen genau eine reduzierte quadratische Form gibt. Gauß betrachtete quadratische Formen auch wegen ihrer zahlreichen außermathematischen Anwendungen als eines der interessantesten und gehaltvollsten Themen der höheren Arithmetik, das heißt, der Zahlentheorie. Er nennt kristalline Strukturen als praktisches Beispiel für quadratische Formen.

Die Rezension begann mit einer Warnung an potentielle Leser: Die Beschreibung der Reduktionsmethode nimmt 41 der 248 Seiten des Buches ein und der Beweis des Satzes weitere 91 Seiten. Diese übermäßige Länge, schrieb Gauß, könnte den Lesern die Lust nehmen, aber er fügte sogleich hinzu, daß seine Bemerkung keineswegs als Vorwurf zu verstehen sei. Im Gegenteil, betonte er, gebühre dem Ersten, der einen Beweis gibt und die Richtigkeit einer Behauptung zeigt, stets Dank, ganz gleich, wieviele Seiten er dazu benötigt. Niemand solle sich über einen langen Beweis beschweren, solange er selbst keinen kürzeren oder eleganteren gibt.

Bevor Seeber zu seinem einundneunzigseitigen Beweis ansetzte, wollte er eine obere Schranke für die Parameter der ternären quadratischen Form haben, die er manipulieren mußte. Er interessierte sich besonders für ein bestimmtes Verhältnis, dessen Wichtigkeit für Kugelpackungen später klar wird. (Dieses Verhältnis besteht aus dem Quadrat des Produktes *abc* der ersten drei Parameter der ternären quadratischen Form, dividiert durch die Determinante der quadratischen Form.) Um ein Gefühl für die Größe dieses Verhältnisses zu

---

[4] Diese Tradition wird auch heute noch in der *Neuen Zürcher Zeitung* gepflegt. Der Autor unterschreibt seine Beiträge in der NZZ nur mit „gsz".

bekommen, rechnete Seeber viele Beispiele durch. Er fand kein einziges Beispiel, bei dem das Verhältnis größer als 2 ist. Nach sechshundert Beispielen
befiel den scharfsichtigen Professor der Verdacht, daß das Verhältnis möglicherweise *stets* kleiner als 2 ist. Aber selbst wenn er tausend, zehntausend
oder eine Million Verhältnisse berechnet hätte und kein einziges seiner Vermutung widersprochen hätte, dann hätte er diese Tatsache immer noch nicht
als absolute Wahrheit verkünden können. Er mußte seine Vermutung beweisen. Leider sah sich Seeber außerstande, das zu tun. Er versuchte es, aber
ihm gelang nur der Beweis, daß das Verhältnis kleiner als 3 sein muß. Schließlich gab der frustrierte Professor auf. Er veröffentlichte sein Buch mit dem
Beweis des schwächeren Satzes, äußerte seinen Verdacht, daß das Verhältnis
tatsächlich immer kleiner als 2 ist und beließ es dabei.

An dieser Stelle griff Gauß den Faden auf. Ohne die leiseste Spur von
Geringschätzung bezog er sich äußerst höflich auf Seebers Vermutung als „ei-
genartiges Theorem, das durch Induktion gefunden wurde," und entwickelte
ein aktives Interesse daran. Er sprach nicht von „Induktion" im modernen mathematischen Sinne des Wortes. Vielmehr meinte er, daß Seeber nach sechshundert Tests eine glückliche Vermutung riskiert habe. Nun aber schickte sich
der Mathematikerfürst an, „in dieser Rezension einen Beitrag zur Vollendung
der Theorie zu leisten." Unter Verwendung der allereinfachsten arithmetischen
Manipulationen gab Gauß auf nur anderthalb Seiten einen äußerst cleveren
Beweis dafür, daß das betreffende Verhältnis immer kleiner als 2 ist.

Um Seebers Vermutung zu beweisen, schrieb Gauß eine Gleichung nieder,
deren rechte Seite aus einigen einfachen Termen besteht, die sich aus den
Parametern der quadratischen Form zusammensetzen. Danach zeigte er, daß
jeder der auf der rechten Seite stehenden Terme positiv ist. Das impliziert
natürlich, daß auch die linke Seite positiv ist, und das bedeutet – wie der
Anhang zu diesem Kapitel lehrt –, daß das Verhältnis immer kleiner als 2 ist.
Und schon haben wir es, das QED!

Gauß' Rezension des Buches von Seeber muß für diesen ein Schlag ins
Kontor gewesen sein. Er hatte mehr als sechshundert Verhältnisse berechnet,
ein Buch von 248 Seiten geschrieben, einen schwächeren Satz bewiesen, aber
das Ziel nicht geschafft, das er sich selbst gesetzt hatte. Und hier, auf gerade
mal vierzig Zeilen, gab Gauß den schwer faßbaren Beweis, der Seeber so lange frustriert hatte. Zugegebenermaßen schmerzt ein Schlag, den der *princeps
mathematicorum* ausgeteilt hat, vielleicht nicht so stark wie der Schlag eines
gewöhnlichen Sterblichen, aber ein Schlag war es allemal.

Aber das Beste sollte noch kommen. Das merkwürdige numerische Ergebnis
von Gauß für ein esoterisches Verhältnis hat eine äußerst wichtige Implikation
für das Kugelpackungsproblem. Ich hatte schon früher (und auch in Kapitel 3) erwähnt, daß die Determinante einer binären quadratischen Form gleich
der Oberfläche einer Fundamentalzelle eines Gitters ist. Joseph-Louis Lagrange, dem Pionier der Untersuchung quadratischer Formen, war das entgangen.

Er dachte, daß er es einfach nur mit höherer Arithmetik zu tun habe. Aber Gauß sah mehr als nur das zahlentheoretische Problem und sein Blick fiel auf die Geometrie. Er wies in der Rezension des Seeberschen Buches darauf hin, daß quadratische Formen eine geometrische Interpretation haben: Die Quadratwurzel der Determinante einer quadratischen Form ist das Volumen der Fundamentalzelle eines Gitters. Diese Interpretation gilt sowohl in der Ebene (für binäre quadratische Formen) als auch im Raum (für ternäre quadratische Formen).

Aber in welcher Beziehung steht der von Seeber vermutete und von Gauß bewiesene Satz zum Packungsproblem? Sehen wir uns ein dreidimensionales rechtwinkliges Gitter an, dessen Kantenlängen a, b und c sind. Offensichtlich ist abc das Volumen einer aufrecht stehenden Schachtel. Wir verändern nun das Gitter, indem wir die Achsen drehen und verdrehen, wodurch die Schachtel zusammengequetscht wird und sich ihr Volumen verkleinert. Jetzt kommt der interessante Teil: Das Verhältnis, das Seebers Aufmerksamkeit erregt hatte, war $a^2b^2c^2$, dividiert durch die Determinante der quadratischen Form des Gitters (das heißt, das „Volumen der aufrecht stehenden Schachtel", dividiert durch das Quadrat des „Volumens des verdrehten Schachtel"). Tatsächlich war es Gauß, der den beiden Ausdrücken ihre geometrischen Interpretationen gab. Und anschließend zeigte er, daß das Verhältnis immer kleiner als 2 ist. Was bedeutet das? Zieht man die Quadratwurzeln auf beiden Seiten der Gleichung, dann besagt der Satz von Gauß, daß sich das Volumen der verdrehten Schachtel niemals um mehr als 29,3 Prozent des Volumens der aufrecht stehenden Schachtel reduzieren läßt – unabhängig davon, wie die Achsen gedreht, verdreht und zusammengedrückt werden (vgl. Anhang).

Wir machen jetzt noch eine andere wichtige Bemerkung. Jede Fundamentalzelle enthält Teile von acht Kugeln – jeweils einen Kugelanteil in jeder Ecke. Werden diese Teile zusammengefügt, dann bilden sie immer eine vollständige Kugel – ganz gleich, welche Form die Zelle hat. (Man denke an die Pizzas von Kapitel 3.) Je kleiner das Volumen einer Fundamentalzelle ist, desto dichter ist die Packung. Die einzige Voraussetzung dabei ist, daß die Kanten hinreichend lang sind, so daß die Kugeln nicht überlappen.[5] Wie lang ist hinreichend lang? Damit zwei Kugeln mit Radius 1 hinreichend viel Platz in den Ecken haben, müssen alle Kanten mindestens die Länge 2 haben. Somit beträgt das Volumen der aufrecht stehenden Schachtel $2 \cdot 2 \cdot 2 = 8$. Andererseits hat Gauß gezeigt, daß sich das Volumen einer verdrehten Schachtel nicht um mehr als 29,3 Prozent verkleinern läßt. Deswegen kann das Volumen der kleinsten Schachtel nicht kleiner als 5,657 sein. Folglich kann die Dichte einer Gitterpackung, die als das Volumen 4,189 der vollständigen Kugel, dividiert durch das Volumen

---

[5] Die Winkel müssen ebenfalls hinreichend groß sein, aber ich werde hier nicht ins Detail gehen.

der kleinsten Kugel berechnet wird, nie größer als $4,189/5,657 = 74,05$ Prozent sein.[6]

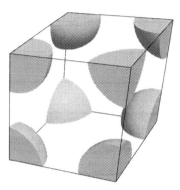

Abb. 7.2. Fundamentalzelle (im dreidimensionalen Gittersystem) mit acht Kugelteilen

Somit ist das fragliche Verhältnis immer kleiner als 2 und das beweist, daß die Dichte einer Gitterpackung nie größer als 74,05 Prozent sein kann. Kommt Ihnen diese Zahl bekannt vor? Wenn nicht, dann werfen Sie bitte noch einmal einen Blick in den Anhang zu Kapitel 2: Der dort angegebene Anteil von 74,05 Prozent ist genau die Dichte, von der Kepler vermutete, daß sie die dichtestmögliche Kugelpackung darstellt. Somit hat Gauß mit den Bemerkungen in seiner Rezension des Seeberschen Buches bewiesen, daß keine dreidimensionale Gitterpackung von Kugeln dichter als 74,05 Prozent sein kann. Kepler hatte Recht – zumindest für Gitterpackungen. Und welche gitterförmige Anordnung hat diese Dichte? Die von Kepler angegebene flächenzentrierte kubische Packung (FCC)! Aber ist das auch die einzige Gitterpackung von Kugeln, die diese Dichte hat? Die Antwort ist *Ja*, wie ebenfalls im Anhang gezeigt wird.

Wie ist Gauß gerade auf diejenigen Ausdrücke gestoßen, die seine Aussage beweisen sollten? Immerhin gibt es ja unzählige mögliche Kombinationen von Parametern, aber er griff sich gerade diejenigen heraus, die „funktionierten." Wir können sicher sein, daß auch Seeber viele Kombinationen ohne Erfolg ausprobiert hat. Gauß hatte einfach nur einen phänomenalen Scharfblick. Vierzehn Jahre zuvor hatte er geschrieben, daß „es für die höhere Arithmetik charakteristisch ist, daß viele ihrer schönsten Theoreme mit der größten Leichtigkeit durch Induktion entdeckt werden, aber Beweise haben, die ganz und gar nicht auf der Hand liegen, und häufig nur nach vielen fruchtlosen Untersuchungen mit Hilfe einer tiefgründigen Analyse in Kombination mit Glück

---

[6] Wir benutzen hier die (nicht ganz exakte) Beziehung $\frac{4}{3}\pi = 4,189$. Wie schon im Vorwort bemerkt, verwenden wir vereinbarungsgemäß = anstelle von $\approx$.

gefunden werden." Intensives Nachdenken und ein kleines bißchen Glück – das war es, was zum Ziel führte. Und wahrscheinlich kam Gauß auch seine Vorliebe zustatten, die individuellen Eigenschaften von Zahlen zu verinnerlichen. Aber es war dennoch wie ein Mysterium. Der französische Mathematiker Charles Hermite (1822–1901) beschrieb 1850 die Gleichung von Gauß als „diese erstaunliche Transformation" und bemerkte, daß sie „auf verborgenen Prinzipien zu beruhen scheint, die ich trotz größter Anstrengungen außerstande war, zu finden." Sein Kollege Victor A. Lebesgue (1791–1875) war nicht einverstanden: „Ich glaube nicht, daß der Beweis [von Gauß] auf verborgenen Prinzipien beruht," schrieb er 1856, gab aber anschließend zu, daß „der Beweis von Gauß immer noch der einfachste ist." Fasziniert von dem Thema kam Charles Hermite 1874 darauf zurück, gab einen anderen Beweis und bekannte, daß dieser „bei weitem nicht die Eleganz und Tiefe des Gaußschen Beweises habe." Im gesamten neunzehnten Jahrhundert versuchten die Mathematiker, das Ergebnis von Gauß zu verbessern. Außer Hermite und Lebesgue gaben Peter Gustav Lejeune Dirichlet (1850), A. N. Korkin und Jegor Iwanowitsch Solotarew[7] (1873), E. Selling (1874) sowie Hermann Minkowski (1883) alternative Beweise. Das Interesse bestand auch im zwanzigsten Jahrhundert weiter, ganz im Geiste von Gauß, der meinte, daß „das Auffinden neuer Beweise für bekannte Wahrheiten häufig mindestens ebenso wichtig ist wie die Entdeckung selbst." Kurt Mahler gab 1940 einen neuen Beweis für die Seebersche Vermutung und 1992, also 160 Jahre nach Gauß' Buchbesprechung, erschien eine weitere Arbeit mit dem Titel „On Gauss's Proof of Seeber's Theorem."

Wie bereits erwähnt, wies Gauß auch auf den engen Zusammenhang zwischen quadratischen Formen und der Struktur von Kristallen hin. Schließlich liegen ja die Atome von Kristallen auf Gittern, wie sich später herausstellte. Gauß nannte den Zusammenhang erst gegen Ende seiner Rezension, sozusagen als Abstecher. Er wollte einfach nur hervorheben, daß die quadratischen Formen nicht nur für die Zahlentheorie, sondern auch für andere Disziplinen wichtig sind. Die Gaußsche Rezension wurde für so wichtig erachtet, daß sie neun Jahre später, 1840, in *Crelles Journal* erneut gedruckt wurde. August Leopold Crelle war ein Berliner Ingenieur, der eine Schwäche für Mathematik und Mathematiker hatte.[8] Crelle gründete 1826 eine Zeitschrift, die er nach sich selbst benannte und bis zu seinem Tod 1855 herausgab. Die Zeitschrift erscheint auch heute noch monatlich. In ihr werden herausragende Arbeiten veröffentlicht, die zu allen Gebieten der reinen und angewandten Mathematik gehören. *Crelles Journal* ist eigentlich nur die Kurzbezeichnung des *Journals für die reine und angewandte Mathematik*. Nach Aussage des Verlages ist das Journal, das sich einer der weltweit größten Auflagen rühmt, die älteste existierende Mathematikzeitschrift. Es ist nicht allein der niedrige Preis, der den

---

[7] Der Nachname wird im Deutschen manchmal auch durch Zolotarew wiedergegeben.

[8] Er war ein leidenschaftlicher Anhänger von Niels Henrik Abel, der 1829 im Alter von nicht einmal siebenundzwanzig Jahren starb.

weltumspannenden Vertrieb begünstigt. Ein Abonnement kostet 2295 USD pro Jahr. Man kann auch Einzelhefte kaufen, wenn man kein Jahresabonnement haben möchte, aber es handelt sich nicht um die Art von Zeitschrift, die man am Zeitungskiosk gleich um die Ecke bekommt. Für ein Einzelheft muß man 238 USD blechen. Bei den 240 Seiten pro Heft macht das gerade mal etwa einen Dollar pro Seite.

Erst nach dem Erscheinen der Gaußschen Buchbesprechung bemerkte man, daß Lagrange bereits die Zutaten für die Lösung des zweidimensionalen Gitterpackungsproblem bereitgestellt hatte (vgl. Kapitel 3). Fast sechzig Jahre vor Gauß hatte Lagrange binäre quadratische Formen manipuliert, ohne ihren Zusammenhang mit Gittern zu erkennen. Es war Gauß, der das fehlende Kettenglied fand: Binäre quadratische Formen hängen mit zweidimensionalen Gittern zusammen, ternäre quadratische Formen dagegen mit dreidimensionalen Gittern. Damit waren mit einem Schlag das zweidimensionale und das dreidimensionale Gitterpackungsproblem gelöst. Darüber hinaus ist noch ein Umstand festzuhalten: Die berühmte Buchbesprechung zeigte einmal mehr, daß verschiedene Teilgebiete der Mathematik miteinander verwoben sind. Mit Hilfe von rein zahlentheoretischen Werkzeugen bewies Gauß einen geometrischen Satz.

Damit war der erste Teil des Keplerschen Problems gelöst. Gauß hatte gezeigt, daß es keine gitterförmige Anordnung gibt, die dichter ist, als Kepler vermutet hatte. Aber wie verhält es sich mit Anordnungen, die nicht gitterförmig sind? Auch nach der Leistung von Gauß blieb diese Frage unbeantwortet und in den nachfolgenden Kapiteln geht es um dieses unglaublich schwierige Problem, das heißt, um das allgemeine Packungsproblem in drei Dimensionen.

8

Dieser Kongreß tanzt nicht

Nachdem Gauß das Buch von Seeber rezensiert hatte, fiel Keplers Vermutung
in einen fast siebzigjährigen Winterschlaf. Gauß hatte gezeigt, daß es im Falle
von Gitterpackungen keine Anordnungen gibt, die dichter als die von Kepler
angegebenen Anordnungen sind. Das war der Stand der Dinge. Die Frage, ob
eine beliebige Anordnung noch dichter sein kann, wurde erst im Jahr 1900
auf einem Mathematikerkongreß wiederbelebt. Am 8. August hielt David Hilbert einen Vortrag auf dem 2. Internationalen Mathematikerkongreß in Paris.
Er vertrat den Standpunkt, daß offene Probleme das Zeichen der Lebenskraft
eines Themas sind und warf unter dem Titel „Mathematische Probleme" dreiundzwanzig Probleme auf, von deren Lösungen er sich Impulse für wichtige
neue Entdeckungen im bevorstehenden Jahrhundert versprach. Eines der Probleme, Nummer 18, befaßte sich mit Keplers Vermutung.

Zur Jahrhundertwende wurde Hilbert als bedeutendster Mathematiker seiner Zeit angesehen – mit der möglichen Ausnahme des Franzosen Henri Poincaré[1]. Hilbert war ein älterer Kollege und enger Freund von Hermann Minkowski, der mit Hilfe seiner Geometrie der Zahlen untere Schranken für die
Packungsdichte in beliebigen Dimensionen angegeben hatte (vgl. Kapitel 4).
Er war auch der Doktorvater bzw. Gastgeber des Zwei-Mann-Teams, das bewies, daß 12 die höchste Kußzahl in drei Dimensionen ist: Kurt Schütte und
B. L. van der Waerden (vgl. Kapitel 6). Und er lehrte in Göttingen an der gleichen renommierten Universität wie Carl Friedrich Gauß. Somit hatte Hilbert
zweifellos einige Affinität zu Kugelpackungen.

Hilbert wurde 1862 in der deutschen Stadt Königsberg (heute Kalinin-
grad) geboren. Sein Talent war bald zu erkennen, aber an der Universität
Königsberg war es nicht Hilbert, der alle anderen überstrahlte, sondern sein
jüngerer Kollege Hermann Minkowski. Nachdem Minkowski den Preis der Pariser Akademie gewonnen hatte, gab Hilberts Vater, ein preußischer Richter,

---

[1] Eine Übersetzung des Familiennamens wäre „quadratischer Punkt". Welch ir-
reführender Name für einen Mathematiker!

G.G. Szpiro, *Die Keplersche Vermutung*,
DOI 10.1007/978-3-642-12741-0_8, © Springer-Verlag Berlin Heidelberg 2011

seinem Sohn zu verstehen, daß die Anmaßung einer Freundschaft mit einem solchen Genie an Frechheit grenzt.

Aber Hilbert kämpfte sich voran. Nachdem er an der Universität Königsberg promoviert hatte, wurde er 1895 auf den Lehrstuhl für Mathematik der Universität Göttingen berufen. Zwei Jahre zuvor hatte ihn die Deutsche Mathematiker-Vereinigung um einen Bericht über den Stand der Zahlentheorie gebeten und so schrieb er seine erste größere Abhandlung. Der *Zahlbericht* war eine herausragende Synthese aller früheren Untersuchungen zur Zahlentheorie. Wichtiger noch ist, daß der *Zahlbericht* auch neue Begriffe und Ideen enthielt, welche die Forschungsarbeiten für viele Jahre beeinflussen sollten. Hilbert stellte die Geometrie auf eine formale axiomatische Grundlage. Sein Buch *Grundlagen der Geometrie* erschien in zehn Auflagen und hatte – nach den *Elementen* des Euklid – den größten Einfluß auf das Fachgebiet. Aber das war noch nicht alles. Hilbert befaßte sich mit mathematischer Logik, Invariantentheorie, Funktionalanalysis, Integralgleichungen, Variationsrechnung und sogar mit mathematischer Physik. Auf jedem dieser Gebiete erzielte er scharfsinnige Ergebnisse. Mit der Zeit wurde er der unbestrittene Meister der deutschen Mathematik.

Einige Zeit lang glaubte man sogar, daß er, und nicht Albert Einstein, der Vater der allgemeinen Relativitätstheorie gewesen sein könnte. Einstein hatte die Endfassung seiner Arbeit am 25. November 1915 bei der Preußischen Akademie der Wissenschaften eingereicht. Hilbert dagegen hatte fünf Tage früher, am 20. November, eine Arbeit zum gleichen Thema bei der Gesellschaft der Wissenschaften in Göttingen eingereicht. Jedoch erschien Einsteins Arbeit, wie man es bei den ordentlichen Preußen auch nicht anders erwarten konnte, fast unmittelbar darauf am 2. Dezember. Die Göttinger Gesellschaft war langsamer und Hilberts Arbeit erschien erst am 31. März des darauffolgenden Jahres. Bei Prioritätsfragen geht es aber um das Datum der Einreichung und nicht um das Erscheinungsdatum und somit würden die Lorbeeren wohl Hilbert zukommen. Schlimmer noch: Wie sich herausstellte, war Einstein im Besitz von Hilberts Arbeit, bevor er seinen eigenen Artikel überarbeitete. Einstein gab das am 18. November 1915 in einem Brief an Hilbert auch zu, bei dem er sich für Zusendung von dessen Arbeit bedankte. Soviel zu den Tatsachen.

Machte Einstein in der Woche vom 18. bis 25. November von dem Material Gebrauch, das er in Hilberts Arbeit gesehen hatte? War Einsteins Artikel ein Plagiat des Hilbertschen Beitrags? Neuere Untersuchungen in den Göttinger Archiven zeigen, daß es möglicherweise umgekehrt war. Unter den aufgefundenen Arbeiten befanden sich auch die Fahnenabzüge von Hilberts Arbeit. Diese haben einen Stempel vom 6. Dezember und zeigen, daß zwei entscheidende Terme der Gleichungen, die in Einsteins Arbeit vorhanden waren, auf Hilberts Korrekturfahnen fehlten. Jedoch waren diese beiden Terme in Hilberts abschließender Veröffentlichung vom März 1916 vorhanden. Die unangenehme Schlußfolgerung ist demnach, daß Hilbert die Korrekturen in die Fahnenabzüge einfügte, nachdem er Einsteins Arbeit vom 2. Dezember gelesen hatte. Das klingt recht akzeptabel, aber die Konfusion hätte vermieden werden können, wenn Hilbert das getan hätte, was in solchen Fällen üblich ist: eine Korrektur mit dem entsprechenden Datum einzufügen. Das hätte den unnötigen Prioritätsstreit vermieden, der jedoch seinerseits – wie man zur Kenntnis nehmen muß – nur von späteren Wissenschaftshistorikern und nicht von den Hauptpersonen selbst geführt wurde.

Der Ruhm des Mathematischen Instituts der Universität Göttingen endete in den 1930er Jahren, als die Nazis die Fakultät zerstörten. Jüdische Professoren und Assistenten, die einen großen Teil des Lehrkörpers des Göttinger mathematischen Instituts ausmachten, wurden gezwungen, die Universität zu verlassen, und mußten ins Ausland fliehen. Das Finale kam, als sich Hilberts bedeutender Kollege Edmund Landau geweigert hatte, die „Schrift an der Wand" zu lesen, und einen Anfängerkurs in Differential- und Integralrechnung geben wollte. Bis dahin war ihm gestattet, Vorlesungen für Fortgeschrittene zu halten, aber die Nazis erlaubten nicht, daß Anfänger von einem Juden gelehrt werden. Rowdys in braunen Hemden riefen zu einem Boykott auf und verweigerten Landau den Zutritt zum Hörsaal.

Hilbert, der damals bereits über siebzig Jahre alt war, blieb als Professor emeritus weiter vor Ort. Aber das Institut hatte sich für immer verändert. Bei einer Gelegenheit mußte Hilbert nachweisen, daß sein Vorname David nicht auf eine jüdische Abstammung hindeutete bzw. daß er rein arisch war. Bei einem Bankett fragte ihn ein Nazi-Minister, ob die Mathematik in Göttingen gelitten habe, nachdem sie vom jüdischen Einfluß gesäubert worden war. Der Minister erwartete eine gegenteilige Antwort in dem Sinne, daß das Fach nunmehr floriere, nachdem die abwegige und schädliche analytische Weise der Juden durch einen guten, sauberen deutschen synthetischen Ansatz ersetzt worden war. Er war ganz überrascht, als der alte Mann mit einer Mischung aus tiefer Traurigkeit und Wut antwortete: „Gelitten? Das [Institut] hat nicht gelitten, Herr Minister. Das gibt es doch gar nicht mehr!"

Hilbert widmete sein Leben der Suche nach Wissen. Er verabscheute den mutlosen Pessimismus des deutschen Physiologen und Philosophen Emil Du Bois-Reymond (1818–1896), der behauptete, daß einige Probleme sogar prinzipiell unlösbar seien. Diese entmutigende Auffassung äußerte sich in Du Bois-Reymonds Devise „Ignoramus et ignorabimus" („Wir wissen es nicht und wir werden es nicht wissen"). Hilbert ließ einen solchen Pessimismus nicht gelten. Als er 1943 starb, wurden auf seinem Grabstein die Worte eingemeißelt, die er einmal in einem Rundfunkvortrag gesprochen hatte. Diese Worte drückten seinen unverwüstlichen Optimismus aus: „Wir müssen wissen, wir werden wissen."

An der Wende zum zwanzigsten Jahrhundert konnte der Franzose Henri Poincaré ebenfalls den legitimen Anspruch erheben, der bedeutendste Mathematiker seiner Zeit zu sein. Aber die beiden Männer waren keine Rivalen. Sie schätzten einander sehr und als Poincaré zum Organisator des Zweiten Internationalen Mathematikerkongresses gewählt worden war, bat er Hilbert um einen Vortrag, der zu einer unvergeßlichen Erfahrung für alle Anwesen-

Abb. 8.1. David Hilbert

den werden sollte. Die Kongresse werden alle vier Jahre abgehalten, der erste
fand 1897 in Zürich statt. Der zweite wurde 1900 in der französischen Hauptstadt veranstaltet. Addiert man 4 zu 1897, dann kommt nicht genau 1900
heraus, wie Ihnen jeder Mathematiker von Poincarés Statur erzählen kann.
Aber gleichzeitig fand die Weltausstellung in Paris statt und das war eine zu
gute Gelegenheit, als daß man sie hätte ignorieren können. Tatsächlich war
die Weltausstellung der wahre Grund dafür, warum in Paris während dieses
Jahres ungefähr zweihundert andere wissenschaftliche Konferenzen abgehalten wurden.

Als Hilbert Poincarés Einladung erhielt, zögerte er zunächst. Es wäre schon
sehr verlockend, das alte Jahrhundert mit einem Vortrag zu beenden, der
Hilberts Kollegen und Nachfolger im neuen Jahrhundert beeinflussen würde.
Aber wie sollte er die Aufmerksamkeit des internationalen Publikums gewinnen, das man auf dem Kongreß erwartete? Ihm kam ein interessanter Aspekt
in den Sinn: Vielleicht könnte er ja die Entwicklung der mathematischen Forschung im zwanzigsten Jahrhundert dadurch bündeln, daß er die Aufmerksamkeit seiner Zuhörer auf einige wichtige ungelöste Probleme lenkte. Bevor
sich Hilbert entschied, holte er jedoch den Rat seiner Freunde Minkowski und
Hurwitz aus Zürich ein. Sie unterstützten die Idee enthusiastisch, aber Hilbert schwankte immer noch bis es fast zu spät war. Die Einladungen zum
Kongreß waren im Juni versandt worden und enthielten noch keine Ankündigung für den Vortrag des deutschen Professors. Aber Hilbert saß die ganze

Zeit an der Arbeit und Mitte Juli war sein Vortrag fertig. Leider war es jetzt nicht mehr möglich, den Vortrag als Hauptvortrag zu planen, wie es Poincaré ursprünglich vorgesehen hatte. Hilberts Vortrag mußte auf die gemeinsame Sitzung der Sektionen „Bibliographie und Geschichte" und „Unterricht und Methoden" verlegt werden. Diese Sitzungen wurden – im Vergleich zu den Sitzungen über theoretische Themen – als ziemlich untergeordnet betrachtet, aber Hilberts Vortrag verlieh diesen etwas langweiligen Seminaren Glanz.

Vor Hilberts Vortrag hatten sich einige der 253 Anwesenden unzufrieden über das begrenzte Gesellschaftsprogramm geäußert, das vom Organisationskomitee für sie vorgesehen war. Einige der ehrenwerten Mathematiker mußten wohl Gerüchte über Ausschweifungen im eleganten Paris gehört haben; sie waren von weit her angereist und erwarteten etwas *Action*. Schließlich zeigten die *Folies Bergère* eine weltberühmte Show, die bereits ihre einunddreißigste Saison hatte. Und das *Moulin Rouge*, das jetzt seine elfte Saison erlebte, war wegen seiner Cancan-Tänzerinnen berühmt, „qui lancent leur jambe en l'air avec une élasticité qui nous laisse présager d'une souplesse moral au moins égale" („die ihre Beine mit einer Beweglichkeit in die Luft werfen, die uns eine gleiche moralische Flexibilität ahnen läßt"). Karten zu einem dieser Spektakel – alles natürlich im Interesse der Wissenschaft – wären außerordentlich geschätzt worden. Andere Kongreßteilnehmer, die mehr an Sport als an „Volkstanz" interessiert waren, wären überglücklich gewesen, zumindest einige der Veranstaltungen der zweiten Olympischen Spiele zu besuchen, die zu genau derselben Zeit in der französischen Hauptstadt stattfanden.[2] Sogar ein Besuch der Weltausstellung oder ein Aufstieg auf den Eiffelturm wären eine willkommene Ablenkung gewesen.

So viele Möglichkeiten, aber es tat sich einfach nichts! Nur Mathematik von früh bis spät und die Unzufriedenheit wuchs unter den Teilnehmern. Das ganze Gemurre hörte jedoch mit Hilberts Vortrag auf. „Der Pariser Kongreß wird sich für immer in einem ganz besonderen Ruhm sonnen," liest man in der offiziellen Geschichte der Internationalen Mathematischen Union. Vergessen Sie das Moulin Rouge, den Eiffelturm und die Olympischen Spiele. Der Mathematikerkongreß „wird wegen David Hilberts Vortrag für immer in die Geschichte der Mathematik eingehen."

Bei seinem Vortrag weckte Hilbert gleich mit dem ersten Satz die Aufmerksamkeit seiner Zuhörer: „Wer von uns würde nicht gern den Schleier lüften, unter dem die Zukunft verborgen liegt, um einen Blick zu werfen auf die bevorstehenden Fortschritte unserer Wissenschaft und in die Geheimnisse ihrer Entwicklung während der zukünftigen Jahrhunderte!" Der Professor erläuterte seine Vision fast eine Stunde lang und wandte sich dann den ungelösten Problemen zu. Aber er hatte bereits den größten Teil der ihm für

---

[2] Sie hätten allerdings keine richtige Freude daran gehabt; es war nichts als Chaos und Konfusion. Baron de Coubertin, der Gründer der modernen Olympischen Spiele, bekannte später: „Es ist ein Wunder, daß die Olympische Bewegung diese Spiele überlebt hat."

seinen Vortrag zugeteilten Zeit verbraucht und konnte nicht auf alle dreiundzwanzig Probleme eingehen. Er beließ es bei zehn Problemen und ließ die vollständige Liste später unter den Teilnehmern verteilen. Hilbert schloß seinen Vortrag mit der Überzeugung, daß „die Mathematik die Grundlage alles exakten naturwissenschaftlichen Erkennens ist" und drückte folgende Hoffnung aus: „Damit sie diese hohe Bestimmung vollkommen erfülle, mögen ihr im neuen Jahrhundert geniale Meister entstehen und zahlreiche in edlem Eifer erglühende Jünger!"

Hilberts Rede war äußerst einflußreich. Sein Vortrag verlieh der Forschung neue Impulse und brachte ganz neue Teilgebiete hervor. Man könnte sagen, daß sich Hilberts Vortrag als wahrhaft prophetisch herausstellte, da er die Richtung vieler mathematischer Forschungsgebiete für das zwanzigste Jahrhundert bestimmte. Andererseits war es eine eher selbsterfüllende Prophezeiung, da es die Absicht des Vortrags war, die künftige mathematische Forschung zu beeinflussen.

Die Liste der Probleme umfaßte alle Gebiete der Mathematik. Hilbert und Poincaré waren vermutlich die letzten Wissenschaftler, die imstande waren, die Gesamtheit der Mathematik zu überblicken. Im neuen Jahrhundert splitterte sich die Forschung in verschiedene Disziplinen und Teildisziplinen auf, deren Vertreter heutzutage einander meistens nicht verstehen.

Nicht alle der Probleme auf Hilberts Liste sind bis jetzt gelöst worden. In Problem 8 geht es zum Beispiel um die Riemannsche Vermutung, die das berühmteste ungelöste Problem der Mathematik genannt wird und ganz gewiß auch heute noch das bedeutendste ungelöste mathematische Problem ist. Das Problem bezieht sich auf die sogenannte Zetafunktion. Viel hängt von der Riemannschen Vermutung ab, weil Hunderte von Prinzipien, Postulaten und Sätzen aus der Gültigkeit der Vermutung folgen würden, wobei die endgültige Beantwortung natürlich noch in der Schwebe ist. Es könnte sich als günstig herausstellen, daß die Vermutung noch nicht gelöst worden ist. Während für die Lösung eines Hilbertschen Problems lediglich ewiger Ruhm versprochen wird, ist der Einsatz vor kurzem erhöht worden. Das Clay Mathematics Institute, eine gemeinnützige Einrichtung, die von dem Bostoner Unternehmer Landon T. Clay gegründet worden ist und sich der Vermehrung und Verbreitung des mathematischen Wissens widmet, hat einen Preis in Höhe von 1 Million US-Dollar für denjenigen ausgelobt, der die Riemannsche Vermutung beweist oder widerlegt.[3]

---

[3] Außer der Riemannschen Vermutung gibt noch weitere sechs „Millennium"Probleme. Für die Lösung eines jeden der sieben Probleme ist ein Preisgeld von je 1 Million US-Dollar ausgesetzt. Die von Henri Poincaré 1904 aufgestellte und nach ihm benannte Poincaré-Vermutung ist das erste Millennium-Problem, das gelöst worden ist. Der russische Mathematiker Grigori Perelman fand 2002 die Lösung, wofür ihm 2006 auf dem Internationalen Mathematikerkongreß in Madrid die Fields-Medaille und 2010 einer der Millennium-Preise zuerkannt worden ist. Der Sonderling Perelman hat die Fields-Medaille nicht angenommen und ist auch zur Entgegennahme des Milleniums-Preises nicht zu der feierlichen Veran-

Einige der Hilbertschen Probleme sind gelöst worden, aber nicht so, wie er es erwartet hatte. In Problem 1 sagt Hilbert, daß die Untersuchungen von Cantor folgenden Satz sehr wahrscheinlich machen: Jedes System von unendlich vielen reellen Zahlen, das heißt, jede unendliche Zahlen- oder Punktmenge ist *entweder* der Mange der natürlichen Zahlen 1, 2, 3, ... *oder der Menge sämtlicher reellen Zahlen und mithin dem Kontinuum, das heißt, etwa den Punkten einer Strecke, äquivalent; im Sinne der Äquivalenz gibt es hiernach nur zwei Zahlenmengen, die abzählbare Menge und das Kontinuum.*

Hilbert illustrierte den Begriff der Unendlichkeit mit einem genialen Beispiel. Er sagte seinen Zuhörern, sie sollen sich ein Hotel mit unendlich vielen Zimmern vorstellen. Alle Zimmer sind besetzt, aber der Hoteldirektor hat vergessen, das Schild „Alles besetzt" über den Eingang zu hängen. Mitten in der Nacht kommt ein Reisender an und bittet um Unterbringung. „Kein Problem," sagt der Hoteldirektor und fordert seine Zimmergäste auf, sich von Zimmer Nr. N in das Zimmer Nummer $N+1$ zu begeben. Der neuangekommene Reisende kann sich jetzt in das Zimmer Nr. 1 begeben. Diese Überlegung zeigt, daß unendlich plus eins gleich unendlich ist. Aber wir können sogar noch viel mehr sagen! Der neue Gast hatte es sich kaum in seinem Zimmer bequem gemacht, als ein Bus mit unendlichen vielen Touristen ankam. Natürlich hängt das Schild „Alle Zimmer besetzt" immer noch nicht draußen, und das aus gutem Grund. Können alle Neuankömmlinge untergebracht werden? „Kein Problem," sagt der Hoteldirektor und läßt seine Gäste von Zimmer Nr. N in Zimmer Nr. $2N$ umziehen. Auf diese Weise werden die unendlich vielen Zimmer mit ungerader Zimmernummer frei und in diesen Zimmern lassen sich die unendlich vielen neu angekommenen Gäste unterbringen. Also ist zweimal unendlich gleich unendlich. (Übrigens erhielt der Hoteldirektor von jedem der neuen Gäste ein unendlich kleines Trinkgeld. Wieviel Trinkgeld bekam er insgesamt?)

Sehr viele Forscher, unter ihnen die besten Kenner der Mengenlehre, befaßten sich mit diesem Problem. Aber es blieb ungelöst, bis 1963 Paul Cohen von der Stanford University bewies, daß das Problem (im bekannten Sinne) unlösbar ist. Es handelt sich bei dem oben zitierten Satz nicht um ein „entweder-oder."

Und in Problem 10 erteilt Hilbert seinen Kollegen und den künftigen Generationen von Mathematikern folgende Aufforderung: *Man soll ein Verfahren angeben, nach welchem sich mittels einer endlichen Anzahl von Operationen entscheiden läßt, ob sich eine Diophantische Gleichung in ganzen rationalen Zahlen lösen läßt.*[4] Es gibt kein solches Verfahren, antwortete Jurij Matijasewitsch aus St. Petersburg (damals Leningrad) im Jahr 1970. In seiner Dissertation bewies er, daß kein Algorithmus existiert, der bei gegebener Dio-

---

staltung erschienen, die Anfang 2010 in Paris stattfand. Wie es heißt, waren einige Teilnehmer dieser Veranstaltung ebenso verschroben wie der Preisträger.

[4] Eine Diophantische Gleichung ist eine Gleichung, deren Koeffizienten ganze Zahlen sind, wie zum Beispiel im berühmten Satz von Fermat.

phantischer Gleichung zu erkennen gibt, ob diese Gleichung eine Lösung in ganzen Zahlen hat oder nicht.

Mindestens ein Problem wird nie gelöst werden, so merkwürdig das auch klingen mag. Es handelt sich um Problem 2 auf Hilberts Liste, in dem es um die Widerspruchsfreiheit der arithmetischen Axiome geht. Man möchte denken, daß die Arithmetik, wie wir sie kennen, keines weiteren Beweises bedarf. Zwei plus zwei ist vier und es gibt diesbezüglich keine andere Möglichkeit. Aber Hilbert hatte nicht nur Recht, die Frage zu stellen – es sollte noch schlimmer kommen. Dreißig Jahre nach dem Kongreß zeigte der Logiker Kurt Gödel, daß die Frage der Widerspruchsfreiheit der Arithmetik nicht mit Hilfe der arithmetischen Axiome beantwortet werden kann. Man kann Aussagen formulieren, die unentscheidbar sind.

Hier ist das Standardbeispiel einer unentscheidbaren Frage: Wenn der Barbier von Sevilla alle Männer Sevillas rasiert, die sich nicht selbst rasieren, rasiert er sich dann selbst? Wenn er es tut, dann tut er es nicht, und wenn er es nicht tut, dann tut er es. Die Frage läßt sich einfach nicht beantworten. Es gibt auch aufregendere Beispiele. Angenommen, Sie landen auf einer von Kannibalen bewohnten Insel. Sie werden sofort gefangen genommen. Der Küchenchef der Kannibalen bereitet das Menü zu und läßt Sie spaßigerweise entscheiden, als welches Gericht Sie serviert werden möchten. Um die Zubereitungen zu würzen, denkt er sich folgendes Spiel aus: Sie können eine letzte Aussage machen. Wenn diese Aussage wahr ist, werden Sie in einer Pfanne gebraten. Wenn die Aussage aber falsch ist, dann werden Sie als Barbecue gegrillt und serviert. Aber vielleicht gibt es ja eine Aussage, die Ihr Leben rettet? Es gibt tatsächlich eine solche Aussage und Sie sollten sich diese bitte für den Fall merken, daß Sie jemals in eine so ungemütliche Situation geraten sollten. Die Aussage ist „Ich werde gegrillt!" Sobald Sie diesen Satz aussprechen, gehen die Menüpläne des Kannibalen-Küchenchefs das Abflußrohr hinunter. Ist die Aussage wahr oder falsch? Wenn er Sie grillt, dann haben Sie die Wahrheit gesagt und Sie sollten gebraten werden. Aber wenn er Sie brät, dann haben Sie gelogen und sollten folglich gegrillt werden. Er kann nichts machen: seine Kumpel müssen ohne Mahlzeit auskommen.

Das war ein echter Schlag für Hilbert. Es brachte alles, was er glaubte, durcheinander. Die Abwesenheit von Widersprüchen ist ja schließlich das Wichtigste für die strenge Begründung der gesamten Mathematik. Aber diesmal entschieden sich Mathematiker für einen pragmatischen Standpunkt. Sie beschlossen, daß die Mathematik wahrscheinlich frei von Widersprüchen ist, aber daß sich das nicht in einer endlichen Anzahl von Schritten beweisen läßt. Das ist ein Rückzieher, wenn es jemals einen solchen gegeben hat – aber wenn das für Hilbert und seine Anhänger gut genug ist, dann ist es auch für uns gut genug. Und so kann das Spiel weitergehen.

Und dann ist da auch noch das Problem 18 auf Hilberts Liste. Es trägt die Überschrift „Aufbau des Raumes aus kongruenten Polyedern" und gehört zu den sogenannten speziellen Problemen, im Gegensatz zu den fundamentaleren allgemeinen Problemen. Hilbert unterteilte das Problem in drei Teile und in einem dieser Teile erkennt der scharfsinnige Leser das Keplersche Problem.

Im ersten Teil fragt Hilbert nach einem Beweis dafür, daß es eine endliche Zahl von Objekten gibt, aus denen man den Raum aufbauen kann, das heißt, ihn lückenlos überdecken bzw. ausfüllen kann. Für den zwei- und dreidimensionalen Raum war die Frage bereits vor Hilbert positiv beantwortet worden. Es gibt genau 17 verschiedene ebene Symmetriegruppen und genau 219 dreidimensionale Symmetriegruppen. Das Ergebnis für den zweidimensionalen Fall ist von allergrößter Bedeutung für Druckereibetriebe, die Tapeten herstellen. Das Ergebnis besagt, daß es genau siebzehn verschiedene Möglichkeiten gibt, Tapeten mit einem Muster zu bedrucken, das in zwei Richtungen periodisch ist. Lassen Sie sich also in Eigenheimmodernisierungsgeschäften nicht vom Verkäufer durcheinander bringen. Zwar läßt sich Tapete mit einer unendlichen Anzahl von Blumen oder Ornamenten oder irgendetwas anderem dekorieren, aber es gibt nicht mehr als siebzehn Symmetrien (Verschiebungen, Drehungen, Spiegelungen oder Kombinationen davon). Die Antwort für den dreidimensionalen Fall hat sogar noch wichtigere Folgerungen. Sie bedeutet nämlich, daß sich Atome zu genau 219 verschiedenen Molekülen zusammenschließen können, um Kristalle zu bilden. Es ist überaus erstaunlich, daß man diese nüchternen Ergebnisse durch rein mathematische Überlegungen erzielt hat, ohne auf Experimente oder Beobachtungen zurückzugreifen.

Ludwig Bieberbach gab 1910 die Antwort für den allgemeinen n-dimensionalen Fall. Er bewies, daß es nicht nur in zwei und in drei Dimensionen, sondern in allen Dimensionen endlich viele Objekte gibt, aus denen man den Raum aufbauen kann. Der ehrgeizige junge Mann, ein begeisterter deutscher Nationalist und später ein prominenter Nazi, war überglücklich, daß er eines der berühmten Hilbertschen Probleme gelöst hatte – selbst wenn es nur ein Teilproblem war. Das sollte ein wichtiger erster Schritt auf seiner Karriereleiter sein. Aber seine Beziehungen zu dem Göttinger Professor Hilbert waren später sehr gespannt. Bieberbach beharrte 1928 darauf, den Internationalen Mathematikerkongreß aus nationalistischen Gründen zu boykottieren, weil dieser in Italien abgehalten werden sollte. Hilbert war aufgebracht. „Wir sind überzeugt, daß Herrn Bieberbachs Weg der deutschen Wissenschaft Unglück bringt und uns vollauf der gerechtfertigten Kritik wohlgesinnter Seiten aussetzen wird", schrieb er an Kollegen überall im Land. Hilberts Ansicht setzte sich durch und zum Kongreß 1928 in Bologna stellten die Deutschen nach den italienischen Gastgebern das zweitgrößte Landeskontingent. Mit Hitlers Machtantritt wurde Bieberbach ein führender Antisemit, trug eine Naziuniform, wenn er Prüfungen abnahm, und spielte eine führende Rolle bei der Entlassung jüdischer Kollegen. Nach dem Zweiten Weltkrieg mußte er von allen seinen Posten zurücktreten.

Hilbert gab dem zweiten Teil des Problems einen etwas anderen Dreh. Er fragte, ob es Objekte gibt, die (1) den n-dimensionalen Raum lückenlos so ausfüllen, daß sie (2) nicht ineinander durch einfache Bewegungen transformiert werden können. Die erste Forderung bedeutet wieder, daß die Objekte den Raum parkettieren müssen. Die zweite Forderung bedeutet, daß alle Parkettsteine genaue Kopien voneinander sein müssen, aber zueinander nicht durch Verschiebungen in unterschiedliche Richtungen in Deckung gebracht können. Mit anderen Worten: sie müssen irgendwie ähnlich sein, dürfen aber nicht identisch sein.

Es dauerte achtundzwanzig Jahre, bis eine erste Antwort gegeben wurde. Karl Reinhardt legte 1928 der *Akademie der Wissenschaften* in Berlin eine Arbeit vor, in der er ein kompliziertes dreidimensionales Objekt beschrieb, dessen Kopien den dreidimensionalen Raum lückenlos und ohne Überlappungen ausfüllen – wobei aber diese Kopien nicht durch einfache Bewegungen zur Deckung gebracht werden können. Er formulierte auch die Vermutung, daß es keine solchen Parkettsteine oder Fliesen in zwei Dimensionen gibt, wobei er dieselbe Methode benutzte, die schon Ludwig August Seeber für seine Vermutung über ternäre quadratischen Formen verwendet hatte. Er verbrachte viel Zeit damit, einen passenden Parkettstein zu finden. Nachdem er es ohne Erfolg immer wieder versucht hatte, war der aufgebrachte Mathematiker davon überzeugt, daß es kein solches Objekt gibt. Ein Anderer würde sicher den Beweis dafür finden und Reinhardts Name wäre für immer mit seiner „Vermutung" verbunden, die dann ein Satz geworden wäre.

Das ist wirklich eine schlechte Art und Weise, Mathematik zu treiben, und es kam, wie es kommen mußte. Kaum vier Jahre später stellte sich heraus, daß Reinhardt Unrecht hatte. Der deutsche Violinvirtuose und Mathematiker Heinrich Heesch[5] fand eine Form, mit der man den Fußboden so parkettieren kann, daß sich die einzelnen Objekte nicht durch Herumgleiten in der Fußbodenebene zur Deckung bringen lassen. Einige der Parkettsteine können nur dann zur Deckung gebracht werden, wenn man sie aus der Bodenebene heraushebt und umdreht. Als die ehrwürdige deutsche Fliesenfirma Villeroy & Boch von Heeschs Entdeckung Wind bekam, witterte sie die Gelegenheit, auch in das Geschäft mit nichtkonventionellen Parkettverlegungen einzusteigen und erklärte sich sofort bereit, Parkettsteine dieser Form herzustellen. Heesch entwarf eine passende Form, die dann für die Decke der Göttinger Stadtbibliothek verwendet wurde, wo sie noch heute zu sehen ist.

Einige Leser haben vielleicht einen konvexen Parkettstein erwartet, Heeschs Form hingegen ist konkav.[6] Aber selbst wenn wir konkave Formen ausschließen würden, was Hilbert nicht getan hat, wäre Reinhardts Vermutung falsch. Richard Kershner (dem wir bereits in Kapitel 4 begegnet sind) fand 1968 eine fünfeckige Form, die *erstens* einen Küchenfußboden lückenlos und ohne Überlappungen überdecken kann, *zweitens* Parkettsteine hat, die nicht allein durch die Bewegungen ineinander überführt werden können, und die *drittens* konvex ist. Aus all diesen Fakten können wir eine äußerst wichtige Lehre

---

[5] Heinrich Heesch (1906–1995) studierte Violine, Physik und Mathematik. Er erhielt 1928 das Meisterklassenzeugnis für Violine.

[6] Konkav und konvex sind die mathematischen Begriffe für „nach innen gewölbt" bzw. „nach außen gewölbt."

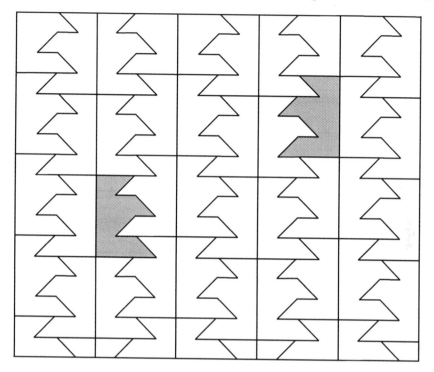

Abb. 8.2. Heeschs Parkett

ziehen. Wenn Sie unbedingt eine Vermutung aufstellen müssen, dann stellen Sie zumindest sicher, daß man Ihnen sehr, sehr lange nicht nachweisen kann, daß Sie falsch liegen – nach Möglichkeit sollte man Ihnen zumindest zu Ihren Lebzeiten keinen Irrtum bescheinigen können.

Aber es ist der dritte Teil des Problems Nr. 18, an dem wir interessiert sind. Hilberts Frage lautete folgendermaßen: „Wie kann man unendlich viele

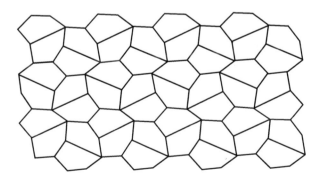

Abb. 8.3. Kershners Pentagonalparkett

Körper von der gleichen vorgeschriebenen Gestalt, etwa Kugeln mit gegebenem Radius ... im Raume am dichtesten einbetten, das heißt, so lagern, daß das Verhältnis des erfüllten Raumes zum nichterfüllten Raume möglichst groß ausfällt?" Damit ist Keplers Vermutung ins zwanzigste Jahrhundert katapultiert worden. Hilbert erwähnt auch, daß es sich um eine „... für die Zahlentheorie wichtige Frage und vielleicht auch der Physik und Chemie einmal Nutzen bringende Frage ..." handelt.

Der Wettlauf war wieder eröffnet und die Mathematiker gingen zurück an die Arbeit. Bald wurde klar, daß ein Beweis noch außerhalb des Machbaren lag. Die verfügbaren mathematischen Werkzeuge reichten einfach nicht aus, um das Problem zu knacken. Alle Hebel wurden in Bewegung gesetzt, aber niemand kam auch nur in die Nähe einer Lösung der Keplerschen Vermutung. Also setzten sich die Mathematiker ein bescheideneres Zwischenziel: Man finde obere und untere Schranken für die größte Dichte. Das ist eine altbewährte Methode der Mathematik, die immer dann zur Anwendung kommt, wenn keine exakte Antwort bekannt ist. Man gebe obere und untere Schranken an und zeige, daß das wahre Ergebnis irgendwo zwischen diesen beiden Schranken liegen muß; danach versuche man, die Lücke einzuengen, indem man die untere Schranke erhöht und die obere Schranke senkt. In dem Maße wie man die Lücke zusammenpreßt, setzt Platzzwangst[7] ein, da das Ergebnis in immer enger werdende Mauern gezwängt wird. Was geschieht, wenn die obere Schranke bis zur unteren Schranke gesenkt oder umgekehrt die untere Schranke bis zur oberen Schranke erhöht worden ist? Dann wird das Ergebnis fest eingeschlossen und damit ist das exakte Resultat gefunden.[8]

Wir müssen jedoch auf der Hut sein: Stellt sich heraus, daß die untere Schranke größer als die obere ist, dann bekommen wir Scherereien. Kein Ergebnis kann gleichzeitig kleiner als die untere Schranke und größer als die obere Schranke sein. (Man kann sich aber auch ein wenig trösten, wenn das geschieht: Das Überkreuzen der Schranken ist ein praktischer Beweis dafür, daß keine Lösung existiert.)

Wie wir im Anhang zu Kapitel 1 und am Ende von Kapitel 7 sehen, hat die von Kepler angegebene Anordnung die Dichte 74,05. Gibt es eine Anordnung mit einer größeren Dichte? Wenn man zeigen kann, daß keine Packung eine Dichte von mehr als 74,05 Prozent hat, dann ist die Keplersche Kugelanordnung die dichtestmögliche Packung. Dabei handelt es sich möglicherweise nicht um die einzige solche Packung, denn es kann andere Packungen mit derselben Dichte geben. Tatsächlich hat William Barlow entdeckt, daß es unendlich viele solcher Packungen gibt (vgl. Kapitel 1). Also bestand die damals akzeptierte Strategie darin, die Lücke zwischen der oberen und der unteren Schranke immer weiter einzuengen.

---

[7] Eine spezielle Form von Klaustrophobie.
[8] Das ist die Methode, die Odlyzko und Sloane anwendeten, als sie die höchste Kußzahl in acht und vierundzwanzig Dimensionen ableiteten (vgl. Kapitel 6).

Die Dichte der dichtesten Packung muß mindestens so groß sein wie die Dichte der Keplerschen Anordnung. Somit ist 74,05 Prozent eine untere Schranke. Andererseits kann nichts mehr in einen Raum hineingestopft werden, wenn er voll ist – insbesondere lassen sich dann keine Kugeln mehr unterbringen. Deswegen ist 100 Prozent die größtmögliche Dichte in jedem Raum und diese Zahl ist eine obere Schranke. Die Dichte der dichtesten Kugelpackung muß deshalb irgendwo zwischen diesen beiden Schranken liegen. Könnte man eine untere Schranke finden, die größer als 74,05 Prozent ist, dann wäre Keplers Vermutung als falsch nachgewiesen, denn seine Packung wäre dann nicht die dichteste Anordnung. In diesem Fall wäre Keplers Anordnung immer noch die dichteste Gitterpackung, wie Gauß schlüssig bewiesen hatte, aber es könnte eine dichtere „unordentliche" Anordnung geben. Jedoch nahm niemand diese Möglichkeit ernst und kein Mathematiker vergeudete seine Zeit damit, die untere Schranke zu erhöhen. Statt dessen waren alle Anstrengungen darauf gerichtet, die obere Schranke nach und nach zu senken – in der Hoffnung, schließlich eine obere Schranke von 74,05 Prozent zu erreichen. Diese Aufgabe sollte die Mathematiker fast das ganze zwanzigste Jahrhundert hindurch auf Trab halten.

9

Der Wettlauf um die kleinste obere Schranke

Hans Frederik Blichfeldt war der Erste, der sich an einer oberen Schranke versuchte, die ein gutes Stück unter 100 Prozent lag. Die Lebengeschichte dieses Mannes ist eines der Märchen, die über einen Aufstieg von ganz unten zu Ruhm und Ehre berichten. Blichfeldt schaffte es, sich aus dem Stand eines einfachen Arbeiters nach oben zu arbeiten und wurde schließlich Leiter des Mathematik-Departments einer der weltweit renommiertesten Universitäten. Er wurde 1873 in Dänemark als Sohn eines Bauern geboren. Nachdem die Familie in die Vereinigten Staaten ausgewandert war, jobbte der fünfzehnjährige Junge als Landarbeiter und als Arbeiter in Sägemühlen und Holzfirmen. Aber er hatte nicht vor, sein ganzes Leben so zu verbringen. Nach einigen Jahren wurde er technischer Zeichner, danach Landvermesser und schließlich schrieb er sich an der Stanford University ein. Dort machte Blichfeldt Karriere. Er begann als Instructor und arbeitete sich dann auf der akademischen Stufenleiter nach oben: Er wurde Lecturer, Dozent, außerordentlicher Professor und schließlich ordentlicher Professor. Im Jahr 1927 wurde er Direktor des Mathematik-Departments. In dieser Position schaffte er es, Stanford zu einem der weltweit führenden Mathematikzentren zu machen.

In den Jahren 1919 und 1929 veröffentlichte Blichfeldt zwei Arbeiten über Kugelpackungen. Eine geniale Idee ermöglichte ihm, die ersten unterhalb von 100 Prozent liegenden oberen Schranken für die Packungsdichte von dreidimensionalen Kugeln anzugeben.

❖❖❖

Wir stellen uns eine große Kiste vor und in dieser Kiste ein wüstes Durcheinander von Kugeln. Nun vergrößern wir den Radius der Kugeln und machen gleichzeitig auch die Kiste größer, so daß die größeren Kugeln ausreichend Platz haben. Teile der vergrößerten Kugeln können überlappen. Blichfeldts Idee war, die Kugeln unter Anwendung einer raffinierten Methode schichtenweise mit Sand zu füllen. Die Schichten werden umso dünner, je weiter man sich von jeweils einem Kugelmittelpunkt entfernt. Somit befindet sich in der

G.G. Szpiro, *Die Keplersche Vermutung*,
DOI 10.1007/978-3-642-12741-0_9, © Springer-Verlag Berlin Heidelberg 2011

Mitte einer gegebenen Kugel viel Sand, aber je mehr man sich der Außenfläche nähert, desto weniger Sand ist vorhanden.

Wir könnten uns die Kugeln als zwiebelartige Objekte vorstellen, deren Schichten in der Mitte dicht und schwer sind, und dann immer dünner und leichter werden, je weiter wir uns vom Mittelpunkt wegbewegen. Da einige Kugeln überlappen, vereinigt sich in den Überlappungsbereichen auch der Sand verschiedener Kugeln. Hier kommt Blichfeldts entscheidendes Argument ins Spiel: Durch eine wohlüberlegte Verteilung des Sandes – Blichfeldt entwickelte Formeln dafür – kann garantiert werden, daß sich nirgendwo mehr Sand befindet als in der dichten Mitte der Kugeln. Diese Aussage bleibt selbst dann richtig, wenn mehrere Kugeln überlappen, denn in Richtung der Außenflächen wird der Sand immer spärlicher.

Die Rest ist einfach. Man wiege die Kiste mit den sandgefüllten Kugeln und vergleiche das Ergebnis mit dem Gewicht einer identischen Kiste, die vollständig mit Sand gefüllt ist. Offensichtlich enthält diese letztere Kiste mehr Sand und ist deswegen schwerer als die erstgenannte – und zwar unabhängig davon, wieviele Kugeln sie enthält. Dividiert man also das Gewicht der Kiste, welche die Kugeln enthält, durch das Gewicht der vollständig mit Sand gefüllten Kiste, dann ergibt sich eine Zahl, die kleiner als 1,0 ist. Darüber hinaus stellt dieses Verhältnis eine obere Schranke für die Dichte von Kugeln in einer Kiste dar. Nun lasse man die Abmessungen der Kisten sehr, sehr groß werden und berechne das Verhältnis erneut. Dabei stellt sich heraus, daß der numerische Wert gleich 0,883 ist. Wie auch immer die Kugeln in einer unendlich großen Kiste angeordnet werden – die Packungsdichte kann den Wert von 88,3 Prozent nie überschreiten.

Verglichen mit 74,05 Prozent, also der Dichte der Keplerschen Anordnung, läßt eine obere Schranke von 88,3 Prozent immer noch viel Spielraum. Eine dichtere Anordnung von Kugeln wird im Prinzip nicht ausgeschlossen, aber Blichfeldt schränkte die Möglichkeiten wirklich ein.

Im Jahr 1929 legte er mit einer Verbesserung nach. Der springende Punkt in seiner Ableitung der oberen Schranke war die Art und Weise, auf die der Sand innerhalb der Kugeln verteilt wurde. In seiner zweiten Arbeit ersann er eine andere Möglichkeit, die Kugeln mit Sand zu füllen; damit gelang es ihm, die obere Schranke von 88,3 Prozent auf 84,3 Prozent zu drücken. Außerdem erklärte er am Schluß der Veröffentlichung, daß „ein sorgfältigerer Gebrauch der Relationen" die obere Schranke sogar noch weiter senken würde. Ohne weitere Umstände behauptete er, daß „gleiche Kugeln keinesfalls so gepackt werden können ..., daß der von den Kugeln eingenommene Raum insgesamt 835/1000 des Würfelvolumens beträgt."

Wir haben laut Blichfeldt eine obere Schranke von 83,5 Prozent. Ein Jahrhundert nach Gauß' Buchrezension hatte Blichfeldt, bildlich gesprochen, durch Füllen von Kugeln mit Sand die ersten Schritte zur Lösung der Keplerschen Vermutung gemacht. Mit cleveren Argumenten hatte er gezeigt, daß es keine

Kugelpackung mit einer Dichte von mehr als 83,5 Prozent geben kann. Eine Anordnung mit einer Dichte bis zu dieser Zahl könnte jedoch im Prinzip existieren, und wenn man eine solche Anordnung fände, dann würde das den Tod der Keplerschen Vermutung bedeuten. Aber Blichfeldts Beweis gab keinerlei Hinweis darauf, wie eine solche Packung aussehen könnte und in Ermangelung anderer Beweise blieb die Keplersche Vermutung auch weiterhin offen.

Von da an wurde die Gangart hart. Über einen Zeitraum von achtzehn Jahren hielt Blichfeldt den Weltrekord: Seine 83,5 Prozent blieben bis 1947 die beste obere Schranke. Dann betrat der schottische Mathematiker Robert A. Rankin die Bühne. Rankin wurde 1915 in Garlieston, in der Grafschaft Wigtonshire, geboren. Während des Krieges arbeitete er über den Raketenflug. Zur gleichen Zeit war sein Kollege Richard Kershner jenseits des Atlantiks mit ähnlichen Problemen beschäftigt (vgl. Kapitel 4). Rankin hielt sich anschließend in Cambridge und Birmingham auf. Im Jahr 1954 wurde er Professor der Mathematik an der Universität Glasgow, wo er achtundzwanzig Jahre verbrachte. Von 1971 bis 1978 war er der Sekretär des Universitätssenats und viele Jahre hindurch leitete er das Mathematik-Department der Universität. Sogar nach seiner Emeritierung im Jahr 1982 blieb er in der Forschung aktiv. Im Jahr 1987 erhielt er den Senior Whitehead Prize. Die London Mathematical Society verleiht verdienstvollen Mathematikern den Preis in jedem ungeradzahligen Jahr. (Der Junior Whitehead Prize wird Mathematikern zuerkannt, die jünger als vierzig Jahre alt sind.) Rankin erhielt 1995 die De Morgan Medaille, den renommiertesten Preis der London Mathematical Society. Der Preis wird verdienstvollen Mathematikern in Jahren zuerkannt, die durch 3 teilbar sind. Glücklicherweise hatte Rankin den Senior Whitehead Prize bereits erhalten, denn die Regeln für diesen Preis besagen, daß er an niemanden vergeben werden darf, der schon die De Morgan Medaille erhalten hat. (Wirklich sehr rätselhaft, dieses britische Regelwerk.)

Gegen Ende 1946 fand sich Rankin, gerade vom Kriegsdienst entlassen, am Clare College in Cambridge wieder. Dort schrieb er eine zwanzigseitige Arbeit über eine obere Schranke für Kugelpackungen. Nach einem ziemlich schwerfälligen Start, der Blichfeldts Ableitung aufwärmt und durch Beweise vervollständigt, hob Rankin ab. Er suchte durchaus nicht nur irgendeine bessere Methode der Sandverteilung, er suchte die beste. Und er fand sie durch *trial and error*. Einer der komplizierten Teile des Beweises war die Berechnung der numerischen Werte einer bestimmten Formel. Eine solche Berechnung war 1946 noch ein schwieriges Unterfangen, heute wäre die Angelegenheit mit einem Taschenrechner in wenigen Sekunden erledigt. Glücklicherweise kam das Mathematical Laboratory von Cambridge zu Hilfe und stellte „eine Rechenmaschine zur Verfügung, mittels der die Berechnung der Zahlen ausgeführt wurde." Nachdem diese Hürde genommen war, konnte Rankin wieder die mit Sand gefüllten Kugeln wiegen und eine neue obere Schranke bekanntgeben: 82,7 Prozent.

Bis zu dieser Schranke konnte man mit Blichfeldts Sandfüllverfahren vordringen. Rankin hatte das Verfahren maximal ausgereizt; es war keine weitere

Verbesserung mehr möglich. Um die Dinge voranzutreiben, würde man einen vollkommen anderen Weg einschlagen müssen.

Genau das war es, was der ungarische Mathematiker László Fejes Tóth 1943 versuchte. Fejes Tóth hatte schon drei Jahre zuvor gezeigt, was er konnte: Er hatte das zweidimensionale Kugelpackungsproblem gelöst (vgl. Kapitel 4). Die unschätzbaren Erfahrungen, die er gesammelt hatte, qualifizierten ihn auf einzigartige Weise dafür, die obere Schranke weiter nach unten zu drücken. Fejes Tóth ließ die physikalischen Aspekte der mit Sand gefüllten Kugeln beiseite und kehrte zu den fundamentalen geometrischen Eigenschaften des Kugelpackungsproblems zurück. Insbesondere untersuchte er den „leeren Raum" in der Nachbarschaft einer jeden Kugel. Seine Idee war, den Raum so in Zellen einzuteilen, daß jede Kugel in ihrer eigenen Zelle sitzt. Wie gute Nachbarn teilen die Kugeln das zwischen ihnen befindliche Gebiet zu gleichen Teilen auf. Folglich verlaufen die Wände genau auf halbem Wege zwischen den Kugeln. Berühren sich zwei Kugeln, dann geht die Zellenwand durch den Berührungspunkt.[1]

Diese Zellen, die in der weiteren Geschichte der Keplerschen Vermutung eine fundamentale Rolle spielen werden, wurden ursprünglich von dem Mathematiker Georgi Feodosjewitsch Voronoi[2] vorgeschlagen. Als Sohn eines Professors der russischen Literatur wurde Voronoi 1868 in Zhuravka geboren, einer Stadt, die damals in Rußland lag und jetzt zur Ukraine gehört. Er studierte Physik und Mathematik an der Universität St. Petersburg, wo sowohl sein Diplom als auch seine Dissertation mit Preisen ausgezeichnet wurden. Danach setzte er seine Tätigkeit an der Universität Warschau fort. Er nahm 1904 am 3. Internationalen Mathematikerkongreß in Heidelberg teil und begegnete Hermann Minkowski. Zu ihrer großen Überraschung entdeckten die beiden Männer, daß sie, ohne voneinander zu wissen, zum gleichen Thema „Geometrie der Zahlen" gearbeitet hatten. Leider gab es keine Gelegenheit

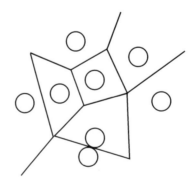

Abb. 9.1. V-Zellen in zwei Dimensionen

---

[1] Wir sind den Voronoi-Zellen bereits in Kapitel 4 begegnet. Sie waren die Gärten des Grundstücks am Meeresufer.

[2] Im Deutschen mitunter auch Woronoi.

zur engeren Zusammenarbeit mehr, weil Voronoi vier Jahre später im Alter von vierzig Jahren starb. Er hinterließ jedoch ein bedeutsames Erbe: drei lange Arbeiten zu quadratischen Formen. Ein anderes Erbe sind die Voronoi-Zellen, kurz V-Zellen genannt, die uns helfen werden, verbesserte obere Schranken für die Packungsdichte zu finden. Wenn alle Kugeln in identischen V-Zellen sitzen, dann ist die Packungsdichte umso höher, je kleiner die V-Zelle ist, die eine Kugel einschließt.

Als Fejes Tóth beschloß, V-Zellen zu untersuchen, dachte er, daß das regelmäßige Dodekaeder einen guten Kandidaten abgeben würde. Das kleinste Dodekaeder, das eine Kugel mit Radius 1 umschließt, hat ein Volumen 5,5503 (im Anhang findet der Leser einige Details zur Berechnung dieses Volumens). Da die Kugel ein Volumen von 4,1888 hat, würde das eine obere Schranke von $4,1888/5,5503 = 75,46$ für die Dichte ergeben. Aber halt – das ist doch ein größerer Wert als die Dichte der Keplerschen Anordnung (74,05 Prozent), von der wir glaubten, daß sie die dichtestmögliche sei. Kann es sein, daß Fejes Tóth eine dichtere Packungsanordnung gefunden hatte?

Die Antwort ist ein entschiedenes *nein* und der Grund hierfür ist einfach. Auch wenn das Dodekaeder lokal tatsächlich zu einer größeren Dichte führt, läßt sich die Anordnung nicht auf mehrere Kugeln ausdehnen. Versucht man, Dodekaeder zusammenzufügen, dann treten Lücken auf. Der dreidimensionale Raum läßt sich nicht vollständig mit Dodekaedern ausfüllen.

Es ist sehr bedauerlich, daß sich das lokale Verhalten von regulären Objekten nicht notwendig auf den ganzen Raum überträgt, also kein globales Verhalten sein muß. Wir betrachten hierzu die Platonischen Körper, das heißt, die regulären Polyeder im dreidimensionalen Raum. Platonische Körper sind Strukturen, die zwei Bedingungen erfüllen: (1) alle Flächen des Körpers sind identische regelmäßige Vielecke und (2) in jeder Ecke treffen sich gleichviele Flächen. Der Würfel besteht zum Beispiel aus sechs Quadraten, von denen sich drei in jeder Ecke treffen. Es gibt nur fünf Platonische Körper, nämlich das Tetraeder (vier Flächen), das Hexaeder, das heißt, den Würfel (sechs Flächen), das Oktaeder (acht Flächen), das Dodekaeder (zwölf Flächen) und das Ikosaeder (zwanzig Flächen).[3] Wir wollen das Dodekaeder untersuchen. Für sich selbst betrachtet ist es ziemlich regelmäßig gestaltet: Alle seine Flächen sind gleichseitige Fünfecke und in jeder Ecke treffen sich drei Fünfecke. Aber wie man es auch anstellt: Dodekaeder parkettieren den Raum nicht!

---

[3] Man beachte, daß das Tetraeder keine Pyramide ist, auch wenn es einer solchen ähnelt. Pyramiden, etwa die in Ägypten, haben eine quadratische Grundfläche, während die übrigen Flächen Dreiecke sind. Die Pyramiden gehören deswegen zu den semiregulären Polyedern, die man auch als Archimedesche Körper bezeichnet. Zwei identische Pyramiden, deren Grundflächen man miteinander identifiziert, bilden ein Oktaeder. Es sei jedoch bemerkt, daß in der heutigen Schulmathematik eine Pyramide als ein Körper definiert wird, der von einem Polygon beliebiger Eckenzahl und mindestens drei Dreiecken, die in einem Punkt zusammentreffen, begrenzt wird.

Dieser unselige Umstand des Dodekaederlebens wurde in den 1980er Jahren entdeckt, sehr zum Verdruß des zum Bildhauer mutierten Informatikers Robert Dewar. Dewar, der in Tehachapi im Norden von Los Angeles arbeitet, läßt sich bei seiner Kunst von den subtilen Geheimnissen der Natur inspirieren, zum Beispiel von den merkwürdigen Symmetrien der Polyeder oder von der Struktur der Moleküle. Als Künstler und nicht als Mathematiker versuchte Dewar einmal, zwölf Dodekaeder um ein mittleres Dodekaeder herum zu packen. Schließlich handelt es sich ja bei den Dodekaedern um reguläre Polyeder und warum sollten sich diese nicht ähnlich verhalten wie die regelmäßigen Sechsecke in der Ebene. Warum sollte das, was in der Ebene klappt, nicht auch im Raum funktionieren, dachte er. Aber wie er es auch anstellte, die Dodekaeder wollten sich einfach nicht fügen und ließen sich nicht aneinander fügen. Sie konnten fast miteinander verbunden werden, aber eben niemals exakt. Zwischen den Flächen benachbarter Dodekaeder blieb stets ein kleiner keilförmiger Raum offen. Aufgebracht wandte er sich einer einfacheren Aufgabe zu und versuchte, einen Ring aus Dodekaedern zu formen, indem er sechs von ihnen jeweils an ihren Enden aneinanderreihte und in der Mitte ein Sechseck offen ließ. Wieder erlitt er Schiffbruch: Nachdem er die ersten fünf Dodekaeder positioniert hatte, war nicht mehr genug Platz für das sechste vorhanden. Bald wurde Dewar klar, warum keiner seiner Versuche erfolgreich war. Der Diederwinkel (das heißt der Schnittwinkel zweier beliebiger benachbarter Flächen) eines regulären Dodekaeders beträgt $116°34'$. Drei dieser Winkel summieren sich zu $349°42'$ und das liegt mit $10°18'$ knapp unter den $360°$, die zum Schließen des Kreises[4] und folglich auch zum Lückenschluß erforderlich sind. Im Gegensatz hierzu haben die Winkel eines regelmäßigen Sechsecks alle eine Größe von $120°$, so daß sich drei von ihnen zu einem Vollkreis zusammenfügen lassen. Dasselbe gilt für vier Quadrate (mit Eckwinkeln von $90°$) und sechs Dreiecke (mit Eckwinkeln von $60°$).[5]

Wenn man die Dodekaeder schon nicht richtig zusammenfügen kann, dann könnten sie aber vielleicht eine neue obere Schranke für die Packungsdichte liefern. Fejes Tóth dachte, daß das funktionieren könnte, und machte sich an den Beweis, daß die V-Zellen jeder Kugelpackung mindestens so groß wie Dodekaeder sein müssen. In einer 1943 in der *Mathematischen Zeitschrift* veröffentlichten Arbeit bewies er, daß echte V-Zellen ein Volumen von mindestens $5,5503$ haben müssen. Deswegen müßte die Packungsdichte kleiner als $75,46$ Prozent sein. Seine Herangehensweise führte zu einer oberen Schranke, die si-

---

[4] Zur Veranschaulichung vergegenwärtige man sich, daß der große Zeiger einer Armanduhr eine Minute und dreiundvierzig Sekunden benötigt, um einen Winkel von $10°18'$ zu überstreichen.

[5] Dewar erinnerte sich jedoch an seinen ursprünglichen Beruf als Informatiker und entwickelte – inspiriert durch ein Buch über Kristallographie – ein Computerprogramm, das die Dodekaederflächen geringfügig so deformiert, daß die – nun nicht mehr regulären Objekte – paßgenau werden. Die Deformationen sind mit bloßem Auge kaum zu erkennen. Beiläufig bemerkt ist der Würfel der einzige Platonische Körper, der den dreidimensionalen Raum vollständig ausfüllt.

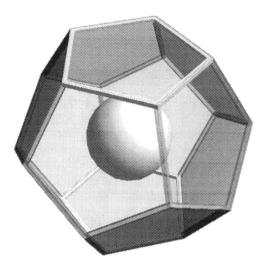

Abb. 9.2. Dodekaeder als V-Zelle

gnifikant kleiner war als die Schranken von Blichfeldt und Rankin. Es gab da nur ein Problem: Der Beweis enthielt Fehler. Diese wurden nicht gleich entdeckt und Fejes Tóth konnte den Ruhm eine Weile genießen. Aber die Fehler traten ein paar Jahre später zutage.

Wo lag Fejes Tóth schief? Den größten Teil des Beweises hatte er einwandfrei abgeleitet. Aber auf der vorletzten Seite, kurz vor dem Ende des Beweises, machte er zwei scheinbar harmlose Voraussetzungen, von denen sich eine als verhängnisvoll erwies. Die erste Annahme war, daß die mittlere Kugel nicht gleichzeitig von mehr als zwölf Kugeln berührt werden kann. Fejes Tóth schrieb in seiner Fußnote Nummer 6, daß der Beweis dieser Behauptung keine leichte Sache ist, aber er beließ es bei dieser Bemerkung. Wir lassen das jetzt außer Acht, da wir rückblickend wissen, daß Schütte und van der Waerden 1953, also zehn Jahre später, einen korrekten Beweis für das Kußproblem gaben. Dennoch war die obengenannte Annahme ein ärgerlicher Start.

Als nächstes untersuchte Fejes Tóth, wie nahe eine dreizehnte Kugel der mittleren Kugel kommen kann (alle Kugeln haben den Radius 1). Ohne weitere Umstände konstatierte er, daß die dreizehnte Kugel nicht näher als 1,26 kommen kann. Er rechtfertigte diese Zahl in Fußnote Nummer 7 mit der Erklärung, daß er sich durch ein „Rohexperiment" davon überzeugt habe, daß der Abstand zwischen der mittleren Kugel und der dreizehnten Kugel tatsächlich größer als ungefähr 1,38 sein müsse. Somit schien 1,26 wirklich eine ganz gute Annahme zu sein. Ein „Rohexperiment"? Hatte er denn nichts von David Hilberts kompromißloser und strenger Herangehensweise an mathematische Probleme gehört? Keinem Mathematiker ist es jemals gestattet, einen Beweis zu formulieren, der auf einem Rohexperiment aufbaut. Hielt Fejes Tóth die mittlere Kugel wirklich in den Fingern, jonglierte mit einem Dutzend Kugeln herum und legte dann ein Lineal an die dreizehnte Kugel, um deren Abstand zur mittleren Kugel zu messen?

Als er versuchte, die Lücken zu füllen, widerstand der Beweis dieser scheinbar unschuldigen Annahme allen Anstrengungen. Nach Jahren des Versuchens, die Lücke zu schließen, gab Fejes Tóth schließlich auf. Zu seiner Ehre muß gesagt werden, daß er den Mißerfolg selbst zugab und die dodekaedrische Vermutung 1964 als offenes Problem deklarierte. Die Vermutung lautet: „In jeder Einheitskugelpackung ist das Volumen einer beliebigen Voronoi-Zelle um eine beliebige Kugel mindestens so groß wie ein regelmäßiges Dodekaeder vom Inradius 1." Die dodekaedrische Vermutung, die offensichtlich mit der Keplerschen Vermutung verwandt ist, diese aber nicht beantwortet, ist tatsächlich gelöst worden. Wir werden darüber in Kapitel 14 berichten.

Es ging also zurück auf Feld 1. Fünfzehn Jahre nach Fejes Tóths Versuch attackierte der britische Mathematiker Claude Ambrose Rogers 1958 das Problem auf neue Weise. Rogers, der während seiner gesamten Laufbahn fundamentale Beiträge zu Packungs- und Überdeckungsproblemen leistete, wurde 1920 im englischen Cambridge geboren. Er besuchte eine Internatsschule und begann im Alter von achtzehn Jahren, Mathematik am University College in London zu studieren. Er erhielt 1941 den Grad eines Bachelor of Arts, aber wegen des Krieges wurde er zum Dienst in das Versorgungsministerium einberufen. Nach Kriegsende kehrte er wieder an das University College zurück, arbeitete dort als Lecturer und schrieb gleichzeitig seine Doktorarbeit. Es folgte ein vierjähriger Aufenthalt an der Universität Birmingham. Danach wurde er am University College, seiner Alma Mater, zum Professor der Reinen Mathematik berufen. Dort blieb er bis zu seiner Emeritierung 1986. Er schrieb mehr als 170 Forschungsarbeiten und erhielt 1977 von der *London Mathematical Society* die De Morgan Medaille. Das war achtzehn Jahre, bevor Rankin seine Medaille erhielt.

Aber Rogers wurde sogar eine noch höhere Ehre zuteil: Er trägt die begehrte Erdős-Zahl $\frac{1}{7}$. Diese Zahl gibt eine fachliche Beziehung (als Koautor) zu dem produktivsten Mathematiker aller Zeiten an: zum ungarischen Mathematiker Paul Erdős. Mit ungefähr eintausendvierhundert veröffentlichten Arbeiten hält Erdős, der 1996 starb, den Weltrekord im mathematischen Output. Der an zweiter Stelle stehende Mathematiker hat ungefähr halb so viele Arbeiten publiziert. Aber Erdős war kein einsamer Wissenschaftler, der seine Ideen eifersüchtig für sich behielt. Wie kein anderer Mathematiker förderte er die Zusammenarbeit zwischen seinen Kollegen. Er reiste rund um die Welt und blieb bei jedem, der bereit war, ihn aufzunehmen – es heißt, daß er keine eigene Wohnung hatte. Seine Gastgeber waren begierig, gemeinsam mit ihm Forschungsarbeiten zu schreiben.[6] Und auf diese Weise entstanden die Erdős-Zahlen.

---

[6] Man vergleiche Erdős mit Andrew Wiles, der viele Jahre in Einsamkeit an Fermats letztem Satz arbeitete. Erdős mißbilligte Wiles' Zurückhaltung ausdrücklich.

Die Erdős-Zahl 1 wird denjenigen Mathematikern zuerkannt, die mindestens eine Arbeit mit Erdős zusammen geschrieben haben. Am Ende des Jahres 2000 gab es nicht weniger als 507 Mathematiker, die stolz auf ihre Erdős-Zahl 1 verweisen konnten. Die Namensliste konnte 2002 noch nicht geschlossen werden, da immer noch neue Arbeiten dazu kamen. Sogar ein paar Jahre nach Erdős' Tod überarbeiteten und korrigierten seine Koautoren immer noch Arbeiten, die sie mit ihm zusammen verfaßt hatten. Übrigens gibt es auch einen berühmten Nichtmathematiker mit der Erdős-Zahl 1: der Baseballspieler Henry L. „Hank" Aaron schrieb sein Autogramm auf denselben Baseball wie Erdős, als 1995 beide ehrenhalber akademische Grade der Emory University (Atlanta, Georgia) erhielten.

Erdős' 507 Koautoren haben ihrerseits 5897 Koautoren. Diese erhalten die Erdős-Zahl 2. Es gibt 26422 Verfasser, die mit Mathematikern der Erdős-Zahl 2 zusammengearbeitet haben und deshalb die Erdős-Zahl 3 erhalten. Und so weiter. Fast jeder der in der Forschung aktiven Mathematiker hat heute eine Erdős-Zahl ≤ 6 und nur 2 Prozent haben eine Erdős-Zahl, die größer als 8 ist.

Als die Anzahl der Mathematiker mit Erdős-Zahl 1 zunahm, erwies es sich als notwendig, zwischen denjenigen verhältnismäßig wenigen Kollegen zu unterscheiden, die mehr als *eine* Arbeit mit dem Meister geschrieben hatten – es gibt zweihundert dieser Koautoren. Man beschloß, ihnen in Abhängigkeit von der Anzahl der gemeinsam mit Erdős verfaßten Arbeiten eine gebrochene Erdős-Zahl zuzuordnen, die kleiner als 1 ist. Rogers hat gemeinsam mit Erdős sieben Arbeiten verfaßt, was zu seiner Erdős-Zahl $\frac{1}{7}$ führt. Es gibt einundfünfzig Mathematiker mit einer Erdős-Zahl, die kleiner als oder gleich $\frac{1}{7}$ ist. Der der 0 am nächsten kommende Mathematiker ist der ungarische Zahlentheoretiker András Sárközy[7] mit der Erdős-Zahl $\frac{1}{62}$.

Zurück zu Rogers! Er widmete einen großen Teil seiner wissenschaftlichen Laufbahn der Keplerschen Vermutung und damit zusammenhängenden Problemen. Sein 1964 veröffentlichtes Buch *Packing and Covering* faßt den damaligen Wissensstand zusammen. In einer Arbeit, die er 1958 publizierte, finden wir ein Zitat, das unter Packungsexperten berühmt geworden ist: „Viele Mathematiker glauben und alle Physiker wissen, daß die Kepler-Vermutung wahr ist." Dieses Zitat drückt in einer Nußschale die Frustration aus, welche die Mathematiker angesichts der Lage der Dinge empfanden. Allen war klar – seien es Lebensmittelhändler, Kanonenkugelstapler oder Physiker –, daß Keplers Kugelanordnung die dichteste ist. Aber dreieinhalb Jahrhunderte lang waren die Mathematiker nicht imstande, einen Beweis zu liefern. Rogers Worte widerspiegeln auch die unterschiedlichen Auffassungen zwischen den Berufen. Mathematiker verlangen für jedes einzelne und noch so offensichtliche Detail einen Beweis, während für Physiker eine so augenfällige Sache wie die Kepler-Vermutung keines weiteren Beweises bedarf. John Milnor, der

---

[7] Sárközy (gesprochen: Schaarkösi, mit Betonung auf der ersten Silbe und stimmhaftem „s") war auch der ursprüngliche Familienname des aus Ungarn stammenden Vaters des jetzigen französischen Staatspräsidenten Nicolas Sarkozy.

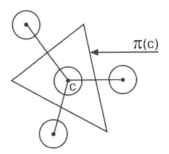

Abb. 9.3. Der Satz von Rogers

damals am Institute of Advanced Study in Princeton tätig war, kommentierte 1976 den Stand der Dinge mit dem Ausruf: „Das Problem in drei Dimensionen bleibt ungelöst. Das ist eine skandalöse Situation, denn die vermutlich richtige Antwort ist seit Gauß' Zeiten bekannt." Und dann fügte er nachträglich ein winziges Detail hinzu: „Alles, was fehlt, ist ein Beweis."

Rogers veröffentlichte 1958, als er sich an der Universität Birmingham aufhielt, eine Arbeit, in der er für die Dichte von Kugelpackungen eine obere Schranke ableitete, die ein kleines bißchen unter 78 Prozent lag. Genauer gesagt gelang es ihm, die obere Schranke auf 77,97 Prozent zu drücken. Rogers untersuchte ein Tetraeder und positionierte in dessen vier Ecken je eine Kugel. Er bewies, daß dann sogar die dichteste Packung – um welche es sich auch immer handeln mag –, nicht dichter als diese Konfiguration sein kann.

Es heißt, daß Rogers Herleitung durch den Rückgriff auf geometrische Werkzeuge die Kniffligkeiten von Kugelpackungen transparenter gemacht hat. Schließlich hatte ja Blichfeldts Methode mehr mit dem Schaufeln von Sand in Kugeln zu tun als mit Geometrie. Rogers brachte das Thema wieder in das Gebiet der Geometrie zurück. Aber Transparenz liegt, ebenso wie Schönheit, allein in den Augen des Betrachters, und der durchschnittliche Betrachter wird wenig Transparentes finden, wenn er Rogers seitenlange Ausführungen liest – zwölf Seiten insgesamt, Seiten voller Gleichungen, Formeln und Integrale, aber ohne eine einzige Illustration zur Erhellung des Weges. Mit Hilfe von Zeichnungen wäre es so leicht gewesen, beispielsweise zu erläutern, was Rogers mit dem folgenden Satz gemeint hat: „Jedem Mittelpunkt c einer Kugel des Systems ordnen wir die Menge $\Pi(c)$ aller derjenigen Punkte des Raumes zu, deren Abstand von c gleich ihrem minimalen Abstand von den Mittelpunkten der Kugeln des Systems ist." Wie die Abbildung 9.3 lehrt, beschrieb Rogers eine V-Zelle.

Im Anschluß an Fejes Tóths ersten, erfolglosen Versuch beschloß Rogers auch, den Raum in V-Zellen zu partitionieren, von denen jede eine Kugel enthielt. Zwischendurch blieben keine Lücken bestehen. Aber er ging noch einen Schritt weiter. Er nahm ein großes Küchenmesser und schnitt sämtliche V-Zellen in kleine Stücke. Mathematisch exakter ausgedrückt, zerlegte er die

V-Zellen in Simplizes. Ein Simplex ist eine kleine Pyramide, deren Spitze in der Mitte einer V-Zelle liegt und deren Grundfläche eine der Außenwände der V-Zelle ist.

Jedes Simplex enthält den Teil einer Kugel und Rogers suchte eine obere Schranke für die Dichte eines typischen Simplex. Da die Simplizes jeweils eine V-Zelle bilden und die V-Zellen den Raum vollständig ausfüllen – so argumentierte er –, müßte eine Mittelung der Dichten ausreichen. Die hieraus resultierende Zahl würde eine obere Schranke für die Dichte der Kugelpackungen sein. Unter Verwendung dieses Arguments zeigte Rogers nun, daß die Dichte der dichtesten Kugelpackung nicht größer sein kann als die Dichte von vier an den Ecken eines Tetraeders positionierten Kugeln.

Alles, was noch zu tun blieb, war die Berechnung der Dichte der Kugeln im Tetraeder. Eine solche Berechnung ist kein Zuckerschlecken für gewöhnliche Sterbliche, aber für einen tüchtigen Mathematiker ist es ein Sahnehäubchen. Im Anhang zeigen wir, wie man es macht. Das Ergebnis ist: 77,97 Prozent des Tetraeders werden durch die vier Kugeln an seinen Ecken ausgefüllt. Diese Dichte ist ein besserer Wert als der halbe Weg zwischen Blichfeldts frühen Abschätzungen einer oberen Schranke und der Dichte der Keplerschen Anordnung. Die Arbeit war ein echter Fortschritt und von da an wurde Rogers Vorschlag, V-Zellen in Simplizes zu zerlegen, ein wichtiges Element bei der Untersuchung von Kugelpackungen.

Wir wollen die Tetraeder, in deren Ecken sich Kugeln befinden, mit Keplers Anordnung vergleichen. Wie kommt es, daß die Tetraeder eine Dichte von 77,97 Prozent liefern, während die Dichte von Keplers Anordnung nur 74,05 Prozent beträgt? Ist Keplers Anordnung denn nicht die dichtestmögliche? Und positioniert sie die Kugeln nicht ebenfalls an den Ecken von Tetraedern? Die Antwort lautet, daß bei Keplers Anordnung einige der Kugeln an den Ecken von Tetraedern positioniert werden und andere wiederum an den Ecken von Pyramiden mit einer quadratischen Grundfläche. Demnach liegen die Kugeln manchmal auf drei und manchmal auf vier anderen Kugeln. Man erkennt das auf andere Weise, wenn man sich vergegenwärtigt, daß Tetraeder den Raum nicht vollständig ausfüllen können. Andere Objekte, in diesem Falle quadratische Pyramiden, werden als Lückenbüßer benötigt: Jedes Cluster von „12 um 1

Abb. 9.4. Simplex mit partieller Kugel

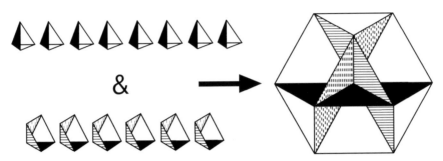

Abb. 9.5. Keplers Anordnung besteht aus acht Tetraedern und sechs Pyramiden

herum" besteht aus sechs Pyramiden und acht Tetraedern. (Im Anhang zeigen wir, daß vier Kugeln in einem Tetraeder 77,97 Prozent des Tetraedervolumens ausfüllen und daß fünf Kugeln in einer quadratischen Pyramide 72 Prozent des Pyramidenvolumens ausfüllen.) Die Dichte von Keplers Anordnung ist ein gewichtetes Mittel der obengenannten Dichten.[8] Übrigens lehrt dieses Beispiel ein weiteres Mal, daß man lokal eine Packung realisieren kann, die dichter als die Keplersche Anordnung ist. Global betrachtet gleichen jedoch die Cluster geringerer Dichte die dichten Cluster aus.

Viele Jahre lang stand Rogers obere Schranke wie ein einsames Leuchtfeuer in der Leere der geometrischen Wüste und war der Leitstern für alle, die danach kamen. Es war der Maßstab, an dem sich jeder weitere Fortschritt messen mußte. Fast drei Jahrzehnte schaffte es niemand, den Rekord zu verbessern. Erst 1987 gelang es J. H. Lindsey II von der Northern Illinois University, die obere Schranke noch weiter zu drücken. Lindsey war ein herausragender Student am Caltech; 1963 erhielt er den E. T. Bell Undergraduate Mathematics Research Prize – ein jährlich verliehener Bargeldpreis in Höhe von 500 USD für die beste mathematische Originalveröffentlichung eines Caltech-Studenten im vorletzten oder im letzten Studienjahr. Fünfhundert Dollar sind heute vielleicht nicht viel Geld, aber vor vierzig Jahren war es für einen Studenten eine ganze Menge. Lindsey schrieb an der Harvard University seine Dissertation über Gruppentheorie.

Lindseys Arbeit über die oberen Schranken – nicht die Arbeit, für die er den Preis erhielt – war eine Seite kürzer als Rogers' Artikel und hatte keine Bilder. Ich kann der Versuchung nicht widerstehen und zitiere die folgenden Zeilen aus Lindseys Arbeit:

Let A be the part of F bounded by a perpendicular from Q to the midpoint M on edge E, the line segment MV where V is one of the

---

[8] Das gewichtete Mittel mit den Gewichten 6 und 8 ergibt die Dichte des Dodekaeders: $(6 \times 72\% + 8 \times 77,97\%)/14 = 75,46$ Prozent. Um die Dichte der Keplerschen FCC-Anordnung zu schätzen, verwendet man die Gewichte $6(\sqrt{32/9})$ und $8(\sqrt{8/9})$. Die irrationalen Zahlen sind auf die Tatsache zurückzuführen, daß das Dodekaeder den Raum nicht parkettiert.

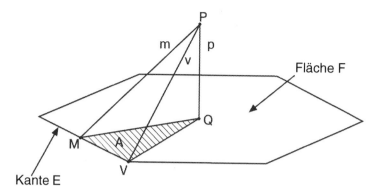

Abb. 9.6. Lindseys Satz

two vertices of E, and the line segment VQ. Let q, m, and v be the vectors from P to Q, M, and V, respectively.

Alles klar? Nicht ganz? Man vergleiche diesen Math-Sprech mit Abbildung 9.6. Klarer? Ich hoffe es.

Während Fejes Tóth und Rogers die Voraussetzungen für die Zerlegung von V-Zellen schufen, entwickelte Lindsey die Methode zur Kunst weiter. Fejes Tóth benutzte eine Kettensäge, um den Raum in V-Zellen zu teilen, und Rogers bediente sich eines Küchenmessers, um V-Zellen in Pyramiden zu zerschneiden. Lindsey setzte ein Skalpell auf die Pyramiden an und zerstückelte sie noch weiter. Er unterteilte jede Fläche einer V-Zelle in Dreiecke und konstruierte Pyramiden mit diesen Dreiecken als Grundflächen. Lindseys Pyramiden waren genauso hoch wie Rogers' Pyramiden, hatten aber kleinere Grundflächen. Danach berechnete Lindsey die Dichte in diesen Pyramiden und dokumentierte jeden Schritt seiner Berechnungen peinlich genau. Am Ende seiner Arbeit geriet er jedoch etwas in Eile und entschied sich dafür, die meisten noch verbliebenen Argumente in einer einzigen Aussage zusammenzufassen:

The angle VQW is twice the angle MQV so the angle MQY is 5 times the angle MQV so Y is represented by a real multiple of $((1/3)^{1/2} + (1/6)^{1/2}))^5$ and of $(2^{1/2} + i)^5 = -(11)(2)^{1/2} + i$ which has smaller angle with the negative real axis than $2^{1/2} + i$ with the positive real axis, so when we put the regions for $i = 5, 6$ clockwise from that for $i = 4$ we get final vertex a real multiple of $-(11)(2)^{1/2} - i$ and in the angle between $-(11)(2)^{1/2} + i$ and $-(11)(2)^{1/2} - i$ only room for the region for $i = 1$.

Hier würde nicht einmal eine Bildergalerie helfen. Mit einem Wort geht es darum, daß die Dichte von Kugeln im dreidimensionalen Raum nicht größer als 0,7784 sein kann. Die obere Schranke wird auf 77,84 Prozent gesenkt.

Danach wurde das Tempo etwas schneller. Nach Lindseys Arbeit benötigte der Mathematiker Doug Muder nur ein Jahr, um die Methode zu verfeinern. Der Fortschritt wurde jedoch so mikroskopisch klein, daß wir fünf Nachkommastellen berücksichtigen müssen, um die Verbesserungen zu orten. Muder war als Mathematiker bei der MITRE tätig, einer gemeinnützigen Gesellschaft in Bedford (Massachusetts), zu deren Kunden das Finanzamt, die Zivilluftfahrtbehörde und das Verteidigungsministerium gehören. Außer der Entwicklung von Methoden für effizientere Steuereinnahmen machten die Angestellten der MITRE noch viele andere coole Dinge. Zum Beispiel hatte die Arbeit, die Muder im August 1986 bei den *Proceedings of the London Mathematical Society* einreichte, den Titel „Putting the best face on a Voronoi polyhedron." Hierbei handelt es sich um einen Titel, der den Leser einlädt, sich in eine zwanzigseitige Arbeit zu vertiefen. (Die Leser mußten jedoch zwei Jahre auf die Veröffentlichung warten, also bis 1988.) Muder, ein Nonkonformist wie er im Buche steht, brach mit der Tradition: seine Arbeit enthielt drei Illustrationen!

Er brach auch auf andere Weise mit der Tradition. Ein Freund beschreibt ihn als einen „Mathematiker, zu dessen Laufbahn es gehörte, komplizierte Themen zu erklären, wobei seine Zuhörer ihn rausschmeißen konnten, wenn sie etwas nicht verstanden. Bis vor kurzem bestand seine Haupttätigkeit aus unergründlichen Arbeiten über so wichtige Themen wie die genaue Anzahl von Tischtennisbällen, die in eine sehr große Pappschachtel passen. Er brach schließlich unter der Anspannung zusammen, all das ernstzunehmen." Muder nahm eine Auszeit, um Computerbücher für Idioten zu schreiben. In Wirklichkeit war er etwas höflicher: Die Bücher, die er als Autor oder Koautor verfaßte, trugen Titel wie *Internet for Dummies* und *E-Mail for Dummies*.

Siebzig Jahre zuvor hatte Blichfeldt das Sandfüllverfahren vorgeschlagen. Danach hatte Rankin die Methode zur Perfektion getrieben. Eine Generation nach Blichfeldt hatte Fejes Tóth das Verfahren der V-Zellen vorgeschlagen. Dieses wurde von Rogers verbessert. Jetzt war Muder an der Reihe, das Verfahren zu vervollkommnen.

Der Leser kann sich vielleicht noch erinnern, daß die Packungsdichte um so größer ist, je kleiner die V-Zelle ist. Es ergibt sich also die Frage, wie man das Volumen einer V-Zelle reduzieren kann. Muder dachte, man könne das erreichen, wenn man sich die Form der Flächen einer V-Zelle genauer ansieht. Wie auch der Titel seiner Arbeit besagt, stellte er sich die Aufgabe „putting the best face on a Voronoi polyhedron." Nach gründlicher Überlegung schloß Muder, daß die effizienteste Fläche kreisförmig, klein und so nahe wie möglich am Mittelpunkt der V-Zelle liegen müsse. Von allen Formen, die sich Muder vorstellen konnte, kamen regelmäßige Fünfecke diesen Voraussetzungen am nächsten. Daher schlußfolgerte er, daß fünfeckige Formen die besten Flächen für eine V-Zelle sind. Also zerlegte er den Raum in V-Zellen mit fünfeckigen Grundflächen und zerschnitt die V-Zellen in Pyramiden. Um seine Arbeit von Rogers' Veröffentlichung zu unterscheiden, bezeichnete Muder die Pyramiden nicht als *Pyramiden*, sondern nannte sie *Keile*. Er setzte sie zur Keil-Clustern zusammen und berechnete ihre Volumen. Durch Vergleich der Volumen der Keil-Cluster mit dem Volumen einer Kugel schaffte er es, die obere Schranke für die Packungsdichte auf 0,77836 zu senken.

Die obere Schranke stand also jetzt bei 77,836 Prozent. Damit war Lindseys Schranke um weniger als ein Hundertstel Prozent verbessert worden. Sowohl Blichfeldts Sandfüllverfahren als auch Rogers' V-Zellen-Methode waren mit großem Geschick manipuliert worden und kein weiterer Fortschritt schien möglich – es sei denn, eine neue Idee würde einen vollkommen anderen Zugang eröffnen.

Muder war auch weiterhin von dem Problem fasziniert und verbrachte die nächsten paar Jahre damit, über die Sache nachzudenken. Die Angelegenheit fesselte ihn umso mehr, da – laut Nachrichten aus der Gerüchteküche – Lindsey inzwischen nicht untätig gewesen sei und mit 77,36 eine obere Schranke gefunden habe, die besser als Muders Schranke ist. Bald waren diese Nachrichten kein Gerücht mehr. Lindsey schrieb ein Arbeitspapier und verteilte dieses an seine Kollegen. Aber die besagte obere Schranke wurde nie in einer Fachzeitschrift veröffentlicht. Wir dürfen annehmen, daß Lindsey einer falschen Spur gefolgt war und daß ihn seine Kollegen darauf aufmerksam gemacht hatten.

Aber das Gerücht hatte dennoch einen positiven Effekt: Es sorgte dafür, daß Muder weitermachte. Wie kann man die obere Schranke weiter senken? Plötzlich kam ihm die Idee: Regelmäßige Fünfecke sind vielleicht doch nicht die besten Flächen für eine V-Zelle. Sie waren die besten *geradlinigen* Grundflächen. Aber ein guter Mathematiker denkt über den V-Zellen-Rand hinaus. Vielleicht kann man das Volumen der V-Zellen weiter minimieren, wenn andere Flächenformen betrachtet werden?

Jetzt betreten wir die Gefilde der Mikrochirurgie. Muder fing an, die Stücke und Teile, in die er die V-Zellen zerlegt hatte, abzuschaben, zu meißeln, zurechtzustutzen und zu tranchieren. Dabei achtete er stets darauf, eine Form zu bilden, die den ganzen Raum lückenlos ausfüllt und gleichzeitig genügend viel Platz läßt, um die Kugel zu umschließen. Schließlich war der Kunsthand-

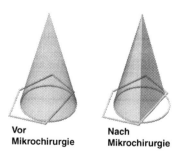

Vor   Nach
Mikrochirurgie   Mikrochirurgie

Abb. 9.7. Abgeschabter Kreiskegel

werksmeister fertig. Die Volumen waren auf ihr magerstes Minimum reduziert worden. Was übrig blieb, waren dreizehn abgeschabte Kreiskegel, das heißt, Pyramiden, die ursprünglich runde Grundflächen hatten, von denen dann aber einige Teile entfernt worden waren.

Um seine Argumentation umzusetzen, brauchte Muder drei Sätze, die er mit Hilfe von nicht weniger als zwanzig Teilsätzen und technischen Lemmas bewies. Die V-Zellen waren nunmehr in dreizehn abgeschabte Kreiskegel zerlegt worden, deren Körperwinkel mit den Körperwinkeln der „besten Flächen" seiner vorhergehenden Arbeit übereinstimmten. Der springende Punkt war, daß die neue und magere – oder besser gesagt: ausgemergelte – V-Zelle ein Volumen von nur 5,41848 hatte. Da eine Kugel mit Radius 1 ein Volumen von 4,18879 hat[9], beträgt die Dichte 4,18879/5,41848 oder 77,306 Prozent. Durch den geschickten Gebrauch von formgebenden Werkzeugen hatte es Muder fertiggebracht, die obere Schranke um den mordsmäßigen Betrag von einem halben Prozent zu senken.

Bis dorthin war es kein leichter Weg gewesen, aber das Martyrium war noch lange nicht ausgestanden. Nachdem Muder alles ordentlich ausgearbeitet hatte, schrieb er einen Artikel und reichte ihn am 18. Juli 1991 bei der Zeitschrift *Discrete and Computational Geometry* ein. Das Manuskript war nicht zufriedenstellend und man bat ihn, seinen Artikel zu überarbeiten. Eineinhalb Jahre später, im Februar 1993, reichte Muder eine überarbeitete Version ein. Diese Version war für die Herausgeber immer noch nicht akzeptabel. Im Juni desselben Jahres wurde Muders zweite Überarbeitung schließlich angenommen. Der Artikel erschien einige Monate später.

Insgesamt war in den vierundsiebzig Jahren seit Blichfeldts erstem Versuch die obere Schranke auf 0,77306 gesenkt worden. Der Fortschritt war qualvoll langsam. Mit winzigen Verbesserungen in Abständen von etwa einem Dutzend Jahren wurde die obere Schranke langsam nach unten gedrückt, so wie beim Weltrekord im 100-Meter-Sprint. Am 6. Juli 1912 legte der amerikanische Sprinter Donald Lippincott die Distanz in 10,6 Sekunden zurück. Am 16. August 2009 drückte der jamaikanische Athlet Usain Bolt in Berlin den Weltrekord auf 9,58 Sekunden. In einem Zeitraum von siebenundneunzig Jahren war der Weltrekord um 9,6 Prozent verbessert worden. In ungefähr der gleichen Zeit wurde die obere Schranke der Packungsdichte von 0,883 um 14,2 Prozent gesenkt.[10]

Die untere Schranke für drei Dimensionen bedurfte keiner Verbesserung, denn seit Gauß' Zeiten war bekannt, daß die dichteste Packung eine Dichte von mindestens 74,05 Prozent haben muß.

---

[9] Das sind die ersten Stellen des Kugelvolumens $\frac{4}{3}\pi$.

[10] Ich habe die Diskussion in diesem Kapitel auf drei Dimensionen beschränkt. Jedoch schließen einige der diskutierten Arbeiten auch Ergebnisse zu oberen Schranken in höheren Dimensionen ein. Wie in Kapitel 4 erwähnt, hatte Minkowski 1905 bewiesen, daß die Riemannsche Zetafunktion eine geeignete untere Schranke für höhere Dimensionen liefert.

Ich muß diesem Kapitel ein wichtiges Postskript hinzufügen. In seiner zweiten Arbeit meldete Muder eine bedeutsame Nachricht. Ein Professor in Berkeley, Wu-Yi Hsiang, behauptete, Keplers Vermutung bewiesen zu haben. Im Literaturverzeichnis zitierte Muder einen Preprint, den Hsiang im vorhergehenden Jahr unter dem Titel „On the sphere packing problem and the proof of Kepler's conjecture" verfaßt hatte. Das schlug wie eine richtige Bombe ein. Während angesehene Mathematiker mit Kettensägen, Küchenmessern und Skalpellen herumfummelten, um bessere Schranken zu finden, hatte ein Professor an der Westküste diese Anstrengungen in aller Stille überflüssig gemacht. Nach 381 Jahren war die Kepler-Vermutung endlich gelöst worden. War sie es wirklich? Muder hatte einige Zweifel über die Richtigkeit der Behauptung von Hsiang. Er drückte das gegenüber seinen Lesern durch folgenden Einspruch aus: „Zum Zeitpunkt des vorliegenden Artikels ist der Status [dieser Behauptung] ungelöst."

10

Rechte Winkel für runde Räume

In den späten 1980er Jahren betrat ein neuer Spieler die Bühne: Thomas Callister Hales, Dozent für Mathematik an der Universität Michigan. Er konnte tadellose akademische Zeugnisse vorweisen: die Grade B. A. und M. A. von Stanford, ein Jahr an der Universität Cambridge in England und eine Dissertation an der Princeton University. In Cambridge bestand er mit Auszeichnung das Tripos (Teil III), ein Examen[1], das nach dem dreibeinigen Stuhl benannt ist, auf dem der Student traditionellerweise saß, als er geprüft wurde. In Princeton erhielt er ein *Harold W. Dodds Honorific Fellowship*. Es folgten Lehraufträge in Harvard und an der Universität Chicago, zwischendurch in Abständen Forschungsaufenthalte am Institute of Advanced Studies in Princeton und am Centre National de Recherche in Frankreich. Seit 1993 ist Hales Mitglied der Fakultät für Mathematik der Universität Michigan.

Hales erfuhr im Herbst 1982 in einem von John Conway in Cambridge gehaltenen Kurs zum ersten Mal von der Kepler-Vermutung. Im Jahr 1988 begegnete Hales der Vermutung erneut. Er hielt einen Grundkurs Geometrie in Harvard und benutzte dabei ein Lehrbuch, in dem das Problem erwähnt wurde. Zu diesem Zeitpunkt begann er, ernsthaft über das Problem nachzudenken. Er fing an, eine Strategie zu entwickeln, die seiner Meinung nach zu einem Beweis führen würde. Er hatte bei seinem großartigen Planentwurf gerade einen hohen Gang eingelegt, als es zu einer Katastrophe kam. Das war 1991: Hales hatte in den vergangenen drei Jahren über seinen Plan nachgedacht, als ihn ein Kollege informierte, daß ein Professor an der Westküste einen Beweis der Keplerschen Vermutung gefunden hätte. Die Information war noch nicht offiziell, da noch keine einschlägige Arbeit in einer angesehenen Zeitschrift erschienen war, die das Gütesiegel einer wissenschaftlichen Leistung darstellt; jedoch kursierten unter den Mathematikern verschiedene Preprints. Einer dieser Preprints war von Doug Muder in dessen Arbeit zur oberen Schranke zitiert worden. Und schließlich veröffentlichte das *International Journal of Mathematics* 1993 die Arbeit „On the sphere packing problem

---

[1] Letztes Examen für den *honours degree* in Cambridge.

G.G. Szpiro, *Die Keplersche Vermutung*,
DOI 10.1007/978-3-642-12741-0_10, © Springer-Verlag Berlin Heidelberg 2011

and the proof of Kepler's conjecture" von Wu-Yi Hsiang von der University of California in Berkeley.

Wie vorauszusehen war, trafen Hales die Nachrichten wie ein bleischweres Gewicht. Da stand er nun mit seinem imposanten Plan, eine Vermutung zu beweisen, die in den letzten 380 Jahren niemand zu beweisen vermochte, und plötzlich erschien jemand völlig unerwartet und schnappte ihm den Sieg vor der Nase weg. Hätte Hsiang nicht noch ein paar Jahre warten können? Dann hätte Hales die Priorität gehabt und jeder andere Beweis würde unter „ferner liefen" rangieren. Natürlich liegt einem wahrhaften Gelehrten allein die Beförderung des menschlichen Wissens am Herzen und er achtet nicht auf Prioritätsfragen, solange es um die Wahrheit geht. Aber die menschliche Natur ist anders und es gibt – zumindest heute – keinen Wissenschaftler, für den allgemeine Bekanntheit, Berühmtheit und guter Ruf nicht über allem stehen. Hales wollte das Ganze nicht glauben, aber als die Zeitungen Wind von der Geschichte bekamen und ein großes Geschäft daraus machten, dämmerte es ihm, daß die Nachrichten wahr sein könnten. Was ihm wirklich zugesetzt haben muß, war der Medienrummel, der die Großtat bejubelte. Das Jahrbuch 1992 der *Encyclopedia Britannica* nannte die Leistung „zweifellos *das* mathematische Ereignis des Jahres 1991". *Science* schrieb am 1. März 1991, daß sich ein Professor aus Berkeley „das älteste und schwerste ungelöste Problem ausgesucht und anschließend geknackt hat." Und die Zeitschrift *Discover* schwärmte in ihrer Ausgabe vom Januar 1992, daß ein geistig flexibler Matheprofessor „einen Beweis aus dem Ärmel geschüttelt hat", der als „eine der bemerkenswertesten Leistungen in der Geschichte der Mathematik begrüßt wurde."

Trotz seiner Enttäuschung hatte Hales noch Gründe zu glauben, daß nicht alle seine Schindereien umsonst gewesen sind. Es hatte ja schon einmal einen ungerechtfertigten Lösungsanspruch gegeben. Kein geringerer als Buckminster Fuller hatte einmal fälschlicherweise behauptet, die Kepler-Vermutung bewiesen zu haben. Bucky, wie er von allen liebevoll genannt wurde, war ein Architekt, dessen Name in den „Buckyballs" oder „Fullerenen" verewigt ist. Hierbei handelt es sich um Moleküle von der Form einer geodätischen Kuppel[2], der am besten bekannten Erfindung Buckminster Fullers.

Eine geodätische Kuppel ist eine Struktur, die den Raum maximiert und Baumaterialien am rationellsten nutzt. Mathematisch ausgedrückt maximiert eine Kugel das Volumen und minimiert gleichzeitig die Oberfläche.[3] Da es aber schwierig ist, runde Wände und Decken zu bauen, entwarf Bucky ein Polyeder, das eine Kugel approximiert. Bei einer geodätischen Kuppel werden nur gerade Linien verwendet, aber von weitem sieht die Kuppel wie eine Kugel aus. Die Vorteile einer solchen Kuppel sind zu zahlreich, um hier aufgeführt zu werden. Wir begnügen uns mit der Bemerkung eines US-amerikanischen

---

[2] Die bekannteste geodätische Kuppel ist der US-Pavillon für die Weltausstellung 1967 in Montreal.

[3] Man denke an das Problem der Dido (vgl. Kapitel 3).

Infanterie-Generals während des Korea-Krieges, daß – nach der Erfindung des Zeltes vor einigen Jahrtausenden – die geodätische Kuppel der einzige wirkliche Fortschritt bei beweglichen Unterkünften gewesen sei. Nächst dem Schweizer Armeemesser waren die Bucky-Kuppeln das nützlichste Gerät für Überlebenskünstler. Es gibt da nur einen kleinen Makel: Bucky war nicht der Erste, der die Sache erfunden hat. Ein gewisser Dr. Walter Bauersfeld war ihm zuvorgekommen. Bauersfeld baute 1922 in Deutschland für die berühmten optischen Carl Zeiss Werke eine runde Leichtgewichtsstruktur aus Polygonen. Das Gefüge wurde als Planetarium auf dem Dach der Fabrik genutzt und die Menschen kamen von weit her, um sich die Kuppel anzuschauen. Bucky war einfach nur der Erste, der für die Kuppel ein Patent erhielt, sie kommerziell verwertete und ein großes Trara darum machte. Und weil wir schon mal dabei sind, wollen wir auch erwähnen, daß die Eskimos ihre Iglus schon lange bauten, bevor irgendjemand etwas von Dr. Bauersfeld oder Buckminster Fuller gehört hat. So viel zur amerikanischen Innovation.

Aber Bucky gab sich nicht damit zufrieden, nur ein Architekt zu sein; er betrachtete sich auch als Mathematiker. Eine seiner Behauptungen war, daß er die Kepler-Vermutung bewiesen habe. Der Beweis sei, so behauptete er, in *Synergetics*, seinem zweibändigen *opus magnum* (1975 und 1979) enthalten. Tatsächlich sind Kugelpackungen der Kern von *Synergetics*. Überall in den beiden Bänden findet man Verweise auf Kugelpackungen. Bucky beschäftigte sich intensiv mit der dichtesten Packung von Kugeln, da es sich um ein grundlegendes Beispiel für Stabilität und Gleichgewicht handelt. Für Bucky, den Architekten, waren diese beiden Eigenschaften von fundamentaler Wichtigkeit. Wer will denn schon ein Haus haben, das in sich zusammenfällt? Fuller bezeichnete Keplers Anordnung von Kugeln, FCC und HCP, als „isotropic vector matrix" oder kurz „isomatrix". An anderen Stellen spricht er von „vector equilibrium" oder „octet truss" oder „cuboctahedron". Bis auf das „Kuboktaeder" sind alle anderen Begriffe Buckys Erfindungen. Man sollte immer mißtrauisch sein, wenn ein Autor versucht, alte Ideen durch die Erfindung neuer Wörter zu vermarkten. Das ist häufig ein Zeichen von gekünstelter Originalität, wenn es an wirklicher Innovation mangelt. Aber auch wenn Bucky dem Keplerschen Problem nichts wirklich Neues hinzufügte, so war er doch sehr originell.

In *Synergetics* verbreitet sich Bucky in einer langatmigen Diskussion darüber, wie sich Kugeln im Raum von selbst anordnen, wenn man sie ihrem Schicksal, das heißt, der Schwerkraft überläßt. Eine Kugel allein dient keinerlei Zweck, da es niemanden gibt, der sie beobachtet. Also muß dem Universum eine zweite Kugel hinzugefügt werden und von diesem Moment an kommt die Gravitation ins Spiel. Die beiden Kugeln ziehen einander an. Bucky behauptet, daß die beiden sich selbst überlassenen Kugeln – unter dem Einfluß der Schwerkraft – eine Weile herumwirbeln bis sie schließlich aufeinander stoßen und sich in Form einer Hantel ohne Stange anordnen. In diesem Moment wird dem Universum eine dritte Kugel hinzugefügt. Nachdem diese ihre Wirbelei beendet hat, dockt sie im optimalen Bereich der Hantel an, das heißt, am

Spalt zwischen den beiden ersten Kugeln. Dockt die dritte Kugel irgendwo anders an, dann wird sie von der Schwerkraft sofort in Richtung des Spaltes gezogen. Nur in diesem Fall ist die Ehe zu dritt stabil. Zur Krönung des Ganzen fügen wir nun eine vierte Kugel hinzu. Diese wird, nachdem sie aufgehört hat, herumzuwirbeln und zu trudeln, automatisch in dem Nest landen, das die drei Kugeln „gebaut" haben. Landet die vierte Kugel nämlich zufälligerweise außerhalb des Nestes auf der Oberfläche einer der Kugeln, dann sorgt die Schwerkraft dafür, daß sie „nestwärts" rollt. Und schon haben wir es: Die vier Kugeln haben sich in Form eines Tetraeders angeordnet.

Schwirren fünf Kugeln im Universum herum, dann ist eine andere Konfiguration möglich. Zuerst ordnen sich zwei Paare von Kugeln in zwei Hanteln an und die Hanteln docken nebeneinander an, so daß sie ein vollständiges Quadrat bilden. Dieses Quadrat ist nicht stabil, außer wenn sich in genau diesem Moment eine fünfte Kugel in das Nest in der Mitte setzt. Wir haben dann eine stabile Pyramide oder, wenn man die Dinge auf andere Weise betrachtet, ein halbes Oktaeder. Kommt eine sechste Kugel angeschwirrt, dann landet sie in dem Nest auf der gegenüberliegenden Seite und es bildet sich ein vollständiges Oktaeder.

Nur wenn die Kugeln in Form von Tetraedern oder Oktaedern angeordnet sind, befinden sie sich im Ruhezustand. Jede andere Konfiguration ist instabil. Bucky behauptete, daß die Kugeln unter dem Einfluß der Schwerkraft zucken, zappeln und wackeln würden, bis sie es sich nach Bilden eines Tetraeders oder eines Oktaeders bequem gemacht haben und zur Ruhe kommen.

Sobald wir diese Phase erreicht haben, ist alles andere leicht. Wir lassen einfach immer mehr Kugeln auf das Universum los und lassen sie dort herumwirbeln. Dann landet eine Kugel nach der anderen in den Nestern, die von den vorherigen Kugeln angelegt wurden, und dadurch bauen sie eine immer größere Konfiguration auf. Das Ergebnis ist ein sogenanntes Kuboktaeder[4], das mit jeder Schicht von Kugeln dicker wird. Die erste Schicht (nach dem „Nukleus" in der Mitte) enthält zwölf Kugeln, die nächste Schicht zweiundvierzig, die danach folgende Schicht zweiundneunzig Kugeln und so weiter. Die n-te Schicht enthält $10n^2 + 2$ Kugeln.

Sehen wir uns dieses Kuboktaeder genauer an, dann bemerken wir, daß nicht nur der Nukleus von zwölf Kugeln umgeben ist. Jede Kugel ist ihrerseits auch von einem Dutzend anderer Kugeln umgeben. Das ist sie also, die FCC. Um mit Bucky zu sprechen: „Diese omnidirektionale, durch gleiche Zwischenräume getrennte Omni-Intertriangulation hat die isotrope Fokus-Matrix für omni-dichtest-gepackte Kugelmittelpunkte erzeugt." Wir hätten das wirklich nicht besser ausdrücken können.

Was hat Bucky also zum Beweis der Kepler-Vermutung beigetragen? Die Antwort lautet kurz und knapp: gar nichts. Sein „Beweis" war lediglich eine, wenn auch ziemlich idiosynkratische Beschreibung der flächenzentrierten kubischen Packung. Herumwirbelnde Kugeln – die sich selbst überlassen sind

---

[4] Eine „Isomatrix" in der Terminologie von Buckminster Fuller.

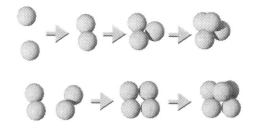

Abb. 10.1. Bucky-Bälle machen es sich bequem

und ausschließlich unter dem Einfluß der Schwerkraft stehen – bevorzugen es, sich in ordentlicher Weise in Form eines Kuboktaeders anzuordnen. Und? Die Konfiguration ist stabil, das geben wir zu. Aber folgt daraus, daß es sich um die dichteste Packung handelt? Ganz und gar nicht! Buckys Grübeleien waren keineswegs ein Beweis der Kepler-Vermutung.

Wu-Yi Hsiang war der neuentdeckte Liebling der Wissenschaftspresse. Er erhielt 1959 den B. A. an der National Taiwan University und leistete dann zwei Jahre lang seinen Militärdienst als Wehrpflichtiger. Da es in seiner Heimat keine *graduate schools* gab, ging er in den 1960er Jahren nach Princeton, wo er 1964 promovierte. Als die Flower-Power-Revolution 1968 ihren Höhepunkt erreichte, wurde er Professor an der University of California in Berkeley, dem Zentrum der Woodstock-Generation. San Francisco und Haight-Ashbury waren nur einen Katzensprung entfernt, Vietnamkriegsproteste standen auf der Tagesordnung und die Hippies mit Blumen im Haar experimentierten mit alternativen Lebensstilen. Hsiang blieb fast dreißig Jahre in Berkeley; 1997 verließ er die Westküste und folgte einem Ruf an die Hong Kong University of Science and Technology. Wu-Yis Bruder Wu-Chung ist ebenfalls ein bekannter Mathematikprofessor in Princeton.

Hsiangs hauptsächliche Forschungsinteressen waren Transformationsgruppen, globale Differentialgeometrie, klassische Geometrie und Himmelsmechanik. Hsiang ist ein anregender Pädagoge, der seine Lehrverpflichtungen in Berkeley sehr ernst nimmt. In einem Semester kündigte er einen Kurs über klassische Geometrie an. Um das Interesse seiner Studenten an diesem Thema zu wecken, suchte er nach einer interessanten Anwendung der theoretischen Begriffe und stieß auf Keplers Vermutung. Nachdem er begonnen hatte, über das Problem nachzudenken, ließ es ihn nicht mehr los.

Er begann, mit der Vermutung herumzuspielen und nach Monaten des Ringens mit dem Problem war er zufrieden, daß er tatsächlich einen Beweis gefunden hatte. Und nicht nur das, sondern gleichzeitig hatte er auch die dodekaedrische Vermutung bewiesen, das Überbleibsel von Fejes Tóths Versuch, die Kepler-Vermutung zu beweisen. Er hatte zwei Fliegen mit einer Klappe geschlagen – so glaubte er wenigstens.

Wie war er vorgegangen? Frühere Versuche, die Kepler-Vermutung zu beweisen, zum Beispiel Fejes Tóths Ausflug in den 1940er Jahren, verglichen bei den verschiedenen Packungsanordnungen den verschwendeten Raum miteinander. Der verschwendete Raum ist das zusammengefaßte Volumen aller Aussparungen, die in einer der betrachteten Anordnungen zwischen den Kugeln verblieben waren. Danach variierten die Mathematiker diese Packungsanordnung ein klein wenig und prüften, ob der verschwendete Raum größer oder kleiner wird.

Aber das war leichter gesagt als getan. Die akzeptierte Methode, den verschwendeten Raum zu berechnen, bestand in einer Unterteilung des ganzen Raumes in V-Zellen. Jede dieser Zellen enthält eine Kugel und einen verschwendeten Raum. Die Form der V-Zellen wird gemäß der betrachteten Packungsanordnung bestimmt und dementsprechend variiert auch der verschwendete Raum. Lose Packungen implizieren große Zellen mit viel vergeudetem Raum, dichte Packungen verwenden kleine Zellen mit weniger Raumverschwendung. Der Schlüssel zum Beweis – so dachte man – liege in der Berechnung des vergeudeten Raumes in jeder Packungsanordnung.

Die Werkzeuge wurden durch die Theorie der konvexen Polyeder bereitgestellt. In dieser Theorie werden die Zellen in einfachere Formen (Polyeder) unterteilt und danach wird für jeden dieser Polyeder der verschwendete Raum berechnet. Aber diejenigen Mathematiker, die sich daran versucht hatten, fanden bald heraus, daß dieser Ansatz zu keinem Ergebnis führte. Hsiang beschloß, etwas anderes zu versuchen.

Bis dahin hatten die Mathematiker bei ihren Versuchen, die KeplerVermutung zu beweisen, kartesische Koordinaten verwendet. Kartesische Koordinaten wurden nach ihrem Erfinder René Descartes benannt, dem Philosophen und Mathematiker des siebzehnten Jahrhunderts. Diese Koordinaten funktionieren nach folgendem Prinzip: In einer (euklidischen) Ebene läßt sich die Position eines Punkts dadurch bestimmen, daß man von irgendeinem Ursprung aus die Abstände in jeder der beiden Richtungen angibt. Der Sachverhalt ähnelt einer Piratenkarte, die anzeigt, daß Captain Crooks verborgener Schatz 60 Meter ostwärts und 80 Meter nordwärts der Großen Eiche vergraben ist. Diese Angaben lassen keine Zweifel, wo der Schatz versteckt ist, und wenn die Truhe noch nicht ausgegraben worden ist, dann hätte der Schatzsucher keine Schwierigkeiten, sie zu finden.[5] Mit anderen Worten: 60 Meter Ost und 80 Meter Nord sind die kartesischen Koordinaten der Schatztruhe.

Das kartesische Koordinatensystem, das die Grundlage der euklidischen Geometrie darstellt, ist von Natur aus rechtwinklig: Es beruht auf rechten Winkeln sowie horizontalen und vertikalen Geraden. Das Problem mit dem kartesischen Koordinatensystem besteht bei der Kepler-Vermutung darin, daß Kugeln und der zwischen ihnen befindliche vergeudete Raum von Natur aus gekrümmt sind. Um mit Hsiangs Worten zu sprechen: „Kugeln – die symmetrischsten aller Körper – sind in ihrer Form vollkommen rund, während der

---

[5] Die Karte sollte vielleicht auch angeben, wie tief die Schatztruhe vergraben ist. Die drei Zahlen definieren zusammengenommen den Standort der Truhe in drei Dimensionen.

gesamte Raum in der Natur im Grunde genommen geradlinig ist. Da Rundheit und Geradlinigkeit klarerweise nicht sehr gut zusammenpassen, gibt es bei jeder Kugelpackung immer eine beträchtliche Menge von nicht ausgefüllten Zwischenräumen."[6] Hsiang beschloß, sein Glück mit etwas anderem zu versuchen: mit Polarkoordinaten.

Auch bei Polarkoordinaten wird ein Ursprung benötigt, aber anstatt zwei Richtungen anzugeben, braucht man in dem neuen System nur eine Richtung, zum Beispiel den Norden. Die Position eines Punktes in der Ebene wird dann wieder durch die Angabe zweier Zahlen definiert: durch die Richtung und durch den Abstand vom Ursprung. Wir könnten etwa sagen, daß ein Punkt 100 Meter nordöstlich vom Ursprung liegt.[7] Hsiang dachte, daß die sphärische Geometrie das fundamentale Werkzeug zur Lösung der Kepler-Vermutung sei und daß es besser wäre, das Problem mit diesem Werkzeug zu attackieren.

Einer der Vorteile der Polarkoordinaten läßt sich aus folgendem Beispiel ersehen. Ein Schatzsucher, der eine kartesische Karte verwendet und von der Großen Eiche aus losgeht, würde 60 Meter nach rechts spazieren, eine Linksdrehung machen und dann weitere 80 Meter marschieren, um den Punkt zu erreichen, an dem die Truhe vergraben ist. Ein Schatzsucher, der mit einer Polarkoordinaten-Karte ausgerüstet ist, würde dagegen 100 Meter in die 31°-Richtung gehen. Beide würden am gleichen Punkt eintreffen, aber der Sphärenwanderer wäre bereits eifrig beim Ausgraben des Schatzes, wenn der kartesische Schlafwandler auftaucht. Einige Autoren, zum Beispiel Arthur L. Loeb, der vom Chemiker, Physiker und Choreographen mutierte Professor der Designwissenschaft vom Department of Visual and Environmental Studies der Harvard University, argumentierte, daß Polarkoordinaten natürlicher sind als kartesische Koordinaten, da 90°-Winkel in der Natur gewöhnlich nicht auftreten. Wie Buckminster Fuller behauptet auch Loeb, daß rechte Winkel, Quadrate und Würfel nur Artefakte von Architekten, Mathematikern und modernen Künstlern sind. In seinen Anfängerseminaren über Strukturen in Wissenschaft und Kunst ermuntert Loeb die Studenten dazu, den Raum unter Betonung seiner natürlichen Struktur zu untersuchen. Er fordert sie auf, rechte Winkel zu vermeiden, die in der Kunst von Naturvölkern nicht sehr verbreitet sind. Das ist übrigens auch der Grund dafür, warum die Hütten von afrikanischen Stämmen und die Iglus der Eskimos üblicherweise rund sind.[8]

Wir kommen nun wieder auf die Keplersche Vermutung zurück. Eine Kugelpackung besteht aus Kugeln, die sich entweder berühren oder ganz nahe

---

[6] Dieses Zitat ist leicht abgewandelt.

[7] Mathematiker verwenden selten die Windrose eines Seefahrers und sagen üblicherweise „45 Grad" anstatt „nordöstlich." Der Norden wird als null Grad, der Westen als 90°, der Süden als 180° und der Osten als 270° definiert.

[8] Die Abwesenheit von rechten Winkeln und Geraden in Kunst und Architektur hat jedoch auch einen Nachteil. Es heißt, daß einige Mitglieder von afrikanischen Stämmen Schwierigkeiten mit der Tiefenwahrnehmung haben. Das ist möglicherweise auf das Fehlen von rechten Winkeln in ihrer Alltagserfahrung zurückzuführen.

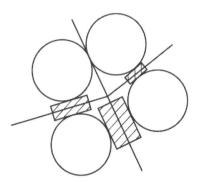

Abb. 10.2. Polyeder und Platten

beieinander liegen, sich aber nicht berühren. Als erstes legte Hsiang um jede Kugel ein „knappes" Polyeder und überprüfte, wie viel von dessen Volumen leer bleibt. Berühren sich zwei Kugeln, dann enthält die Fläche des Polyeders den Kontaktpunkt. Liegen zwei Kugeln nahe beieinander, berühren sich aber nicht, dann verläuft die Polyederfläche durch die Mitte des zwischen den Kugeln befindlichen „leeren" Raumes. Wir erkennen die uns vertrauten V-Zellen. Im ersten Fall reicht die Kugel bis ganz an die Polyederfläche. Im zweiten Fall ist etwas Platz zwischen der Kugel und der Polyederfläche. Hsiang bezeichnete diesen Raum als Platte („slab").

Hsiangs Ansatz bestand darin, die Zwischenräume – das heißt, die zwischen den Kugeln eingenisteten Nischen und Ritzen – in zwei Kategorien einzuteilen: in die peripheren Zwischenräume, die aus den Platten bestehen, und in die Kernzwischenräume, die alles andere enthalten. Da die Platten schachtelförmig sind und gerade Kanten haben, kann das Volumen des peripheren Teils mit Hilfe von kartesischen Koordinaten berechnet werden. Das war die leichtere Aufgabe. Die Kernzwischenräume, die den verschwendeten Raum enthalten, der sich um die Kugeln herum wölbt, sind gekrümmt. Die Volumenbestimmung der Kernzwischenräume erfordert kompliziertere Hilfsmittel und hier erweist sich die sphärische Geometrie als sehr nützlich. Als erstes unterteilte Hsiang den Kernanteil in Subpolyeder, wobei er die Flächen der V-Zelle als Basen verwendete. Danach leitete er Formeln für die Volumen der Subpolyeder ab. Die untere Grenze der Plattenvolumen liefert die obere Grenze für die Dichte.

Als nächstes untersuchte er, wieviele Kugeln sich einer mittleren Kugel nähern können. Der Raum ist überfüllt, wenn die Anzahl der Kugeln dreizehn oder mehr beträgt, während andererseits eine beträchtliche Menge von Aussparungen zwischen den Kugeln verbleibt, wenn deren Anzahl zwölf oder weniger beträgt. Hsiang versuchte, im ersten Fall die *Überfülltheit* (overcrow-

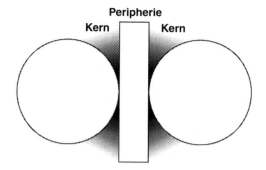

Abb. 10.3. Periphere Zwischenräume und Kernzwischenräume

dedness) zu verstehen, während er im zweiten Fall die Geometrie der *Nicht-berührung* (nontouchingness) untersuchte.[9]

Bis zu diesem Punkt hatte Hsiang bei seinem Beweis nur die lokale Dichte berücksichtigt. Mit *lokal* meinte Hsiang eine Konfiguration, die aus der mittleren Kugel, ihren Nachbarn und den Nachbarn der Nachbarn besteht. Er bezeichnete das als „doppelschichtige lokale Packung." Die doppelschichtige lokale Packung besteht zum Beispiel im Falle der von Kepler vorgeschlagenen Konfiguration aus der mittleren Kugel, den zwölf unmittelbaren Nachbarn und den vierundvierzig Nachbarn der zwölf unmittelbaren Nachbarn (also insgesamt siebenundfünfzig Kugeln).[10] Der Doppelschicht-Ansatz gestatte Hsiang die Berechnung der lokalen Dichte. Aber wie lassen sich diese Berechnungen auf die dritte Schicht, die vierte Schicht und auf weitere Schichten ausdehnen? Summiert man einfach alle verschwendeten Räume, ohne die Tatsache zu berücksichtigen, daß einige von ihnen in mehr als einer Nachbarschaft liegen, dann hätte man sich des doppelten Zählens schuldig gemacht und der verschwendete Raum würde zu groß werden.

Hsiang sah sich also mit einem Problem konfrontiert: Wie kann man die Berechnungen, die nur lokale Umgebungen berücksichtigen, auf den unendlichen Raum ausdehnen? Schließlich sah er einen Ausweg. Zwar kann die lokale Dichte kein Ersatz für die globale Dichte sein, aber die durchschnittliche lokale Dichte kann ein solcher Ersatz sein. Hsiang zeigte anschließend, daß „die mittlere lokale Dichte nicht größer als 74,05% sein kann." Um zu beweisen, daß es keine dichtere Anordnung gibt, untersuchte er der Reihe nach verschiedene Typen von Packungen. Zuerst schaute er sich Konfigurationen an, die aus einer mittleren Kugel und höchstens zwölf unmittelbaren Nachbarn gebildet werden können. Danach untersuchte er Konfigurationen mit dreizehn

---

[9] Manchmal ist es schwierig, einen passenden Ausdruck für einen abstrakten mathematischen Begriff zu finden. Die Mathematiker geraten jedoch nie in Verlegenheit, wenn es darum geht, esoterische Wörter zu prägen. Hsiang hat für *nontouchingness* sogar einen Plural, der natürlich *nontouchingnesses* lautet.

[10] Wir erkennen hier die ersten beiden Schichten des Bucky-Kuboktaeders wieder.

oder mehr „nahen" Nachbarn.[11] In jedem dieser Fälle bewies er, daß seine Behauptung richtig ist. Hieraus zog er die allgemeine Schlußfolgerung, daß es keine Packungen gibt, deren lokale Dichte größer als 74,05 Prozent ist. Da das genau die Dichte der flächenzentrierten kubischen Packung ist, impliziert diese Aussage, daß Keplers Packung die dichtestmögliche ist.

Hsiang war in Hochstimmung. Nach fast vier Jahrhunderten war er der erste Mensch, der einen Beweis eines der ältesten ungelösten Probleme der Mathematik gefunden hatte. Er bereiste die Kontinente, besuchte Workshops und hielt Vorträge über seinen Beweis. Alle waren begeistert. Aber allmählich kamen Zweifel auf: Hsiang beschönigte den Kern seines Beweises, seine Darstellungen enthielten keine ausreichenden Details und so konnte man ihnen nicht ganz folgen. Dennoch waren seine Vorträge immer vage genug, um plausibel zu sein. Schließlich verschickte Hsiang im Sommer 1990 Preprints seines Beweises an Kollegen rund um die Welt.

Die Versendung von Arbeitspapieren und Preprints ist eine praktische Verfahrensweise, Kollegen eine nicht ganz fertige Arbeit mitzuteilen, um von ihnen ein Feedback zu bekommen und, was ebenso wichtig ist, sich die Priorität zu sichern. Manchmal enthalten Preprints Arbeiten, die zur Veröffentlichung angenommen worden sind, aber – aufgrund des Rückstands bestimmter Zeitschriften – noch viele Monate warten müssen, bis sie „offiziell" das Licht der Welt erblicken. Es kann aber auch vorkommen, daß ein Preprint unvollendete Ausführungen enthält, die der Autor üblicherweise mit der Bemerkung „nicht zum Zitieren" kennzeichnet. Anschließend versendet der Autor sein Preprint an die Personen seiner Adressenliste und hofft, ein Feedback zu erhalten. Hsiang machte extensiv Gebrauch von der letztgenannten Methode und wurde bald mit Bitten um Erläuterungen zu unklaren Punkten bombardiert. Er erkannte schnell – oder es wurde ihm von Kollegen gesagt –, daß der Preprint Mängel enthielt. In den nachfolgenden Monaten überarbeitete Hsiang seine Preprints und anschließend überarbeitete er die Überarbeitungen.

Aber Hsiangs Kollegen waren mit seinen Notlösungen nicht glücklich und begannen bald wieder, ihn mit Fragen zu löchern. Der Professor zeigte sich wegen der beharrlichen Anfragen von Mathematikern äußerst frustriert, die seiner Meinung nach nicht so viel von Geometrie verstünden wie er selbst. Schließlich entschied er, daß es jetzt reiche und daß sein Ergebnis den Mathematikern offiziell vorgelegt werden solle. Am 17. November 1992 reichte er den hundertseitigen Beweis beim *International Journal of Mathematics* ein.

Die Veröffentlichung in einer angesehenen Zeitschrift wird generell als Gütesiegel betrachtet und Hsiang hoffte, daß nun das Gemurre verstummen würde. Dennoch warnte *Science*, daß Hsiangs Arbeit noch von der Mathematik-Community überprüft werden müsse und daß die 400-jährige Suche erst dann abgeschlossen sei, „wenn sein Beweis den Blicken [der Mathema-

---

[11] Hsiang bezeichnet zwei Kugeln als nahe Nachbarn, wenn ihre Mittelpunkte nicht weiter als 2,18 Radien voneinander entfernt sind. Die Kugeln müssen einander nicht notwendig berühren.

tiker] standhält". Und *Discover* drückte sich – bei der Charakterisierung des Beweises als eine der bemerkenswertesten Errungenschaften in der Geschichte der Mathematik – durch eine zusätzliche Bemerkung vorsichtig aus: „falls der Beweis zutrifft".

Für Hsiang war es ziemlich günstig, daß das *International Journal of Mathematics* von Kollegen des Mathematik-Departments der Universität Berkeley herausgegeben wurde. Seine Bekanntschaft mit den Herausgebern würde das Begutachtungs- und Veröffentlichungsverfahren zweifellos beschleunigen.

Wie Hsiang gehofft hatte, wurde seine Arbeit schnell und verständnisvoll bearbeitet. Aber die Herausgeber wollten nicht den Eindruck erwecken, daß sie die Arbeit eines Kollegen angenommen hätten, ohne sie auf Exaktheit und Vollständigkeit zu prüfen. Deswegen baten sie den Autor um eine Überarbeitung. Am 9. März 1993 reichte Hsiang eine überarbeite Version ein und diese wurde ordnungsgemäß angenommen.

Gestatten Sie mir eine kurze Abschweifung zum Begutachtungsverfahren in Fachzeitschriften. Sobald ein Manuskript auf dem Schreibtisch eines Herausgebers gelandet ist, dauert es eine Weile, bis die Gutachter ausgewählt werden, und danach wird ihnen die Arbeit zugesandt. Sind die Gutachter nicht gerade irgendwo im Forschungsurlaub (was den Herausgebern möglicherweise erst bewußt wird, wenn sie monatelang keine Antwort erhalten haben), dann kann das Begutachtungsverfahren beginnen. Aber das ist erst der Anfang. Jeder Professor, der etwas auf sich hält, betrachtet sich selbst als zu beschäftigt mit der eigenen Forschung, mit Konferenzen und Verwaltungsaufgaben (ganz zu schweigen von der Lehrtätigkeit), als daß er auch noch Zeit zum Begutachten hätte. Also sitzt er oder sie zunächst ein paar Monate „neben" der zu begutachtenden Arbeit. Danach wird das Manuskript vielleicht erst einmal durchgeblättert. Schließlich findet der Gutachter die Zeit, die Arbeit gründlich zu lesen und ein Gutachten zusammen mit einer Empfehlung an den Herausgeber zu schicken. Bis dahin können fünf, sechs, zehn oder sogar noch mehr Monate ins Land gegangen sein. Der Herausgeber braucht dann vielleicht noch ein oder zwei Monate, um eine Entscheidung zu treffen. Das Nettoergebnis ist, daß ein Jahr Wartezeit nichts Ungewöhnliches ist. Und das ganze Verfahren geht vielleicht von vorne los, wenn eine Überarbeitung erforderlich ist.

Der Leser hat vielleicht bemerkt, daß zwischen der Einreichung von Hsiangs Originalarbeit und der überarbeiteten Version weniger als sechzehn Wochen vergangen waren! Es ist klar, daß vier Monate eine außerordentlich kurze Zeit sind. Eine sehr kurze Zeit für einen oder mehrere Gutachter, um eine bahnbrechende und äußerst umfangreiche Arbeit zu überprüfen und ein Gutachten zu schreiben. Eine sehr kurze Zeit für den Herausgeber, um eine erste Entscheidung zu treffen und diese dem Autor zu übersenden. Eine sehr kurze Zeit für den Autor, um die Arbeit entsprechend den Vorschlägen zu überarbeiten, und schließlich auch eine sehr kurze Zeit für den Herausgeber, um die überarbeitete Version zu überprüfen und anzunehmen.

Zweifel an der Seriosität des Begutachtungsverfahrens schienen mehr als angebracht. Doug Muder, der Obere-Schranken-Mann, sah sich zu dem Kommentar veranlaßt, daß das Begutachtungsverfahren der Zeitschrift offensichtlich nicht so ablief, wie man es sich vorgestellt hatte. „Hsiangs Arbeit ist, wenn überhaupt, nicht ausreichend begutachtet worden. Die Tatsache, daß die Zeitschrift von Hsiangs Kollegen in Berkeley herausgegeben wird, verleiht der Geschichte einen Hauch Nepotismus. Es scheint klar zu sein, daß Hsiang das *International Journal* wählte, weil es von seinen Freunden herausgegeben wurde."

Die Tatsache, daß das Begutachtungsverfahren Mängel hatte, bedeutet jedoch nicht zwangsläufig, daß die Arbeit falsch war. Es war immer noch möglich, daß die Arbeit einen korrekten Beweis der Kepler-Vermutung enthält. Aber sie tat es nicht. Und es dauerte nicht lange, bis die negativen Auswirkungen auch in Berkeley zu spüren waren. Die ersten Experten äußerten bald ihre Vorbehalte gegenüber Hsiangs Beweis und das volle Ausmaß der Mängel wurde bald danach offensichtlich. Gábor Fejes Tóth vom Alfréd-Rényi-Institut der Ungarischen Akademie der Wissenschaften, László Fejes Tóths Sohn und selbst ein namhafter Mathematiker, verfaßte eine Rezension für die *Mathematical Reviews*, ein Referatenorgan, in dem über die Korrektheit und Bedeutung von Arbeiten berichtet wird, die weltweit in Hunderten von mathematischen Fachzeitschriften veröffentlicht worden sind. Er schrieb: „Viele der Schlüsselbehauptungen haben keinen akzeptablen Beweis." Und setzte fort: „Das kann nicht als Beweis angesehen werden. Das Problem ist noch offen." Er schloß mit einer deutlich vernehmbaren Verurteilung: „Wenn ich gefragt werde, ob die Arbeit erfüllt, was sie in ihrer Überschrift verspricht, nämlich einen Beweis der Keplerschen Vermutung, dann ist meine Antwort: nein." Und 1997 schrieb Károly Bezdek, ein Spezialist von der Loránd-Eötvös-Universität Budapest: „Keplers Vermutung ... [ist] immer noch unbewiesen. [Hsiangs] Arbeit ist weit davon entfernt, in allen Details vollständig und korrekt zu sein." Thomas Hales stimmte zu: „Dieses Problem ist immer noch ungelöst. Ich habe es nicht gelöst. Hsiang hat es nicht gelöst. Kein anderer hat es gelöst, so viel ich weiß."

Bezdek arbeitete mehr als ein Jahr mit Hsiang zusammen, um die Beweislücken zu füllen. Am Schluß gab er auf. Der Beweis war einfach nur falsch. Bezdek reichte beim *International Journal of Mathematics* eine Arbeit ein, in der er ein detailliertes Gegenbeispiel zu einer von Hsiangs zentralen Behauptungen gab. Dieses Mal nahmen sich die Herausgeber Zeit. Sie hatten es nicht eilig, ein Gegenbeispiel zu der Arbeit zu veröffentlichen, die seit vielen Jahren eine der am meisten propagierten Arbeiten der Zeitschrift war. Bezdeks Arbeit wurde mit einiger Verzögerung angenommen und 1997 im *International Journal of Mathematics* veröffentlicht.

Nach und nach kamen die Mängel des Hsiangschen Beweises ans Licht und wurden unverblümt kritisiert – in Workshops, auf Konferenzen, beim Nachmittagstee in mathematischen Instituten rund um die Welt sowie in privaten Gesprächen durch fast jeden, der irgendwer war. Bald waren die Mathematiker nahezu einstimmig der Meinung, daß Hsiangs Beweis nicht das war, was er vorgab zu sein. In einem Brief an den *Science*-Autor Barry Cipra formulierte Doug Muder kurz und knapp: „1. Hsiangs Arbeit ... ist kein Beweis der Kepler-Vermutung. Bestenfalls handelt es sich um eine Skizze (eine 100-Seiten-Skizze!) dessen, wie ein solcher Beweis gehen könnte. 2. Sogar als Skizze ist die Arbeit unzulänglich, da zu mehreren Beweisschritten Gegenbeispiele gefunden worden sind. 3. Die von Hsiang geäußerte Behauptung, auch die mit der Kepler-Vermutung zusammenhängende dodekaedrische Vermutung bewiesen zu haben, ... ist ebenso unbegründet. 4. Die Arbeit an der Kepler-Vermutung und an der dodekaedrischen Vermutung sollte so fortgesetzt werden, als ob Hsiangs Arbeit nie existiert hätte." In den akademischen Elfenbeintürmen sind boshafte Gefechte nicht ungewöhnlich. Aber Muder griff in seinen Anmerkungen wirklich auf ätzende Ausdrücke zurück.[12]

In Anbetracht der strikten Gesetze der Mathematik hätten wir erwartet, daß sich die Mitglieder des Berufsstandes einig sind, ob Aussagen, aus denen ein Beweis abgeleitet wird, wahr sind oder nicht. Immerhin benötigt die Mathematik – im Unterschied zum Rechtssystem – keine Interpretation von Tatsachen. Mathematik ist eine exakte Wissenschaft und Gefühle oder Vorurteile spielen keine Rolle bei der Entscheidung, ob ein Beweis wahr oder falsch ist. Es handelt sich auch nicht um medizinische Forschung, bei der Patientenunterlagen verfälscht werden können und man an wissenschaftliche Ergebnissen herumdoktern kann. Alles steht sozusagen im Freien und jeder, der in der Sprache der Mathematik versiert ist, sollte für sich selbst entscheiden können, ob ein Beweis korrekt ist und eine Aussage wahr ist.

Aber auch die Mathematik ist nicht ganz wertfrei und Interpretationen können schon eine Rolle spielen, wenn auch nur für einige Zeit. Haben die Experten hinreichend viel Zeit für die genaue Prüfung eines jeden einzelnen Schrittes des vorgelegten Beweises verwendet, dann entscheiden die Mathematiker durch Mehrheitsbeschluß oder sogar einstimmig, ob eine Arbeit als korrekt betrachtet werden sollte. Im Falle von Hsiang vs. Kepler-Vermutung kam die Jury bald mit einem Verdikt zurück: schuldig! Hales konnte einen Seufzer der Erleichterung ausstoßen. Er hatte noch Vorsprung.

Was hatte die Jury gefunden? John Conway, Tom Hales, Doug Muder und Neil Sloane kündigten in einem Brief an den *Mathematical Intelligencer* an, daß sie Einwände gegen Hsiangs Beweis hätten und daß Hales die angeblichen Lücken in einem in Kürze erscheinenden Artikel beschreiben würde. Der *Mathematical Intelligencer* ist eine fast überall gelesene Zeitschrift mit Informationen, Neuigkeiten und historischen Leckerbissen über Mathematik und Mathematiker. Es ist keine Zeitschrift mit Peer-Reviews, und die dort erscheinenden Beiträge können Meinungen enthalten, die ausschließlich den Glauben des Autors widerspiegeln.

Bevor Hales seinen entlarvenden Artikel vorlegte, schrieb er Briefe an Hsiang und bat ihn um Erläuterungen zu einigen subtilen Punkten. Hales er-

---

[12] Henry Kissinger, der ehemalige Harvard-Professor und Außenminister, wurde einmal gefragt, warum Institutskämpfe so heftig sind und warum sich Universitätskollegen so häufig in den Rücken fallen. Er antwortete kurz und bündig: „Weil das Risiko so gering ist."

hielt keine klaren Antworten. Schlimmer noch, Hsiang griff auf Beleidigungen zurück. „Ihr Brief machte mir deutlich, daß ich nicht voraussetzen darf, daß ein durchschnittlicher Mathematiker allzuviel über elementare sphärische Geometrie weiß", schrieb er. Zu behaupten, daß der in Stanford, Cambridge und Princeton ausgebildete Hales ein durchschnittlicher Mathematiker sei, der sich nur wenig in elementarer Geometrie auskennt, war nun doch ein bißchen zu gemein. Hales konterte prompt und tadelte Hsiang für seine Gewohnheit, Beweise einfach durchzuwinken: „Studenten, die eine solche Taktik anwenden, gefährden ihren Notendurchschnitt. Für einen Fachmann ist das kaum vorstellbar." Das kam bei Hsiang nicht gut an. In einer Erwiderung, die in einer nachfolgenden Ausgabe des *Mathematical Intelligencer* erschienen ist, schrieb Hsiang, daß „ein falsches Gegenbeispiel... verfertigt [wird], ... leicht beweisbare Aussagen zu trügerischen Behauptungen verdreht werden" und daß sich Hales & Co. mitunter „in völlig falsche Interpretationen flüchten ... um sich dann aus ihren eigenen Mißverständnissen herauszureden". Das ist es dann also: Hsiang betrachtet Hales als einen eher unterdurchschnittlichen Mathematiker; Hales sieht Hsiang als weniger fähig an als einen durchschnittlichen Studenten. Es kam nicht oft vor, daß man auf den ehrwürdigen Seiten des *Mathematical Intelligencer* einem solchen verbalen Sperrfeuer begegnete.

Die Mathematiker betrachteten Hsiangs Erwiderung als unzulänglich; die Beweismängel ließen sich damit nicht vertuschen. Aber Hales war nicht bereit, zusätzliche Lücken in der Arbeit seines Kollegen aufzudecken und damit weitere Zeit zu vergeuden. Eine Bloßstellung der Erwiderung Hsiangs würde zu einem endlosen Hin und Her führen, wozu er einfach keine Zeit hatte. Wie die Dinge standen, würde er Hsiang ohnehin nicht überzeugen können, und so ließ er die Sache sein.

Was war das Problem? Im *New Scientist* zitiert Ian Stewart von der Universität Warwick 1992 zwei problematische Aussagen, die Hsiang in seinen Preprints formuliert hatte. Beide sind haarsträubend. In einem Beispiel konstatierte Hsiang angeblich, daß die Fläche eines Dreiecks größer ist als die Fläche eines anderen Dreiecks, wenn seine Seiten länger sind. Diese Aussage ist zwar für gleichseitige Dreiecke korrekt, aber der Leser kann sich anhand eines Bildes mühelos davon überzeugen, daß die Behauptung als allgemeine Aussage über alle Dreiecke offensichtlich falsch ist. Unter Bezugnahme auf die nachstehende Abbildung 10.4 („Hsiangs Fehler") stellen wir fest: Alle Seiten des Dreiecks ABC sind länger als die Seiten des Dreiecks abc, aber dennoch ist die Fläche des Dreiecks abc größer.

Ein Gegenbeispiel genügt, um eine Behauptung zu widerlegen, und somit macht ein inkorrektes Glied in einer Kette von Argumenten jede mathematische Arbeit ungültig. Die Situation gleicht derjenigen in einem Gerichtssaal, wie die Rechtsanwälte im Mordprozeß von O. J. Simpson vor Augen führten. Auch wenn viele Beweise auf Simpsons Schuld hindeuteten, so reichten den Geschworenen dennoch die Zweifel an nur einem Glied in der Beweiskette, den früheren Football-Star für nicht schuldig des Mordes an seiner Ex-Frau zu erklären. Ein mathematischer Beweis ist nicht anders.

Aber es gibt noch mehr zu bemerken. Laut Hales und Stewart behauptete Hsiang auch folgendes: Läßt sich eine Anzahl von Objekten nicht innerhalb eines bestimmten Bereiches unterbringen, dann lassen sich diese Objekte auch nicht in einem kleineren Bereich unterbringen. Auch diese Behauptung ist nicht wahr. Ein Blick auf das Bild „Hsiangs Fehler" lehrt, daß sich zwei Kreise nicht in einem Quadrat der Fläche 9 unterbringen lassen, wohl aber in einem Rechteck der Fläche 8. Hat Hsiang, der ja nach allem, was man hört, ein gebildeter Mathematiker ist, wirklich solche dummen Fehler begangen? In seiner Erwiderung auf die von Hales abgefeuerte Breitseite bestritt Hsiang, daß er in seinem Beweis derart fehlerhafte Argumente verwendet hätte. Er behauptete, daß ihm Hales, Stewart und alle anderen Kritiker falsche Aussagen unterschieben. Tatsächlich kommen diese Fehler in der veröffentlichten Version des Beweises nicht mehr vor. Aber im Preprint traten sie auf, und auch wenn es Hsiang schließlich gelungen ist, einige der Fehler zu reparieren, so hat dennoch seine Glaubwürdigkeit bei den Mathematikern ziemlich gelitten.

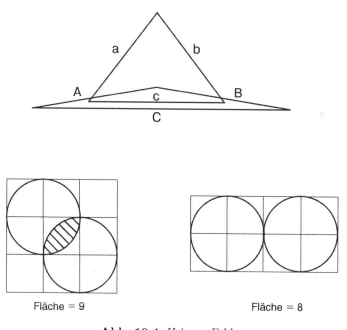

Abb. 10.4. Hsiangs Fehler

Sollte etwa eine mathematische Arbeit vom Ruf des Autors abhängen, anstatt entsprechend ihrem Verdienst beurteilt zu werden? Keinesfalls sollte das so sein und wir wollen den Wert einer veröffentlichten Arbeit wegen der unzulänglichen Preprints auch nicht kleinreden. Es stellte sich jedoch heraus, daß auch die veröffentlichte Version des Beweises zahlreiche Fehler, Trugschlüsse und Lücken enthielt. Mehr als nur einmal griff Hsiang zu einem zweifelhaften

Trick, den Hales verächtlich „critical case analysis" nannte. Eine allgemeine Aussage wurde auf einige kritische Fälle reduziert. Hsiang bewies die Aussage für die kritischen Fälle und erklärte danach bombastisch – und ohne Beweis – daß die Aussage auch allgemein richtig sei. Das ist eine reichlich unzulässige Vorgehensweise. Außerdem enthält die Arbeit zahlreiche Ausdrücke wie „es ist ziemlich leicht, zu zeigen ...," „es genügt, ... zu betrachten" oder „die gleiche Methode impliziert den allgemeinen Fall." Gewöhnlich war es jedoch nicht leicht zu zeigen, genügte es nicht zu betrachten, und die gleiche Methode implizierte nicht den allgemeinen Fall.

An einer Stelle in seinem Beweis leitete Hsiang eine untere Schranke für etwas ab, das er „gleichmäßige Wölbungshöhe" nannte. Der numerische Wert dieser Schranke war 0,0316. Die Abschätzung, die Hsiang jedoch brauchte, war 0,0250 für alle Höhen und nicht nur für gleichmäßige Wölbungshöhen. Kein Problem: „Da 0,0316 mehr als 25% größer als 0,0250 ist, folgt [daraus] auch die untere Schranke 0,0250 ... im nicht gleichmäßigen Fall." Das ist nun wirklich das Allerletzte! Wenn ein Objekt viel größer als ein bestimmter numerischer Wert ist, bedeutet das noch nicht, daß auch ein anderes Objekt größer als dieser Wert ist. Hales verglich Hsiangs Behauptung mit der folgenden lachhaften Aussage: „Sind die Ausläufer, die wir sehen, nicht höher als 1000 Meter, dann können die in den Wolken verborgenen Gipfel nicht höher als 1250 Meter sein."

Hsiang zeigte sich nicht überzeugt. Er war sich der Gegenbeispiele und der Tatsache wohl bewußt, daß die Experten seine Behauptungen nicht glauben. Dennoch betrachtete er das ganze Tohuwabohu um seine Arbeit lediglich als Diskussion darüber, wieviele Details der veröffentlichte Beweis enthalten muß. Das Ganze erinnert an das kindische Spiel, den anderen immer um eine Nasenlänge voraus zu sein. Wenn ich einige Beweisschritte vertusche und du verloren bist, dann muß ich viel klüger sein, als du es bist. Wenn ich feststelle, daß man die Richtigkeit einer Behauptung „leicht einsehen kann" und du siehst das nicht ein, dann kommst du offensichtlich nicht an meine hohen Standards heran. Hsiang beschönigte zu viele Schritte und erklärte allzu häufig, daß man einen Teil der Argumentation mühelos erkennt. Um einen Ausspruch Abraham Lincolns zu paraphrasieren: Man kann einige Mathematiker einige Zeit zum Narren halten, aber man kann nicht alle Mathematiker die ganze Zeit zum Narren halten.[13]

Laut John Conway hat niemand, der Hsiangs Beweis gelesen hat, auch nur die geringsten Zweifel an dessen Unzulänglichkeit: die Arbeit ist Nonsens. Damit meinte er keinen Nonsens à la Buckminster Fuller, aber gleichwohl Nonsens. Hales hat sich diplomatischer ausgedrückt. Er gab bereitwillig zu, daß Hsiangs Arbeit trotz ihrer Mängel viele wertvolle Passagen enthielt, daß aber Hsiang die Glaubwürdigkeit seiner Arbeit zerstörte, als er experimentel-

---

[13] Der Abraham Lincoln zugeschriebene Ausspruch lautet: You can fool some of the people all of the time, and all of the people some of the time, but you can not fool all of the people all of the time.

le Hypothesen als Tatsachen präsentierte. Die Mathematiker – so behauptete Hales –, können mühelos zwischen „durchwinken" und „beweisen" unterscheiden. Schließlich wurde Hsiangs Beweis für tot erklärt und still zu Grabe getragen. Es wäre schön gewesen, einen eleganten analytischen Beweis zu haben, der nichts anderes verwendet als wohlbekannte Hilfsmittel der sphärischen Geometrie, der Vektoralgebra und der Infinitesimalrechnung. Aber das hat vorläufig nicht sein sollen.

Trotz all der scharfen Kritik bleibt Hsiang bis zum heutigen Tage zutiefst von der Korrektheit seines Beweises überzeugt. Und man kann seine im Allgemeinen brillanten geometrischen Ideen und Einsichten nicht einfach nur beiseite lassen. Kollegen berichten, daß Hsiang mitunter imstande ist, in einer einfachen Skizze mehr zu sehen als andere in einem ganzen Bilderbuch entdecken. Alles, was er schreibt, inspiriert diejenigen, die sich in seiner Nähe aufhalten. Bedauerlicherweise sind viele seiner Überlegungen unvollständig und nicht in allen Details korrekt. Außerdem scheint Hsiang wirklich nicht in der Lage zu sein, die häufige Unzufriedenheit seiner Kollegen zu verstehen. Hsiang ist oft unzugänglich gegenüber Zweifel und Kritik, sein Verstand lebt in einer anderen Welt. In der Wissenschaft kann das verhängnisvoll sein.

Vielleicht läßt sich aber Hsiangs Beweis eines Tages in Ordnung bringen. Ursprünglich schien sogar Conway daran zu glauben. Angesichts der Kompromißlosigkeit Hsiangs gaben jedoch alle auf. Am störendsten ist die Tatsache, daß zwar einige der Bausteine von Hsiangs „Beweis" vielleicht irgendwann einmal bewiesen werden könnten, aber andere Teile sachlich falsch sind. Dennoch hatte Bezdek das Gefühl, daß „eine Kombination der Strategien von Fejes Tóth und Hsiang in Verbindung mit einigen anderen Methoden funktionieren könnte." Aber er fügte hinzu: „Man braucht weitere kombinatorische und analytische Ideen, um einen Beweis zu finden." Klar war jedoch bereits, daß man dazu mehr tun muß als nur ein bißchen aufzuräumen.

Unlängst hat Hsiang einen weiteren Versuch unternommen, seinen Beweis zu rehabilitieren. Er hat erkannt, daß es seiner Arbeit zumindest an Details mangelte. Um die Lücken zu füllen, veröffentlichte er im Dezember 2001 bei *World Scientific* ein Buch mit dem Titel *Least Action Principle of Crystal Formation of Dense Packing Type and Kepler's Conjecture*.[14] Der Werbetext des Verlages pries das Werk: „Dieses wichtige Buch liefert einen in sich geschlossenen Beweis [der Kepler-Vermutung], wobei – in der Tradition der klassischen Geometrie – Vektoralgebra und sphärische Geometrie die hauptsächlich verwendeten Techniken sind." Es bleibt abzuwarten, ob das Buch den Erwartungen des Verlages entspricht. Eine exakte Prüfung durch zahlreiche Mathematiker wird erforderlich sein, um sich zu vergewissern, ob Hsiang alle Lücken geschlossen hat. Ein bemerkenswertes Detail: Die Arbeit von Tom Hales wird nicht ein einziges Mal erwähnt.

---

[14] Hsiang findet, daß eine optimale endliche Packung (im Gegensatz zu Keplers unendlicher Packung) für das Verständnis der Natur nützlicher ist.

11

Wackelkugeln und Hybridsterne

Der ungarische Mathematikprofessor László Fejes Tóth löste 1940 das zweidimensionale Packungsproblem und konzentrierte sich dann auf das dreidimensionale Problem. Dort riß jedoch seine Glückssträhne ab. Wie in Kapitel 9
beschrieben, endete sein Versuch, eine neue obere Schranke zu finden, mit
einem totalen Schiffbruch. In der Folgezeit ging sein vergeblicher Versuch als
dodekaedrische Vermutung in die Geschichte ein.

Fejes Tóth glaubte, daß die Natur die Tendenz hat, ihre Bausteine in regelmäßigen Strukturen zu organisieren. Die Neigung der Natur zur Effizienz
(zum Beispiel durch Minimierung eines Volumens oder durch Maximierung
einer Dichte) sollte automatisch zu einer Regularität führen: Maximiert man
die Dichte, dann findet man ein reguläres Gitter. Mit anderen Worten entsteht
Regelmäßigkeit in der Natur üblicherweise durch ein Effizienzprinzip: Kratzt
man an der Oberfläche einer regelmäßigen Struktur, dann erkennt man irgendwo ein verborgenes Effizienzprinzip. Chaos birgt also Ordnung in sich.
Fejes Tóths tiefe Überzeugung nahm die Begriffe Chaos und Selbstorganisati-
on Dutzende von Jahren vorweg, bevor sie in Mode kamen. Ein typischer Fall
ist Keplers Kugelanordnung. Für sich selbst genommen sind die Zellen der
Keplerschen Anordnung bei weitem nicht die dichtesten. Aber sie parkettieren den Raum in regelmäßiger Weise auf einem Gitter und sollten deswegen
die dichteste globale Anordnung darstellen. Fejes Tóths Ideen regen im Allgemeinen zum Nachdenken an, aber ohne formalen Beweis klingen sie fast wie
die unbestätigten Spekulationen seines Zeitgenossen Buckminster Fuller.

Fejes Tóth ließ wegen seines Scheiterns mit der dodekaedrischen Vermutung den Kopf nicht hängen und kam in Abständen unverdrossen immer wieder auf Kugelpackungen zurück. Er veröffentlichte 1953 in deutscher Sprache
das Buch *Lagerungen in der Ebene, auf der Kugel und im Raum*. In diesem Werk faßte er alles zusammen, was damals zu dem Thema bekannt war.
Das letzte Kapitel des Buches handelte von Packungen im dreidimensionalen
Raum. Fejes Tóth konnte nicht umhin, die Behauptung zu wiederholen, die
er zehn Jahre zuvor formuliert hatte, nämlich daß keine Kugelpackung dichter als 75,46 Prozent sein könne. Er wußte natürlich, daß der Beweis, den

G.G. Szpiro, *Die Keplersche Vermutung*,
DOI 10.1007/978-3-642-12741-0_11, © Springer-Verlag Berlin Heidelberg 2011

er zur Rechtfertigung der dodekaedrischen Vermutung angeboten hatte, mit Mängeln behaftet war. Aber das hielt ihn nicht davon ab, den „nicht ganz exakten, aber von einem bestimmten Gesichtspunkt dennoch ziemlich befriedigenden Beweis" vorzulegen. Es ist nicht klar, an welchen Gesichtspunkt Fejes Tóth dachte, aber offensichtlich gibt es so etwas, wie einen „nicht ganz exakten Beweis" nicht.

Fejes Tóth schlug danach einen zweistufigen Beweis für Keplers Vermutung vor. Die erste Stufe sollte daraus bestehen, den Raum in Voronoi-Zellen einzuteilen. (Wir rufen uns in Erinnerung, daß Voronoi-Zellen Polyeder sind, deren Flächen genau in der Mitte zwischen zwei benachbarten Kugeln verlaufen.) Die nächste Stufe wäre die Suche nach Zellen mit dem kleinsten Volumen. Das regelmäßige Dodekaeder wäre ein guter Kandidat gewesen. Für sich allein betrachtet ist es das auch. Aber als V-Zelle ist es ziemlich nutzlos, da es sich nicht in eine lückenlose Packung des ganzen Raumes einbauen läßt. So entsteht die Frage: Welchen Zweck verfolgt die Untersuchung einer V-Zelle? Man kann auf einen guten Kandidaten stoßen, nur um dann herauszufinden, daß er den Raum nicht parkettieren kann. Um die unvermeidlichen Lücken auszufüllen, müssen benachbarte V-Zellen von unterschiedlicher Form sein. Klebt man aber Zellen unterschiedlicher Form zusammen, dann ist üblicherweise eine kleine V-Zelle von großen, lose angeordneten V-Zellen umgeben. Das ungenutzte Volumen der lose „herumhängenden" Nachbarn macht den Vorteil der in der Mitte dicht sitzenden Anordnung zunichte. Genau das ist es, was mit dem regelmäßigen Dodekaeder geschieht.

Als sich Fejes Tóth dieser Sache bewußt wurde, erkannte er, daß er einem falschen Ansatz gefolgt war. Es ist zu kurzsichtig, V-Zellen nur für sich selbst zu untersuchen. Die mittlere V-Zelle muß zusammen mit ihren Nachbarn, den Nachbarn der Nachbarn und den Nachbarn der Nachbarn der Nachbarn betrachtet werden. Der Schlüssel zur Kepler-Vermutung war die gleichzeitige Untersuchung eines ganzen Clusters von Kugeln. Anstelle der Volumen von einzelnen Zellen muß also das durchschnittliche Volumen der Zellen des Clusters berechnet werden.

Das war der Schlüssel, aber wo war das Schloß? Wie kann der Plan auf irgendetwas Nützliches hinauslaufen, wenn es doch unendlich viele Nachbarn von Nachbarn von ... gibt? Als Fejes Tóth über diese Frage nachgrübelte, hatte er einen entscheidenden Einfall. Es sollte genügen, endliche Cluster von Kugeln zu analysieren und eine obere Schranke für ihre Packungsdichte zu finden. Dann wäre es nicht erforderlich, die Dichten einer unendlichen Anzahl von Kugeln zu berechnen, wie es seine Vorgänger versucht hatten. Insbesondere schlug er folgendes Verfahren vor: Wir betrachten eine Menge von Kugeln mit Einheitsradius, die innerhalb einer größeren Kugel liegen. Wir nehmen an, daß N die maximale Anzahl von Kugeln ist, die in die größere Kugel passen.[1] Der Rest des Verfahrens ist genauso einfach wie das Zählen von eins

---

[1] Eine obere Schranke für die Anzahl der Kugeln mit Radius 1, die in eine Kugel vom Radius R passen, ist R^3.

bis drei: (1) Bilde V-Zellen um jede der Kugeln; (2) Berechne die Volumen der V-Zellen; (3) Identifiziere die dichtesten Cluster, die sich aus höchstens N Kugeln zusammensetzen.

Man könnte sich ein Cluster in Gestalt von Weinbeeren vorstellen. Die erste Aufgabe besteht darin, jede Weinbeere mit einer eigenen kleinen Schachtel als Geschenkverpackung zu versehen. Dabei kommt es sofort zu einer Schwierigkeit: Die Weinbeeren in der Außenschicht sind nicht vollständig von Nachbarn umgeben. Folglich sind die äußersten Weinbeeren sozusagen *al fresco*; einige der Geschenkschachteln haben keine Außenwände. Zur Umgehung dieses Problems umhüllte Fejes Tóth das Cluster mit einer zusätzlichen Kugelschicht; das ist etwa so, als stecke man das Weinbeeren-Cluster in einen teilweise gefüllten Behälter, den man dann mit weiteren Weinbeeren bedeckt. Sobald eine hinreichend große Anzahl von Nachbarn das mittlere Cluster umgibt, werden die Außenwände der Geschenkschachteln identifiziert.

Die zweite Aufgabe ist leicht. Sie beinhaltet nicht *mehr* als die Berechnung des durchschnittlichen Volumens der Geschenkschachteln des Clusters. Die dritte und letzte Aufgabe besteht darin, aus allen möglichen Clustern mit N oder weniger Weinbeeren diejenigen auszuwählen, deren Geschenkschachteln das kleinste durchschnittliche Volumen haben. Hat man diese drei Aufgaben erledigt, dann kann den ganzen unendlich großen Raum mit Clustern von bis zu N Weinbeeren ausfüllen. Die durchschnittliche Dichte dieser globalen Packung kann niemals größer sein als die Dichte des dichtesten Clusters. Auf diese Weise würde man eine obere Schranke für die Packungsdichte finden.

Liegt diese Schranke bei 74,05 Prozent, dann wäre Keplers Vermutung bewiesen. Die FCC und die HCP haben genau diese Dichte und man hätte gezeigt, daß es keine Packung mit einer größeren Dichte gibt. Aber was ist, wenn die gerade gefundene Schranke unter 74,05 Prozent liegt? Oder wenn sie größer ist? Was hätten wir damit erreicht?

Die erste Alternative ist gegenstandslos: Man wird nie eine obere Schranke finden, die unter 74,05 Prozent liegt, weil wir sicher wissen, daß Keplers Packung diese Dichte erreicht. Aber eine größere obere Schranke ist möglich. Die dodekaedrische Vermutung mit einer Dichte von 75,46 Prozent weist unheilverkündend in diese Richtung. In diesem Fall existiert möglicherweise eine globale Packung, die dichter als Keplers Anordnung ist; eine solche dichtere Anordnung wäre dann eben nur noch nicht gefunden. Deshalb muß die Suche weitergehen. Entweder wird die mysteriöse Packung mit der größeren Dichte gefunden oder die obere Schranke muß irgendwie gesenkt werden.

Die Chancen, eine Packung zu finden, die dichter als Keplers Anordnung ist, sind äußerst gering, so daß wir die letztgenannte Möglichkeit weiter verfolgen. Die einzige Hoffnung, die obere Schranke zu senken, besteht in der Steigerung der Cluster-Größen. Wir wollen deswegen unseren Horizont über die unmittelbaren Nachbarn der mittleren Kugel hinaus erweitern und berücksichtigen zusätzlich die Nachbarn der Nachbarn und erforderlichenfalls auch die Nachbarn der Nachbarn der Nachbarn. (Natürlich ist immer eine zusätzliche Schicht erforderlich, um die Geschenkschachteln der äußersten Kugeln zu bestimmen.) Nach jeder neuen Schicht suchen wir den Cluster mit der höchsten durchschnittlichen Dichte. Beträgt diese Dichte 74,05 Prozent, dann sind wir fertig; andernfalls vergrößern wir den Cluster ein weiteres Mal und versuchen es erneut. Und so weiter, und so weiter, *ad nauseam*. Dabei hoffen wir, daß die obere Schranke immer weiter sinkt, bis sie schließlich 74,05 Prozent erreicht.

Aber wo sollen wir beginnen? Fejes Tóth schlug vor, mit Clustern von Kugeln anzufangen, deren Mittelpunkte innerhalb eines Abstand von 2,0534 liegen. Woher diese magische Zahl? Fejes Tóth behauptete, daß das der kleinste Abstand sei, mit dem sich dreizehn Kugeln einer mittleren Kugel nähern können. Bei jedem kleineren Abstand können sich nicht mehr als zwölf Nachbarn hineinzwängen.

Warum ist das so? Wir wissen, daß die mittlere Kugel innerhalb eines Abstands von 2,0 von ihrem Mittelpunkt nicht mehr als zwölf Nachbarn haben kann. Das hatte ja bereits Newton gesagt.[2] Wird aber der zulässige Abstand auf 2,0534 erhöht, dann könnte „alles" passieren. Vielleicht könnten der mittleren Kugel dann dreizehn Kugeln so nahe kommen. Oder vierzehn. Immerhin hat es zweieinhalb Jahrhunderte gedauert, Newtons Kußproblem zu beweisen. Deswegen wollen wir nichts als selbstverständlich betrachten. In Fejes Tóths Ausführungen suchen wir vergeblich nach einem Beweis dieser Behauptung. Stattdessen greift der Professor auf die altbewährte Methode des Durchwinkens zurück. Die Absätze, die im Anschluß an seine ursprüngliche Behauptung folgen, sind reichlich durchsetzt mit Ausdrücken wie „es darf vorausgesetzt werden," „sehr wahrscheinlich," „entspricht der Erfahrung," „stimmt mit der Intuition überein," „vermutlich" und „es gibt keinen Zweifel, daß".

Wer würde es denn schon wagen, sich mit derart einschüchternden Behauptungen anzulegen? Aber Nötigung ist kein Ersatz für einen Beweis und Fejes Tóth scheint gespürt zu haben, daß er nicht allzu überzeugend war. Also erging er sich in langatmigen Erklärungen. „Es lohnt sich nicht wirklich, die Ungleichung zu beweisen, da sie kaum von Interesse ist". Klingt überzeugend? „Die Ungleichung sollte als eine gut getestete empirische Tatsache betrachtet werden". Netter Versuch, aber nein, danke. „Jedenfalls wird die Ungleichung nur als grobe Abschätzung verwendet, die lediglich dazu dient, Spezialfälle auszuschließen." Fejes Tóths vorherige Grobabschätzung aus dem Jahr 1943, die zum Ausschluß von Spezialfällen gedacht war, stellte sich als unbeweisbar heraus. „Eine schwächere Ungleichung reicht auch." Das kann so sein, wird aber ebenfalls nicht bewiesen.

Nach diesen leidenschaftlichen, aber nicht sehr zwingenden Feststellungen, stürmte Fejes Tóth voran, ohne zurück zu sehen. Er beschränkte seine Untersuchungen auf Konfigurationen von Kugeln, deren Mittelpunkte innerhalb eines Abstandes von 2,0534 liegen, und machte zwei entscheidende Voraussetzungen. Wären diese Voraussetzungen erfüllt, so schrieb er, dann wäre auch

---

[2] Bei einem Abstand von 2,0 müssen die unmittelbar benachbarten Kugeln die mittlere Kugel küssen. Und nicht mehr als zwölf Kugeln können das tun.

Keplers Vermutung bewiesen. Dieses Mal war es in Ordnung, Voraussetzungen zu machen, da diese nur der Veranschaulichung dienten. Die erste Annahme war, daß die dichteste Packung – zusätzlich zur mittleren Kugel – nicht mehr als zwölf Nachbarn enthält. Eingedenk der obengenannten Argumente können wir zugeben, daß eine solche Aussage vielleicht nicht völlig abwegig ist. Zumindest wurde sie explizit als Annahme und nicht als bewiesene Tatsache verwendet.

Die zweite Annahme war, daß in der dichtesten Packung die Kugeln eines Clusters nicht wackeln. Auch diese Annahme scheint durchaus plausibel zu sein, da eine wacklige Kugel bedeuten würde, daß in der V-Zelle zuviel Platz übrig ist. Leider ist Plausibilität auch kein Ersatz für einen Beweis. Seinem Wesen getreu bot Fejes Tóth wieder keinen Beweis an. Stattdessen nahm er Zuflucht zu Ausdrücken wie „[dieser Cluster] scheint der vorteilhafteste zu sein" und „deswegen kann man voraussetzen", daß dieser Cluster die minimale Dichte erreicht. Wenn die beiden Annahmen wahr wären, dann wäre auch Keplers Vermutung bewiesen: Zwölf Kugeln, die starr um eine mittlere Kugel angeordnet sind, wären der dichteste Cluster und dieser Cluster könnte zum unendlichen Raum erweitert werden. Das ist es, was Kepler behauptet hatte. Jedoch beruhten Fejes Tóths Überlegungen auf unbewiesenen Annahmen und deswegen hatte er nichts bewiesen.

Aber das war nicht der entscheidende Punkt. Der entscheidende Punkt war, daß zum ersten Mal jemand die Idee geäußert hatte, daß sich Keplers Problem auf eine endliche Anzahl von Variablen reduzieren lassen könnte. Alles, was man tun mußte, war die Minimierung des durchschnittlichen Volumens der Zellen im Cluster. Fejes Tóth hatte das Gefühl, daß die Anzahl der Kugeln, die man schließlich gleichzeitig zu berücksichtigen hätte, bei ungefähr fünfzig liegen müsse: Eine Kugel in der Mitte, ein Dutzend Nachbarn und etwa vierzig, die an diese zwölf Nachbarn angrenzen. Diese vierzig Kugeln bestimmen die Geschenkschachteln der zwölf Nachbarn. Aber die Anzahl könnte auch viel größer sein. Man hat V-Zellen entdeckt, die vierundvierzig Nachbarn haben.[3]

Wir wollen nun annehmen, daß Fejes Tóth Recht hatte und daß wir nicht mehr als ungefähr fünfzig Kugeln berücksichtigen müssen. Die Aufgabe würde dann darin bestehen, unter allen möglichen Konfigurationen diejenige mit der maximalen durchschnittlichen Dichte zu finden. Da die Positionen von fünfzig Kugeln im dreidimensionalen Raum durch deren 150 Koordinaten definiert sind, bestünde das Ziel darin, eine Funktion mit 150 Variablen zu maximieren. Fejes Tóth faßte seine Überlegungen mit folgenden Worten zusammen: „Wir haben ein konkretes Programm für die Lösung des Kugelpackungsproblems angedeutet. Dadurch sind wir der Lösung des Problems einen Schritt näher gekommen."

---

[3] Und es ist nicht einmal sicher, daß diese Anzahl die Maximalzahl von möglichen Nachbarn ist. Die beste derzeit bekannte obere Schranke ist neunundvierzig.

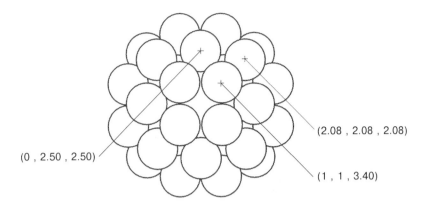

(0 , 2.50 , 2.50)

(2.08 , 2.08 , 2.08)

(1 , 1 , 3.40)

Abb. 11.1. V-Zelle mit vierundvierzig Nachbarn (Koordinaten in Klammern)

Doch halt! Die Minimierung einer Funktion von 150 Variablen ist keine triviale Sache. Die klassische Vorgehensweise, die Funktion zu minimieren, besteht darin, sie nach jeder der 150 Variablen zu differenzieren, jeden Ausdruck gleich Null zu setzen und dann das System von 150 nichtlinearen Gleichungen in 150 Variablen zu lösen. Das wäre eine beängstigende Aufgabe gewesen. Fejes Tóth war sich dessen vollkommen bewußt, aber er blieb zuversichtlich. „Zwar scheint eine exakte Behandlung dieses Minimierungsproblems ziemlich schwierig zu sein, aber die Sache kann nicht als hoffnungslos betrachtet werden." Ziemlich schwierig? Die Bearbeitung des Problems ist vielleicht nicht ganz hoffnungslos, aber sehr schwer. Fejes Tóth hatte einen riesigen Schritt vorwärts gemacht, indem er das Problem von einer unendlichen Anzahl von Variablen auf nur 150 Variable herunterdrückte. Aber die Lösung war doch noch Lichtjahre entfernt.

Müssen wir nun zurück zu Feld 1 gehen? Nicht ganz. Fejes Tóth schrieb 1965 unter dem Titel *Reguläre Figuren* ein weiteres Buch. Es ist ein schönes Werk über Ornamente und Mathematik. Versteckt befinden sich ganz hinten im Buch Anaglyphenbilder (wenn sie nicht von einem früheren Bibliotheksbenutzer gestibitzt worden sind). Die Bilder erscheinen dreidimensional, wenn man sie mit der (dem Buch ebenfalls beigelegten) Anaglyphenbrille betrachtet, die rot- und grüngefärbte Gläser hat. Am Schluß seines Buches kam Fejes Tóth auf die Vermutung von Kepler zurück. Der größte Teil dessen, was er zwölf Jahre zuvor über das Thema geschrieben hatte, wurde hier nahezu wörtlich wiederholt. Aber dann fügte Fejes Tóth einen wichtigen Satz hinzu, der den Weg für zukünftige Versuche ebnete, die Kepler-Vermutung zu beweisen. „Wegen der Kompliziertheit dieser Funktion [d.h. der Volumen-Funktion] sind wir weit davon entfernt, das exakte Minimum bestimmen zu können, doch besteht die Möglichkeit, mit Hilfe von modernen Rechenanlagen das gesuchte Minimum mit großer Genauigkeit zu approximieren."

Zu dieser Zeit steckten die Computer noch in den Kinderschuhen. Der ENIAC (Electronic Numerical Integrator and Computer), der Rechner, der das Informationszeitalter einleitete und einläutete, war etwas weniger als zwanzig Jahre zuvor an der Moore School of Electrical Engineering der University of Pennsylvania gebaut worden. Der ENIAC war 30 Meter lang und 3 Meter hoch. Seine neunzehntausend Vakuumröhren, eintausendfünfhundert Relais sowie hunderttausende von Widerständen, Kondensatoren und Induktoren füllten einen ganzen Raum. Er wog 30 Tonnen und hatte einen Verbrauch von 200 Kilowatt. Der ENIAC erzeugte so viel Wärme, daß er in einem luftgekühlten Raum aufgestellt werden mußte. Seine Geschwindigkeit war jedoch wirklich eindrucksvoll: Ballistische Bahnen, deren Berechnung mit einem Taschenrechner zwanzig Stunden gedauert hatten (die Studenten von Lagrange brauchten zwanzig Tage dazu) wurden vom ENIAC in gerade mal dreißig Sekunden berechnet.

Aber Geschwindigkeit ist ein relativer Begriff und ein Tempo, das 1946 und sogar noch 1965 als beeindruckend galt, würde heute als Zeitlupenkriecherei einer Weinbergschnecke betrachtet werden. Von Verarbeitungsgeschwindigkeiten in Megahertz und Informationsspeicherplatz in Gigabytes konnte man damals nur träumen. Mitte der 1960er Jahre war elektronisches Rechnen noch ein qualvoll langsamer Prozeß. ENIAC konnte 5 KIPS (5000 Instruktionen pro Sekunde) ausführen. Der 8088 Chip, den Intel 1979 einführte, war mit 250 KIPS fünfzigmal schneller. Der Prozessor 80486, der auf den modernsten PCs von 1989 installiert wurde, konnte imposante 20 MIPS (20 Millionen Instruktionen pro Sekunde) verarbeiten. Vier Jahre später verarbeitete der Pentium-Chip 60 MIPS und der Pentium Pro zischte 1995 mit 200 MIPS ab. Anfang 1999 brachte IBM den S/390 G6 Mainframe Server auf den Markt, einen Rechner mit einer Verarbeitungsgeschwindigkeit von 1,6 BIPS (1,6 Milliarden Instruktionen pro Sekunde) und Ende 2000 kündigte Hitachi einen Server an, der sich 3 BIPS näherte.

Mitte der 1960er Jahre jedoch, als Fejes Tóth seine prophetischen Worte schrieb, arbeiteten die meisten Computer noch auf dem KIPS-Level. Sogar das Setup für einen Rechnerlauf war quälend langsam. Es bestand üblicherweise daraus, dem Bediener einen Stapel Lochkarten zu überreichen und dann das Beste zu hoffen. Einen Tag später pflegte sich ein übernervöser Programmierer auf den Weg ins Rechenzentrum machen, um herauszufinden, ob das Programm kompiliert war oder (was wahrscheinlicher war) um festzustellen, daß ein falsch positioniertes Komma den Rechner aus dem Gleis geworfen hatte. Oder der Programmierer entdeckte, daß eine Karte, anstatt gelocht zu werden, nur eine Delle bekommen hatte.[4] Dann mußte der ganze Prozeß sogar noch vor der Debugging-Phase neu gestartet werden, ganz zu schweigen von der Ausführung des Programms.

---

[4] Ein Problem, das wir noch im Jahr 2000 kannten, wie die Präsidentschaftskraftprobe zwischen George W. Bush und Al Gore demonstrierte.

Aber Fejes Tóth sah weit voraus. Abgesehen von der bis dahin noch unterentwickelten Hardware waren die entsprechenden Voraussetzungen geschaffen. Und schließlich sollte es soweit kommen, daß die Computer nicht nur „das Minimum der Volumen-Funktion mit großer Genauigkeit approximieren," wie Fejes Tóth vorhergesagt hatte, sondern auch Keplers Vermutung streng beweisen. Es sollte jedoch noch ein weiteres Vierteljahrhundert dauern, bis jemand die Herausforderung annahm. Tom Hales, der als siebenjähriges Kind noch mit Lego-Bausteinen spielte, als Fejes Tóths Buch *Regelmäßige Figuren* erschien, sollte der Mann werden, der die Computer auf die Kepler-Vermutung ansetzte.

Thomas Callister Hales wurde 1958 in San Antonio (Texas) geboren und wuchs in Provo (Utah), einer sauberen und angenehmen Stadt auf, die malerisch zwischen den Wasatch Mountains und dem Utah Lake liegt. Sein Vater, Robert Hyrum Hales, war Augenarzt (ein Beruf, der einige Bedeutung für die Lösung der Kepler-Vermutung hat). Hales' Großvater Wayne Brockbank Hales war Physiker an der Brigham Young University (BYU) in Provo (Utah). Er sollte einen großen Einfluß auf die Ausbildung von Thomas Hales haben.

Wayne B. Hales wurde 1893 geboren. Als er seine Doktorarbeit an der University of Chicago, der University of Utah und am California Institute of Technology schrieb, begegnete er auch den Nobelpreisträgern Albert A. Michelson und Robert A. Millikan.

Toms Begabungen gingen bei Wayne nicht verloren und unter dem Einfluß des Großvaters plante Tom zuerst, Physiker zu werden. Er schrieb sich an der Stanford University ein. Begeistert von ausgezeichneten Professoren änderte

Abb. 11.2. Thomas Callister Hales

er allmählich seine Meinung und bewegte sich in Richtung Mathematik. Seine studentischen Leistungen waren hervorragend und er erhielt gleichzeitig zwei Grade – einen B. S. in Mathematik und einen M. S. in Engineering-Economic Systems. Im Anschluß an die Graduierung erhielt er ein Forschungsstipendium für die University of Cambridge in England.

In Cambridge hörte Hales zum ersten Mal von Keplers Vermutung. Es war im Herbst 1982, als der legendäre John Conway die Vermutung in einer seiner Vorlesungen erwähnte. Am Anfang schenkte Hales der Vermutung keine große Beachtung, weil ihn andere Themen des Kurses viel mehr beeindruckten. Aber sechs Jahre später – nachdem er in Princeton promoviert und anschließend ein Jahr in Berkeley verbracht hatte – tauchte das Problem wieder auf. Hales war damals Assistant Professor der Mathematik in Harvard und mußte einen Geometrie-Grundkurs vorbereiten. Das Lehrbuch, das er benutzte, erwähnte Keplers Kugelpackungsproblem als Beispiel für eine unbewiesene Vermutung. Hales begann zum ersten Mal, ernsthaft über das Problem nachzudenken.

Die meisten Mathematiker des zwanzigsten Jahrhunderts, die ihr Glück mit der Kepler-Vermutung versuchten, verwendeten Voronoi-Zellen, um den Raum zu partitionieren. Das schien die offensichtliche Wahl zu sein. Aber in Anbetracht ihrer Erfolglosigkeit suchte Hales einen neuen Ansatz. Er fand diesen Ansatz in einer anderen Partitionsroutine, der sogenannten Delaunay-Triangulation.

Der russische Mathematiker Boris Nikolajewitsch Delone wurde 1890 in St. Petersburg geboren und absolvierte 1913 das Studium an der Universität Kiew. Delone spezialisierte sich in Algebra und Zahlentheorie, aber nach der Oktoberrevolution 1917 wurde die Ausbildung in der Ukraine mehr auf die Praxis ausgerichtet und technologieorientierter. Algebra war nicht mehr gefragt und Delone ging zurück nach Petrograd (auch bekannt als St. Petersburg und Leningrad). Dort wurde er Direktor der Fachbereiches Algebra des Steklow-Institutes für Mathematik. Als das Institut 1935 nach Moskau umzog, ging Delone mit. Zusätzlich zu seinen Aufgaben am Institut war er auch Professor der Mathematik an der Moskauer Universität. Delone machte sich

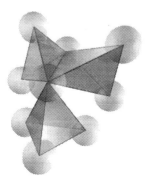

Abb. 11.3. Delaunay-Triangulation

auch als Felsenkletterer einen Namen. Er starb 1980 in Moskau im Alter von 90 Jahren.[5]

Die Triangulation, die den Namen des Russen trägt, ist – in einem gewissen Sinn – das genaue Gegenteil der Partitionierung des Raumes in V-Zellen. Man betrachte eine Kugelpackung und verbinde die Mittelpunkte benachbarter Kugeln durch eine Kante. Was sehen wir da, wenn wir genauer hinschauen? Siehe da, der ganze Raum ist in Tetraeder partitioniert worden. Vier Kanten bilden ein Tetraeder (oder ein Simplex, wie diese Figuren manchmal genannt werden). Die Delaunay-Tetraeder sind zu den Voronoi-Zellen in dem Sinne dual, daß eine Delaunay-Kante zwei Kugelmittelpunkte *verbindet*, wenn die beiden Kugelmittelpunkte durch eine Voronoi-Wand *getrennt* werden. Aber es gibt auch einen Unterschied: Während Voronoi-Zellen in verschiedenen Formen auftreten (Polyeder mit bis zu vierundvierzig oder sogar noch mehr Kanten), zerlegen Delaunay-Simplizes den Raum in Partitionen ein und derselben Form – nämlich in Tetraeder.

Im Übrigen ist die Partitionierung des Raumes keine Aktivität, die sich auf die Mathematik beschränkt. Das Verfahren hat Anwendungen querbeet durch viele Disziplinen. Ein neueres Buch zu diesem Thema zählt fast zwei Dutzend Gebiete auf, in denen Delaunay- und Voronoi-Zerlegungen des Raumes eine Rolle spielen: Anthropologie, Archäologie, Astronomie, Biologie, Kartographie, Chemie, Algorithmische Geometrie, Kristallographie, Ökologie, Forstwirtschaft, Geographie, Geologie, Linguistik, Marketing, Metallurgie, Meteorologie, Unternehmensforschung, Physik, Physiologie, Remote Sensing, Statistik sowie Stadt- und Regionalplanung.

Hales beschloß also, sein Glück mit Delaunay-Simplizes zu versuchen. Der erste Schritt bestand darin, die Kugelmittelpunkte miteinander zu verbinden und dadurch den Raum in Tetraeder aufzuteilen. Aber Hales gab sich nicht damit zufrieden, den Raum zu zerlegen, sondern wollte auch etwas zusammenbauen, so wie er es früher mit Lego-Bausteinen getan hatte. Als einzige Konstruktionsregel gab er sich vor, daß alle Delaunay-Tetraeder an einem gemeinsamen Mittelpunkt hängen mußten. Er bezeichnete die so entstehende Struktur als *Delaunay-Stern* (für den wir manchmal die Abkürzung *D-Stern* verwenden werden).

---

[5] Der Grund dafür, warum die von Tom Hales betrachtete Partitionierung des Raumes nicht Delone-Triangulation genannt wurde, besteht darin, daß sich die russische Bezeichnung nicht auf *alone* reimt, sondern auf *baloney*. Im Jahr 1934 schrieb Delone auf Französisch die siebenseitige Abhandlung „Sur la sphère vide. A la mémoire de Georges Voronoi" („Über die leere Kugel. Zum Gedenken an Georges Voronoi") für das Bulletin der Akademie der Wissenschaften der UdSSR. Der Name des Autors wurde durch Delaunay transkribiert, damit die französischen Leser seinen Namen richtig aussprechen. (Tatsächlich artikulieren nur Amerikaner und die Briten den Namen so, daß er sich auf *baloney* reimt. Die Franzosen haben eine viel schönere Art und Weise, den Namen auszusprechen.) In dieser Abhandlung schlug Delone die berühmte Triangulationstechnik vor, die von da an als Delaunay-Triangulation bezeichnet wurde.

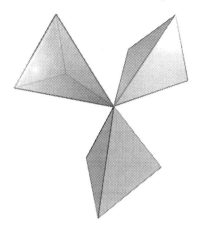

Abb. 11.4. Delaunay-Stern

Ich hatte früher erwähnt, daß vierundvierzig benachbarte Kugeln eine mittlere Kugel umgeben können. Gemäß der Eulerschen Formel hat die Delaunay-Triangulation dieses Clusters vierundachtzig Simplizes (vgl. Anhang). Hales zeigte, daß sich Delaunay-Sterne aus höchstens 102 Simplizes zusammensetzen lassen. Hieraus folgt, daß sich bis zu dreiundfünfzig Kugeln in der Umgebung einer gemeinsamen mittleren Kugel drängeln können (wir verweisen auch hier auf den Anhang). Entsprechend dem Hinweis, den Fejes Tóth gegeben hatte, machte sich Hales an die Untersuchung der Dichte von lokalen Konfigurationen. Aber anstatt die Dichte von V-Zellen zu berechnen, wie es in den vorhergehenden fünfunddreißig Jahren Mode war, analysierte Hales die Dichte innerhalb von D-Sternen.

Die Delaunay-Methode eröffnete einen neuen Weg für die Untersuchung von Kugelpackungen, aber es war ein riskantes Unternehmen. Mit dem Voronoi-Zellen-Verfahren war es nicht möglich gewesen, Keplers Vermutung zu beweisen, aber zumindest war es Claude A. Rogers, John Lindsey und Doug Muder gelungen, mit Hilfe des Verfahrens eine Reihe von allmählich besseren Schranken für Packungsdichten zu finden. Es blieb die Hoffnung, eines Tages für die Dichte eine Schranke von 74,05 Prozent erreichen zu können. Aber D-Sterne waren etwas ganz anderes. Es gab keine Zwischenstationen. Entweder gelangt man mit Hilfe der D-Sterne zum Endresultat oder man kommt überhaupt nicht weiter. Für den Gewinner einer Zwischenrunde gab es weder Ruhm noch Ehre.

Am Anfang kam Hales überhaupt nicht voran. Ihm gelang es lediglich, folgende Aussage zu beweisen: Acht Kugeln, die in den Ecken eines regulären Oktaeders positioniert werden, überdecken 72,09 Prozent des Oktaeder-Volumens. Das gehörte jedoch zum Standardwissen. Er wandte dieses Wissen nun auf D-Sterne an und zeigte, daß man in die verbleibenden 27,91 Prozent nicht mehr als vier zusätzliche Kugeln packen kann. Das war neu, aber nicht sehr überraschend. Tatsächlich schien es ziemlich offensicht-

lich zu sein, daß nur so viele Kugeln in einen so kleinen Raum gepackt werden
können. Der Satz von Hales war wirklich ein sehr schwacher Satz. Man sollte
also nicht überrascht sein, daß die Folgen dieser Aussage nicht sehr zufriedenstellend waren.

Es kam, wie es kommen mußte. Als Hales seinen neuen Ansatz verfolgte,
konnte er nur zeigen, daß die Dichte einer jeden Packung kleiner als unendlich ist. Unendlich? Er bewies nicht einmal, daß die Dichte jeder Packung
unter 100 Prozent liegt, was seinerseits eine ziemlich nutzlose Aussage gewesen wäre, aber wenigstens einen Sinn gehabt hätte. Somit war Hales' erster
Fund vollkommen, total und extrem nutzlos und hatte absolut keinen Wert
für den Beweis einer neuen Schranke für Kugelpackungen. Aber sein scheinbar
nutzloser Satz leistete dennoch etwas: das Resultat lehrte, daß Dichten nicht
negativ sein können. Das wäre noch viel unheimlicher gewesen. Somit schuf
Hales mit seinem frühen Ausflug in das Gebiet der Delaunay-Triangulationen
die Voraussetzungen für spätere Entwicklungen. Der Beweis lehrte, daß sich
die Methode nicht in irgendwelchen bodenlosen Abgründen verliert – auch
wenn sie sich vorläufig als nutzlos erwies.

Im Januar 1990 reichte Hales seine Arbeit „Remarks on the Density of
Sphere Packings" bei der Fachzeitschrift *Combinatorica* ein. Aber bevor die
Arbeit angenommen wurde, fand er etwas, wovor sich jeder Mathematiker
fürchtet: ein Gegenbeispiel zu einer seiner Vermutungen. Hales mußte sich
hinsetzen und seinen Artikel überarbeiten. Zwei Jahre später, im Dezember
1991, wurde die Arbeit angenommen. Es dauerte noch weitere zwei Jahre,
bis sie gedruckt wurde. Trotz ihres geringen praktischen Nutzens erwies sich
die Arbeit als revolutionär. Hales' „Remarks ..." legten eine neuartige Herangehensweise an Keplers Vermutung nahe. Da Delaunays Ansatz nicht zu
negativen Dichten führen kann, gab es die Hoffnung, daß der Ansatz letztendlich in etwas Nützliches umgemünzt werden kann. Vorläufig war Hales jedoch
nicht imstande, die Idee noch weiter auszubauen.

Aber ein Samenkorn war gepflanzt worden. Tatsächlich fing Hales an, sich
etwas großspurig zu fühlen. Er glaubte, daß sich die Delaunay-Methode mit
einigem Twisten, Schröpfen und Zwicken doch noch zu einer Strategie entwickeln ließe, mit deren Hilfe man die Kepler-Vermutung beweisen kann. Er
sprach mehrere Kollegen an und erzählte ihnen von seinen Ideen. Unter den
Kollegen waren Robert Langlands und John Milnor, zwei hochangesehene Mathematiker am Institute of Advanced Studies (IAS) in Princeton. Sie hörten
aufmerksam zu, als ihnen Hales seine Pläne auseinandersetzte, aber sie waren
nicht überzeugt. Die beiden erfahrenen Professoren fürchteten, daß ihr junger Kollege mit seiner Arbeit in einer Sackgasse landen würde. Sie schlugen
vor, er solle seine Ideen mit einem Computer an einigen Beispielen testen, um
dadurch Vertrauen zu diesem neuartigen Ansatz zu gewinnen. Nur wenn die
Tests zu keinen Gegenbeispielen führen – das heißt, zu keinen D-Sternen, deren Dichteschranke über 74,05 Prozent liegt – wäre es der Mühe wert, sich auf
eine zeitraubende und vielleicht nicht sehr erfolgreiche Expedition zu begeben.
Wir erinnern uns, daß es bei dieser Methode keine Lorbeeren vor dem Errei-

chen der Ziellinie zu gewinnen gibt. Entweder führt der Delaunay-Ansatz zu einem vollen Erfolg in Form eines Beweises der Kepler-Vermutung oder Hales bekommt nicht einmal einen Trostpreis, etwa für eine verbesserte obere Schranke für die Packungsdichte. Alles wäre vergeblich gewesen. (Zur gleichen Zeit besuchte auch Wu-Yi Hsiang das IAS. Langlands lud beide Männer in sein Institutszimmer ein, wo sie ihr erstes freundschaftliches Gespräch über die Kepler-Vermutung hatten.)

Hales griff den Vorschlag seiner Kollegen auf. Er schrieb ein Computerprogramm und begann, seine Hypothese zu testen. Nachdem er das Programm mit sehr vielen Clustern getestet hatte, stellte er fest, daß keiner von ihnen eine Dichteschranke über 74,08 Prozent hatte. Stop für einen Moment: 74,08 Prozent? Zu Hales' Verdruß hatte das Programm einen Cluster mit einer Dichteschranke identifiziert, die ein klein wenig über den 74,05 Prozent von Kepler lag. Stellen Sie sich seine Überraschung vor! Kann es wirklich sein, daß es eine Packungsanordnung gibt, die dichter als die Keplersche Packung ist? Eine Anordnung, die bis jetzt noch nicht entdeckt worden war? Das schien extrem unwahrscheinlich zu sein, so daß Hales zuerst daran dachte, daß sein Computerprogramm fehlerhaft sei. Er druckte ein Programmprotokoll aus und prüfte den Code sorgfältig noch einmal. Er ging das Programm Zeile für Zeile durch, überprüfte jedes Komma und jedes Semikolon, fand aber keinen Fehler. Der Code war in Ordnung.

Zurück zu den Ergebnissen. Hales unterzog die anstößige Kugelanordnung einer noch genaueren Untersuchung. Nach einer Weile mußte er sich eingestehen, daß der Cluster, den er gefunden hatte, tatsächlich ein authentisches Gegenbeispiel zu seiner Hypothese war. Es bestand aus einer mittleren Kugel, die von einem Dutzend Nachbarn umgeben war. Aber die Nachbarn waren anders angeordnet als in Keplers Packung. Eine Kugel befand sich oben an der Spitze der mittleren Kugel, fünf Kugeln waren – etwas oberhalb des Äquators – rundherum gepackt, weitere fünf etwas unterhalb des Äquators und eine Kugel befand sich an der Unterseite.[6] Wird eine V-Zelle um die mittlere Kugel gelegt, dann hat sie die Form eines Polyeders mit einem Fünfeck auf der Oberseite, einem weiteren Fünfeck auf der Unterseite sowie zehn Dreiecken rund um die Mitte. Diese Anordnung wird als pentagonales Prisma bezeichnet. Wir werden es *dreckiges Dutzend* nennen. Es sollte Hales viele Jahre lang verfolgen.[7]

Die Existenz dieses lästigen Clusters bedeutete nicht, daß Hales eine wirklich dichtere Packung gefunden hatte. Es bedeutete nur, daß die wahre Dichte etwas unter 74,08 Prozent liegt. Die von Hales vorgeschlagene Methode war verbesserungsbedürftig. Vorläufig beschloß er, alles zu sammeln, was er bisher herausgefunden hatte. Er schrieb eine Arbeit mit dem Titel „The Sphere Packing Problem" und reichte sie beim *Journal of Computational and App-*

---

[6] Wir hatten diese sogenannte ikosaedrische Anordnung in Kapitel 5 besprochen.

[7] Da sich die zwölf umgebenden Kugeln ein klein wenig bewegen lassen, gibt es tatsächlich unendlich viele dreckige Dutzende.

Abb. 11.5. Pentagonales Prisma (dreckiges Dutzend)

lied Mathematics ein. Die Arbeit wurde 1992 veröffentlicht, kurz nachdem er seinen vorhergehenden Artikel überarbeitet hatte.

Keplers Vermutung ließ Hales nie wieder los. Anfang 1994 entschloß er sich, alles andere beiseite zu legen und seine gesamte Zeit dem Problem zu widmen. Beruflich hatte er damals fast den Gipfel erreicht. Er hatte gerade eine dreijährige Stelle an der University of Chicago hinter sich und war als *visiting member* an das IAS geholt worden, eine der renommiertesten akademischen Einrichtungen – wenn nicht gar die renommierteste – der Vereinigten Staaten. Hales mußte sich keine Sorgen wegen akademischer Berufungen machen. Ein junger Mathematiker seines Formats würde früher oder später eine feste Anstellung kommen. Er konnte es sich leisten, ein Jahr seiner Zeit und Energie in die Fummelei an einer Frage zu investieren, die sich möglicherweise mit seinen Methoden gar nicht lösen läßt.

Hales verbrachte den größten Teil des Jahres damit, Delaunay-Sterne auseinander zu nehmen und wieder zusammenzusetzen. Inzwischen hatte er mit Tetraedern schon viel länger herumgespielt als seinerzeit als Kind mit Lego-Bausteinen: länger als fünf Jahre. Aber alle seine Anstrengungen waren vergeblich. Gegen Ende des Zeitraums, den er für die Kepler-Vermutung reserviert hatte, verlor er ein wenig den Mut. Er hatte ein Verfahren gefunden, den Raum in Fragmente zu partitionieren und deren Dichten zu berechnen. Aber immer, wenn eines der Stücke zu groß war, führte seine Methode zu ungenauen Ergebnissen. Es erwies sich als extrem schwierig, irgendetwas über die Kugelpackungen zu beweisen. Die Probleme schienen unüberwindlich zu sein.

Plötzlich, im November des Jahres, kam die Inspiration wie aus dem Nichts. Hales saß in einem der wöchentlichen Seminare des IAS. Robert MacPherson, ständiges Mitglied des Instituts, verbreitete sich über die Frage, warum der französische Mathematiker Jean Leray (1906–1998) die sogenannten *perversen Garben* nicht entdeckt hatte. Das ist ein faszinierendes Thema für einen Eingeweihten und Robert MacPherson war genau der richtige Mann, hierüber einen Vortrag zu halten. Zwei Jahre zuvor hatte er von der National

Academy of Sciences einen Preis für seine Pionierrolle bei der Einführung und Anwendung radikal neuer Ansätze in der Topologie der singulären Räume erhalten. Aber für jeden anderen sind Garben, seien sie nun pervers oder nicht, eine äußerst langweilige Angelegenheit. Während MacPherson seinen Übersichtsvortrag hielt, hatte Hales einen Wachtraum über Voronoi- und Delaunay-Zerlegungen. Auf einmal drang MacPhersons Stimme schneidend durch den Nebel seiner Träumereien. „Aber natürlich gibt es mehr als zwei Möglichkeiten, die Dinge zu machen." Hales war wie vom Blitz gerührt. Das war es! Voronoi-Zellen und Delaunay-Simplizes können nicht die einzigen Techniken sein, um den Raum zu partitionieren. Es muß mehr als zwei Möglichkeiten geben, die Dinge zu erledigen. Hales erinnerte sich später: „Bobs Feststellung riß mich so heftig aus meinen Tagträumen, daß ich ernsthaft über andere Zerlegungen des Raumes nachzudenken begann."

Die Idee, die schließlich zur Lösung der Keplerschen Vermutung führte, kam Hales in einem Traum in der Nacht unmittelbar nach MacPhersons Seminarvortrag: Wenn keine der Methoden für sich funktioniert, warum sollte man dann nicht versuchen, beide zu verwenden? Vielleicht ließen sich ja die Vorteile einer Partitionierung des Raumes in Voronoi-Zellen und in Delaunay-Simplizes zu einem hybriden Ansatz kombinieren?

Wir gehen die Sache jetzt Schritt für Schritt durch. Eine der Eigenschaften einer guten Packung ist eine kleine Voronoi-Zelle. Aber das genügt nicht. Ein halbes Jahrhundert zuvor hatte Fejes Tóth festgestellt, daß ungeachtet der Tatsache, daß das regelmäßige Dodekaeder das Volumen minimiert, die Zellen der nachfolgenden Außenschicht zu viel Platz verschwenden. Um dieses Problem zu umgehen, schlug er vor, die Zelle und ihre Nachbarn gleichzeitig zu berücksichtigen. Er schlug vor, jedem Cluster von Kugeln eine Bewertung zuzuordnen. *Eine* der Anforderungen an eine nützliche Bewertung sollte darin bestehen, daß das Volumen der V-Zelle der mittleren Kugel klein ist. Die andere Anforderung sollte sein, daß die Kugel zu einem dichten Cluster gehört. Um beide Anforderungen miteinander zu kombinieren, muß die Bewertung so vorgenommen werden, daß sie sich erhöht, wenn die Kugel Bestandteil einer „schlechten" Anordnung ist. Somit würde eine ineffiziente Anordnung sogar dann eine schlechte (niedrige) Bewertung erhalten, wenn die V-Zelle klein ist. Andererseits würde eine dichte Packung sogar dann eine gute (hohe) Bewertung bekommen, wenn die V-Zelle der mittleren Kugel ein bißchen größer ist.

Hales' erste Aufgabe war also, sich einen durchführbaren Bestrafungsplan auszudenken. Er beschloß, eine Funktion der Form *Volumen + Strafe* zu konstruieren, die minimiert werden sollte. Die Strafe konnte positiv, null oder negativ sein. Nach Auswahl einer passenden Bewertung wollte Hales überprüfen, für welche Anordnung die Funktion *Volumen + Strafe* ihr Minimum erreicht. Die Erwartung war natürlich, daß dieser Fall bei der Keplerschen Kugelanordnung eintreten würde.

Manchmal entscheiden sich die Mathematiker dafür, die Umkehrfunktion zu maximieren, anstatt die ursprüngliche Funktion zu minimieren. Das Ganze erinnert daran, daß man einen Taxifahrer mit der Aufforderung „Fahren Sie so schnell, wie Sie können!" anblafft, anstatt ihn anzubrüllen „Fahren Sie mich in der kürzestmöglichen Zeit hin!" Beide dieser höflichen Aufforderungen laufen auf dasselbe hinaus – insbesondere dann, wenn man ihnen mit einem 10-Dollar-Schein etwas Nachdruck verleiht. Hales tat etwas Ähnliches. Er maximierte das Negative der (*Volumen + Strafe*)-Funktion.

Bei seiner Suche nach einer passenden Funktion legte Hales zuerst eine „Grundlinie" fest. Diesem Zweck diente das reguläre Oktaeder mit Kanten der Länge 2 und mit je einer Kugel in den sechs Ecken. Diejenigen Anteile der acht Kugeln, die im Oktaeder enthalten sind, füllen 72,09 Prozent des Volumens aus. Von nun an werden alle Anordnungen in Bezug auf diesen Standard gemessen. Ein Cluster von Kugeln, der weniger dicht als die oktaedrische Anordnung ist, wird mit einer Strafe belegt, während ein Cluster, der dichter als die oktaedrische Anordnung ist, einen Bonus erhält. Das Oktaeder selbst bekommt die Bewertung 0. In den ursprünglichen Versionen seiner Arbeiten bezeichnete Hales diese Konstruktion als *Gamma*-Funktion. Das war aber kein sehr anschaulicher Name und deswegen schlugen ihm Freunde vor, daß er einen für seine Zwecke suggestiveren Namen verwenden solle. Hales nahm daraufhin die Bezeichnung *Kompression*, die aber auch nicht viel mehr Information beinhaltet. Wir werden den Begriff *Überschußfunktion* (surplus-function) verwenden, da es sich um den Überschuß der spezifischen Anordnung in Bezug auf die oktaedrische Anordnung handelt.

Wir wollen uns nun ein Beispiel ansehen. Kugeln, die in den Ecken eines regulären Tetraeders positioniert sind, füllen 77,96 Prozent des Raumes des Tetraeders aus. Die Differenz zur Dichte eines Oktaeders beträgt 5,87 Prozent ($= 77,96\% - 72,09\%$). Da das Volumen eines Tetraeders mit der Kantenlänge 2 gleich 0,942 ist, haben wir 0,0553736 für den Überschuß, der dem Tetraeder zugeordnet ist.[8] Hales bezeichnete diese Zahl als *point* (pt). Somit definiert 1 pt den „Dichteüberschuß" eines Tetraeders in Bezug auf ein Oktaeder. Der Überschuß sämtlicher Zellen, Sterne, und Simplizes wird in Punkten (pts) gemessen. Füllen die Kugeln im Simplex weniger Raum aus, als in einem Oktaeder, dann ist der Überschuß negativ.

Aber bald trat ein Problem auf. Immer dann, wenn das Simplex groß war, steckten die Überschußberechnungen voller Fehler und führten zu unbrauchbaren Ergebnissen. Hales wußte nicht mehr, was er tun sollte. Er dachte über Simplizes nach, danach über Zellen und anschließend wieder über Simplizes. Und dann kam ihm die Erleuchtung: Man braucht eine Kombination aus Simplizes und Zellen. Waren die Simplizes klein, dann berechnete er den Überschuß des Simplex so, wie er bis jetzt getan hatte. War das Simplex jedoch

---

[8] Das Volumen eines Tetraeders mit der Kantenlänge k ist $\frac{\sqrt{2}}{12}k^3$. Für $k = 2$ beträgt das Volumen 0,9428. Die Differenz 5,87% der Dichten von Tetraeder und Oktaeder, multipliziert mit dem Volumen 0,9428 des Tetraeders, beträgt 0,0553736.

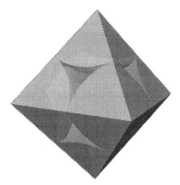

Abb. 11.6. Für die Überschußfunktion verwendetes Oktaeder

größer als ein bestimmter Cutoff-Wert, dann schaltete er auf die V-Zelle der mittleren Kugel um und berechnete deren *Prämie* (*premium*).

Was ist eine Prämie? Die Prämie bedeutet für Zellen dasselbe wie der Überschuß für die Simplizes. Wir betrachten die mittlere Kugel und ihre V-Zelle. Nun zerschneiden wir die Zelle in Keile. Die unterste Ecke eines jeden Keils wird von der Kugel besetzt. Wir vergleichen jetzt die Dichte eines solchen Keils mit der Dichte des Oktaeders. Die Prämie ist der Volumengewinn des Keils im Vergleich zum Oktaeder. Die Bewertung eines Delaunay-Sterns wäre dann die Summe aller Überschüsse und Prämien. Das war der Geistesblitz, den Hales hatte.

Die entscheidende Frage war jetzt: Was ist die maximale Bewertung eines Delaunay-Sterns? Hales hatte eine sehr genaue Vorstellung davon, was die höchste Bewertung sein könnte. Er war überzeugt, daß kein Stern jemals eine Bewertung von mehr als 8 pts haben könne. Und das, meine Damen und Herren, impliziert die Keplersche Vermutung. Warum? Weil Keplers Anordnung aus Sternen besteht, die sich ihrerseits aus acht Tetraedern und sechs Oktaedern zusammensetzen. Per Definition wird Oktaedern, die keine Überschüsse haben, eine Bewertung von 0 pts zugeordnet. Andererseits hat ein Tetraeder einen Überschuß von genau 1 pt. Folglich hat Keplers Cluster eine Bewertung von 8 pts. Könnte man zeigen, daß alle anderen Sterne eine kleinere Bewertung haben, dann wäre Keplers Vermutung bewiesen.

Es mußte also nur noch gezeigt werden, daß – unabhängig davon, wie der Raum in Zellen und Simplizes aufgeteilt wird – kein Stern jemals eine Bewertung von mehr als 8 pts erreichen kann. Klingt einfach genug, aber die Probleme sollten nicht unterschätzt werden. Die Aufgabe, die sich Hales gestellt hatte, ähnelte einem äußerst kniffligen und unübersichtlichen dreidimensionalen Puzzle, dessen Teile sich – zur Krönung des Ganzen – auch noch gegenseitig durchdringen, durchstoßen und durchlöchern konnten.

❖❖❖

Abb. 11.7. Prämie einer V-Zelle

Hales konzentrierte sich auf Cluster, die aus einer mittleren Kugel und allen ihren Nachbarn bestehen.[9] Er zog Linien zwischen den Mittelpunkten der Nachbarn und projizierte diese Linien auf die Oberfläche der mittleren Kugel. Das definierte ein Netz auf der Oberfläche der mittleren Kugel, das an die Netze von Reinhold Hoppe und John Leech erinnert (vgl. Kapitel 6). Während der folgenden Jahre war Hales damit beschäftigt, alle möglichen derartigen Netze zu untersuchen. Zunächst erzeugte er sie mit Hilfe kombinatorischer Techniken. Danach klassifizierte er sie je nachdem, ob sie aus Dreiecken, Vierecken oder anderen Vielecken bestehen. Zum Schluß berechnete er die maximale Bewertung, die ein Netz erreichen konnte, und zeigte, daß dieses Maximum unter 8 pts liegt – mit Ausnahme der Bewertungen der FCC und der HCP, die jeweils genau 8 pts erreichen.

Der Autor Simon Singh beschrieb den Halesschen Ansatz kurz und knapp folgendermaßen: Man trage die Dichte sämtlicher Anordnungen von 50 Kugeln in einen 150-dimensionalen Graphen ein. Ein derartiger Graph ähnelt einer 150-dimensionalen Landschaft. Man konstruiere nun ein 150-dimensionales

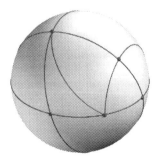

Abb. 11.8. Netz auf der mittleren Kugel

---

[9] Alle Kugeln, deren Mittelpunkte innerhalb einer Entfernung von 2,51 vom Mittelpunkt der mittleren Kugel liegen, wurden als Nachbarn definiert. Natürlich mußte Hales auch die nachfolgenden Schichten von Kugeln (die Nachbarn der Nachbarn) berücksichtigen, um die Außenwände der V-Zellen der ersten Schicht zu definieren.

Dach über der Landschaft und suche anschließend die höchste Dachspitze. Danach senke man das Dach, bis es gerade den höchsten Hügel berührt. Die „Höhe" der Spitze des niedrigsten Daches beträgt gerade 8 pts – wenn alles nach Plan verläuft.

Das ist eine allgemeine Skizze der Idee, die Hales während des Vortrags von MacPherson und während seines Novemberschlafes 1994 gekommen war. Er machte sich sofort an die Arbeit und fing an, einen Masterplan auszuarbeiten. Die Strategie von Hales bestand darin, den Beweis in fünf Abschnitte aufzuteilen, von denen er dachte, daß sie jeweils einen ungefähr gleichen Aufwand an Zeit und Mühe erfordern würden.

Der Master Plan[10]

Abschnitt 1: Zeige, daß alle Netze, die nur aus Dreiecken bestehen, eine Bewertung von höchstens 8 pts haben.

Abschnitt 2: Beweise, daß dreiseitige Loops eine Bewertung von höchstens 1 pt, Rechtecke eine Bewertung von höchstens 0 pt und Loops mit mehr als vier Seiten eine negative Bewertung erhalten.

Abschnitt 3: Zeige, daß alle aus Dreiecken oder Vierecken (mit Ausnahme des dreckigen Dutzends) zusammengesetzten Netze eine Bewertung von weniger als 8 pts haben.

Abschnitt 4: Zeige, daß alle Netze, die mindestens einen Bereich mit mehr als vier Seiten enthalten, eine Bewertung von weniger als 8 pts haben.

Abschnitt 5: Beweise, daß das *dreckige Dutzend* ebenfalls eine Bewertung von weniger als 8 pts hat.

Hales hatte sich so sehr an die Aufteilung des Raumes in Zellen und Sterne gewöhnt, daß ihm die Einteilung in Zeitabschnitte sehr natürlich vorgekommen sein muß. (Dabei kam Hales auch sein Abschluß in *engineering-economic systems* sehr zustatten.) Aber es war ein ziemlich ungewöhnliches Verfahren und ähnelte mehr der Herangehensweise eines Ingenieurs an den Bau von Brücken als dem Ansatz eines Mathematikers beim Beweis eines Satzes. Ein Wissenschaftler kommt gewöhnlich durch vollkommen unvorhersehbare Spurts und Starts voran. Aber diese nonkonformistische Herangehensweise ermöglichte es Hales, sein Vorankommen zu planen und festzustellen, ob er gut in der Zeit lag oder hinterherhinkte. Ende 1994 hatte Hales bereits einen bedeutenden Teil von Abschnitt 1 erledigt und bei einem Tempo von einem Abschnitt pro Jahr glaubte er, seine Aufgabe Ende 1998 abzuschließen.

An diesem Punkt kamen die Computer ins Spiel, so, wie es Fejes Tóth vorhergesagt hatte. Überall im Beweis verwendete Hales Computer, um den

---

[10] Ich habe den Beweis hier nur ganz oberflächlich angerissen und gebe im Anhang zu Kapitel 13 unter der Überschrift „Der Beweis – eine Erläuterung" eine etwas ausführlichere, schrittweise Darlegung des Halesschen Masterplans.

Raum zu aufzuteilen, um alle möglichen Netze zu erzeugen, um die Dichte aller Bestandteile zu berechnen und um unzählige andere Aufgaben zu erledigen.

Nach mehreren Monaten Arbeit gelang Hales der Beweis, daß kein Netz eine Bewertung von mehr als 8 pts haben kann, falls es nur aus Dreiecken besteht. Der erste Abschnitt seines Masterplans war abgeschlossen und er setzte sich nun an den Schreibtisch, um die Arbeit fertigzustellen. Er gab ihr den Titel „Sphere Packings I" und reichte sie am 12. Mai 1994 bei der Zeitschrift *Discrete and Computational Geometry* ein. Die Gutachter waren nicht sehr erbaut. Hales hatte seine Ideen noch nicht hinreichend klar formuliert. Er hatte keine Vermutung in der Richtung formuliert, daß ein besonderes Bewertungssystem zu einem Beweis der Kepler-Vermutung führen würde, sondern lediglich bemerkt, daß man möglicherweise eine Lösung finden könne. Es gab auch keinerlei Hinweis auf das hybride Bewertungssystem. Stattdessen schlug Hales ein „repacking scheme" vor, von dem er bereits wußte, daß es zu riesigen Hindernissen führen würde.

Der Herausgeber bat um eine Überarbeitung und Hales verbrachte das darauffolgende Jahr damit, eine Neufassung seiner Arbeit zu schreiben. Er reichte die überarbeitete Version am 24. April 1995 ein. Wieder waren die Herausgeber nicht übermäßig begeistert. Sie verlangten weitere Änderungen. Pflichtbewußt überarbeitete Hales sein Manuskript ein weiteres Jahr lang – in dieser Zeit saß er bereits intensiv an den Abschnitten 2 und 3. Er reichte die erneut überarbeitete Fassung am 11. April 1996 ein und diesmal wurde die Arbeit endlich angenommen. Ein Jahr später erschien sie im Druck.

Damit war das Eis gebrochen. Hales hatte seinen Plan der Welt kundgetan. Machte er sich vielleicht Sorgen, daß jemand seine Ideen stehlen könnte und vor ihm das Ziel erreicht? Nein, das beunruhigte ihn nicht. Er hoffte vielmehr, eine Art informelle Anerkennung für seine Ideen zu erhalten. Der Umfang und die Schwierigkeiten der noch verbleibenden Probleme schienen überwältigend und er freute sich auf eventuelle Hilfe. (Das pentagonale Prisma – das dreckige Dutzend – war noch nicht als potentielles Problem identifiziert worden.) Aber niemand griff die Sache auf. Seine Freunde und Kollegen waren im Großen und Ganzen pessimistisch in Bezug auf seine Erfolgschancen und nahmen eine abwartende Haltung ein. Eine von Hales' späteren Arbeiten, in denen er seinen Masterplan skizzierte, wurde als allzu provisorisch und spekulativ abgelehnt. Tatsächlich hatte ja John Conway bereits orakelt, daß das Problem zu seinen Lebzeiten nicht gelöst werden würde.

Aber Hales rackerte weiter. In Abschnitt 2 setzte er die Bewertungen zu den Formen der Netz-Loops in Beziehung. Welche Sterne könnten also genau 8 pts erhalten? Wir wissen bereits, daß Keplers Kugelanordnungen die perfekte Bewertung erreichen. Hales zeigte, daß jede Deformation dieser Anordnung, sogar das allergeringste Wackeln, die Bewertung verkleinert. Am 24. April 1995 steckte Hales „Sphere Packings II" zusammen mit der Überarbeitung von Abschnitt I in einen Umschlag und sandte beide Arbeiten an *Discrete and Computational Geometry*. Zu diesem Zeitpunkt waren die Herausgeber mit seinen Arbeiten bereits etwas vertraut und verlangten nur *eine*

Überarbeitung. Hales brauchte dazu ein Jahr – er arbeitete gleichzeitig an der zweiten Fassung von „Sphere Packings I" – aber im April 1996 sandte er beide Arbeiten an den Herausgeber und sie wurden ordnungsgemäß angenommen. „Sphere Packings II" erschien im darauffolgenden Jahr, 562 Seiten nach „Sphere Packings I".

Nun zu Abschnitt 3, in dem alle Netze behandelt werden, die aus Dreiecken und Vierecken gewoben sind. Natürlich haben die FCC und die HCP so ein Netz und die Bewertung beträgt genau 8 pts. Hales wollte zeigen, daß alle anderen Bewertungen kleiner als 8 pts sind. Das Problem des dreckigen Dutzends blieb weiter bestehen. Aber zumindest war er imstande zu zeigen, daß – abgesehen von dieser einzigen Ausnahme – alle diese Netze eine Bewertung von weniger als 8 pts haben. Als er sich hinsetzte, um seine Ergebnisse aufzuschreiben, liebäugelte er mit so fesselnden Überschriften wie „Sphere Packings: The Sequel" oder „The Return of the Sphere Packing". Am Ende entschied er sich dagegen. Er konnte es sich nicht leisten, weniger seriös an die Sache heranzugehen, handelte es sich doch um ein Thema, das nicht jeder ganz so ernst nahm. Also gab Hales der Arbeit den bescheidenen, aber nicht unerwarteten Titel „Sphere Packings III".

In „Sphere Packings IV" zeigte er, daß die Bewertung selbst dann kleiner als 8 pts ist, wenn Polygone mit mehr als vier Seiten in die Netze gewoben werden. „Sphere Packings III" und „Sphere Packings IV" wurden nie veröffentlicht. Hales war einfach glücklich zu wissen, daß er auf dem Weg zur Lösung des Problems war.

Jetzt fehlte nur noch Abschnitt 5. Das pentagonale Prisma war Thomas Hales ein Dorn im Auge, seitdem er dem Prisma während seiner Computerexperimente am IAS begegnet war. Aber jetzt sollte Hales endlich etwas Hilfe bekommen. An dieser Stelle wird der Beruf seines Vaters für unsere Schilderung bedeutsam. Dr. Hales hatte eine etablierte Augenklinik in Provo (Utah). Einer seiner Patienten, Helaman Pratt Ferguson, war Professor der Mathematik an der Brigham Young University.

Ferguson gehört zu den wenigen glücklichen Menschen, die zwei Leidenschaften miteinander verbinden können und auf zwei Gebieten Herausragendes leisten. Seine frühe Kindheit war traurig. Ein Blitzschlag tötete seine Mutter, als sie Wäsche im Hinterhof aufhängte, und dann wurde sein Vater im Zweiten Weltkrieg zur Armee eingezogen. Eine Großmutter nahm den kleinen Jungen und seine Schwester auf. Aber als entsetzte Verwandte herausfanden, daß die alte Dame den Kindern Kaffee servierte, trafen sie Vorkehrungen für eine Adoption der Kinder durch entfernte Verwandte. Ferguson fing seine Ausbildung als Lehrling bei seinem Adoptivvater an, einem irischen Steinmetz, und studierte anschließend Malerei und Bildhauerei. Da aber nicht jeder strebsame Künstler sicher sein kann, seinen Lebensunterhalt zu verdienen, studierte Ferguson auch Mathematik. Er erhielt 1971 den Doktorgrad der University of Washington in Seattle und lehrte dann siebzehn Jahre lang Mathematik an der Brigham Young University. Er forschte auf dem Gebiet der algorithmischen Zahlentheorie und einer seiner Computeralgorithmen wurde berühmt.

Es war der sogenannte *PSLQ*-Algorithmus, der die Berechnung der n-ten Nachkommastelle der Zahl π ermöglicht, ohne die $n-1$ vorhergehenden Nachkommastellen zu berechnen. *PSLQ* leistet auch weitere ordentliche Dinge für die Mathematik und die Physik. Eine Fachzeitschrift nannte den Algorithmus einen der Top-Ten-Algorithmen des Jahrhunderts.[11]

Man möchte meinen, daß eine solche Leistung für ein Menschenleben ausreicht. Nicht so für Ferguson! Er versteht sich zuallererst als Bildhauer. Seine mathematisch inspirierten Schöpfungen, die ästhetische Schönheit mit mathematischer Eleganz kombinieren, werden überall auf der Welt ausgestellt. Ferguson gelingt es, mathematisch strenge Begriffe in dreidimensionale Kunst zu übersetzen und dadurch der Schönheit der Mathematik einen physischen Ausdruck zu geben.

Ferguson hat noch einen anderen Anspruch auf Berühmtheit. Um in Form zu bleiben, fing er an zu joggen. Aber nachdem er dieser Tätigkeit mehr als zwei Jahrzehnte lang nachgegangen war, empfand er sie als etwas zu einseitig. Man fuchtelt mit den Armen in der Luft herum, während die Beine die ganze Arbeit verrichten. Ferguson wollte auch seinen Armen etwas zu tun geben und deswegen begann er, zu „jogglieren". Beim Joggen jongliert er mit Ringen, Bällen oder Bowling-Pins. Abgesehen vom Üben der Arme – so Ferguson – nimmt das „Joggling" dem Joggen die Langeweile. Das *Guinness Book of Records* listet Helaman P. Ferguson als ersten Menschen, der über eine Distanz von 80 Kilometern gejoggelt hat. (Es gibt keine Aufzeichnungen darüber, ob er diese Distanz zurückgelegt hat, ohne einen Ball fallen zu lassen.) Leider mußte er mit dem Jogglieren aufhören, nachdem er sich den Rücken bei einem Fall verletzt hatte. Jedoch „spagliert" Ferguson bis zum

Abb. 11.9. Eine Skulptur von Helaman P. Ferguson

---

[11] Genaugenommen entdeckte Fergusons Algorithmus die Formel, die eine hexadezimale Entwicklung von π erzeugt. Ein anderer Mathematiker, David Bailey, ebenfalls von der Brigham Young University, schrieb den Code für *PSLQ*.

heutigen Tage ("spaglieren" ist eine Zusammensetzung von spazierengehen und jonglieren).[12]

Trotz seiner vielen Fertigkeiten war Helaman Ferguson nicht derjenige, der Hales bei dessen Kämpfen helfen sollte. Diese Aufgabe war Samuel Lehi Pratt Ferguson, einem seiner Söhne, vorbehalten. Sam Ferguson ist acht Jahre jünger als Hales. Sie hatten einander in Provo kennengelernt und Ferguson war 1983 an das Institute for Advanced Study eingeladen worden, als Hales seine Doktorarbeit in Princeton schrieb. Der junge Doktorand besuchte gelegentlich die Familie Ferguson und Sam lernte ihn etwas besser kennen.

Früh im Leben erwachte Sam Fergusons Interesse an der Wissenschaft. Nachdem ihn sein Vater und seine Mutter überzeugt hatten, daß Mathematik der Schlüssel zu den anderen Wissenschaften ist, befaßte er sich ernsthaft mit dem Fach. Es schien die beste Verwendbarkeit seiner Talente zu sein. (Ferguson beschreibt sich selbst nicht als hervorragenden Mathematiker. Er hält sich eher für einen Problemlöser, aber für einen ziemlich guten.) Er studierte an der Brigham Young University, wo er 1991 seinen Bachelor of Science erhielt. Als er im letzten Studienjahr war, kam Hales zu Besuch an das Mathematics Department und hielt einen Vortrag, in dem er über seine Arbeit sprach. Ferguson hörte sich den Vortrag an. Hier erfuhr er zum ersten Mal von Keplers Vermutung.

Nach der Graduierung nahm sich Ferguson für die Entscheidung Zeit, ob er weiter studieren solle. Als er schließlich beschloß, sich für eine Graduate School zu bewerben, waren die Meldefristen bei vielen Universitäten bereits abgelaufen. Ein Graduate Department, das seine Tore noch nicht geschlossen hatte, befand sich an der University of Michigan. Also bewarb sich Ferguson dort und wurde angenommen. Sein zweites Jahr in Michigan fiel mit der Ankunft seines alten Freundes Hales zusammen. Die University of Chicago war zu zurückhaltend gewesen, um Hales eine feste Stelle anzubieten, aber die University of Michigan ließ sich nicht lange bitten.

Die Universität machte ein Angebot und Hales nahm es an. In Michigan kamen Ferguson und Hales sehr gut miteinander aus; angesichts ihrer gemeinsamen Jugend in Provo und ihrer Herkunft aus Mormonenfamilien war das nicht überraschend.

Ferguson machte 1993 seinen Master-Abschluß und beschloß, länger zu bleiben, um seine Doktorarbeit zu schreiben. Leider – aber im Nachhinein können wir sagen glücklicherweise – fiel seine Suche nach einem Themenbetreuer mit dem Umbau von Angell Hall zusammen, wo das Department of Mathematics untergebracht war. Das nachfolgende Chaos bestärkte alle Fakultätsmitglieder, die es tun konnten, das Weite zu suchen. Ferguson hatte es schwer, einen Themenbetreuer zu finden. Einer der Professoren, der noch keinen Forschungsurlaub hatte und mitten im Staub, Schmutz und Ruß ausharren mußte, war kein anderer als Tom Hales. Ferguson beriet sich mit seinem Vater und beschloß dann, Hales zu bitten, die Dissertation zu betreuen. Nichts

---

[12] Auf Englisch sagt man „wuggle" (walk and juggle).

Abb. 11.10. Samuel L. P. Ferguson

schien natürlicher als daß die zwei Kumpel aus Provo zusammenarbeiten, um Keplers Vermutung über die Ziellinie zu bringen. Zu einer Zeit, als die meisten reiferen Mathematiker dem Masterplan von Hales noch sehr skeptisch gegenüber standen, war Ferguson gerade noch naiv genug, um zu glauben, daß die Sache funktionieren könnte. Hales schilderte Ferguson das Problem mit dem dreckigen Dutzend und bat ihn, es „abzuhaken". Und genau das tat Ferguson. Das dreckige Dutzend wurde das Thema seiner Doktorarbeit. Seine Talente als Problemlöser kamen ihm auf dem langen und mühsamen Weg, der vor ihm lag, gut zustatten. Ferguson sr. sandte seinem Sohn eine große Anzahl von Kugellagern, um ihm bei der Veranschaulichung zu helfen. Die aus massivem Stahl gefertigten Kugeln von ungefähr 1 Zoll Durchmesser waren ein sehr eindrucksvolles Requisit. Unglücklicherweise konnte Ferguson sie nicht wirklich so verwenden, wie es sein Vater beabsichtigt hatte, da die Kugeln zu schwer waren, um mit Kaugummi fixiert zu werden.

Ursprünglich dachte Hales, Ferguson würde Abschnitt 5 in einigen Monaten erledigen können. Danach hatte er vor, seinen Doktoranden mit etwas mehr anzufüttern, um die Dissertation anzureichern. Der Arbeitsaufwand war jedoch wesentlich größer als erwartet und es dauerte viel länger als nur einen Sommer. Insgesamt arbeitete Ferguson drei Jahre an seiner Dissertation. Die Programmierung und die Computerexperimente, die er und Hales durchführten, um das korrekte Zerlegungs- und Bewertungssystem zu finden, waren eine gewaltige Arbeit. Am Schluß bestand ganz gewiß kein Bedarf mehr, weiteres Material hinzuzufügen, um die Dissertation aufzumotzen.

Eines Tages, im August 1997, war die Arbeit zu Ende. Abschnitt 5 war gelöst. Keplers Vermutung war bewiesen. Waren Tom Hales und Sam Ferguson nun begeistert? Nicht wirklich. Hales beschreibt seine damalige Empfindung eher als Gefühl der Erleichterung. Es war, als ob ihm eine Last von den Schultern genommen wäre.

Ferguson berichtete über die Ergebnisse in „Sphere Packings V". Die Dissertation wurde angenommen und Sam, nunmehr Dr. Ferguson, wollte sie zur Veröffentlichung bei einer angesehenen Fachzeitschrift einreichen. Hales dachte, daß *Discrete and Computational Geometry* die richtige Absatzmöglichkeit sei, da er dort seine ersten beiden Arbeiten in der besagten Serie veröffentlicht hatte. Er sprach mit den Herausgebern, die aber kein Interesse zeigten. Es sei keine Lösung der Kepler-Vermutung, sagten sie, sondern nur ein teilweiser Fortschritt in Richtung der Lösung. Deswegen könne die Arbeit nicht für sich allein veröffentlicht werden. Obendrein „wäre es ziemlich schwierig, einen Gutachter zu finden, der willens und fähig ist, sich durch die schmutzigen Details des Beweises zu wühlen", wie Ferguson selbst zugab. Bis zum heutigen Tage wartet seine Arbeit darauf, gedruckt zu werden. Ferguson arbeitet jetzt als Mathematiker im US-amerikanischen Verteidigungsministerium.

Ferguson beschreibt seine Zusammenarbeit mit Hales als eine außergewöhnliche Erfahrung. Beide zogen aus der Partnerschaft einen Nutzen. Es half Hales sehr, jemanden zu haben, der zusammen mit ihm an dem Problem arbeitete. Es wäre viel leichter gewesen, das Projekt zurückzustellen, wäre da nicht die Tatsache gewesen, daß Fergusons Dissertation auf des Messers Schneide stand.

Im Winter 1998 wurde Hales für den im darauffolgenden Jahr zu vergebenden Henry-Russell-Preis der University of Michigan nominiert. Der Preis wird jährlich an ein jüngeres Fakultätsmitglied als Anerkennung für herausragende Leistungen in Wissenschaft und Lehre verliehen. Ferguson schrieb einen eloquenten Brief zur Unterstützung der Nominierung und Hales erhielt 1999 den Henry-Russell-Preis.

Zusammenfassend gesagt: Netze mit Dreiecken waren Gegenstand von „Sphere Packings I". Netze mit Dreiecken und Vierecken wurden zuerst in „Sphere Packings III" betrachtet (Keplers Anordnung und alle Deformierungen) und danach in „Sphere Packings V" (das dreckige Dutzend). Netze mit Polygonen, die mehr als fünf Seiten haben, waren das Thema von „Sphere Packings IV". Damit waren alle möglichen Netze abgedeckt. („Sphere Packings II" diente nur als „unterstützendes Material".) Mit Ausnahme der Keplerschen Anordnung hat jedes einzelne Netz eine Bewertung von weniger als 8 pts. Die Keplersche Anordnung hat dagegen eine Bewertung von *genau* 8 pts.

Helaman Ferguson hat Hales einmal gefragt, warum er beschlossen habe, die Keplersche Vermutung anzupacken. Hales antwortete, daß er am Anfang dachte, die Lösung des Problems sei nicht so schwer; hätte er gewußt, wie schwer das Problem sein würde, dann hätte er sich nicht darauf eingelassen. Das drückt in einer Nußschale die Hindernisse und Hürden aus, die überwunden werden mußten. In den folgenden zwei Kapiteln beschreiben wir die Arbeit an den fünf Abschnitten etwas ausführlicher.

Am Schluß dieses Kapitels möchte ich noch einen Punkt festhalten. Man könnte den Eindruck gewinnen, daß László Fejes Tóth ein Traumtänzer war, dessen Werk größtenteils unerfüllte Versprechungen und unbewiesene Hypothesen enthielten. Dieses Bild ist jedoch unvollständig. Wir müssen seine Beiträge in der Perspektive sehen. Wie Hales sagte:

> „Ich bewundere László Fejes Tóth ungemein. Während der langen Jahre, in denen ich mich mit dem Problem herumschlug, spürte ich, daß er mehr als irgendein anderer die Natur des Problems verstanden hatte und das Terrain vor mir abgesteckt hatte. Bei vielen Gelegenheiten bin ich nach langem und hartem Nachdenken zu Einsichten gekommen, für die ich in seinen Arbeiten entsprechende Aussagen fand. Daß er so viele dieser Aussagen in Form von Hypothesen und Vermutungen formulierte, zeigt nur, daß er ein Visionär war, der seiner Zeit um 50 Jahre voraus war. Ich bewundere ihn deswegen genau so, wie ich jeden großen Mathematiker bewundere, der eine kühne Hypothese formuliert, um ein bedeutendes Problem zu lösen."

12

Simplex, Cplex und Symbolische Mathematik

Der Beweis der Kepler-Vermutung ist im Wesentlichen ein Optimierungsproblem. Tom Hales hat den Beweis auf die Optimierung der Bewertung von
Delaunay-Sternen reduziert. Die Keplerschen Konfigurationen haben eine Bewertung von 8 pts und Tom zeigte, daß kein Stern eine höhere Bewertung
haben kann. Seine Aufgabe bestand zunächst darin, die maximale Bewertung aller möglichen Sterne zu finden und anschließend zu zeigen, daß diese
maximale Bewertung unter 8 pts liegt. Eine Hürde war die Auflistung aller
möglichen Delaunay-Sterne[1]. Ein anderes Hindernis war die Maximierung der
Bewertungen.

Maximierungsprobleme entstehen jedesmal, wenn wir uns bemühen, etwas
zu maximieren: das Einkommen, den Notendurchschnitt, den Gewinn, die
Kraft, die Geschwindigkeit oder das Vergnügen. Bei anderen Gelegenheiten
möchte man vielleicht Variablen minimieren, zum Beispiel den Aufwand, die
Anstrengung, die zurückzulegende Entfernung, Schmerzen oder die Belastung.
Maximierungs- und Minimierungsprobleme werden unter dem Begriff „Optimierung" eingeordnet. Die Gewinnmaximierung kann zum Beispiel äquivalent
zur Kostenminimierung sein.

Die Antworten auf viele Optimierungsprobleme können sich auf null oder
unendlich reduzieren. Wieviele Dingsbumse sollte beispielsweise eine Fabrik
produzieren, um die Kosten zu minimieren? Null, ist doch klar. Wenn man
nichts tut, muß man auch nichts bezahlen. Aber diese Antwort ist natürlich zu
einfältig. Man will die Kosten minimieren, aber man möchte auch etwas produzieren. Ein Optimierungsproblem hat also im Allgemeinen die Form: „Man
maximiere den Gewinn unter der Voraussetzung, daß mindestens fünfundzwanzig Dingsbumse produziert werden." Die Klausel „unter der Voraussetzung" wird als Nebenbedingung bezeichnet. Nur Optimierungsprobleme mit
Nebenbedingungen sind von Interesse. Optimierungsprobleme ohne Nebenbedingungen haben sogenannte triviale Ecklösungen (*null* und *unendlich* liegen
vereinbarungsgemäß in den „Ecken" des unendlichen Raumes).

---

[1] Oder, äquivalent, ihrer Netze.

G.G. Szpiro, *Die Keplersche Vermutung*,
DOI 10.1007/978-3-642-12741-0_12, © Springer-Verlag Berlin Heidelberg 2011

Der erste Fortschritt auf dem Gebiet der Optimierung mit Nebenbedingungen wurde in den 1930er Jahren von dem Mathematiker Leonid Witaljewitsch Kantorowitsch in der Sowjetunion erzielt. Das ist nicht völlig überraschend, denn schließlich waren die Befürworter der zentralen Planung davon überzeugt, daß sie mit Hilfe von Supercomputern (die leider noch nicht verfügbar waren) die Wohlfahrt aller maximieren können und optimale Produktionsquoten ebenso beschließen können wie die Zuteilung von Betriebsmitteln, Preislisten und Verbrauchslisten. Wie es sich für eine zentralisierte Wirtschaft gehört, würde der Große Bruder schon auf alles aufpassen. Und wie es sich für die westliche Welt ziemt, wurde die russische Forschung vollkommen ignoriert.

Kantorowitsch wurde 1912 in St. Petersburg geboren (dem späteren Petrograd, danach Leningrad und dann wieder St. Petersburg). Zu seinen frühesten Kindheitserinnerungen gehörte das Pfeifen der Kugeln während der Oktoberrevolution 1917. Im Alter von vierzehn Jahren schrieb er sich am Mathematischen Institut der Leningrader Staatsuniversität ein. Er verschwendete kaum Zeit und erhielt den Doktorgrad bereits im Alter von achtzehn Jahren. Kantorowitsch war ein theoretischer Mathematiker mit einem hervorragenden Gefühl für die Mathematik, die der Volkswirtschaft zugrunde liegt. Seine Kontakte zur Wirtschaft begannen durch einen Zufall. Als sechsundzwanzigjähriger Professor, dessen Gehalt nicht gerade sehr üppig war, arbeitete er im Nebenjob als Berater einer Fabrik, die mit Furnierholz handelte. Man bat ihn, diejenige Verteilung von Rohstoffen zu bestimmen, bei der die Produktivität der Ausrüstung maximiert wird. Kantorowitsch löste das Problem, indem er ein Verfahren erfand, das er als „Methode der Lösung von Multiplikatoren" bezeichnete. Die Druckerei der Leningrader Universität veröffentlichte 1939 eine Broschüre von Kantorowitsch, welche die Hauptideen der Theorien und Algorithmen dessen enthielt, was man später als lineare Programmierung bezeichnete. Das Werk war in Russisch geschrieben und blieb den westlichen Wissenschaftlern jahrzehntelang unbekannt.

Um ungefähr dieselbe Zeit forschte der ungarische Emigrant John von Neumann am Institute for Advanced Study (IAS) in Princeton. Tatsächlich heißt es, das IAS sei gegründet worden, um ihm und seinem Kollegen Albert Einstein eine Stelle zur Förderung des menschlichen Wissens zu geben. Von Neumann wurde 1903 als Sohn eines wohlhabenden jüdischen Bankiers in Budapest geboren. Jancsi, wie er damals genannt wurde, war ein Wunderkind, und trotz des strengen Numerus clausus für jüdische Studenten an der Universität Budapest erhielt er ohne weiteres die Zulassung. Aber er zahlte mit gleicher Münze zurück und besuchte die Vorlesungen fast nie. Stattdessen schrieb er sich gleichzeitig an der Universität Berlin ein. Auch dort zeichnete er sich nicht gerade durch einen häufigen Vorlesungsbesuch aus, da er 1926 ein Diplom als Chemie-Ingenieur der Eidgenössischen Technischen Hochschule (ETH) Zürich erhielt. Im gleichen Jahr erhielt er das Doktorat der Universität Budapest. Es folgte ein Studienjahr bei David Hilbert in Göttingen. Jeder, der von Neumann begegnete, erkannte seinen überlegenen Intellekt. In den Jahren von 1930 bis 1933 hatte er sowohl in Deutschland als auch an der Universität

Princeton eine Stelle. Danach wurde das IAS gegründet und er wurde dort einer der sechs ersten Professoren der Mathematik. Von Neumann, jetzt Johnnie genannt, wurde 1937 amerikanischer Staatsbürger. Er starb 1957 im Alter von vierundfünfzig Jahren an Krebs.

Von Neumann wird als Vater der modernen Computer betrachtet. Tatsächlich war er der Vater vieler Disziplinen und Teildisziplinen. Seine Beiträge zur Mathematik, Quantentheorie, Ökonomie, Entscheidungstheorie, Informatik, Neurologie und zu anderen Gebieten sind zu umfassend, um hier aufgezählt zu werden. Wir wollen nur zu zwei Gebieten etwas mehr sagen. Als Berater beim Manhattan-Projekt hat er an der Entwicklung der Atombombe in Los Alamos mitgewirkt. Er arbeitete die Theorie der „Implosion" aus, die sich als Schlüssel bei der Entwicklung der Atombomben Little Boy und Fat Man erwiesen, die über Hiroshima bzw. über Nagasaki abgeworfen wurden.[2]

Zur gleichen Zeit war von Neumann auch mit einer sehr viel weniger unheimlichen Sache beschäftigt. In Princeton arbeitete er zusammen mit seinem Kollegen Oskar Morgenstern, einem österreichischen Emigranten, an einem vergnüglichen Artikel über Spiele, die von Menschen gespielt werden.[3] Als die beiden bemerkten, daß das Material viel zu umfangreich für einen einzelnen Artikel sein würde, planten sie, das Thema mit einer Serie von Arbeiten abzudecken. Es stellte sich jedoch heraus, daß sogar eine ganze Artikelserie nicht ausreichen würde, all das aufzunehmen, was sie über Spiele zu sagen hatten. Deswegen beschlossen sie, ein Buch zu schreiben. Das Ergebnis ihrer Arbeit erschien 1944 als voluminöser Band, der eines der einflußreichsten wissenschaftlichen Bücher des zwanzigsten Jahrhunderts werden sollte. Ihr Werk *Theory of Games and Economic Behavior* leitete das Zeitalter der mathematischen Ökonomie ein.

Das am besten bekannte Spiel des Typs, den von Neumann und Morgenstern untersuchten, ist das sogenannte Gefangenendilemma (prisoner's dilemma). Zwei verdächtigte Einbrecher sind verhaftet worden und werden getrennt verhört. Die Polizei hat gegen keinen von beiden genügend Beweise und versucht deswegen, ein Geschäft zu machen. Wenn einer der Verdächtigen bereit ist, den Belastungszeugen umzustimmen, dann kommt er ungeschoren davon. Der andere wird auf der Grundlage der Zeugenaussage verurteilt und bekommt eine Strafe von zwei Jahren aufgebrummt. Wenn sie beide das Maul halten, dann werden sie wegen eines geringen Anklagepunktes verurteilt und jeder bekommt eine Gefängnisstrafe von einer Woche. Wenn jedoch beide, ohne es

---

[2] Wegen dieser Verbindung zum Manhattan Project (und wegen der Tatsache, daß der an Krebs erkrankte Professor in den letzten Monaten seines Lebens an einen Rollstuhl gefesselt war) soll Stanley Kubrick angeblich an von Neumann gedacht haben, als er 1963 in seinem Film „Dr. Strangelove or: How I Learned to Stop Worrying and Love the Bomb" (deutscher Titel „Dr. Seltsam oder: Wie ich lernte, die Bombe zu lieben") den Charakter des Dr. Strangelove schuf.

[3] Die Anfänge der Spieltheorie gehen bis ins neunzehnte Jahrhundert (Augustin Cournot und Francis Edgeworth) und bis in die 1920er Jahre zurück (Emile Borel).

voneinander zu wissen, aus der Schule plaudern, dann werden beide zu sechs
Monaten verurteilt. Versetzen Sie sich jetzt in die Lage eines Gefangenen.
Wenn Sie und Ihr Kumpel die Schnauze halten, dann sind Sie in einer Woche draußen. Wenn Sie den Mund halten, Ihr Kumpel aber – der gar kein so
großer Kumpel ist –, zu singen anfängt, dann sitzen Sie zwei volle Jahren im
Knast. Wenn Sie quatschen und Ihr Kumpel – der noch nicht weiß, daß Sie gar
nicht sein Kumpel sind – das Maul hält, dann sind Sie draußen und er klebt
zwei Jahre lang Tüten. Wenn Sie sich beide auf ein Gespräch mit der Polizei einlassen, dann sitzen Sie auch beide, wenn auch nur ein halbes Jahr. Die
Gefängnisstrafen sind in der folgenden sogenannten Belohnungsmatrix (payoff
matrix) angegeben. Wie sollten Sie sich verhalten?

	Sie quatschen	Sie quatschen nicht
Kumpel quatscht	Beide von Ihnen bekommen sechs Monate	Sie bekommen zwei Jahre und Kumpel kommt frei
Kumpel quatscht nicht	Kumpel bekommt zwei Jahre und Sie kommen frei	Beide von Ihnen bekommen eine Woche

Es gibt keine „korrekte" Antwort. Das Dilemma liegt genau im Folgenden: Keiner der Gefangenen kann die „korrekte" Entscheidung treffen, ohne
zu wissen, was der andere tun wird. Die sogenannte rationale Strategie besteht darin, ein Geschäft mit der Polizei zu machen. Aber was ist, wenn Ihr
zwei Ganoven weitere Einbruchsdiebstähle plant? Werdet Ihr Euch auch in
Zukunft aufeinander verlassen können? Dieses Spiel wird als *iteriertes* Gefangenendilemma bezeichnet. Der beste Ansatz für Serieneinbrecher ist eine
Wie-du-mir-so-ich-dir-Strategie: Kooperieren Sie immer (mit Ihrem Kumpel,
das heißt, nicht mit der Polizei), außer wenn Ihr Kumpel es nicht tut. Wenn
er abtrünnig wird, bestrafen Sie ihn in der nächsten Runde, indem Sie den
Belastungszeugen umdrehen. Das wird ihm eine Lehre sein. Die Wie-du-mir-
so-ich-dir-Strategie ist als mögliche Erklärung vorgeschlagen worden, wie sich
Kooperation in einer Welt entwickelt hat, in der – laut allgemein akzeptier-
ter Weisheit – jeder als egoistisch vorausgesetzt wird. Die Amerikaner John
Charles Harsanyi[4] und John F. Nash erhielten 1994 zusammen mit dem Deutschen Reinhart Selten den Nobelpreis für Wirtschaftswissenschaften für ihren
grundlegenden Beitrag zur Spieltheorie.[5]

---

[4] John C. Harsanyi (1920–2000) wurde als János Károly Harsányi in Budapest
geboren und verließ Ungarn 1950.

[5] Die faszinierende Biographie von John Nash, der ein Vierteljahrhundert als para-
noider Schizophrener lebte und sich unfreiwillig über lange Zeiträume in psychia-
trischen Kliniken aufhielt, bevor sich sein Zustand wie durch ein Wunder besserte,
wird in dem Theaterstück *Proof* von David Auburn, im Buch *A Beautiful Mind*
von Sylvia Nasar und im gleichnamigen, mit einem Oscar-preisgekrönten Film
des Regisseurs Ron Howard erzählt.

Der erste große Durchbruch in der Spieltheorie war der „Minimax-Satz", den von Neumann 1928 entdeckte, ungefähr zehn Jahre, bevor er Morgenstern traf. Wir wollen annehmen, daß zwei Spieler um ein und denselben Geldbetrag spielen. Der Gewinn des Siegers ist der Verlust des Verlierers. Das wird als Nullsummenspiel bezeichnet, weil der Gesamtbetrag aller Gewinne und Verluste gleich null ist. Der Minimax-Satz besagt, daß das Problem, den minimalen Gewinn zu maximieren, dieselbe Lösung hat wie das Problem, den maximalen Verlust zu minimieren. Zur Erläuterung nehmen wir an, daß es sich um Ihren Glückstag handelt und daß Sie überzeugt sind zu gewinnen. Jedoch werden Sie – in Abhängigkeit von der von Ihnen gewählten Strategie – verschiedene Geldbeträge gewinnen. Eine gute Herangehensweise an das Spiel wäre es, bei jeder Strategie das Worst-Case-Scenario zu überprüfen. Dann wählen Sie die Strategie, die Ihnen die größte Belohnung garantiert, selbst wenn das Schlimmste passiert. Mit anderen Worten: Maximieren Sie den minimalen Gewinn! An einem Pechtag haben Sie vielleicht den Wunsch, eine andere Taktik anzuwenden. Sie haben das Gefühl, daß Sie – ganz egal was Sie tun – verlieren werden, aber Sie möchten den Schaden an Ihrer Brieftasche auf ein Minimum reduzieren. Überprüfen Sie also für jede Strategie das Worst-Case-Scenario und wählen Sie dann diejenige Strategie, die den maximalen Verlust minimiert. Und welch' eine Überraschung! – In einem Nullsummenspiel fallen diese beiden Strategien zusammen. Maximin ist gleich Minimax.

Ein paar Jahre nachdem von Neumann den Minimax-Satz entdeckt hatte, wurde es offensichtlich, daß die Aussage ein exaktes Gegenstück in Kantorowitschs Theorie der linearen Programmierung hatte. Dieses Gegenstück heißt „Dualitätstheorie". Wir wollen zur Erläuterung eine Puppenfabrik betrachten, die Soldatenpuppen und Kleiderpuppen herstellt. Für beide Puppen benötigt man unterschiedliche Mengen von Kunststoff, Textilien und Farben. Bei gegebenen Puppenpreisen und verfügbaren Rohstoffmengen will die Fabrik die Gewinne maximieren. Welche Mengen von Soldatenpuppen und Kleiderpuppen sollte die Fabrik herstellen? Das ist das ursprüngliche Problem.

Nun zur dualen Aussage. Das duale Problem besteht darin, die Gewinnfunktion und die Nebenbedingung zu vertauschen und dann dieses neue Problem zu lösen.[6] Die Antwort auf das neue Problem gibt an, wie sich die Gewinne erhöhen würden, wenn die Fabrik eine weitere Einheit Rohmaterial zur Verfügung hätte. Die Antwort liefert die maximalen Preise, welche die Fabrik für zusätzliche Mengen von Kunststoff, Textilien und Farbe zu zahlen bereit ist. Es ist vielleicht nicht ganz so leicht zu erfassen, wieso die duale Aussage zum primären Problem äquivalent ist, aber diese Äquivalenz ist gerade die Ursache dafür, warum die Dualitätstheorie so überraschend ist.

Mit dem Beweis, daß der Minimax-Satz äquivalent zur Dualitätstheorie ist, hatte von Neumann die lineare Programmierung theoretisch untermauert, und das ist die Methode, die Hales bei seinem Beweis der Kepler-

---

[6] Das erfolgt durch Vertauschen der Zeilen und Spalten der Programmierungsmatrix.

Vermutung verwendete. Kantorowitsch hatte seinerseits eine praktische Methode zur Lösung von Optimierungsproblemen vorgeschlagen. Die Methode verwendete weder die Differentiation noch irgendetwas ähnlich Kompliziertes, um optimale Lösungen zu finden. Alles, was sich als erforderlich erwies, war ein Dreisprung in einen höherdimensionalen Raum. Aber Kantorowitsch war seiner Zeit voraus. Es gab noch keine Rechenmaschinen, die großangelegte Dreisprünge hätten vollführen können. Das änderte sich erst Ende der 1940er Jahre, als die ersten Computer unter von Neumanns Anleitung gebaut wurden. Die Computer wurden mit dem Ziel entworfen, massive Berechnungen und sich wiederholende Aufgaben zu lösen, die für Optimierungsprobleme notwendig waren. Es fehlte nur noch ein passender Algorithmus.

An diesem Punkt findet sich die Handlung auf der anderen Seite der Erde wieder. Einige Jahre, nachdem Kantorowitschs Buch in der Leningrader Universitätsdruckerei erschienen war, unternahm die U. S. Air Force Anstrengungen, um Ressourcen auf effiziente Weise unterschiedlichen Aufgaben zuzuordnen. Davon wußte der russische Professor nichts. Es war das Jahr 1947 und der Krieg war seit kurzem vorbei. George B. Dantzig, ein dreiunddreißigjähriger Statistiker, arbeitete im Pentagon an Trainings- und Versorgungsplänen.

Dantzig wurde 1914 in Portland (Oregon) geboren, absolvierte sein Bachelor-Studium an der University of Maryland und erhielt den Master-Grad an der University of Michigan. Nach der Graduierung arbeitete er als Statistiker im U. S. Bureau of Labor Statistics. Danach schloß er sich den Kriegsanstrengungen an und leitete von 1941 bis 1946 die Abteilung Combat Analysis Branch, U. S. Air Force Headquarters Statistical Control. In der Air Force machte er sich einen Namen als Experte für Programmier- und Planungsverfahren, die mit Tischrechnern durchgeführt wurden. („Programm" war damals ein militärischer Begriff, der sich auf Pläne und Listen für die Ausbildung, Versorgung und Stationierung von Soldaten bezog.) Dantzig promovierte 1946 an der University of California in Berkeley und wurde im gleichen Jahr mathematischer Berater des Oberkommandos der U. S. Air Force. Seine Aufgabe in dieser neuen Position war die Entwicklung effizienterer Planungsmethoden.

Er nahm die Herausforderung an und erfand den *Simplex-Algorithmus*. Dieser Algorithmus wurde in einer Fachzeitschrift als einer der zehn wichtigsten Algorithmen des zwanzigsten Jahrhunderts gelistet und wird noch heute in vielen verschiedenen Varianten verwendet.[7] Tatsächlich schätzte ein Experte ein, daß der Simplex-Algorithmus weltweit mehr Computerzeit verbraucht als jedes andere Programm – mit der möglichen Ausnahme der Datenbankverwaltung.

Die inneren Mechanismen dieses Algorithmus lassen sich mühelos auf einem Blatt Papier demonstrieren. Wir wollen uns noch einmal die Puppenfabrik ansehen. Sie stellt zwei Produkte her: Soldatenpuppen und Kleiderpup-

---

[7] In Kapitel 11 sind wir einem anderen der Top-Ten begegnet: dem PSLQ-Algorithmus von Helaman Ferguson.

pen; es gibt Restriktionen[8] für die Rohstoffe und das Ziel besteht darin, die
Gewinne zu maximieren. Wir tragen die Anzahl der Puppen auf den Achsen ab, die Soldatenpuppen in der einen Richtung und die Kleiderpuppen
in der anderen. Danach fügen wir die Restriktionen ein; bei diesen handelt
es sich um Geraden. Alle Kombinationen von Soldaten- und Kleiderpuppen
auf einer Seite der Geraden sind möglich. Die Punkte auf der anderen Seite
stellen Kombinationen dar, die nicht zulässig sind. Zum Beispiel könnte es
sein, daß dabei zuviel Kunststoff verwendet wird und folglich eine Restriktion
verletzt ist. Das Gebiet unterhalb und links von allen Restriktionen definiert
den *zulässigen Bereich* (feasible region), das heißt, die Gesamtheit der Werte,
die sämtlichen Restriktionen genügen. Wir suchen den optimalen Punkt im
zulässigen Bereich und diese Suche ist gleichbedeutend damit, eine geeignete
Profitlinie so weit wie möglich auszudehnen. Dantzig erkannte, daß die optimale Kombination von Soldatenpuppen und Kleiderpuppen auf einem Rand
des zulässigen Bereiches liegen muß. Wählt man einen inneren Punkt, dann
ist es immer möglich, eine andere Kombination von Puppen zu finden, die
näher an einem Rand liegt und einen größeren Gewinn erzielt. Aus ähnlichen Gründen kann die optimale Lösung nur in einer Ecke liegen, das heißt,
in einem Punkt, in dem sich zwei Restriktionen treffen. Damit ist der Rahmen für den Simplex-Algorithmus gegeben. Der Algorithmus fängt in einer
Ecke an und „bewegt" sich entlang eines Randes soweit wie möglich in die
Richtung, in welcher der Gewinn am schnellsten zunimmt. Hat er eine andere
Ecke erreicht, dann „dreht" er sich wieder herum und fängt an, sich entlang
des neuen Randes zu bewegen. An der nachfolgenden Ecke dreht er sich wieder und das Verfahren wird fortgesetzt. Ist in keiner Richtung eine weitere
Gewinnsteigerung mehr möglich, dann stoppt der Algorithmus: Er hat die
optimale Kombination von Soldatenpuppen und Kleiderpuppen erreicht.

Der Simplex-Algorithmus kann sogar dann angewandt werden, wenn die
Fabrik eine breitere Produktpalette hat und unter weitaus mehr Restriktionen
arbeitet. Anstatt sich auf einem Papierblatt von Ecke zu Ecke zu bewegen,
wandert der Simplex-Algorithmus in einem höherdimensionalen Raum von
Ecke zu Ecke. Probleme mit Tausenden von Variablen und Nebenbedingungen
werden gegenwärtig jeden Tag routinemäßig gelöst.

Dantzig verließ das Pentagon 1952 und wurde Forschungsmathematiker
bei der RAND Corporation. 1960 wurde er Professor für Computer Science in
Berkeley und sechs Jahre später ging er an die Stanford University. Er hat nie
den Nobelpreis für Wirtschaftswissenschaften bekommen, obwohl viele Kollegen meinten, daß er diesen mehr als verdient hätte. Stattdessen erhielten
Kantorowitsch und Tjalling C. Koopmans, ein aus den Niederlanden stammender US-amerikanischer Wirtschaftswissenschaftler, 1975 den Preis zum
gleichen Anteil für ihre Arbeit zur Theorie der optimalen Allokation knapper
Ressourcen. Es handelte sich um eine Anwendung der linearen Programmierung auf Probleme der Wirtschaft. Koopmans, der ein guter Freund Dant-

---

[8] Man bezeichnet die Nebenbedingungen auch als Restriktionen.

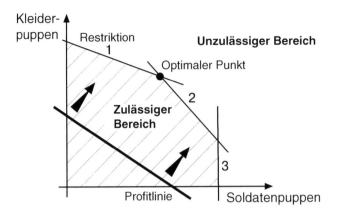

Abb. 12.1. Lineares Programm in zwei Dimensionen

zigs war, dachte zunächst daran, den Preis abzulehnen. Er wurde von einem anderen Nobelpreisträger davon überzeugt, den Preis trotz seiner Bedenken anzunehmen, aber er konnte seine Gewissensbisse nicht unterdrücken. Nachdem er seine Hälfte des Preisgeldes von 240.000 USD erhalten hatte, spendete er einem Forschungsinstitut 40.000 USD und senkte somit seinen Anteil auf 80.000 USD, das heißt auf den Betrag, den er erhalten hätte, wenn Dantzig der dritte Preisträger gewesen wäre. Obwohl sich Koopmans ausbedungen hatte, daß die Schenkung geheim bleiben solle, erfuhr Dantzig nach Koopmans Tod die ganze Geschichte von einem Freund. Aber Koopmans hätte überhaupt kein schlechtes Gewissen haben müssen. In demselben Jahr, in dem Koopmans der Nobelpreis zuerkannt wurde, erhielt Dantzig die National Medal of Science. Leider war diese Ehre nicht mit dem gleichen Bargeldbetrag verbunden, aber dennoch war es eine schöne Sache, diese Auszeichnung zu bekommen. Das größte Privileg war jedoch die Erfindung einer Methode, die sich – mehr als

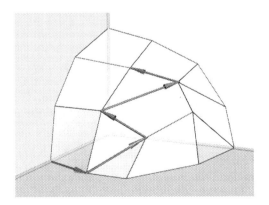

Abb. 12.2. Lineares Programm in drei Dimensionen

ein halbes Jahrhundert nach ihrer Entwicklung – auch weiterhin als ein Segen für die Menschheit erwies. Natürlich gestattete die Methode auch den Militärs, Kriege effizienter zu führen. „Die gewaltige Kraft der Simplexmethode ist eine ständige Überraschung für mich", schrieb Dantzig in seinen Erinnerungen.

Für den Beweis der Kepler-Vermutung verwendete Hales die Simplexmethode immer wieder. Aber er konnte nicht einfach nur ein „abgedroschenes" Programm nehmen und es auf sein Problem anwenden. Es gab zwei Hürden: seine Nebenbedingungen waren nicht immer linear und die Lösungen mußten häufig ganze Zahlen sein. Wir wenden uns zunächst der letztgenannten Hürde zu. Wir hatten (in Kapitel 4) bereits erwähnt, daß es weitaus schwieriger ist, Aufgaben in ganzen Zahlen zu lösen als allgemeine reelle Lösungen zu finden. Zur Veranschaulichung betrachten wir die Gleichung $A + B = 1$. Es gibt unendlich viele reelle Lösungen (zum Beispiel 0,123456 und 0,876544), aber nur zwei ganzzahlige Lösungen (negative Lösungen lassen wir hier außer Acht). Eine Luftfahrtgesellschaft kann als praktisches Beispiel dienen. Ihr optimaler Flugzeugbestand möge aus 26,7 Boeing 747 und 35,2 Boeing 777 bestehen, aber die Gesellschaft wird große Schwierigkeiten haben, einen Auftrag für eine solche Flotte zu erteilen. Auch das Auf- und Abrunden der Zahlen, etwa auf 27 bzw. auf 35, ist keine Garantie für Optimalität. Eine optimale ganzzahlige Lösung kann sich erheblich von den gerundeten Werten unterscheiden.

Hales packte das ganzzahlige Problem mit einer Technik an, die ihm bereits bei dem dreckigen Dutzend gute Dienste geleistet hatte. Er sah dem Problem direkt in die Augen ... und ignorierte es. Diese Drückebergerei war statthaft, da er keine optimale Lösung suchte, sondern nur eine obere Schranke. Eine nicht ganzzahlige Lösung ist immer mindestens genauso gut wie die eingeschränktere ganzzahlige Lösung – obgleich sie vielleicht nicht zulässig ist. Danach machte er etwas Ähnliches mit den nichtlinearen Problemen. Er ersetzte sie durch lineare Nebenbedingungen, die weniger eng waren als die nichtlinearen. Wir hatten im vorhergehenden Kapitel darauf hingewiesen, daß bei Optimierungsproblemen, ebenso wie in Diktaturen, eine Lockerung der Restriktionen den Effekt hat, das Optimum anzuheben. Die Behandlung der Aufgabe ähnelt dem Anbringen eines Daches über dem zulässigen Bereich. Nachdem man sichergestellt hat, daß keine Ecke des zulässigen Bereiches hervorsteht, kann man die Dachspitze suchen. Liegt diese unter 8 pts, dann liegt auch das wahre, möglicherweise nicht ganzzahlige Optimum sicher unter 8 pts.

Ein typisches Beispiel für das Problem von Hales und Ferguson hatte zwischen einhundert und zweihundert Variablen und zwischen eintausend und zweitausend Nebenbedingungen. Bei den Variablen in den linearen Programmen handelte es sich um Winkel, Volumen und Abstände. Die Nebenbedingungen bezogen sich auf Längen und Winkel, so daß nur diejenigen Packungen betrachtet wurden, die tatsächlich existieren konnten. Fast einhunderttausend solcher Probleme mußten im Beweis gelöst werden. In 98 Prozent der fünftausend Netze, die Hales untersuchte, funktionierte diese Methode.

Aber in ungefähr einhundert Fällen war die Relaxationsmethode nicht erfolgreich. Hales hatte die Nebenbedingungen dadurch zu sehr gelockert, daß er die Variablen nicht nur ganzzahlige, sondern beliebige Werte annehmen ließ. Demzufolge wurden die Dachspitzen höher als 8 pts. Er mußte versuchen, niedrigere Dächer zu konstruieren. Dafür war eine verfeinerte Methode erforderlich und er fand diese im „Branch-and-Bound"-Verfahren. B&B ist eine Anpassung der linearen Programmierung auf Probleme, bei denen einige oder alle Entscheidungsvariablen ganze Zahlen sein müssen.

Nehmen wir an, daß eine Investmentgesellschaft entscheiden möchte, in welche Projekte sie unter Berücksichtigung ihres Budgets, ihrer Arbeitskraft-Ressourcen und der gesetzlichen Restriktionen investieren soll. Natürlich will die Gesellschaft ihre Gewinne maximieren. Also läßt das Rechenzentrum ein lineares Optimierungsprogramm laufen und sendet die Lösung stolz in einem Manilapapier-Umschlag mit der Aufschrift „streng vertraulich" an den Hauptgeschäftsführer, der den Umschlag öffnet und anfängt, die Ergebnisse zu prüfen. Einige Projekte sind mit einer 1 versehen (investieren!), andere mit einer 0 (nicht investieren!). Aber dann muß der Chef zweimal hinschauen: Einige Projekte sind mit Dezimalbrüchen versehen, zum Beispiel 0,716. Angewidert steckt er alles wieder zurück in den Umschlag und sendet es nach unten in das Kellergeschoß – zusammen mit einem netten kleinen Vermerk über gewisse Trottel.

Die besagten Trottel kratzen sich eine Weile an den Eierköpfen und kommen dann auf eine Idee. Sie starten den Simplex-Algorithmus und lassen ihn für jedes Projekt, bei dem sie im ersten Lauf keine klare Empfehlung bekommen hatten, sowohl 0 als auch 1 prüfen. Beide Zweige werden getrennt analysiert. Sind die Gewinne für einen Zweig niedriger als die vorher erhaltenen Gewinne (das heißt, die Gewinne sind nach oben beschränkt), dann wird der Zweig ignoriert. Die nicht ignorierten Zweige werden weiteren Verzweigungsprozessen unterzogen. Dieses Verfahren wird fortgesetzt, bis alle Entscheidungsvariablen ganze Zahlen geworden sind. Demütig senden die Eierköpfe den Umschlag wieder an den Boss zurück, der dieses Mal zufrieden nickt.

Im Prinzip könnte der Baum mit allen seinen Zweigen riesengroß werden. Immerhin könnte es bei jedem Schritt doppelt so viele Zweige geben, wie im vorhergehenden Schritt. Aber im Allgemeinen eliminiert der Verzweigungsprozeß bis auf einen kleinen Bruchteil alle Zweige, wobei aber dieser Bruchteil immer noch in die Zehntausende gehen kann.

Mit Hilfe von B&B konstruierte Hales über den zulässigen Bereichen neue, knapper sitzende Dächer für die einhundert Delaunay-Sterne, die übrig geblieben waren. Dann suchte er die Spitzen dieser neuen Dächer. Wie er gehofft und erwartet hatte, lagen diese jedes Mal gut unter 8 pts. Jedes Mal – abgesehen vom dreckigen Dutzend (vgl. Anhang).

Im Laufe seiner Arbeit mit Computern stieß Hales auf ein anderes Hindernis. Das Problem kann anhand eines Taschenrechners demonstriert werden, falls dieser auch Tasten für „Quadrat" und „Quadratwurzel" hat. Man gebe etwa die Zahl 10 ein, drücke die „Quadratwurzel"-Taste und anschließend die „Quadrat"-Taste. Es ist nicht überraschend, daß die Zahl 10 auf dem Display erscheint. Immerhin ist ja 10 das Quadrat der Quadratwurzel aus 10.

Versuchen Sie es noch einmal, aber dieses Mal drücken Sie bitte die „Quadratwurzel"-Taste dreißig Mal nacheinander und anschließend die „Quadrat"-Taste ebenfalls dreißig Mal nacheinander! Wieder würde man 10 als Antwort erwarten, aber reißen Sie sich zusammen! Dieses Mal ist der Output so etwas wie 9,5338764. Vielleicht sollten Sie Ihren Taschenrechner entsorgen und stattdessen einen Tischcomputer auf die Sache ansetzen? Also gut, werfen Sie Ihren Taschenrechner auf den Müll und starten Sie ein Tabellenkalkulationsprogramm wie Excel. Geben Sie die Zahl 10 in Zelle A_1 ein und anschließend $(10^\wedge(1/2^\wedge A_1))^\wedge(2^\wedge A_1))$ in Zelle A_2. Die Antwort ist 10, wie erwartet.[9] Jetzt erhöhen Sie die Anzahl in Zelle A_1 auf 20. Alles okay? Ja, die Antwort ist immer noch 10. Erhöhen Sie nun die Zahl auf 30. Immer noch alles okay? Ja. Wenn Sie aber die Zahl auf 40 erhöhen, dann geschieht etwas Merkwürdiges: Das Ergebnis ist 9,999051. Vielleicht sonderbar, aber wem macht die Differenz von ungefähr 0,000949 schon etwas aus? Geben Sie jetzt 50 in die Zelle A_1 ein und passen Sie auf, was geschieht. Auf dem Display ist jetzt die 9,487736 oder etwas Ähnliches zu sehen. Geben Sie 51 ein, und Sie erhalten 12,18249, weit entfernt von der richtigen Antwort 10. Was ist geschehen? Handelt es sich um einen Programmfehler? Nein, es ist kein Programmfehler, es ist ein wesentliches Merkmal.

Bevor wir uns in das Innenleben von Computern vertiefen, um diese Eigenschaft zu untersuchen, sehen wir uns noch zwei weitere Beispiele an. Anfang der 1960er Jahre ließ Edward Lorenz, ein Meteorologe am MIT, ein Computerprogramm laufen, das Wetterbedingungen simulierte. Einmal schrieb er ein Zwischenergebnis schnell hin und ließ dann die Simulation für Hagelschauer und Gewitter weiterlaufen. Am nächsten Morgen fing er mit der Wetterentwicklung nochmals bei dem Zwischenergebnis an, das er sich am vorhergehenden Tag schnell notiert hatte. Dann ging er zur Cafeteria, um eine Tasse Kaffee zu trinken. Als er zurückkam, war er überrascht. Statt des widerlichen Wetters, das er in seiner virtuellen Welt erwartet hatte, schien die Sonne und es wehte eine leichte Brise. Warum hatte der Computer im zweiten Lauf völlig andere Wetterbedingungen erzeugt?

Die Antwort lautet: „Chaos". Chaos wird häufig als „Empfindlichkeit des Ergebnisses gegenüber Anfangsbedingungen" definiert. Lorenz hatte sich die Zahlen des ersten Laufes mit einer Genauigkeit von drei Nachkommastellen notiert. Dadurch hatte er die Zahlen gestutzt, die der Computer intern bis zu, sagen wir, acht Nachkommastellen gespeichert hatte. Durch das Stutzen der Zahlen hatte er die Anfangsbedingungen geändert. Und da das Wetter in Bezug auf diese Anfangsbedingungen sehr empfindlich reagiert, gab es Sonnenschein statt Hagelschauer.

Dieses Phänomen wird häufig „Schmetterlingseffekt" genannt und dadurch veranschaulicht, daß der Flügelschlag eines Schmetterlings in Brasilien zu einem Gewitter in Florida führen kann. Selbst wenn das Schlagen der Flügel zu einer atmosphärischen Störung führt, die sich erst ab der zwanzigsten Nach-

---

[9] Für jeden Wert von A_1 gilt $(10^{1/2^{A_1}})^{2^{A_1}} = 10$.

kommastelle bemerkbar macht, breitet sich die Störung aus. Zu dem Zeitpunkt, an dem sie den Sunshine State erreicht, könnte sich die winzige Störung zu einem Sturm aufgeschaukelt haben. Beiläufig bemerkt hat der Schmetterlingseffekt auch seine guten Seiten. Da ein Schmetterling in Brasilien durch seinen Flügelschlag das freundliche Wetter in Florida stören kann, könnte derselbe Schmetterling auch einen Orkan in Texas abschwächen, wenn er seine Flügel in einer bestimmten Weise bewegt. Dieses Verfahren wird als „Chaoskontrolle" bezeichnet und ist mit einigem Erfolg im Umgang mit Herzfibrillationen eingesetzt worden. Wendet man kleine Schocks in genau dem richtigen Moment an, dann läßt sich ein unregelmäßiger Herzschlag normalisieren und ein Herzanfall vermeiden.

Das zweite Beispiel ist ein merkwürdiges Phänomen, das auftreten kann, wenn man fortlaufende Messungen an einem kontrahierenden Objekt durchführt. Wir betrachten zum Beispiel den Fall, wenn ein Raumschiff beschleunigt, das mit Fastlichtgeschwindigkeit fliegt. Laut Einstein wird es bei höheren Geschwindigkeiten kürzer. Wegen der begrenzten Präzision von Meßstäben werden die Messungen um so ungenauer, je kürzer das Raumschiff wird. Zuerst führt das zu scheinbar wild durcheinandergebrachten Beobachtungen. Mit Zunahme der Geschwindigkeit ordnen sich diese Beobachtungen zu einer Reihe von interessanten kuppelförmigen Mustern an. Dieselben Muster, die ihre Erklärung in der Zahlentheorie finden, lassen sich beobachten, wenn man die Messungen mit immer gröberen oder immer feineren Instrumenten durchführt.

Die obengenannten Phänomene haben ein gemeinsames Merkmal, nämlich Rundungsfehler. Ein Meßstab, eine Rechenmaschine und ein Computer können numerische Werte nur bis zu einer bestimmten Nachkommastelle messen, berechnen bzw. speichern. Als von Neumann den ersten Computer konstruierte, brauchte er sich noch nicht mit solchen Spitzfindigkeiten wie exakten Werten abzugeben. Aber schon bald erkannte man das Problem. Die Rundungsverfahren unterschieden sich von Rechner zu Rechner, und wenn ein Programm von einem Rechner auf einen anderen übertragen wurde, kam es zu sonderbaren Zwischenfällen. $X - X$ war nicht immer gleich Null, aber $X - Y (X \neq Y)$ war es manchmal. 0^0 erzeugte einen „Fehler" auf einigen Rechnern und 1,0 auf anderen. Null geteilt durch die Null war gelegentlich gleich Null, in anderen Fällen wiederum erzeugte es einen „Fehler". Und das Vorzeichen von Null war manchmal positiv, manchmal negativ und manchmal undefiniert. Fehler und Irrtümer waren unvermeidlich und machten das maschinelle Rechnen sehr unzuverlässig.[10]

Computer funktionieren anders als wir es von der Mathematik erwarten. Als zum Beispiel Carl Louis Ferdinand Lindemann 1882 bewies, daß π eine

---

[10] Irrtümer und Fehler beschränkten sich nicht nur auf die Anfangszeit des elektronischen Rechnens. Eines Tages gegen Ende 1994 war es um die Seelenruhe der Computing Community geschehen, als sie feststellte, daß der Ausdruck $X - (X/Y)Y$ für $X = 4195835$ und $Y = 3145727$ den Wert 256 (anstelle von 0) annimmt, wenn man einen Computer mit Intel Inside verwendet! Das war der berüchtigte *Pentium bug*, der sogar in den Zeitungen Schlagzeilen machte.

transzendente Zahl ist, implizierte das, daß diese Zahl unendlich viele Dezimalstellen hat. Aber für einen Computer ist π überhaupt nicht transzendent, sondern endet nach 14 oder 28 Nachkommastellen.[11] Wie kann man also mit gutem Gewissen Computern vertrauen, die einen großen Teil der Eigenarten von Zahlen ignorieren?

Es bedurfte einiger Anstrengungen, um das Vertrauen zurück zu gewinnen. Zuerst war da die ermüdende Beschäftigung mit der Größe der Zahlen. In der Anfangszeit ordneten die Computer jeder Zahl eine feste Breite zu, also etwa acht Stellen vor dem Komma und zwei Stellen nach dem Komma. Sollte also zum Beispiel die Zahl 12.345.678,90 zur Zahl 0,0123456789 addiert werden, dann führte man tatsächlich die Addition 12.345.678,90 plus 0,01 aus. Irgendwie schien das höchst ungerecht zu sein. Während die erste Zahl exakt dargestellt wurde, hatte die zweite einen Fehler von 23 Prozent (0,0100000000 gegenüber 0,0123456789). Warum sollte eine der Zahlen sehr viel genauer angegeben werden als die andere? Nur deswegen, weil sie größer ist?

Eine Methode, die sogenannte Gleitkomma-Arithmetik, wurde entwickelt, um gegen diese zügellose Diskriminierung anzukämpfen. Die Gleitkomma-Arithmetik kümmert sich nicht darum, wo sich das Dezimalkomma befindet und registriert immer ein und dieselbe Anzahl von signifikanten Ziffern. Nachdem die Werte der Dezimalstellen festgelegt worden sind, gleitet das Komma hinein und landet an der passenden Stelle. Zum Beispiel würde die erste obengenannte Zahl als $0,123456789E+8$ und die zweite als $0,123456789E-1$ geschrieben werden. Die Zahl nach dem E gibt die Landeposition des Kommas an: $+8$ bezeichnet eine Landung nach acht Positionen rechts, -1 weist auf ein Aufsetzen nach *einer* Position links hin.

Die Gleitkomma-Arithmetik war ein Fortschritt, aber kein Wundermittel. Mitte der 1970er Jahre herrschte Anarchie unter den Computerherstellern. Jede Firma lieferte ihre eigene mathematische Bibliothek von Elementarfunktionen und diese Bibliotheken unterschieden sich qualitativ ziemlich voneinander. Die Firmen entschieden auch selbständig, wo Zahlen zu stutzen sind, wie man mit der Division durch Null umgeht, wie Unendlich beschaffen ist, und so weiter. Demzufolge wucherten die Besonderheiten und Abartigkeiten wie Unkraut. Es war wie ein Dschungel und die Profis fingen an, sich Sorgen zu machen. Es wurde immer offensichtlicher, daß man Standards benötigte, um die verschiedenen Praktiken kompatibel zu machen.

Im Jahr 1976 begann die Intel Corporation, für ihren 8086/8 Mikroprozessor einen Gleitkomma-Koprozessor zu entwerfen. Ein Koprozessor unterstützt den Hauptprozessor bei bestimmten Spezialaufgaben. Ursprünglich sträubten sich die Führungskräfte von Intel gegen das Projekt, weil die Marketingleute meinten, daß es keinen Markt für den 8087 Koprozessor gebe. John Palmer, der für das Projekt verantwortliche Mann, soll schließlich Folgendes verlautbart

---

[11] Mit großem Weitblick versuchte 1897 die gesetzgebende Körperschaft des Staates Indiana, einen Weg zu finden, um diese lästige Angelegenheit zu umgehen. Die ehrenwerten Gesetzgeber wollten *per Gesetz* den Wert $\pi = 3,2$ erzwingen.

haben: „Ich verzichte auf mein Gehalt, wenn Sie mir aufschreiben, wieviele [Koprozessoren] Sie Ihrer Meinung nach verkaufen werden, und mir dann
einen Dollar für jeden geben, den Sie zusätzlich verkaufen." Das Koprozessor-
Projekt lief an. (Palmer bedauerte, daß die Marketingtypen nicht auf sein
Angebot eingingen. Er hätte seine Arbeit an den Nagel hängen und als rei-
cher Mann in Pension gehen können.) Eine der ersten Maßnahmen, die Palmer
ergriff, bestand darin, William Kahan, einen Professor für Computer Science
der University of California in Berkeley, als Berater zu rekrutieren.

Zu ungefähr derselben Zeit beschloß das Institute of Electrical and Elec-
tronics Engineers (IEEE), daß etwas in Sachen Standardisierung getan werden
müßte. Das IEEE ist eine sehr angesehene Organisation mit einer Geschichte,
die mehr als ein Jahrhundert zurück reicht.[12] Unter der Schirmherrschaft des
IEEE wurden Anfang der 1980er Jahre Meetings organisiert, um Einigkeit
in der Gleitkomma-Frage zu erzielen. Kahan hielt es für klug, daß sich Intel
an den Standardisierungsbemühungen beteiligt, und er bat die Gesellschaft,
seine Teilnahme an den Meetings zu genehmigen. Er stellte der Gesellschaft
die beim IEEE verbrachte Zeit nicht in Rechnung, da er sein Standardisie-
rungsengagement von Intels Geschäftsinteressen trennen wollte. Im Komitee
arbeitete er ausschließlich im Interesse der Community.

Zusammen mit einem Studenten und einem Kollegen, Jerome Coonen von
der University of California in Berkeley und Professor Harold Stone, machte
sich Kahan an die Arbeit. Sie verfaßten einen Entwurf, der nach den Anfangs-
buchstaben der Autoren als KCS-Vorschlag bekannt werden sollte. Jedoch argumentierte die Digital Equipment Company (DEC), daß der KCS-Vorschlag
zu kompliziert sei, und verteidigte ihr eigenes Format. Natürlich hatte die
DEC ein wohlbegründetes Interesse an ihrem eigenen Entwurf, da dieser maß-
geschneidert für die Arbeit mit ihren VAX-Computern war. Kahan entgegnete,
daß er bei seinem Vorschlag nicht nur Experten in Gleitkomma-Arithmetik im
Sinn habe, sondern auch Programmierer, die in numerischer Analysis nicht so
versiert sind. Was sei denn schon dabei, wenn der KCS-Vorschlag etwas kompliziert ist? Wenigstens umfasse er viele widersprüchliche Anforderungen.

Viele Jahre lang wütete der Streit wie ein Religionskrieg. Kahan wurde in
den Meetings des IEEE Komitees dadurch behindert, daß er nicht allzu viele
Informationen verraten durfte. Das hätte der Konkurrenz wertvolle Hinweise
zum Design des 8087 Koprozessors gegeben. An einer Stelle behaupteten die
Leute vom DEC, daß ein gewisses Feature nicht realisierbar sei. Kahan wußte
sehr wohl, daß das nicht wahr war – Intel verfügte bereits über funktionieren-
de Prototypen – aber er durfte das niemandem erzählen. Bei einer anderen
Gelegenheit schlug er äußerst stringente Spezifizierungen für den „Quadratwurzel"-Operator vor. Aber dann bekam er es doch mit der Angst zu tun und
befürchtete, daß die Arbeitsgruppe keinen Standard unterstützen würde, den

---

[12] Das IEEE entstand aus dem 1884 gegründeten American Institute of Electrical
Engineers (AIEE) und dem 1912 gegründeten Institute of Radio Engineers (IRE).
Diese beiden Einrichtungen wurden am 1. Januar 1963 zum IEEE vereinigt.

man für unrealistisch hielt. Deswegen lüftete er den Schleier ein klein wenig und enthüllte einige Details über das Verfahren von Intel, „Quadratwurzel"-Funktionen zu runden.

Dann wurde der „Underflow" zu einem Problem. Der Begriff bezieht sich auf die Frage, wie klein eine Zahl sein muß, um ungestraft als Null unter den Desktop zu fallen. Kahan schlug eine Methode des „gradual Underflow" vor, der einige ultrakleine Zahlen in die Lücke zwängte, die zwischen der Null und *dem* existierte, was vorher die kleinste Zahl war. Jedoch ängstigten sich die Leute von der DEC, daß so ein gradueller Underflow ihre Computer verlangsamen würde. Die Gesellschaft beauftragte einen hochangesehenen Informatiker, den Wert des graduellen Underflow abzuschätzen. Natürlich erwarteten sie, daß er ihre Behauptung bestätigt – schließlich zahlten sie ihm ja ein fettes Beraterhonorar. Zu ihrem Erstaunen verkündete der Professor, daß der graduelle Underflow genau das Richtige sei. Dieser Rückschlag war ein Dämpfer für den Enthusiasmus, den die DEC für ihr eigenes Design entfaltete, und die Gesellschaft hörte auf, KCS zu bekämpfen.

Unterstützung für den KCS-Vorschlag kam zunächst von Kahans ehemaligen Studenten und nach und nach wurde der Vorschlag zu einem De-Facto-Standard. Schließlich erteilte das IEEE 1985 seine offizielle Genehmigung; von da an wurde der KCS-Vorschlag als „IEEE Standard 754 für die Gleitkomma-Arithmetik" bekannt. Viele Jahre später sagte Kahan in einem Interview, daß die Entwicklung des IEEE Standards 754 „ein Beispiel dafür war ... daß Kungelei nicht die Oberhand gewann." Als Anerkennung für seine Rolle bei der Entwicklung des IEEE Standards 754 wurde Kahan 1989 der Turing-Preis der Association for Computing Machinery (ACM) zuerkannt. Der renommierteste Preis der ACM wird im Bereich Computer Science für Beiträge von bleibender Bedeutung vergeben. Von einigen wird er sogar als Nobelpreis für Computer Science angesehen (obwohl der Preisträger lediglich einen Betrag in Höhe von 25.000 USD erhält).

Das waren einige der Probleme, die Hales und Ferguson berücksichtigen mußten. Die Implikation von IEEE 754 für Keplers Vermutung war, daß man den Zahlen – seien sie nun klein oder nicht – nicht unbesehen glauben durfte. Aufgrund der Rundungs- und Stutzungsfehler mußten sie in Intervalle eingebettet werden. Danach konnte man unter Verwendung der Intervalle – nicht der Zahlen – die Rechnungen fortsetzen. Zum Beispiel könnte man zur Addition der Zahlen $1,2435826...$ und $3,5823043...$ die naive Summe $4,8258869...$ bilden. Aber das ist nur annähernd korrekt, weil niemand weiß, was nach der siebenten Nachkommastelle kommt. Man verwende nun die Intervalle [1,2 bis 1,3] für die erste Zahl und [3,5 bis 3,6] für die zweite. Addiert man jeweils die unteren und die oberen Schranken der beiden Intervalle, dann erhält man das neue Intervall [4,7 bis 4,9]. Die korrekte Summe der beiden Zahlen muß irgendwo in diesem neuen Intervall liegen. Das ist nicht sehr genau, aber zumindest ist es absolut richtig. Das gleiche Verfahren läßt sich auch auf die Subtraktion, die Multiplikation und die Division anwenden. Mit Zahlen, die zum Beispiel in den Intervallen $[a, b]$ und $[c, d]$ liegen, würde man die Division durch Bil-

den des Intervalls $[a/d, b/c]$ ausführen.[13] Dessen Schranken garantieren, daß
das Intervall groß genug ist, um das korrekte Ergebnis zu enthalten.[14] Etwas komplizierter sind die Dinge mit Quadratwurzeln und trigonometrischen
Funktionen, aber es gilt das gleiche Prinzip.

In realen Anwendungen akkumulieren sich die Rundungsfehler, je weiter
die Berechnungen voranschreiten. Folglich werden die Intervalle immer brei-
ter. Die richtige Antwort ist innerhalb des Intervalls eingeschlossen, aber wenn
die Intervalle immer größer werden, dann muß man auch dafür sorgen, daß die
Schranken nicht explodieren und dadurch sinnlos werden. Hales und Ferguson
umgingen das Explosionsproblem dadurch, daß sie nicht bei jedem Zwischen-
schritt neue Intervalle bildeten, sondern die Intervalle erst am Schluß der
Berechnungen erzeugten.

Intervallarithmetik war die Lösung für die numerischen Probleme, die im
Verlaufe des Beweises der Kepler-Vermutung entstanden. Ferguson gab folgende Zusammenfassung: „Intervallarithmetik liefert für sich allein nur eine
Approximation des korrekten Wertes einer Rechnung ... [sie] kann keinen Beweis ersetzen." Aber „die Gleitkomma-Intervallarithmetik ... ist korrekt."

Sind diese Details geklärt, dann entsteht die Frage, welche Programme man
verwenden soll. Hales entschied sich für zwei kommerzielle Systeme: Cplex zur
linearen Programmierung und Mathematica für symbolische Manipulationen.
Später prüfte Ferguson die Ergebnisse mit Maple nach.

Cplex ist ein Optimierungsprogramm, das von Robert Bixby entwickelt
wurde, einem Professor für numerische und angewandte Mathematik der Rice
University. Bixby hatte den Bachelor in Industrial Engineering von Berkeley
und den Master sowie den Doktorgrad an der Cornell University erhalten. Zu
seinen Forschungsinteressen gehören Probleme der linearen Programmierung
in allen ihren Formen und Gestalten. Bixby ist einer der seltenen Typen von
Menschen, die wirklich Gefallen daran finden, über Zahlen nachzudenken. „Ich
verspüre eine große Befriedigung beim Anblick riesiger Mengen numerischer
Daten und beim Ableiten neuer, allgemein anwendbarer Lösungsstrategien,"
erzählte er einmal. Zusammen mit Kollegen von der Princeton University und
der Rutgers University brach er den Weltrekord für das berühmte Travelling
Salesman Problem (TSP). Dieses notorisch schwierige Problem besteht darin,
eine optimale Route für einen Handelsreisenden zu finden, der eine bestimmte
Anzahl von Städten besuchen muß. Der Weg soll der kürzestmögliche sein und
keine Stadt darf mehr als einmal besucht werden. Bei ihrem Rekord fanden
Bixby und seine Kollegen einen optimalen Weg für ein TSP mit 7397 Städten.
Sie arbeiten jetzt an einem TSP mit 13509 Städten.

Das Problem und seine Lösung sind nicht sehr realistisch, da der Handels-
reisende ungefähr zwanzig Jahre lang unterwegs wäre, ohne zwischendurch
mal bei sich zu Hause vorbeizuschauen. Also beschäftigten sich Bixby und
seine Kollegen auch mit einigen realistischeren Dingen, zum Beispiel mit der

---

[13] Unter der Voraussetzung, daß a, b, c und d positiv sind.

[14] Das Interval $[a/c, b/d]$ wäre zu schmal.

Optimierung eines Planungsmodells für die Crew-Mitglieder einer Fluggesellschaft; das Modell hatte nicht weniger als dreizehn Millionen Variablen. Derlei Rätsel und die Lehrtätigkeit hielten Bixby auf Trab. Aber er hatte nachts und an den Wochenenden noch etwas Freizeit – und verbrachte sie damit, ein Optimierungsprogramm zu entwerfen und zu schreiben, das er bei seinen Vorlesungen zu Illustrationszwecken einsetzen konnte. Er verwendete die Computersprache C, um den Code für seine Version des Simplex-Algorithmus zu schreiben. Also nannte er das Programm Cplex.

Im Jahr 1988 gründeten Bixby, Janet Lowe, eine Ökonomiestudentin an der Rice University, und ihr Mann Todd eine Gesellschaft zur Vermarktung des Produktes. Seitdem klingeln die Telefone pausenlos. Heute wird Cplex von den meisten Fortune-1000-Firmen verwendet. Abgesehen von den kommerziellen Nutzern setzen weltweit auch Universitäten den Cplex Optimizer in der linearen Programmierung und in der ganzzahligen Programmierung ein. Die University of Michigan war da keine Ausnahme und Hales wählte Cplex für die einhunderttausend linearen Programme, die er laufen lassen mußte. Er war von Cplex so begeistert, daß er in einem kleinen Aufsatz für den „Ilog Cplex Newsletter" im Mai 1999 beschrieb, wie ihm Cplex geholfen hatte, Keplers Vermutung zu lösen. (Ilog ist die Gesellschaft, der jetzt Cplex gehört.)

Aber ein Optimierungsprogramm war nicht die einzige Software, die Hales und Ferguson benötigten. Der Beweis der Kepler-Vermutung erforderte die Handhabung vieler Formeln sowie Manipulationen der symbolischen Mathematik (die jetzt im Allgemeinen als „Computeralgebra" bekannt ist). Für diese Aufgaben braucht man keinen „number cruncher" wie Cplex oder Excel, die numerische Lösungen liefern. Stattdessen suchte Hales ein System für symbolisches Rechnen, das komplizierte Gleichungen mit Hilfe von automatisierten mathematischen Formalismen und Wissenssystemen ausdrückt und manipuliert. In Stephen Wolframs *Mathematica* fand er, was er suchte.

Stephen Wolfram war ein echtes Wunderkind. Er wurde 1959 in London als Sohn eines Romanschriftstellers und einer Oxforder Philosophieprofessorin geboren. Stephen studierte in Eton, Oxford und am California Institute of Technology. Im zarten Alter von dreizehn Jahren schrieb er das Buch „The Physics of Subatomic Particles", das unveröffentlicht blieb. Kurz nachdem er fünfzehn Jahre alt wurde, veröffentlichte er eine wissenschaftliche Arbeit in einer Fachzeitschrift. Im Alter von zwanzig Jahren hatte er bereits ein Dutzend Artikel publiziert, von denen einige zu Klassikern auf ihrem Gebiet werden sollten. Im gleichen Jahr verteidigte er seine Dissertatiom am Caltech und im Alter von zweiundzwanzig Jahren erhielt er ein MacArthur-Stipendium, das auch als „Genie"-Preis bezeichnet wird und über eine Dauer von fünf Jahren gewährt wird.

Ausgestattet mit dem MacArthur-Geld ging Wolfram, der mit dem Caltech einen Streit über Patentrechte hatte, zum IAS nach Princeton. Zuerst studierte er dort Kosmologie, Teilchenphysik und Informatik. Aber dann entdeckte er ein geheimnisvolles Thema, das von den meisten Kollegen übersehen worden war: Zellularautomaten. Es war einer der Vorgänger Wolframs am IAS, der berühmte John von Neumann, der Zellularautomaten gegen Ende der 1940er Jahre im Rahmen einer seiner vielen Nebenbeschäftigungen ersonnen hatte. Aber der große Mathematiker hatte das Interesse daran verloren – seine zwei Arbeiten zu diesem Thema wurden postum veröffentlicht – und niemand griff die Idee wirklich auf.

Bis zum Jahr 1970, in dem John Conway das Game of Life erfand. Life wird auf einem Raster gespielt, auf dem einige schwarze Quadrate verteilt werden. Diese könnten zum Beispiel Bakterien darstellen. Einige einfache Regeln bestimmen, wie sich die Situation in den nachfolgenden Generationen entwickelt. Einige Bakterien sterben, einige überleben und neue werden geboren. Dann beginnt der Spaß. Man kann beobachten, wie sich Generation um Generation entwickelt und die erstaunlichsten Dinge geschehen. Einige der ursprünglichen Bakterienpopulationen sterben einfach aus, andere überdauern die Zeit in ständig wechselnden Strukturen; wieder andere trödeln einige Zeit und blinzeln uns dann bis in alle Ewigkeit an. Es gibt Populationen, die einander auffressen, andere wiederum speien einander aus und wieder andere hüpfen in einem endlosen Reigen herum. Alle diese Phänomene sind die Folge von einigen einfachen Regeln.

Nachdem Martin Gardner in seiner Kolumne des *Scientific American* über das Game of Life berichtet hatte, wurde das Spiel unter Amateurmathematikern sehr populär. Auch einige Wissenschaftler, unter ihnen Stephen Wolfram, nahmen davon Notiz. Er sah sich die seltsamen Konstrukte genauer an, analysierte sie, klassifizierte sie und katalogisierte ihre Eigenschaften. Der ungestüme junge Mann war überzeugt, daß seine Ergebnisse die allgemeine Meinung über die Wissenschaft revolutionieren würden.

Wieder fanden sich einige Wissenschaftler, welche die Idee aufgriffen. Es war die Zeit, als die Chaostheorie zu einer Modeerscheinung geworden war. Alle Physiker, die etwas auf sich hielten – insbesondere diejenigen der jüngeren Generation –, glaubten, bei irgendeiner Chaosforschung mitmischen zu müssen. Zellularautomaten standen bei niemandem auf der Liste der Lieblingsthemen. Wolfram war enttäuscht, daß seine Arbeit nicht die Aufmerksamkeit erhielt, die sie seiner Meinung nach verdiente. Deswegen entschloß er sich 1986 für eine andere Karriere und wurde Unternehmer.

Während seiner Forschungsarbeit hatte er eine Software für wissenschaftliches Rechnen entwickelt. Nun war die Zeit gekommen, damit etwas Geld zu verdienen. Stephen verbrachte die folgenden zwei Jahre damit, seinem Programm eine kommerzielle Form zu geben, und es entstand eine revolutionäre Software: Mathematica. Das zum System gehörende Handbuch ist mehr als eintausendvierhundert Seiten lang und wiegt über 3 Kilogramm.

Mathematica kann schwierige Probleme numerisch lösen, aber das ist die bei weitem einfachste Eigenschaft der Software. Die Tatsache, daß Mathematica ohne weiteres zehntausend Dezimalstellen der Zahl π angibt oder daß es augenblicklich alle 16325 Stellen von 5000! berechnet (das heißt, 5000 multipliziert mit 4999, multipliziert mit 4998, und so weiter), gehört ebenfalls zu den unbedeutenderen Besonderheiten. Das Auffinden der Primfaktoren von

1.000.000.000.000.001 ist einfach $(= 7 \cdot 11 \cdot 13 \cdot 211 \cdot 241 \cdot 2161 \cdot 9091)$ und die milliardste Primzahl ist natürlich 22.801.763.489. Aber Mathematica kann weitaus mehr als nur numerische Berechnungen auszuführen. Mathematica kann symbolische Mathematik treiben. Das bedeutet Folgendes: Möchten Sie eine Formel transformieren, konvertieren, modifizieren oder sonst wie ummodeln, dann liefert Ihnen Mathematica das gewünschte Ergebnis in symbolischer Form. Zum Beispiel kann man nach der Faktorisierung von $x^{25} + y^{25}$ fragen und erhält die Antwort als Formel.[15] Man kann eine Funktion eingeben, die man integrieren möchte, und erhält den richtigen Ausdruck. Wenn es aber doch nicht klappt, dann können Sie einigermaßen sicher sein, daß die von Ihnen gestellte Frage gar keine Lösung hat. Und dann gibt es auch die wirklich erstaunlichen Graphiken von Mathematica. Diese sind der Standard geworden, in Bezug auf den die Konkurrenten gemessen werden. Mathematica ermöglicht es Ihnen sogar, Funktionen in vier Dimensionen in Form von Filmen zu veranschaulichen.

In den folgenden Jahren zeigte Wolfram seinen Enthusiasmus als Unternehmer. Er baute seine Gesellschaft Wolfram Research zu einem Minikonglomerat mit dreihundert Angestellten aus. T-Shirts, Poster, Becher und Baseballkappen tragen das Logo der Gesellschaft zur Schau und sind ebenso ein integraler Bestandteil der Marketingstrategie wie eine Zeitschrift, die ausschließlich dem System gewidmet ist. Ein Mathematica-Mobil bereist bereits bereitwillig die Welt und predigt das Evangelium des Stephen Wolfram. Weltweit wird Mathematica von ungefähr zwei Millionen Ingenieuren, Industriellen, Wissenschaftlern und Studenten verwendet.

Hales optierte also für Mathematica, um seine symbolische Mathematik zu treiben. Nicht so Sam Ferguson. Tom und Sam hatten frühzeitig folgenden Beschluß gefaßt: Da sich ihr Beweis so stark auf maschinelle Berechnungen stützte, würden sie ihre Programme einem Doppelcheck unterziehen. Sie schrieben unabhängig voneinander große Teile der Programme um, wobei sie unterschiedliche Software verwendeten, um mögliche Mängel der Programme als Fehlerquelle zu eliminieren. Sam entschied sich für das Programm Maple.

Als Wolfram noch mit der Entwicklung von Mathematica beschäftigt war, lief Maple bereits in der Version 4.2. Maple wurde an der University of Waterloo in Ontario (Kanada) von Professor Keith Geddes, Kodirektor der Symbolic Computation Group der Universität, und Professor Gaston Gonnet entwickelt, der jetzt die Computational Biochemistry Research Group der ETH Zürich leitet. Diese beiden Professoren interessierten sich für Programme, mit denen man symbolische Mathematik treiben konnte.

Forschungsarbeiten zum Design von Systemen für Computeralgebra gab es seit den 1960er Jahren, lange bevor Wolfram, Geddes und Gonnet die Bühne betraten. Aber die frühen Systeme, die in den 1970er Jahren entwickelt wurden, waren sehr groß und erforderten viele Megabytes RAM sowie eine riesige Rechenzeit zur Durchführung von routinemäßigen mathematischen Berech-

---

[15] $x^{25} + y^{25} = (x + y)(x^4 - x^3 y + x - xy^3 + y^4)(x^{20} - x^{15} y^5 + x^{10} y^{10} - x^5 x^{15} + y^{20})$.

nungen. Der Zugang zu Großrechnern war erforderlich und folglich konnte nur eine winzig kleine Zahl von Forschern diese Technologie nutzen. An dieser Stelle kamen Mathematica und Maple ins Spiel.

Geddes und Gonnet begannen ihre projektorientierte Zusammenarbeit im November 1980. Ihr Hauptziel war der Entwurf eines Computeralgebrasystems, das für Forscher auf den Gebieten der Mathematik, des Ingenieurwesens, der Naturwissenschaften und für eine große Anzahl von Studenten zu Ausbildungszwecken zugänglich ist. Nur drei Wochen nach Beginn der Arbeit hatten sie bereits einen funktionierenden Prototyp. Innerhalb einiger Monate wurde das System an der University of Waterloo verwendet, um Kurse für Studenten der höheren Semester zu unterstützen. Ende 1983 wurde die Software auf ungefähr fünfzig externen Rechnern installiert. Bis 1987 gab es ungefähr dreihundert Installationen und die Professoren beschlossen nun, global zu werden. Waterloo Maple Software (jetzt Waterloo Maple, Inc.) wurde 1988 gegründet, im gleichen Jahr gründete Stephen die Wolfram Research, Inc.

Die Kanadier waren realistischer als ihre extravaganten Konkurrenten südlich der Grenze. Weder Baseballkappen noch Regenschirme wurden verteilt. Es gab keine T-Shirts mit Ahornblatt und kein Maple-Mobil deklamierte das Evangelium. Maple war eine einfache Version des extravaganten Programms Mathematica. Demzufolge wuchsen während der nächsten zwei Jahre die Installationen nur auf bescheidene zweitausend. Aber ab 1990 schenkte man dem Verkauf und dem Marketing eine größere Aufmerksamkeit. Zwar gab es noch immer keine Baseballkappen, aber die Schätzungen zu Beginn des einundzwanzigsten Jahrhunderts beliefen sich auf ungefähr eine Million Benutzer weltweit.[16]

---

[16] Gonnet, der auch weiterhin ein Hauptaktionär von Waterloo Maple ist, hatte eine wackelige Beziehung zu der Gesellschaft, deren Mitbegründer er war. Die Muttergesellschaft verklagte ihn wegen seiner Eigentumsrechte an der Maple-Technologie und Gonnet zögerte nicht, eine Gegenklage einzureichen.

13

Aber ist das wirklich ein Beweis?

Sonntagmorgen, 9. August 1998. Der vorhergehende Tag war der achtund-
neunzigste Jahrestag der berühmten Rede David Hilberts auf dem Zweiten
Internationalen Mathematikerkongreß in Paris. Tom Hales war endlich fer-
tig. Er setzte sich an seinen PC, um per E-Mail mitzuteilen, daß Keplers
Vermutung keine Vermutung mehr sei. Fünf Minuten vor zehn sandte er die
Nachricht an seine Kollegen rund um die Welt.

From hales@math.lsa.umich.edu
Date: Sun, 9 Aug 1998 09:54:56 -0400 (EDT)
From: Tom Hales

Subject: Kepler conjecture

Liebe Kollegen,

Ich habe angefangen, Kopien einer Reihe von Arbeiten zu verteilen,
die eine Lösung der Keplerschen Vermutung geben, die das älteste
Problem der diskreten Geometrie ist. Bei diesen Ergebnissen handelt
es sich in dem Sinne noch um Beweisskizzen, daß sie noch nicht begutachtet worden sind und daß ich sie noch nicht einmal zur Veröffentlichung eingereicht habe, aber die Beweise sind meines Wissens korrekt
und vollständig.

Vor fast vierhundert Jahren behauptete Kepler, daß keine Packung
von kongruenten Kugeln eine größere Dichte haben kann als die Dichte
der flächenzentrierten kubischen Packung. Diese Behauptung wurde
als Keplersche Vermutung bekannt. Hilbert nahm Keplers Vermutung
im Jahr 1900 in seine berühmte Liste von mathematischen Problemen
auf.

In einer im letzten Jahr in der Zeitschrift „Discrete and Computational Geometry" (DCG) veröffentlichten Arbeit habe ich in einem
detaillierten Plan beschreiben, wie man die Kepler-Vermutung beweisen könnte. Dieser Ansatz unterscheidet sich wesentlich von früheren

G.G. Szpiro, *Die Keplersche Vermutung*,
DOI 10.1007/978-3-642-12741-0_13, © Springer-Verlag Berlin Heidelberg 2011

Ansätzen, da wir einen umfassenden Gebrauch von Computern machen. (L. Fejes Tóth war der Erste, der die Verwendung von Computern vorschlug.) Der Beweis stützt sich vor allem auf Methoden der globalen Optimierung, der linearen Programmierung und der Intervallarithmetik.

Der vollständige Beweis erscheint in einer Reihe von Arbeiten mit einem Gesamtumfang von mehr als 250 Seiten. Die Computerdateien, die den Computercode und die Dateien für die Kombinatorik, die Intervallarithmetik und die lineare Programmierung enthalten, erfordern mehr als 3 Gigabytes Speicherplatz.

Samuel P. Ferguson, der im vergangenen Jahr seine Dissertation an der University of Michigan unter meiner Anleitung abschloß, hat wesentlich zu diesem Projekt beigetragen.

Die Arbeiten, die den Beweis enthalten, sind:

- An Overview of the Kepler Conjecture, Thomas C. Hales
- A Formulation of the Kepler Conjecture, Samuel P. Ferguson and Thomas C. Hales
- Sphere Packings I, Thomas C. Hales (veröffentlicht in DCG, 1997)
- Sphere Packings II, Thomas C. Hales (veröffentlicht in DCG, 1997)
- Sphere Packings III, Thomas C. Hales
- Sphere Packings IV, Thomas C. Hales
- Sphere Packings V, Samuel P. Ferguson
- The Kepler Conjecture (Sphere Packings VI), Thomas C. Hales

Postscript-Versionen der Arbeiten und weitere Informationen über dieses Projekt sind unter `http://www.math.lsa.umich.edu/~hales`[1] zu finden.

Tom Hales

samf@math.lsa.umich.edu
hales@math.lsa.umich.edu

In dem Augenblick, als die E-Mail den Computer verließ, hatte Hales das Gefühl, als ob eine Last von seinen Schultern gefallen sei. Sein Spiel hatte sich ausgezahlt. Als er mit der Arbeit an dem Beweis begonnen hatte – und sogar noch viel später – war es keineswegs sicher, daß seine Anstrengungen schließlich von Erfolg gekrönt sein würden. Es bestand immer auch die reale Möglichkeit, daß seine Idee – das Auffinden einer maximalen Bewertung von Hybrid-Sternen – nirgendwohin führen würde. Aber zu guter Letzt war nun alles ausgearbeitet und alle Skeptiker, die Zweifel an Toms Ansatz hatten, waren erwiesenermaßen im Unrecht. Fünf Jahre harter Arbeit waren zu Ende.[2]

---

[1] Thomas Hales ist jetzt Mellon Professor an der University of Pittsburgh (siehe `http://www.math.pitt.edu/~thales/papers/`).

[2] Aber vielleicht hätte Hales mit seiner Ankündigung weitere zwei Jahre warten sollen. Am 24. Mai 2000 gab das Clay Mathematics Institute (CMI) in Cambridge (Massachusetts), das von dem Bostoner Geschäftsmann Landon T. Clay gegründet worden war, die Ausschreibung von sieben Preisen bekannt – jeder

Vier Wochen später war Hales auf einem Flug nach Israel, um dort seinen ersten Vortrag zum vollständigen Beweis der Kepler-Vermutung zu halten. Der Anlaß war die vierte Dreijahrestagung der International Society for the Interdisciplinary Study of Symmetry (ISIS). ISIS-Symmetry ist eine Organisation, die alle Disziplinen und alle Gebiete umfaßt, die irgendetwas mit Symmetrie zu tun haben: natürlich Mathematik, aber auch Biologie, Physik, Chemie und Kristallographie. Und Psychologie, Neurologie sowie Linguistik. Und auch Architektur, Choreographie, Musik und Kunst. Die Tagungen sind wahrhaft interdisziplinär. Spezialisten aus verschiedenen Forschungsgebieten reden nicht nur aneinander vorbei, sondern kommunizieren wirklich miteinander. Kristallographen durchstreifen die Kunstausstellung, Architekten hören Botanikern zu, Biologen sprechen mit Theater-Impresarios und Physiker sehen sich Filme über modernes Ballett an. Leute aus verschiedenen Gebieten hören sich unterschiedliche Vorträge an und nehmen an Beratungen und Multimediapräsentationen über Disziplinen teil, von deren Existenz sie bis dahin nicht einmal wußten.

Der passendste Treffpunkt für eine öffentliche Ankündigung des Durchbruchs von Hales wäre der 23. Internationale Mathematikerkongreß in Berlin gewesen, der drei Wochen früher stattgefunden hatte. Fast dreitausendfünfhundert Mathematiker aus einhundert Ländern nahmen an dieser Mammutveranstaltung teil, die alle vier Jahre von der Internationalen Mathematischen Union organisiert wird.[3] Leider war der 1. Mai der Termin für die Anmeldung von Vorträgen.[4] Zu diesem Zeitpunkt im Spätfrühling war sich Hales noch nicht sicher, ob sein Beweis rechtzeitig genug für den Kongreß fertig würde. Während des Sommers kam er dann schneller voran als erwartet, aber es war zu spät, einen Vortrag anzukündigen. *Ordnung muß sein!* – besonders in Berlin.[5] Zumindest hatte Hales die Genugtuung, daß seine Leistung im Kielwasser seiner E-Mails den meisten Kongreßteilnehmern bereits bekannt war.

Die ISIS-Symmetry hielt ihren Kongreß in Haifa am Mittelmeer ab. Die Stadt im Norden Israels war ein besonders günstiger Ort für diese Tagung. Haifa ist der Sitz des heiligsten Schreins des Baha'i Glaubens, und die Gärten, die

---

Preis belief sich auf 1 Million USD – für die Lösung von offenen Problemen. „Der Wissenschaftliche Beirat des CMI wählte diese Probleme aus, wobei der Schwerpunkt auf wichtigen klassischen Fragen lag, die sich im Laufe der Jahre allen Lösungsversuchen widersetzt hatten." Hätte Hales gewartet, dann hätte der Beirat vielleicht auch die Kepler-Vermutung als eine der Preisfragen ausgewählt und Hales und Ferguson hätten die Bank lachend abräumen können.

[3] Während des Ersten und des Zweiten Weltkriegs fanden keine Kongresse statt.
[4] Genau diesen Termin hatte David Hilbert achtundneunzig Jahre früher verpaßt.
[5] *„Ordnung muß sein!"* Dieser teutonische Ausspruch ist von Beamten und Bürokraten zu allen Zeiten verwendet worden. Er rechtfertigt den Aufruf zu Gehorsam sogar unter den albernsten Voraussetzungen. Es ist ein Axiom, über das man einfach nicht diskutiert. Um fair zu sein: Die Veranstalter des Berliner Kongresses waren nicht ganz so dickköpfig. Beim Kongreß gab es eine Vorkehrung für „diejenigen, die den Wunsch haben, einen spontanen Beitrag zu leisten."

218   13 Aber ist das wirklich ein Beweis?

den Schrein umgeben, sind für ihre Schönheit und Symmetrie weltberühmt. In seiner Aktentasche hatte Hales Präsentationsfolien nach Haifa mitgenommen. Die Veranstalter des Kongresses von ISIS-Symmetry machten kein Problem aus irgendwelchen verpaßten Terminen. Schließlich handelte es sich um den Nahen Osten und Leute waren hier entspannter in Bezug auf Termine und Vorschriften.

Yallah, vergiß den Termin![6] Alle waren mehr als glücklich, daß Hales teilnahm, um über seinen Beweis vorzutragen. Der Kongreß begann am 13. September 1998. Bei der Eröffnungsveranstaltung gab der Präsident von ISIS-Symmetry die Anwesenheit des Mannes bekannt, der die Kepler-Vermutung vier Jahrhunderte nach ihrer erstmaligen Formulierung bewiesen hatte. Das Publikum erhob sich spontan und erwies Hales stehenden Applaus.

Am vierten Konferenztag hielt er seinen Vortrag. Wieder gab es donnernden Applaus. Aber Hales' Arbeit wurde in Haifa nicht nachgeprüft. Die Zuhörer – unter denen sich Architekten, Choreographen und mindestens ein Journalist befanden – waren erfreut, Zeugen eines so bedeutsames Ereignisses zu sein. Aber sie stellten keine prägnanten Fragen. Und die Physiker, die sich Hales' Vortrag anhörten, wußten ohnehin schon immer, daß die Keplersche Vermutung richtig ist.

Der erste wirkliche Test kam vier Monate später, Anfang 1999. Die E-Mail, die Hales im August versendet hatte, war auch bei Robert MacPherson am Institute of Advanced Studies angekommen. Er war neugierig geworden und organisierte am IAS eine Minikonferenz mit dem Titel „Workshop on Discrete Geometry and the Kepler Problem." In der Ankündigung war über das Workshop-Thema Folgendes zu lesen: „Hauptgegenstand des Workshop ist der neue computergestützte Beweis der Kepler-Vermutung durch Tom Hales. In den meisten Vorträgen und Arbeitssitzungen wird es ... um dieses Thema gehen." Im Flyer befand sich darüber hinaus eine Erklärung für alle diejenigen, die es vielleicht nicht wissen, nämlich daß „die Keplersche Vermutung besagt, daß die dichteste Packung ... diejenige ist, die wir alle erwarten."

Der Workshop war für eine volle Woche geplant und es wurden die Stars auf dem Gebiet der Kugelpackungen und der diskreten Geometrie erwartet. Gábor Fejes Tóth, Lászlós Sohn, wurde zum Organisator ernannt. Hales war der informelle Ehrengast. Sam Ferguson wurde eingeladen und kam. Ebenso John Conway und Neil Sloane. Und natürlich kam auch Wu-Yi Hsiang. Insgesamt versammelten sich in Princeton vom 17. bis zum 22. Januar 1999 ungefähr ein Dutzend Fachleute aus so „entlegenen" Ländern wie Ungarn und Österreich. Die Hauptvorträge fanden jeden Tag um 14 Uhr statt, kürzere Vorträge wurden zwischendurch gehalten. Ferguson hielt den Eröffnungsvortrag am Sonntag und Hsiangs Vortrag war für den Dienstag geplant.

---

[6] „Los (Auf geht's)!" Dieser arabisch/hebräische Ausspruch ist das nahöstliche Gegenstück – und das genaue Gegenteil – von *Ordnung muß sein!* Der Ausspruch rechtfertigt nahezu jeden Verstoß.

Der Workshop war sehr intensiv und es wurden viele unangenehme Fragen gestellt. Aber Hales ließ sich nicht beirren. Seine Antworten waren klar und punktgenau. Das beruhigte das Publikum. Sogar Hsiang hatte keine technischen Einwände. Seine einzige Kritik war, daß der Beweis nicht sehr schön sei. Hales hat das nie bestritten. „Wir alle stimmen darin überein, daß dieser Beweis häßlich ist", kommentierte Ferguson später. „Jedoch war es das Beste, was wir tun konnten, zumindest bis dahin. Hales könnte den Rest seiner Karriere damit verbringen, den Beweis zu vereinfachen. Aber das wäre wohl kaum der richtige Weg gewesen, die ihm zur Verfügung stehende Zeit zu nutzen". Am Anfang hatte es einige Befürchtungen gegeben, wie Hsiang auf den ganzen Rummel zum Beweis von Hales reagieren würde. Aber er blieb ziemlich freundlich, wenn auch etwas herablassend. Nachdem Hales seinen Vortrag gehalten hatte, gab Hsiang folgenden Kommentar: „Ich freue mich, daß Keplers Vermutung jetzt noch einmal bewiesen worden ist". Aus Hsiangs Perspektive schien es so zu sein, daß alles viel einfacher ist, wenn man mit den richtigen geometrischen Einsichten an die Sache herangeht. Dann hielt er selber einen einstündigen Vortrag „Über den Beweis der Vermutung von Kepler". Natürlich meinte er seinen eigenen Beweis und nicht den von Hales. Aber Hsiang schaffte es nicht, das Publikum zu überzeugen.

Die Teilnehmer verließen die Tagung in der Überzeugung, daß sich Tom Hales mit seiner Argumentation durchgesetzt hatte. Das Kleingedruckte würde natürlich noch zu überprüfen sein, aber insgesamt schien der Beweis zuzutreffen. Nachdem der Workshop zu Ende war, dachte MacPherson lange und intensiv über Hales' Leistung nach. MacPherson war einer der sechs Herausgeber der *Annals of Mathematics*, einer der weltweit angesehensten Fachzeitschriften, wenn nicht *die* angesehenste mathematische Fachzeitschrift überhaupt. Wäre der Beweis von Hales wohl ein würdiger Kandidat für eine Veröffentlichung in den *Annals*?

Die *Annals of Mathematics* wurden 1884 von Ormond Stone, einem Professor der University of Virginia, gegründet, der die Zeitschrift in den ersten zehn Jahren ihres Bestehens aus seiner eigenen Tasche finanzierte. Die *Annals* sind die zweitälteste Mathematikzeitschrift der Vereinigten Staaten.[7] Die Redaktion zog 1899 nach Harvard und 1911 nach Princeton um, wo sie sich noch heute befindet. Mit Beginn des Jahres 1933 hatte das IAS einen Fuß in der Redaktion und seitdem werden die *Annals* gemeinsam von den Departments für Mathematik der Universität Princeton und des IAS herausgegeben. Am Anfang des zwanzigsten Jahrhunderts kostete das Abonnement 2 USD pro Jahr und die meisten Mathematiker der Vereinigten Staaten hatten die Zeitschrift abonniert. Nach dem Ersten Weltkrieg gewannen die *Annals*, die bisher hauptsächlich Arbeiten von amerikanischen Autoren veröffentlicht hatten, an Bedeutung. Die europäischen Zeitschriften machten schwierige Zeiten durch und viele ausländische Mathematiker fingen an, ihre Arbeiten bei den *Annals*

---

[7] Die älteste Mathematikzeitschrift der USA ist das *American Journal of Mathematics*, dessen Redaktion in der Johns Hopkins University angesiedelt ist.

einzureichen. Als Antwort auf den erhöhten Zulauf in den 1930er Jahren erweiterten die *Annals* ihren Ausstoß von vier auf sechs Nummern pro Jahr. Ende der 1920er Jahre übernahm Solomon Lefschetz die Stelle des Herausgebers und blieb bis 1958 in dieser Position.

Lefschetz war ein algebraischer Topologe – tatsächlich kam das Wort „Topologie" erst in Gebrauch, nachdem Lefschetz 1930 eine bahnbrechende Monographie mit diesem Titel geschrieben hatte. Lefschetz war jedoch nicht nur wegen seiner herausragenden mathematischen Fähigkeiten berühmt, sondern auch wegen der Tatsache, daß er zwei Handprothesen hatte.

Er verlor beide Hände bei einem Laborunfall, als er dreiundzwanzig Jahre alt war. Infolgedessen mußte er seinen ursprünglichen Beruf als Ingenieur aufgeben und wurde Mathematiker. Aber der Verlust, den die Ingenieure erlitten, sollte ein Gewinn für die Mathematiker werden, denn Lefschetz wurde einer der einflußreichsten Mathematiker seiner Zeit. Die Tür seines Dienstzimmers in Princeton hatte keine Klinke, sondern einen speziellen Haken, so daß er sie mit seinem Unterarm öffnen und schließen konnte. Und anstelle der standardmäßigen Aktenschränke erhielt er für sein Zimmer speziell konstruierte Schubladengarnituren, so daß er die Papiere und Veröffentlichungen relativ leicht einordnen und wiederfinden konnte. Jeden Morgen befestigte ein Assistent Kreide in der glänzendschwarzen Prothese des Professors und Lefschetz schrieb dann Gleichungen mit riesigen Buchstaben an die Wandtafel, so wie ein Kind, das schreiben lernt. Am Abend entfernte ein Assistent die Kreide.

Während seiner dreißigjährigen Amtszeit prägte Lefschetz die *Annals* nachhaltig. Die einzige andere Zeitschrift, die in den 1930er Jahren in Bezug auf die Qualität der Veröffentlichungen den *Annals* nahe kam, war *Transactions of the American Mathematical Society*. Jedoch war diese Zeitschrift nicht nach jedermanns Geschmack. Das Redaktionskomitee war extrem pedantisch, die Begutachtung sehr streng und die Publikationen erfolgten ziemlich langsam. Die Herausgeber mochten ganz kurze Arbeiten nicht. Aber sie mochten auch sehr lange Arbeiten nicht. Die *Annals* waren jedoch für alles, das einen Umfang zwischen zwei und einhundert Seiten hatte. Und die Begutachtung war nicht immer ein Hindernis für eine Veröffentlichung. „Es kam auch vor, daß Lefschetz von einem neuen Ergebnis erfuhr ... und den Verfasser zur Einreichung einer Arbeit ohne Begutachtung aufforderte," berichtete ein Kollege. Das hätte verhängnisvoll sein können, aber Lefschetz hatte einen nachtwandlerischen Instinkt für gute und wichtige Ergebnisse. Wurde eine Begutachtung angefordert, dann ging das immer ungewöhnlich schnell, weil der überwiegende Teil in Princeton vor Ort angefertigt wurde. Einer der Gutachter war John von Neumann, der Mitherausgeber von Lefschetz. Es heißt, daß von Neumann sogar die schwierigsten Arbeiten durch einfaches Durchblättern begutachtet habe. Das bedeutete nicht, daß er die betreffenden Arbeiten nicht las. Er las sie, aber sein Gehirn arbeitete zehnmal schneller als jedes andere Hirn.

Der autokratische Stil von Lefschetz als Herausgeber der *Annals* hatte auch seine Nachteile. „[Er] machte sich viele Feinde, weil zum Beispiel zwei Autoren miteinander konkurrierten, um ein neues Ergebnis zuerst zu veröffentlichen, und dann derjenige, der in den ... *Transactions* publizierte, von dem geschädigt wurde, der seine Arbeit bei Lefschetz herausbrachte." Vom Standpunkt der Fairness war die Herausgeberpolitik der *Transactions* weitaus ethischer. „Die *Transactions* wurden demokratisch geführt, ohne Bevorzugungen, und jeder wurde gleichbehandelt. Bei den *Annals* gab es ziemlich viel Günstlingswirtschaft." Aber Begünstigungen werden nicht immer als Nachteil betrachtet, insbesondere von denjenigen nicht, die in den Genuß einer solchen Bevorzugung kommen. Und für die Princetonianer war eine Veröffentlichung in den *Annals* ohnehin unerläßlich.

Lefschetz verärgerte auch einige andere. Als er für die Präsidentschaft der American Mathematical Society nominiert wurde, schrieb George D. Birkhoff, der berühmte Mathematiker von der Harvard University, einem Freund: „Ich habe das Gefühl, daß Lefschetz versuchen wird ..., energisch und positiv für seine eigene Rasse zu arbeiten. Sie haben außerordentliches Vertrauen in ihre eigene Macht und ihren Einfluß in den guten alten USA." Wir gehen kurz darauf ein, wie wohl Lefschetz' religiöser Hintergrund ausgesehen hat. Birkhoff schrieb in seinem Brief weiter: „Er wird sehr großspurig werden, sehr rassisch und er wird die *Annals* als ein ... rassisches Privileg verwenden. Die Rasseninteressen werden tiefer liegen als bei Einstein ..." Später machte Birkhoff seinen Fehler wieder etwas gut, wie ein jüdischer Zeitgenosse bezeugte: „In aller Fairness sollte zur Kenntnis genommen werden, daß Birkhoff, trotz seiner erklärten Position in Bezug auf Flüchtlinge, einigen [jüdischen] Flüchtlingen half, Stellen an weniger renommierten Instituten zu bekommen." Die antisemitische Einstellung, die in den 1930er Jahren unter der amerikanischen Intelligenz vorherrschte, brachte sogar Lefschetz auf die Idee, eine Quote für Juden vorzuschlagen. Er bemerkte einmal, daß keine jüdischen Studenten zum Master-Studium in Princeton zugelassen werden sollten, weil Juden ohnehin keinen Job bekämen – warum sollte man sich also bemühen.

Auch heute bleiben die *Annals* eines der wichtigsten Betätigungsfelder für Mathematiker. Diese Aussage ist keine inhaltslose Behauptung, sondern kann präzisiert werden. Gewöhnlich wird der Impakt einer Zeitschrift auf die Wissenschaft dadurch gemessen, wie oft ihre Artikel von anderen Autoren zitiert werden. Durch diese Zählung kommen die *Annals* der Spitze sehr nahe. Ihre Artikel werden in den zwei Jahren nach ihrer Veröffentlichung durchschnittlich 1,71-mal pro Jahr zitiert. In Bezug auf diesen Impaktfaktor liegen die *Annals* an der dritten Stelle nach dem *Bulletin of the American Mathematical Society* (1,88) und dem *Journal of Computational Geometry* (1,82). Mit einem Impaktfaktor von 0,55 liegen die *Transactions* ungefähr zwanzig Plätze niedriger.

Um den Ruf der *Annals* als renommierteste Mathematikzeitschrift der Welt zu schützen, durchläuft jede eingereichte Arbeit ein sehr strenges Begutachtungsverfahren. Das ist sogar für die Herausgeber eine schwierige Sache. „Ich habe kein Vergnügen daran, neun von zehn Arbeiten abzulehnen", äußerte sich MacPherson. Aber er hätte es gerne gesehen, wenn die Arbeit über den Beweis der Kepler-Vermutung in den *Annals* veröffentlicht würde, was leichter gesagt war als getan. Immerhin war MacPherson nicht Lefschetz und hatte kein Verlangen, dessen Herausgeberpolitik nachzuahmen. Also befragte er zuerst seine Mitherausgeber. Er sandte E-Mails an seine fünf Kollegen vom Herausgeberkollegium und bat sie um ihre Meinung. Er warnte sie, daß die Arbeit sehr lang sein würde. Ebenso bemerkte er, daß Hales' Beweis computergestützt ist. Unter früheren Herausgebern hätten die *Annals* niemals eine Arbeit angenommen, die so etwas Schändliches enthielt wie einen Computerbeweis. Aber die Zeiten hatten sich geändert und MacPhersons Mitherausgeber machten mit. Sie empfahlen einstimmig, daß er sich um die Arbeit bemühen solle.

Hales wurde gefragt, ob er sich für eine Veröffentlichung seiner Arbeit in den *Annals* interessieren würde. MacPherson sagte ihm auch gleich, daß sich das Verfahren ziemlich in die Länge ziehen würde. Ein äußerst strenges Begutachtungsverfahren sei unvermeidlich. Als Beispiel führte MacPherson einen ebenfalls computergestützten Beweis an, für dessen Prüfung zwei Teams von Gutachtern drei volle Jahre benötigten. Hales hatte nichts dagegen. Er selbst wünschte sich, daß seine Arbeit gründlich und kritisch gelesen werden solle. Er wollte nicht, daß jahrelang Zweifel bestehen bleiben, und würde einen Genehmigungsstempel begrüßen.

Aber MacPherson befürchtete noch etwas anderes. Die Arbeit, die er bislang gesehen hatte, war nicht besonders gut geschrieben. Während der Jahre, die Hales mit den verschiedenen Teilen seines Beweises verbrachte, hatte er sich alles peinlich genau notiert, so wie in einem Laborbericht. In dem Moment, als der Computer fertig wurde, war auch das entsprechende Manuskript fertig. Infolgedessen waren die Arbeiten keine leichte Lektüre. Und da Hales die Arbeiten zu unterschiedlichen Zeiten vervollständigt hatte, mußten verschiedene Teile neu formuliert und nachträglich angepaßt werden. Dementsprechend ähnelte der Beweis einem Flickwerk von lose miteinander verbundenen Teilen und Stücken. Würde Hales bereit sein, seinen Beitrag zu überarbeiten? Ferguson war von dieser Aussicht beileibe nicht sehr begeistert. „Die Herausgeber der *Annals* wollen eine umfassende, aktualisierte und möglichst vereinfachte Darstellung. Alles im Prinzip gut und schön, aber wir beide haben es satt, an dem Problem zu arbeiten, das wir für gelöst und ordnungsgemäß dokumentiert halten. Es scheint ein bißchen zu viel verlangt zu sein, uns zu bitten, den ganzen Beweis nur deswegen zu überarbeiten, um ihn zugänglicher zu machen."

Wie geht man also bei der Begutachtung eines Beweises vor, der zum großen Teil aus Computerprogrammen besteht? MacPherson sorgte sich nicht allzu sehr. „Wenn ich eine Arbeit begutachte, dann versuche ich, die interne Logik des Beweises zu verstehen und überprüfe die Konsistenz. Ich checke den Beweis nicht Aussage für Aussage." Die Prüfung eines computergestützten Beweises erfolgt nach denselben Richtlinien. Für die Kontrolle des Beweises der Keplerschen Vermutung wurden zwölf Gutachter ausgewählt, zumeist Teilnehmer des Workshop. Man bat Gábor Fejes Tóth, der als sorgfältiger und verantwortungsvoller Organisator bekannt ist, das Verfahren zu koordinieren. Im Jahr 2002 waren die Gutachter, deren Namen nicht bekanntgegeben wurden, auch weiterhin sehr engagiert und die meisten haben ihren Enthusiasmus beibehalten. Die selbstlose Arbeit dieser Gutachter, die sich mit den Ergebnissen eines anderen Mathematikers abmühen, anstatt ihre eigenen Karrieren voranzutreiben, ist für MacPherson eine ständige Quelle der Verwunderung: „Ist es nicht erstaunlich? Sie tun es für die mathematische Community." In Ungarn veranstaltete eine Gruppe von Professoren und Studenten der höheren Studienjahre Seminare über den Beweis. László Fejes Tóth (1915–2005), Gábors Vater, hatte noch im Alter von fast 90 Jahren großes Interesse an dem Geschehen. Dennoch ist einigen Gutachtern die Arbeit zu viel geworden und sie sind aus dem Begutachtungsverfahren ausgeschieden.

Aber während der Beweis der Kepler-Vermutung so langsam auf dem Weg war, akzeptiert zu werden, tauchten andere Fragen auf: Ist es wirklich ein Beweis? Kann eine mathematische Wahrheit mit roher Gewalt bewiesen werden? Könnte sich nicht auch ein Computer irren? Wie kann man computergestützte Beweise mit der Eleganz konventioneller Beweise vergleichen? Was lehrt uns der Beweis?

Als ein Computer zum ersten Mal nicht zur Lösung numerischer Probleme, sondern zum Beweis eines Satzes eingesetzt wurde, war die Mathematikergemeinschaft in Harnisch. Das geschah im Zusammenhang mit dem sogenannten Vierfarbenproblem. Das Problem war 1852 von Francis Guthrie gestellt worden, einem Studenten des University College London. Ihm war die Aufgabe übertragen worden, eine Landkarte der Grafschaften Englands zu färben. Keine zwei auf einer Linie aneinander grenzende Grafschaften durften die gleiche Farbe haben, wohl aber Grafschaften mit einer gemeinsamen Ecke. Nach einer Weile bemerkte Guthrie, daß er nie mehr als vier Farben benötigte. In einem Brief an seinen jüngeren Bruder Frederick warf er die Frage auf, ob das auch für beliebige Landkarten gelte. Frederick konnte die Frage ebenfalls nicht beantworten. Auch sein Lehrer, der berühmte Mathematiker Augustus de Morgan wußte keine Antwort. De Morgan schrieb einen Brief an seinen ebenso berühmten Kollegen, Sir William Rowan Hamilton, der auch keine Antwort parat hatte. Mehr als 120 Jahre lang versuchten sich viele Mathematiker an dem Problem, aber stets blieb ihren Anstrengungen der Erfolg versagt. Schließlich versetzten 1976 der aus Deutschland stammende Wolfgang Haken und sein Kollege Kenneth Appel von der University of Illinois das Publikum mit einem Beweis in Erstaunen. Über Nacht war das Vierfarbenproblem zum Vierfarbensatz geworden.

Aber die mathematischen Zutaten wurden – wie entsetzlich! – von einem Computer geliefert. Appel und Haken hatten 1936 verschiedene Landkartenkonfigurationen erstellt, die mögliche Gegenbeispiele zur Vermutung hätten sein können.[8] Danach überprüfte der Rechner jeden einzelnen dieser Prototypen. Der Computer ratterte ungefähr eintausendzweihundert Stunden lang. Schließlich konnten die beiden Mathematiker „Heureka!" rufen, oder besser gesagt, „Ouk heureka!" (Ich habe es nicht gefunden!). Unter den 1936 Land-

---

[8] Gemeint ist nicht das Jahr 1936, sondern die Anzahl der Konfigurationen.

kartenkonfigurationen fand sich kein einziges Beispiel, das fünf oder mehr
Farben erfordert hätte. Damit war das Vierfarbenproblem gelöst. Kommt uns
die Strategie von Appel und Haken nicht irgendwie bekannt vor? Das tut sie
in der Tat. Sie hat eine unheimliche Ähnlichkeit mit dem Beweis von Tom
Hales und Sam Ferguson. Tatsächlich ist diese Strategie – Reduktion eines
Beweises auf eine Liste von endlich vielen möglichen Gegenbeispielen und
deren anschließende schrittweise Eliminierung – heute eine Hauptstütze von
computergestützten Beweisen.[9]

Es gibt Computerprogramme, die absolut dazu in der Lage sind, Wahrheiten zu entdecken. Beispielsweise haben genetische Algorithmen Naturgesetze
entdeckt – ohne jedoch zu beweisen oder zu erklären, warum diese Gesetze wahr sind. Genetische Algorithmen sind Programme, die sich entsprechend
den Darwinschen Gesetzen entwickeln. Ein derartiger Algorithmus startet mit
Teilen möglicher Lösungen eines Problems und verwendet diese Teile als Bausteine für künftige Generationen. Die Bausteine setzen sich zusammen, spalten sich auf und setzen sich erneut zusammen, um Nachkommen zu erzeugen.
Diese Nachkommen werden umso besser, je länger der Computer läuft. Nach
vielen Generationen, die auf einem schnellen Computer vielleicht nach nur
wenigen Minuten entstehen, führt der Algorithmus möglicherweise zu einer
Formel, die das Phänomen imitiert, das den Daten zugrunde liegt.

Man gebe zum Beispiel die Daten der Planetenbahnen in den Computer
ein und lasse den genetischen Algorithmus über einige Dutzend Generationen
ausführen. Der Algorithmus entdeckt dann stets das dritte Keplersche Gesetz
der Planetenbewegung. Das kommt vielleicht auch nicht völlig überraschend,
da die richtige Antwort den Astronomen seit dem siebzehnten Jahrhundert
bekannt ist. Nun betrachte man aber zum Beispiel die Sonnenflecken, ein
periodisches Phänomen, über das wir noch nicht sehr viel wissen. Was passiert, wenn wir nun die Sonnenfleckendaten eines Jahrhunderts in einen genetischen Algorithmus eingeben? Es kommt eine Formel heraus, mit deren Hilfe
sich die zukünftige Sonnenfleckenaktivität mit einem überraschenden Genau-
igkeitsgrad vorhersagen läßt. Des weiteren gibt es Computerprogramme zum
„data mining", also zum Datenschürfen. Sie durchsieben riesige Datenbanken
und finden Zusammenhänge, auf die niemand jemals gekommen wäre. Zum
Beispiel ermitteln die sogenannten Programme für neuronale Netze die Kauf-
gewohnheiten legitimer Kreditkartenbesitzer und können Betrügereien auf-
decken. Keines der obengenannten Beispiele ist ein Beweis. Jedoch erzählen
uns solche Programme, wo man nach der Antwort ... oder nach dem Betrüger
suchen kann.

Seit Appel und Haken ihre Arbeit 1976 zuerst vor einem bis auf den letzten
Platz besetzten Saal in Toronto präsentierten, wurde ihr Beweis zu einem Mei-
lenstein in der Geschichte der Mathematik. Aber damals waren die meisten
Mathematiker entsetzt. Der Philosoph Thomas Tymoczko schrieb: „Wenn wir

---

[9] Der andere (in den *Annals*) veröffentlichte Computerbeweis, auf den sich Mac-
Pherson bezog, verfolgte eine ähnliche Strategie.

den Vierfarbensatz als einen Satz akzeptieren, dann sind wir verpflichtet, die Bedeutung des Wortes *Satz* oder vielmehr die Bedeutung des zugrunde liegenden Beweisbegriffes zu ändern." Ein anderer Purist behielt sich das Recht vor „jeden Beweis abzulehnen, der nur aus einer *black box* kommt ... und zwar mit dem gleichen Nachdruck, mit dem ich die Aussage eines Zeugen Jehovas zurückweise." Wie kann man einen Beweis glauben, wenn man nicht jeden seiner Schritt verifizieren kann? Tymoczko lehnt den Beweis von Appel und Haken ab, weil „kein Mathematiker einen Beweis des Vierfarbensatzes gesehen hat" und weil „es sehr unwahrscheinlich ist, daß jemals ein Mathematiker einen Beweis sehen wird."[10]

Wir haben im Allgemeinen kein Vertrauen zu etwas, das wir nicht sehen können. Oder? Erinnern wir uns an Gene Hackmans Kommentar gegenüber Denzel Washington in *Crimson Tide*[11], kurz bevor ihr Unterseeboot zum Tauchgang startete? „Letztmaliges Einatmen verschmutzter Luft für die nächsten 65 Tage. Verpaß das nicht. Ich vertraue der Luft nicht, die ich nicht sehen kann." Das klingt komisch, weil es so absurd ist. Natürlich vertrauen wir der Luft, insbesondere wenn wir sie nicht sehen können. Müssen wir also zusehen, wie ein Computer die Bits und Bytes seines Hauptprozessors abarbeitet oder müssen wir – besser noch – die Geschehnisse in seinen unzähligen Transistoren verfolgen, bevor wir ihm vertrauen? Oder haben reine Mathematiker irgendein irrationales Vorurteil gegenüber Innovationen, so wie einige religiöse Fundamentalisten Vorurteile gegen den medizinischen Fortschritt haben? Es gibt Anzeichen dafür, daß das tatsächlich der Fall sein könnte. So stellte ein Mathematiker der Harvard University zu seiner Überraschung fest, daß die Hälfte seiner Kollegen im Department nicht programmieren konnte. Und als an der Stanford University eine Inventur der Computerausstattung durchgeführt wurde, stellte sich heraus, daß das Mathematik-Department sogar weniger Computer hatte als das Französisch-Department. Das unter den Puristen vorherrschende Gefühl spiegelte sich in der Einleitung von Tymoczkos Essay „Computers and mathematical practice" wider: „Computer sind vor einigen Jahrzehnten in die Mathematik eingedrungen."

Aber die Vorsicht in Bezug auf Computer beruht nicht nur auf Vorurteilen. Schließlich kommt es ja tatsächlich immer mal zu Schnitzern. Im Allgemeinen unterscheidet man zwischen zwei Typen von Fehlern: menschliche Fehler (Eingabe oder Programmierung) und Systemfehler (Software oder Hardware).[12]

---

[10] Thomas Tymoczko studierte in Harvard und Oxford und wurde 1971 Professor der Philosopie am Smith College in Northampton (Massachusetts). Er starb 1996 im Alter von dreiundfünfzig Jahren an Magenkrebs.

[11] Der amerikanische Spielfilm *Crimson Tide* aus dem Jahr 1995 lief in Deutschland unter dem Titel *In tiefster Gefahr*. Es geht um ein mit ballistischen Raketen ausgerüstetes U-Boot und um die Gefahr eines Atomkriegs. Gene Hackman und Denzel Washington sind die beiden Hauptdarsteller.

[12] Neuerdings gibt es ja auch systemische Fehler, wie schon Eugen Gomringer mit monotoner Stimme vorausgeahnt hat: „Kein Fehler im System, Kein Efhler im System, Kein Ehlfer im System, ...".

Menschliche Fehler – die unter dem Begriff GIGO (garbage in, garbage out)[13] bekannt sind – sollten durch ein gewissenhaftes Begutachtungsverfahren ans Licht kommen. Systemfehler können jedoch auch bei noch so sorgfältigen Rechenkontrollen unentdeckt bleiben. Seit der Einführung des obengenannten IEEE Standards 754 stellt das Runden von Zahlen keine Fehlerquelle mehr dar. Es besteht aber die Möglichkeit, daß Fehler durch defekte Chips entstehen (wie zum Beispiel beim Pentium-Bug) oder durch Störungen der Art und Weise, wie ein Computer ein Programm in Befehle an einen Mikroprozessor übersetzt (Compiler-Fehler). Noch schlimmer ist, daß sogar ein vollkommen intakter Computer nicht ganz fehlerfrei ist. So wurde zum Beispiel berichtet, daß ein Cray-1A Supercomputer pro Tausend Betriebsstunden ungefähr einen unentdeckten Fehler produziert. Das passiert üblicherweise durch die zufällige Änderung eines Bit im Hauptspeicher, die vor allem auf kosmische Strahlung zurückzuführen ist. Die Hersteller verwenden fehlerkorrigierende Speicher, um derartige Fehler zu minimieren, aber das Problem läßt sich nicht vollständig eliminieren.

Der algebraische Geometer Pierre Deligne, Fieldsmedaillenträger und ständiges Mitglied des IAS, ist davon überzeugt, daß der menschliche Geist immer noch das Maß aller Dinge ist. „Ich glaube nicht an Beweise, die von einem Computer ausgeführt worden sind," meint er, „Ich glaube an einen Beweis, wenn ich ihn verstehe." Doron Zeilberger von der Temple University in Philadelphia (Pennsylvania) steht am anderen Ende des Spektrums. Er schlägt eine neue semi-strenge mathematische Kultur vor, in der die Computer nicht dazu verwendet werden, um die Wahrheit festzustellen, sondern nur die Wahrscheinlichkeit einer Wahrheit. Das würde zu Aussagen führen wie „Die Goldbachsche Vermutung ist mit einer Wahrscheinlichkeit von 0,9999 wahr und die vollständige Wahrheit ließe sich mit einem Budget von 10 Milliarden USD ermitteln."

Die Zukunft könnte sogar so aussehen, daß man die Gültigkeit einer Aussage durch einen Vergleich mit Experimenten gewinnt, die mit Computern ausgeführt werden. David Epstein von der University of Warwick in England gründete eine Zeitschrift, in der es um Ergebnisse und Vermutungen geht, die mit Hilfe von Experimenten formuliert wurden. Aus Gründen wie diesen schlug der Mathematiker Edward Swart den neuen Begriff *Agnogramm* vor. Er definiert ein Agnogramm als eine Aussage, die irgendwo zwischen einer Vermutung und einem Satz liegt. Die Richtigkeit dieser Aussage sei soweit wie möglich verifiziert, aber ihre Wahrheit sei nicht mit *der* Art von Sicherheit bekannt, die man Sätzen beimißt. Agnogramme würden folglich bis zu einem gewissen Grad agnostisch bleiben.

Es gibt noch einen anderen Einwand gegen die mit roher Gewalt vorgehenden Computerbeweise. Ein guter konventioneller Beweis sagt dem Mathematiker nicht nur, daß eine Aussage wahr ist, sondern auch, warum sie wahr ist.

---

[13] Also „Müll rein, Müll raus", das heißt, wenn der Input ungültig war, dann ist auch der Output ungültig.

Ein solcher Beweis ermöglicht ein tieferes Verständnis der inneren Struktur eines mathematischen Systems und eröffnet dadurch Möglichkeiten für weitere Entdeckungen. Ein Computerbeweis offenbart (unter Vorbehalt) nichts weiter als die Richtigkeit der Aussage. Nach dem Studium des Beweises der Keplerschen Vermutung muß man somit die Frage stellen: Haben wir aus dem Beweis irgendetwas gelernt? Haben wir eine tiefere Einsicht in die Mathematik gewonnen? Sind wir nach dem Studium des Beweises klüger geworden? Die schmerzlichen Antworten sind deutlich negativ. Schließlich wußten alle ja schon bevor die Arbeit an dem Beweis anfing, daß Keplers Vermutung richtig ist. Somit gab es in dieser Hinsicht nichts zu gewinnen. Außerdem eröffnete der Beweis keine neuen Möglichkeiten.

Nachdem Hales seinen Beweis bekanntgegeben hatte, ging es mit den Beanstandungen los. Nein, nicht schon wieder rohe Gewalt! Wortklauber wiesen gerne auf den gigantischen Beweis hin, den Andrew Wiles für den Satz von Fermat gegeben hat (veröffentlicht 1995 in den *Annals of Mathematics*). Das war ein nobler Beweis! Er war schön, elegant und hatte Stil. Er spielte in einer völlig anderen Liga. Ian Stewart, der bekannte englische Mathematiker und Popularisierer der Mathematik, bemerkt sehr zutreffend, daß Wiles' Beweis des Satzes von Fermat Tolstois *Krieg und Frieden* ähnelt, Tom Hales' Beweis der Kepler-Vermutung hingegen einem Telefonbuch. Kurz ist dieser Beweis nicht. Elegant ist er auch nicht. Ästhetisch? Nur wenn man eine Vorliebe für Telefonbücher hat.

Dennoch ist der Berufsstand seit der bahnbrechenden Arbeit von Appel und Haken vorangekommen. Zwar werden Computerbeweise nicht gerade universell geliebt, aber viele heutige Mathematiker akzeptieren diese Beweise zumindest als ein notwendiges Übel. Hales' eigene Einstellung gegenüber Computern hat sich im Lauf der Zeit geändert. „Ich verwendete Computer als Teil des Beweises von 1998 nur, weil ich keine Möglichkeit sah, Keplers Vermutung ohne Computer zu beweisen. [In letzter Zeit] hat sich meine Haltung erheblich geändert und ich finde jetzt, daß Computerbeweise für den Fortschritt der Mathematik wesentlich sind."

Es hat sich so etwas Ähnliches wie ein Protokoll entwickelt, um die Fehlerwahrscheinlichkeit zu minimieren. Man kontrolliere etwa die Ergebnisse manuell, wann immer das möglich ist. Man löse das gleiche Problem unter Verwendung verschiedener Programme. Man prüfe die Ergebnisse auf interne Widerspruchsfreiheit. Und man erfinde das Rad nicht von neuem, indem man eigene Programme schreibt – überlassen Sie das den Spezialisten. Meiden Sie jedoch Freeware! Verwenden Sie stattdessen populäre und wohlbekannte Softwarepakete, die dem Zahn der Zeit standgehalten haben. Lassen Sie die Programme auf mehr als einem Rechner laufen, die unterschiedliche Prozessoren und unterschiedliche Compiler haben. Versuchen Sie schließlich, andere Leute für eine unabhängige Überprüfung Ihres Beweises zu gewinnen. Keine der vorgeschlagenen Maßnahmen kann die Abwesenheit von Fehlern garantieren, aber sie können dazu dienen, das Vertrauen in computergestützte Beweise zu erhöhen.

Das schwierigste Problem besteht darin, andere Menschen für die Überprüfung von computergestützten Beweisen zu gewinnen. In der Chemie oder in der Mikrobiologie ist es überall auf der Welt durchaus üblich, Studenten der höheren Semester dutzende – wenn nicht hunderte – Male Experimente durchführen zu lassen. Vielleicht sollte das auch in der Mathematik zur Norm werden. Ferguson würde sehr gerne eine unabhängige Überprüfung sehen: „... es wäre für einen Dritten sinnvoller, unsere Arbeit unabhängig zu verifizieren, anstatt uns zu bitten, sie zu vereinfachen ... Es [scheint nicht so zu sein], daß die Gemeinschaft der Mathematiker willens ist, sich für eine angemessene Investition zu entscheiden."

Abgesehen von einer unabhängigen Überprüfung erfüllten Hales und Ferguson die meisten Vorschläge. Sie verwendeten wohlbekannte Softwareprogramme (Cplex, Mathematica und Maple) und schrieben unabhängig voneinander wesentliche Teile der Programme zweimal. Ferguson ließ auch Teile der Programme zu Hause auf seinem Macintosh PowerPC laufen, um eine Gegenkontrolle für die Ergebnisse zu haben, die von der Sun-Workstation an der Universität gewonnen wurden. „Ich sah mir den Output des Compilers auf meinem Heimcomputer an, verwendete einen Disassembler und stellte fest, daß offenbar keine Fehler aufgetreten sind." Aber die Fallen blieben auch weiterhin. „Es ist schwierig, sich der Sache ganz sicher zu sein ... Wir haben versucht, so sorgfältig wie möglich zu arbeiten, aber wir sind auch nur Menschen." Und das ist, kurz gesagt, vielleicht immer noch der beste Grund, Computer für mathematische Beweise zu benutzen. Nicht die Fehlbarkeit von Computern sollte das Problem sein, sondern menschliches Versagen. Immerhin steht ein Computerfehler von einem Bit pro Tausend Betriebsstunden ganz günstig da im Vergleich zur Schnitzerrate des menschlichen Gehirns. Man könnte also die Gegner von Computerbeweisen mit ihren eigenen Argumenten schlagen.

Als MacPherson zunächst seine Kollegen befragte, stimmten alle zu, daß computergestützte Beweise mathematischer Sätze in Bezug auf ihre Strenge keinen höheren Standards unterliegen sollten als traditionelle Beweise. Die Mathematiker dürfen sich nicht von einer solchen Ressource abkoppeln. Immerhin wurde auch die Infinitesimalrechnung kurz nach ihrer Erfindung im späten siebzehnten Jahrhundert mit Argwohn beäugt. Außerdem können Fehler auch in einem konventionellen Beweis auftreten. Mängel sollten im Begutachtungsverfahren offensichtlich werden. Aber das System funktioniert nicht immer auf diese Weise. Manchmal wird ein Fehler in einem konventionellen Beweis erst offensichtlich, nachdem die Arbeit gedruckt worden ist, mitunter erst lange Zeit nach der Veröffentlichung. Zum Beispiel veröffentlichte Alfred Bray Kempe, ein Londoner Rechtsanwalt und Spezialist für Kirchenrecht, 1879 den ersten angeblichen Beweis des Vierfarbensatzes im *American Journal of Mathematics*. Der Beweis wurde bis 1890 als korrekt angesehen, aber dann zeigte Percy John Heawood von der Durham University in England, daß der Beweis ein Lücke hatte. (Das war kein Hinderungsgrund dafür, daß Kempe in der Zwischenzeit großes Lob bekam, zum Mitglied der Royal Society gewählt und zum Ritter geschlagen wurde). Benders falscher Beweis des Kußproblems und Hoppes ebenso falsche Korrektur sind weitere Beispiele. Auch Hsiangs angeblicher konventioneller Beweis der Keplerschen Vermutung ist ein solches Beispiel.[14]

Wir wissen nicht, ob sich ein etablierter Beweis nicht eines Tages als unzulänglich herausstellen wird. Nur Fehler lassen sich schlüssig begründen; Richtigkeit kann nur dann angenommen werden, solange keine gegenteiligen Aussagen auftreten. Nach einiger Zeit glauben die meisten Mathematiker einfach nur deswegen an die Korrektheit eines Beweises, weil niemand daran etwas auszusetzen hatte. Ist nicht der Glaube etwas, das unseren Vorstellungen über Mathematik und Mathematiker vollkommen zuwiderläuft? Ich erinnere mich immer noch an meinen Mathematiklehrer in der siebenten Klasse, der uns gesagt hat: „Glaubt mir nichts, was ich sage, es sei denn, ich kann es beweisen." Das klang sehr liberal, besonders auch deswegen, weil es aus dem Mund eines autoritären Pädagogen einer Sekundarschule in der Schweiz kam, wo Disziplin einen höheren Stellenwert als Intelligenz hatte (die ihrerseits niedriger als athletische Fähigkeiten eingestuft wurde). Lag er falsch?

Mathematik ist ein sozialer Prozeß. Wahrheiten werden durch Konsens akzeptiert oder – wenn es keinen Konsens gibt – durch die Billigung der Mehrheit, oder, falls nicht einmal das gewährleistet ist, durch die Zustimmung einiger weniger qualifizierter Spezialisten. Bis zum Beginn des vergangenen Jahrhunderts waren Beweise kurz und man konnte sie sozusagen in einem Zug überblicken. Das hat sich geändert. Heutzutage ist eine Menge Vertrauen dabei, denn nicht jeder kann sich durch eine Arbeit von einhundert Seiten hindurchwühlen. Nur sehr wenige Menschen haben Wiles' Beweis des Satzes von Fermat wirklich gelesen. Aber die Laien vertrauen dem Urteil der Mathematiker, die Mathematiker vertrauen dem Urteil der Zahlentheoretiker und die Zahlentheoretiker vertrauen dem Urteil der Gutachter. Letztendlich sind es vielleicht nicht mehr als einige Dutzend Menschen, die den Beweis tatsächlich gelesen und verstanden haben. Aber die ganze Welt *weiß*, daß der Satz wahr ist. Wie wir in Kapitel 6 ausgeführt hatten, beinhaltete die Klassifikation der endlichen einfachen Gruppen ungefähr fünfhundert eigenständige Arbeiten, die von ungefähr einhundert Mathematikern verfaßt wurden, und der Gesamtumfang belief sich auf etwa fünfzehntausend Seiten. Aber es gab nur *einen* Mathematiker, Daniel Gorenstein, der einen Überblick über das ganze Projekt hatte. Seit seinem Tod im Jahr 1992 gibt es auf dieser Erde wahrscheinlich niemanden mehr, der sich persönlich für die Korrektheit der Klassifikation verbürgen kann. Aus dieser Perspektive betrachtet ist ein Beweis, der von einem unvoreingenommenen Computer erbracht wurde, vielleicht glaubwürdiger als ein konventioneller Beweis, der mit potentiellen Fallen befrachtet ist.

---

[14] Vgl. Kapitel 6 und 9.

14

Nochmals Bienenwaben

Wir haben nun fast das Ende der Saga erreicht. Keplers Vermutung war gelöst, Tom Hales konnte sich zurücklehnen und sich im Ruhm seines Beweises eines uralten Problems sonnen. Aber die Arbeit eines Mathematikers ist nie zu Ende. Die erfolgreiche Lösung eines Problems eröffnet neue Wege, führt zu weiteren Vermutungen und bringt neuartige Theorien hervor.

Den ersten dieser neuen Wege beschritt einer von Hales' Studenten an der University of Michigan; dabei handelte es sich um eine andere seit langer Zeit bestehende Vermutung. Erinnern Sie sich noch an die dodekaedrische Vermutung, die László Fejes Tóth 1943 formulierte? Bei dieser Vermutung geht es um eine Konfiguration von zwölf Kugeln, die um einen zentralen Nukleus herum so angeordnet sind, daß sich eine Kugel ganz oben befindet, fünf Kugeln in regelmäßiger Weise etwas oberhalb des Äquators liegen, weitere fünf etwas unterhalb des Äquators und eine Kugel ganz unten. Diese Konfiguration, deren Voronoi-Zelle ein Dodekaeder ist, füllt 75,46 Prozent des Raumes aus. Folglich ist diese Konfiguration dichter als die Keplerschen Anordnungen, aber da das Dodekaeder den Raum nicht lückenlos ausfüllen kann, taugt es nicht für eine globale Packung. Jedoch glaubte Fejes Tóth fest daran, daß keine lokale Anordnung dichter sein könne als diese. Zuerst dachte er, daß er einen Beweis dieser Behauptung gefunden hätte. Aber dann stellte sich heraus, daß der Beweis fehlerhaft war. Seitdem wurde Fejes Tóths Behauptung als Vermutung betrachtet. Einerseits konnte man kein Gegenbeispiel zu dieser Vermutung finden und andererseits war niemand in der Lage, die Vermutung zu beweisen. Für eine kurze Zeit des Jahres 1993 dachte Wu-Yi Hsiang, daß er mit einem Streich sowohl die Keplersche Vermutung als auch die dodekaedrische Vermutung bewiesen hätte, aber dann tauchten Lücken in Hsiangs Arbeit auf und von da an wurde der Beweis von den Mathematikern ignoriert.[1]

Da betrat Sean McLaughlin die Bühne, ein Klarinettenstudent an der University of Michigan. Sean war erfolgreich in den Sinfonie-Orchestern von Detroit und Toledo aufgetreten. Er war nach Ann Arbor gekommen, um Musik

---

[1] Vgl. Kapitel 10.

G.G. Szpiro, *Die Keplersche Vermutung*,
DOI 10.1007/978-3-642-12741-0_14, © Springer-Verlag Berlin Heidelberg 2011

zu studieren. Aber er beschränkte seine Aktivitäten nicht auf das Klarinettenspiel. Das bei einer seiner Vorstellungen verteilte Programm hielt fest, daß „[Sean] zusätzlich zu seinem Studium der Musik auch Interesse an Mathematik hat." Das war jedoch eher eine Untertreibung, denn Mathematik war mehr als nur ein Hobby McLaughlins. Tatsächlich nahm er seine mathematischen Studien sehr ernst.

Einer seiner Lehrer war Tom Hales, der ihm die Kraft der rohen Gewalt zeigte. Als sensibler Musiker bevorzugte McLaughlin die Schönheit und Eleganz der traditionellen Mathematik, und er verhielt sich zu Computerbeweisen so wie er sich etwa zum Freistilringen verhalten hätte. Dennoch war er einverstanden, als Hales vorschlug, daß sie beide mit roher Gewalt vorgehen sollten, um die dodekaedrische Vermutung zu attackieren. Das war im Sommer 1997, als Sam Ferguson gerade mitten in seiner Dissertation über das dreckige Dutzend steckte. Der inzwischen sehr erfahrene Promovend verbrachte viele Stunden damit, seinem jüngeren Kollegen die Techniken zu erklären und mit ihm die Methoden zu diskutieren.

McLaughlin fing an, in der Richtung zu arbeiten, die ihm Hales beschrieben hatte. Er formulierte zunächst acht Eigenschaften, die von Sternen und Netzen erfüllt werden müssen, um als potentielle Gegenbeispiele zur Vermutung in Frage zu kommen. Dann identifizierte er alle Fälle, die diesen acht Voraussetzungen genügen. Es handelte sich um ungefähr eintausend Fälle. Danach startete McLaughlin seine Offensive unter Verwendung der linearen Optimierung und der Intervallarithmetik. Mit Ausnahme von dreizehn Fällen gelang es ihm, die potentiellen Gegenbeispiele zu eliminieren. Unter Einsatz von noch mehr brutaler Gewalt wurden auch die dreizehn Ausnahmefälle Schritt für Schritt eliminiert. Die einzige Voronoi-Zelle, die übrig blieb, war die Dodekaeder-Zelle. QED!

McLaughlin verbrachte den Herbst 1998 bei Hales und gab seiner Arbeit „A proof of the dodecahedral conjecture" den letzten Schliff. Am 10. November, nur zwei Monate nachdem Hales seinen Beweis der Kepler-Vermutung bekanntgab, hatte McLaughlin den Beweis der dodekaedrischen Vermutung in der Tasche. Im darauffolgenden Jahr erhielt McLaughlin den AMS-MAA-SIAM[2] Morgan Preis, der Studenten der unteren Studienjahre für hervorragende mathematische Forschungsleistungen verliehen wird. Der Preis ging mit einem Bargeldbetrag von 1000 USD einher. Wichtiger war jedoch die Urkunde, die besagte, daß McLaughlin den renommiertesten mathematischen Preis erhalten hatte, den ein Student der unteren Studienjahre gewinnen konnte. Die Jury schrieb in ihrer Laudatio, daß „die Lösung dieser alten und schweren Vermutung eine einzigartige Leistung ist, der die höchste Anerkennung gebührt."

Als Nächstes war für Hales die sogenannte Honigwabenvermutung an der Reihe. Kepler hatte in seinem Werk „Vom sechseckigen Schnee" nicht nur die

---

[2] AMS – American Mathematical Society, MAA – Mathematical Association of America, SIAM – Society for Industrial and Applied Mathematics.

Vermutung formuliert, die wir in den ersten dreizehn Kapiteln des vorliegenden Buches diskutiert haben, sondern auch eine Vermutung über das Parkettieren von Fußböden. Wir denken uns einen Parkettleger namens Ernie, der beauftragt worden ist, den Fußboden einer großen Hotelhalle zu parkettieren. Der Hoteleigentümer besorgt das Parkett, aber Ernie muß sich um das Verfugungsmaterial kümmern, um die Ritzen zu füllen, an denen die „Parkettsteine" zusammentreffen. Der Eigentümer ist in Bezug auf die Form der Parkettsteine ziemlich flexibel; wesentlich für ihn ist, daß sie die ganze Hotelhalle bedecken. Auch Parkettsteine verschiedener Formen wären in Ordnung, ebenso auch Parkettsteine, die keine geraden Kanten haben. Ernie kratzt sich am Kopf. In der letzten Zeit liefen die Geschäfte sehr schleppend und er muß die Kosten minimieren, wo immer das möglich ist. Außerdem ist das Verfugungsmaterial sehr teuer geworden. Welche Formen von Parkettsteinen soll er bestellen? Ohne es zu wissen wird Ernie mit einem zweitausend Jahre alten Problem konfrontiert: Welches ist die effizienteste Partitionierung der Ebene in gleiche Bereiche?

In der Eckkneipe schildert Ernie seinen Kumpeln nach ein paar Gläsern Weizenbier sein Problem. Das Schicksal bringt es mit sich, daß Georg, ein Bücherfreund und Antiquitätenkenner, die Unterhaltung zufälligerweise mithört. Er erinnert sich sofort an ein Buch über Landwirtschaft, von dem er kürzlich erfahren hatte. Das Buch ist leicht veraltet, da es 36 v. Chr. von dem römischen Gelehrten Marcus Terentius Varro geschrieben wurde. In diesem Werk diskutiert Varro die sechseckige Form der Bienenwaben. Entweder wählen die Bienen diese Form, um ihre sechs Beine unterzubringen, schrieb Varro, oder es gibt einen anderen Grund dafür. Der andere Grund wäre, so dachte er, daß diese Form die größte Menge an Honig faßt. „Die Geometer beweisen, daß diese sechseckige Form ... den größten verfügbaren Raum einschließt." Georg erzählt Ernie auch von Keplers sechseckigem Schnee. In diesem Büchlein stellt Kepler fest, daß die Bienen ihre Waben in sechseckigen Mustern anlegen, weil sechseckige Wände die kleinste Menge Wachs erfordern. Das ist die Lösung für Ernie. Honig, Wachs, Parkettsteine, Verfugungsmaterial – alles läuft auf dasselbe hinaus. Er bestellt sechseckige Parkettsteine. Hat er das so richtig gemacht?

Ob Varros Zeitgenossen wirklich bewiesen, daß Sechsecke die größte verfügbare Fläche einschließen, ist mehr als zweifelhaft. Jedenfalls wurde nie ein Beweis gefunden. Fünf Jahrhunderte später hat sich Pappos von Alexandria daran versucht. Jedoch war sein „Beweis" nicht mehr als ein Vergleich von gleichseitigen Dreiecken, Quadraten und regulären Sechsecken, den drei regulären Formen zum Parkettieren von Fußböden. Das reguläre Sechseck ist tatsächlich die effizienteste dieser drei Formen. Aber wie ist das mit gekrümmten Formen und mit dem Kombinieren unterschiedlicher Formen wie bei einem Puzzlespiel? Später präsentierte vor allem Charles Darwin seine Art des Beweises. Da die Herstellung von Wachs Energie erfordert und Bienen, die sich über Millionen von Generationen entwickelt haben, reguläre Sechsecke wählen, müssen diese Sechsecke die effizienteste Form darstellen. Wenn aber

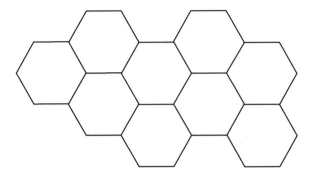

Abb. 14.1. Honigwabenparkettierung

Mathematiker schon der Computer überdrüssig sind, dann akzeptieren sie gewiß auch evolutionäres Verhalten nicht als gültigen Beweis. Die Frage nach der effizientesten Partitionierung des Raumes blieb über zwei Jahrtausende ein Rätsel.

Am Montag, dem 10. August 1998, ging Denis Weaire, ein Physiker vom Trinity College, in Dublin angeln. Er war gerade dabei, die Angelausrüstung aus dem Kofferraum seines Autos zu nehmen, als sein Blick auf eine Schlagzeile einer Zeitung fiel: „Keplers Orangenstapel-Problem gelöst." Es war der Tag, nach dem Hales der Welt mitgeteilt hatte, daß er Keplers Vermutung gelöst habe. Weaire, der seit Jahren an einem verwandten Problem arbeitete, packte seine Angelausrüstung wieder ein. „Alle Gedanken ans Angeln waren für einige Zeit verflogen," schrieb er später. In der nachfolgenden E-Mail-Korrespondenz gratulierte er Tom Hales zu dessen Leistung und erinnerte ihn dann an die Honigwabenvermutung: „In Anbetracht ihrer berühmten Geschichte scheint sie einen Versuch wert zu sein."

Diese Bemerkung brachte Hales in Fahrt. Welches ist die effizienteste Partitionierung der Ebene in Zellen gleicher Fläche? Die Frage erinnert an das Problem der Dido (vgl. Kapitel 3). Zuerst studierte Hales die einschlägige Literatur und entdeckte – nicht zu seiner völligen Überraschung –, daß László Fejes Tóth bereits darüber gearbeitet hatte. Er hatte 1943 bewiesen, daß das reguläre Sechseck von allen regulären geradseitigen Polygonen der Sieger ist.[3] Aber die Voraussetzung, daß die Polygone gerade Seiten haben, war sehr einschränkend. Schließlich hatte doch Königin Dido die runde Stadt Karthago gegründet, als sie mit einem Streifen Rinderhaut die größtmögliche Grundstücksparzelle umspannte. Warum also sollten runde Seiten ausgeschlossen werden? Fejes Tóth wollte das ursprünglich nicht tun, fand aber bald, daß „diese Vermutung allen Beweisversuchen widersteht." Also befaßte

---

[3] Tatsächlich hat Fejes Tóth die Vermutung für konvexe Zellen bewiesen. Aber die Konvexität impliziert gerade Seiten. (Wenn Wölbungen zugelassen wären, dann würde jede Zelle mit einer Wölbung nach außen zu einer weiteren Zelle mit einer Wölbung nach innen führen und damit die Konvexität herstellen.)

er sich mit dem schwächeren Problem und sagte vorher, daß der Beweis des allgemeinen Problems auf beträchtliche Schwierigkeiten stoßen würde.

Hales war fasziniert. Er begann im Winter 1998, an diesem Problem zu arbeiten. Zuerst stellte er eine Ungleichung auf, welche die Fläche einer Zelle zu ihrem Umfang in Verbindung setzt. Anschließend zeigte er, daß der Flächengewinn einer Zelle, deren Seiten nach außen gewölbt sind, durch den Flächenverlust der benachbarten Zelle, deren Seiten sich nach innen wölben, mehr als ausgeglichen wird. Damit hatte Hales bewiesen, daß nur Polygone mit geraden Seiten optimal sein konnten. Danach bewies er, daß die von ihm am Anfang aufgestellte Ungleichung ihr Minimum erreicht, wenn die Zelle ein reguläres Sechseck ist. Er bewies diese Aussage ohne jegliche Voraussetzung darüber, daß die Zellen gerade Ränder haben. Im darauffolgenden Juni, kaum ein halbes Jahr später, war er fertig. Hales war überrascht. Die Keplersche Vermutung hatte seine Erwartungen in Bezug auf mathematische Beweise geformt: Er war zu dem Ergebnis gekommen, daß jedes uralte Problem eine kolossale Anstrengung erfordern würde. Er war auf den leichten zwanzigseitigen Beweis der Honigwabenvermutung, den er gefunden hatte, überhaupt nicht gefaßt. „Im Gegensatz zu den Jahren der Zwangsarbeit, die zum Beweis von Keplers Vermutung führten, fühlte ich mich, als ob ich im Lotto gewonnen hätte", kommentierte er.

Es ist sehr selten, daß es einem Mathematiker gelingt, eine jahrhundertealte Vermutung zu lösen. Ein doppelter Streich ist nahezu beispiellos. Darüber hinaus war der Beweis der letztgenannten Vermutung vom Beweis der Kepler-Vermutung völlig unabhängig und es war auch kein Computerbeweis. Schluß mit den Telefonbüchern – dieses Mal hatte Hales einen eleganten Beweis gefunden!

Es war nur allzu natürlich, vom Partitionieren der Ebene zum Partitionieren des Raumes überzugehen. Aber der Übergang von zwei zu drei Dimensionen erwies sich als keine einfache Aufgabe. Die dreidimensionale Version der Honigwabenvermutung wird als Kelvins Problem bezeichnet. Es fragt nach der Aufteilung des Raumes in dreidimensionale Zellen gleichen Volumens, so daß die Gesamtfläche der Wände minimiert wird. Es ist ein sehr schwieriges Problem. „Natürlich hat mich auch das Kelvin-Problem fasziniert, aber ich denke nicht, daß es irgendwann in naher Zukunft gelöst wird", schrieb Hales an Weaire.

Lord Kelvin, der 1824 als William Thomson in Belfast geboren wurde, war einer der brillantesten Geister des neunzehnten Jahrhunderts. Sein Vater war Professor der Mathematik an der Universität Glasgow und William wurde im zarten Alter von elf Jahren Student an dieser Einrichtung. Im Alter von fünfzehn Jahren gewann er eine Goldmedaille für seine Arbeit „An Essay on the Figure of the Earth" und als er sechzehn war, veröffentlichte er seinen ersten wissenschaftlichen Artikel. Er setzte sein Studium in Cambridge und in Paris fort. Als der Lehrstuhl für Naturphilosophie – heute Physik genannt – an der Universität Glasgow vakant wurde, startete sein Vater eine sorgfältig geplante und energisch durchgeführte Kampagne zur Berufung seines Sohnes. William

Thomson war erfolgreich und im Alter von zweiundzwanzig Jahren wurde er Professor der Universität Glasgow. Er verbrachte dort dreiundfünfzig Jahre – seine gesamte Karriere. Thomsons wissenschaftliches Werk umfaßte Thermodynamik, Hydrodynamik, Elektrizität, Magnetismus und Ingenieurwesen. Er verfaßte sechshundert wissenschaftliche Arbeiten. Queen Victoria erhob ihn 1892 in den Adelsstand. Sir William nahm den Titel Baron Kelvin of Largs an.

Gegen Ende seines Lebens war sein Scharfblick etwas getrübt. Er widersprach Darwins Evolutionstheorie, verlor sich in falschen Spekulationen über das Alter der Erde und der Sonne, widersetzte sich Rutherfords Ideen zur Radioaktivität und behauptete, daß es in der Physik nichts Wichtiges mehr zu entdecken gebe. „Röntgenstrahlen sind eine Falschmeldung", „Flugmaschinen, die schwerer als die Luft sind, sind unmöglich" und „das Radio hat keine Zukunft" sind einige Äußerungen, die er damals verkündete. Dennoch war sein Format als Wissenschaftler so groß, daß er 1907, nach seinem Tod, neben Isaac Newton in der Westminster Abbey beigesetzt wurde.

Bevor wir auf das eigentliche Kelvin-Problem eingehen, wollen wir uns eine partielle Version ansehen. Die Honigwaben sollten effiziente Partitionierungen des Raumes sein. Aber mindestens eine Öffnung muß in jeder Zelle vorhanden sein, damit die Bienen an- und abschwirren können, ohne dabei ihre Nachbarinnen zu stören. Welches ist also das beste Design von Zellen, die ein offenes Ende haben? (Im eigentlichen Kelvin-Problem geht es um Zellen, die an allen Seiten geschlossen sind.) Die Bienen befleißigen sich eines cleveren Planes: Entlang den Sechsecken bauen sie Wände und an der hinteren Seite fügen sie als Privatsphäre vier Vierecke hinzu. Die Zellen passen Rückseite an Rückseite ordentlich zusammen und natürlich nahmen Wissenschaftler, Naturforscher und Bienenzüchter sogleich an, daß dieses Design die Menge des Wachses minimiert, das für die Wände erforderlich ist. Man hatte sich ziemlich an die Vorstellung gewöhnt, daß Bienen immer das Richtige tun – es wäre „politisch inkorrekt" gewesen, irgend etwas anderes anzunehmen. Die Bienen mußten geradezu überragende Mathematiker sein. Damit war übrigens die allgemein verbreitete Meinung an ihren Ausgangspunkt zurückgekehrt. Zwar mutete es zunächst unglaublich an, daß ein Insekt die Fähigkeit haben sollte, einen optimalen Grundriß für sein Heim zu bestimmen. Jetzt aber schien es unvorstellbar, daß die Bienen in drei Dimensionen suboptimal vorgehen. Alles, was fehlte, war ein Beweis. Aber 1964 durchkreuzte Fejes Tóth alle Versuche, einen solchen Beweis zu finden. In einer Arbeit mit dem Titel „What the bees know and what they do not know,"[4] legte er sein eigenes Design einer Honigwabe vor. Dieser Entwurf spart mordsmäßige 0,3 Prozent Wachs ein. Ob es sich bei Fejes Tóths Design tatsächlich um das absolut bestmögliche Bienen-Habitat handelt, ist nie bewiesen worden, aber sein Design diente wenigstens als Gegenbeispiel. Eins zu null für den *Homo sapiens*.

---

[4] Bull. Amer. Math. Soc. 70 (1964), 468-481.

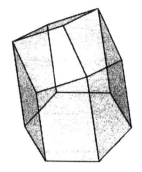 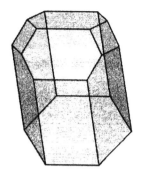

Abb. 14.2. Bienen-Design (links) und Fejes Tóths Design (rechts)

Zurück zum ursprünglichen Problem! Was ist die beste Partitionierung des Raumes in Zellen von gleicher Größe, wenn man keinen Eingang braucht? Stellen Sie sich vor, daß ein Malermeister namens Harry die Zimmer eines modernen, Buckminster-Fuller-artigen Hauses streichen muß. Alle Zimmer haben das gleiche Volumen und es gibt weder Korridore noch Hallen. Ein Zimmer führt unmittelbar in das nächste. Der Baumeister ist bereit, die Zimmer in beliebiger Gestalt oder Form zu bauen, aber Harry muß die Farbe für die Wände, Decken und Fußböden beschaffen. Auch Harry kratzt sich am Kopf. Nicht nur Ernies Geschäfte liefen in der letzten Zeit schleppend, auch Harry mußte seine Kosten minimieren, wo immer das möglich war. Um welche Zimmerformen soll er den Baumeister bitten, damit der Aufwand an Farbe möglichst gering wird?

1887 dachte Lord Kelvin, der damals noch immer Sir William Thomson hieß, daß er eine Lösung dieses Problem gefunden hätte. Am 29. September desselben Jahres wachte er morgens um Viertelacht auf und notierte sich eine Bemerkung, die ihm im Traum gekommen war. (Damit verschaffte er sich einen festen Platz unter den Denkern, die – wie Gauß oder Hales – beim Schlafen oder kurz nach dem Aufwachen am besten arbeiten können.) Kelvin hatte gerade mit der neuen Lichttheorie gerungen, die James Clerk Maxwell (1831–1879) entwickelt hatte. Laut dieser Theorie, die sich als korrekt erwies, handelt es sich beim Licht um ein elektromagnetisches Phänomen. Aber Kelvin war anderer Meinung. Bis zu seinem Lebensende glaubte er fest daran, daß Licht infolge von Schwingungen entsteht. Aber Schwingungen von was? Die Antwort hierauf war Kelvin während seines besagten Traumes erschienen. Er stellte sich ein raumfüllendes, unsichtbares und schaumartiges Medium vor, das er „Äther" nannte. Die unmittelbar nächste Frage war: Von welcher Form konnten die Schaumblasen sein? Kelvin dachte, daß die Wandfläche der Schaumblasen minimiert werden muß – da ja nahezu alles in der Natur entweder maximiert oder minimiert wird – und beantwortete die Frage in einer Arbeit mit dem Titel „On the division of space with minimum partitional area."

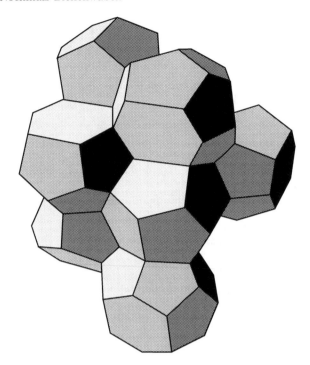

Abb. 14.3. Weaire-Phelan-Struktur

Kelvin baute auf der Seifenblasentheorie auf, die der belgische Physiker Joseph Antoine Ferdinand Plateau (1801–1883) entwickelt hatte. Ausgehend von der Erkenntnis, daß die Energie von Schaumblasen zu den Blasenoberflächen proportional ist, formulierte Plateau drei Gesetze über die Formen der Blasen und darüber, wie die Blasen miteinander verbunden werden können. Seine Ergebnisse sind umso bemerkenswerter, wenn man bedenkt, daß dieser Physiker die letzten vierzig Jahre seines Lebens blind war. Er hatte sein Augenlicht nach einem Experiment verloren, bei dem er fünfundzwanzig Sekunden lang direkt in die Sonne blickte. Von da an mußten ihm Familienmitglieder, Freunde und Studenten die Ergebnisse aller Experimente beschreiben.

Die Plateauschen Gesetze brachten Kelvin dazu, ein geringfügig gekrümmtes Polyeder zu beschreiben, das aus sechs Quadraten und acht regulären Sechsecken besteht. Er nannte es *Tetrakaidekaeder* (TKD-eder), also „Vierzehnflächner". Dessen Kopien passen perfekt zusammen und die Wände, Decken und Fußböden erfordern sehr wenig Farbe.

Mehr als einhundert Jahre lang blieb Kelvins TKD-eder die beste Lösung dieses Problems. Kelvins Anhänger waren überschwenglich; der Meister hatte ein weiteres verteufelt schwieriges Problem gelöst. Macht nichts, daß er keinen Beweis gegeben hatte. (Es hat auch nichts zu sagen, daß der Äther, den Kelvin vorschlug, gar nicht existiert.) Aber bald tauchte eine Frage auf.

Wenn die Natur wirklich so klug ist, wie sie vorgibt, und wenn das TKD-eder die Oberfläche der Wände minimiert, dann sollten die TKD-eder auf jeden Fall irgendwo in der Natur auftreten. Chemiker, Physiker, Biologen und andere Naturwissenschaftler fingen an, in ihren Spezialgebieten nach dieser Form zu suchen. Sie blieben glücklos! Das TKD-eder trat weder in der Natur noch in Experimenten auf. Die Euphorie wich allmählich einer Enttäuschung. Vielleicht gibt es ja die TKD-eder nur in der virtuellen Welt. Damit hatte die Menschheit zwei Möglichkeiten: (1) entweder ist die Natur doch nicht so klug oder (2) das TKD-eder ist nicht sparsamste Partitionierung des Raumes. Welche dieser Möglichkeiten trifft zu?

Der Princetoner Mathematiker Fred Almgren, eine Autorität auf dem Gebiet der Seifenblasen, erklärte 1982: „Trotz gegenteiliger Behauptungen diverser Autoren scheint [Kelvins Vermutung] eine offene Frage zu sein." Denis Weaire und sein Forschungsstudent Robert Phelan zeigten 1993 Interesse an der Frage. Als Wissenschaftler lehnten sie natürlich Option (1) ab. Der Natur bleibt nichts anderes übrig als klug zu sein. Außerdem erwiesen sich beide als scharfsichtig. Warum sollte man nur eine einzige Zelle verwenden, um den Raum zu partitionieren? Vielleicht gibt es ja auch zwei Zellen mit gleichem Volumen aber mit unterschiedlichen Formen, die miteinander kombiniert werden könnten. Sie eröffneten die Jagd nach den schwer faßbaren wandminimierenden Zellen in der Natur. Die Zellen müssen lückenlos zusammenpassen und sollen eine kleinere Wandoberfläche haben als Kelvins TKD-eder.

Weaire und Phelan ließen sich von der Natur inspirieren. In ihrem Streben, das menschliche Wissen voranzutreiben, verbrachten sie am Trinity College viele Stunden im Pavillon, einem der beiden dortigen Lokale mit Ausschank für Lehrkörper und Studenten. Aber während ihre Kollegen tief in die Biergläser schauten – wenn sie nicht gerade das Cricket- oder Rugbyspiel von der Pavillon-Veranda aus verfolgten – beobachteten Weaire und Phelan nur die Oberfläche ihrer Gläser. Genauer gesagt inspizierten sie den oben befindlichen Schaum. Nachdem sie ungefähr einen Monat so gearbeitet hatten, landeten sie einen Volltreffer. Sie identifizierten die Blasen, die Kelvins TKD-eder infrage stellten. Während sie den Schaum untersuchten, dachten sie auch über analoge Probleme in der Bindungsstruktur chemischer Zusammensetzungen nach. Denn die Natur ist nicht nur klug, sondern wiederholt sich auch. Um es mit Weaires Worten zu sagen, handelt es sich um „ein Drittel Intuition, ein Drittel Analogie und ein Drittel Glück" – plus ein Drittel Bier, ist man versucht zu sagen.

Aber sie hatten immer noch ein Problem. Phelan führte als Graduierter zunächst Berechnungen durch, welche die Existenz eines Gegenbeispiels zu Kelvins Vermutung implizierten.[5] Dadurch wußten sie mehr oder weniger, wie die Blasen aussehen sollten. Aber sie konnten die genaue Oberfläche der Wände nicht berechnen. Sie konnten auch nicht deren exakte Formen bestim-

---

[5] Das führte schließlich zu seiner Dissertation. Phelan arbeitet jetzt für eine niederländische Telekommunikationsgesellschaft.

Abb. 14.4. Denis Weaire und Robert Phelan

men. In ihrer Not kam Ken Brakke von der Susquehanna University (Pennsylvania) zu Hilfe, so wie ein Ritter in einer funkelnden Rüstung. Brakke hatte an der Princeton University in Almgrens Gruppe Minimalflächen untersucht, also Seifenblasen. In der Folgezeit entwickelte er ein Computerprogramm mit dem Namen Surface Evolver, das Minimalflächen simuliert und berechnet. Aber anstatt sein Programm an Brauereien zu verkaufen, die nach dem perfekten Schaum suchen, stellte Brakke den Evolver der Wissenschaftlergemeinde zur Verfügung. „Mein Surface Evolver ist ein interaktives Programm zur Modellierung von flüssigen Oberflächen, die verschiedenen Kräften und Nebenbedingungen unterliegen. Das Programm ist kostenlos verfügbar", schrieb er auf seiner Homepage.

Der Computer wurde mit den entsprechenden Daten gefüttert und – siehe da! – Brakkes Programm bestätigte, was Phelan und Weaire vermutet hatten. Der Evolver erzeugte zwei unterschiedlich geformte Zellen: ein pentagonales Dodekaeder und ein TKD-eder. (Das Dodekaeder hat pentagonale Flächen mit ungleichen Seitenlängen. Die Weaire-Phelan-Version des TKD-eders weicht von der Kelvinschen Version ab: es hat zwölf pentagonale und zwei hexagonale Flächen.) Kombiniert man beide Polyeder im Verhältnis von zwei (der obengenannten Dodekaeder) zu sechs (Weaire-Phelan TKD-eder), dann bilden sie eine Struktur, die sich im Raum lückenlos anordnen läßt. Und nun kommt die Pointe: Die Wände der Struktur haben eine um 0,3% kleinere Fläche als die Kelvinsche Struktur. Das scheint eine unwesentliche Verbesserung zu sein, aber man muß berücksichtigen, daß zum Beispiel die Entwicklung des Weltrekords im 100-Meter-Lauf noch kleinere Zuwächse verzeichnete. Und schließlich war Fejes Tóths Verbesserung gegenüber den Bienenwaben ebenso winzig.

Als sie Brakke über die Entdeckung informierten, antwortete er sofort und bestätigte ihren Erfolg per E-Mail: „Nachdem ich das Bild auf dem Monitor sah, war ich sicher, daß Ihr die Antwort gefunden habt ... Glückwünsche." Almgren rief aus: „Das ist ein wundervoller Tag für die Theorie der Minimalflächen." Durch die Entdeckung von Weaire und Phelan war die hundert Jahre alte Kelvinsche Vermutung als falsch nachgewiesen worden. Würde Kelvin heute noch leben, dann könnte er sich wenigstens mit dem Gedanken trösten, daß auch die Bienen das Optimum um ungefähr denselben Prozentsatz verfehlt hatten.

Es gibt keine Garantie dafür, daß die Weaire-Phelan-Partition optimal ist. Solange ein solcher Beweis aussteht, versuchen die Wissenschaftler, Blasen zu finden, die den Raum noch sparsamer aufteilen. Bis jetzt hat jedoch noch niemand Glück gehabt. Inzwischen wurde Weaire Mitglied der Royal Society of London – die Laudatio zitiert auch die Entdeckung der neuen Raumpartition.

Ein anderes Problem, das unlängst gelöst wurde, war das sogenannte Doppelblasenproblem (double bubble problem): Welche Form haben zwei Blasen mit gegebenen Volumen, nachdem sie aneinander angedockt haben? Wir hatten bereits in Kapitel 1 erwähnt, daß das Problem auf Archimedes zurückgeht, der vermutete, daß eine Kugel die sparsamste Möglichkeit ist, ein gegebenes Volumen einzuschließen; wir hatten auch bemerkt, daß Hermann Amandus Schwarz die Vermutung 1884 bewiesen hat.

Es dauerte dann noch ein weiteres Jahrhundert, bis ein Team von Mathematikern das Problem der Doppelblase anpackte. Wir wissen, daß Seifenblasen die Oberfläche minimieren. Somit besteht die Aufgabe darin, diejenige Form zweier kombinierter Blasen zu finden, bei der die Gesamtoberfläche minimiert wird. (Erstaunlicherweise war die zweidimensionale Version des Problems 1990 von einer Gruppe von Studenten des Williams College gelöst worden.) Im dreidimensionalen Fall gab es bereits einen Computerbeweis für eine teilweise Lösung. Aber der Beweis war unbefriedigend. Im März 2000 präsentierten dann vier Mathematiker – Michael Hutchings, Frank Morgan, Manuel Ritoré und Antonio Ros – einen traditionellen und eleganten Beweis für das allgemeine Problem. Sie zeigten, daß zwei Blasen in der offensichtlichen Weise aneinander andocken müssen. Andere wilde Konfigurationen – zum Beispiel eine Blase, die um eine andere gewickelt ist –, wurden als instabil nachgewiesen. Im wirklichen aufgeblasenen Seifenblasenleben würden sie zerplatzen! Danach machten sich wieder die Studenten an die Arbeit. Eine neue Gruppe von Jugendlichen verbrachte unter Frank Morgans Anleitung einen Sommer am Williams College und dehnte den Beweis auf vierdimensionale Blasen aus.

Das sind einige der Erfolgsgeschichten, aber zahlreiche Probleme sind noch ungelöst. In einem dieser Probleme geht es buchstäblich um die Wurst: es trägt den Namen „Wurstvermutung." Diese ist mit Keplers Vermutung verwandt und wurde von László Fejes Tóth formuliert, dem ungarischen Großmeister

Abb. 14.5. Doppelblase

der diskreten Geometrie. Die Vermutung ist bis zum heutigen Tage unbewiesen. Zur Illustration wollen wir Fumiko beobachten, eine Verkäuferin in Tokyo, die in der Sportabteilung Geschenke für die Kunden in Schachteln einpackt. Sie ist mit der Frage konfrontiert, welches die beste Möglichkeit ist, Bälle einzupacken. Welche Verpackungsmethode verschwendet den wenigsten Raum? Ist es zum Beispiel effizienter, vier Tennisbälle – oder Pingpongbälle oder Golfbälle – in eine quadratische Schachtel oder in eine verlängerte Schachtel oder in eine pyramidenförmige Schachtel zu packen? Und was ist mit sechs Bällen oder drei oder fünfundzwanzig? Wir werden die langen Schachteln als Wurstpackungen bezeichnen und alle anderen als Clusterpackungen.

Die Ergebnisse sind ziemlich überraschend. Für bis zu fünfundfünfzig Kugeln scheint die Wurstpackung die bestmögliche Packung zu sein. Es kann zwar etwas unhandlich sein, so ein Ding im Kofferraum eines Autos zu verstauen, aber diese Packung vergeudet den wenigsten Raum. Packt man jedoch zusätzliche Kugeln dazu, dann geschieht etwas Merkwürdiges. Für sechsundfünfzig oder mehr Kugeln sind Clusterpackungen besser als Wurstpackungen. Als Fejes Tóth das entdeckte, war ihm der Sachverhalt alles andere als Wurst. Er war vielmehr so schockiert und fassungslos, daß er den Wechsel von Würsten zu Clustern als „Wurstkatastrophe" bezeichnete. Niemand weiß genau, welche Anzahl von Kugeln das Optimum für den Übergang von der Wurst zum Cluster darstellt. Man glaubt, daß der Wechsel irgendwo zwischen fünfzig und sechsundfünfzig Kugeln erfolgt. Aber die genaue Zahl ist immer noch eine offene Frage.

Wenn Sie sich beim normalen Tennis langweilen, dann könnten Sie ja mal versuchen, das Spiel in vier Dimensionen zu spielen. Wie Sie vielleicht vermuten, wird die Angelegenheit dadurch nicht leichter. Solange Sie vierdimensionales Tennis mit weniger als ungefähr 75 000 Bällen spielen, ist es besser, die Bälle in Wurstpackungen unterzubringen. Für mehr als 375 769 Bälle sind Clusterpackungen am besten. Irgendwo dazwischen findet der Wechsel statt. Wo genau? Niemand weiß es, keiner hat sich da bis jetzt durchgewurstelt.

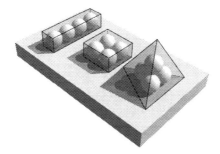

Abb. 14.6. Wurstpackung und Clusterpackungen

Überraschenderweise beruhigt sich die Situation in noch höheren Dimensionen wieder. Fejes Tóth vermutete, daß in hinreichend hohen Dimensionen die Wurstpackungen immer die besten sind, egal wieviele Bälle man verstauen möchte. Diese Vermutung wurde für alle Dimensionen bewiesen, die größer als zweiundvierzig sind. (Das ist natürlich ein ziemlich anstrengendes Tennisspiel: Sie müssen nicht nur Ihren Gegner beobachten, sondern gleichzeitig die Augen in zweiundvierzig Raumrichtungen offen halten.) Fejes Tóth vermutete jedoch, daß Wurstpackungen in jeder Dimension > 5 immer die dichtesten Anordnungen sind. Als das vorliegende Buch übersetzt wurde, harrte diese Vermutung immer noch eines Beweises. Übrigens: Was geschieht wohl in zwei Dimensionen? Die Antwort ist wirklich einfach: Clusterpackungen sind immer besser als Wurstpackungen.[6] Und in einer Dimension sind Würste die einzige Option.

Hat man die Oberfläche der Schachtelwände und nicht das Volumen im Blick, dann ist noch eine andere Vermutung vorrätig. Die „sphärische Vermutung" besagt, daß die optimale, wandminimierende Form der Tennisballschachtel annähernd sphärisch ist, wenn die Dimension groß ist. Ob das wahr ist und für welche Dimensionen es gilt, ist derzeit eine reine Vermutung.

Und dann gibt es da auch noch das Problem von Tammes. Der holländische Botaniker P. M. L. Tammes untersuchte, warum die Öffnungen an Pollenkörnern auf der Kornoberfläche (mehr oder weniger) gleichmäßig verteilt sind. Er vermutete, daß sie so angeordnet sind, damit sie einen möglichst großen Abstand voneinander haben. Das ist äquivalent zur Dekoration einer Kugel mit gekrümmten Scheiben, die nicht überlappen dürfen. Wie groß ist der maximale Radius, den die Scheiben haben können? In seiner Arbeit „On the origin of number and arrangement of the places of exit on the surface of pollen grains" (1930) diskutierte Tammes diese Frage. Er bewies auch eine interessante Tatsache: Unabhängig davon, ob fünf oder sechs Öffnungen vorhanden sind, ist der maximale Radius in beiden Fällen derselbe. Natürlich war der Beweis des Botanikers für die Mathematiker nicht streng genug und wurde deswegen sechsundsechzig Jahre später korrigiert. Aber das allgemei-

---

[6] Man denke an Münzen auf einer Tischfläche.

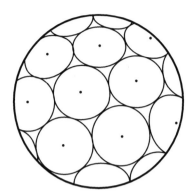

Abb. 14.7. Das Problem von Tammes

ne Problem für eine beliebige Anzahl von Öffnungen ist bis heute offen. Es gibt eine riesige Literatur zu diesem Problem, aber exakte Lösungen sind nur für zwölf oder weniger Punkte und für vierundzwanzig Punkte bekannt. Für jede andere Anzahl von Punkten sind lediglich Schranken für die maximalen Radien konstruiert worden.[7]

Aber wozu sind alle diese Sätze und Beweise gut? Und wie sieht es mit Anwendungen aus? In mathematischen Kreisen werden solche Fragen als ziemlich taktlos, wenn nicht sogar als ausgesprochen unhöflich betrachtet. Es ist so, als fragte man einen Bergsteiger, warum er Berge besteigt. Die Antwort, die George Leigh Mallory auf diese Frage gab, läßt sich auch für Mathematiker zusammenfassen: Er wolle den Mount Everest besteigen, „because it's there." Vielleicht hätte er die Frage ernster nehmen sollen, anstatt eine flotte Antwort zu geben. Er verunglückte 1924 bei einer Besteigung des Everest und sein gefrorener Leichnam wurde erst fünfundsiebzig Jahre später entdeckt.[8]

Mathematik ist gewiß kein Extremsport, aber auch für Mathematiker gilt: Sie lösen Probleme, weil diese da sind. Mathematiker tun ihre Arbeit wegen der Schönheit, die dem Fach eigen ist. Die Freude an Mathematik besteht darin, sich mit ihr zu beschäftigen – die Belohnung dafür ist die Mathematik selbst. Aber gelegentlich muß man seiner Mutter erläutern, was man für seinen Lebensunterhalt tut, oder man muß seine Arbeit gegenüber einem Sponsor rechtfertigen oder man will einfach seinen Freund oder seine Freundin beeindrucken. In diesen Fällen schadet es nicht, einige Beispiele aus dem realen Leben zur Hand zu haben. Nehmen wir zum Beispiel John von Neumann. Je nachdem, wer zuhörte, konnte er über Spieltheorie, Atombomben oder elek-

---

[7] Das Problem von Tammes hängt mit dem Kußproblem von Kapitel 5 zusammen. Die Frage dort war, ob dreizehn Punkte so auf einer Kugel verteilt werden können, daß ihr Abstand voneinander mindestens $2\pi/6$ beträgt.

[8] Die Frage ist nie geklärt worden, ob Mallory den Gipfel vor seinem Todessturz erreicht hat oder ob er noch auf dem Weg nach oben war – neunundzwanzig Jahre bevor Sir Edmund Hillary den Gipfel erreichte.

tronische Rechner referieren. Aber was können Packungsexperten von ihrer Arbeit berichten? Wie man Orangen stapelt? Damit wird man kaum jemandem bei einem Rendezvous imponieren. Und man würde wohl schwerlich einen Sponsor finden, der Forschungsarbeiten über das Thema fördert, wie man Melonen optimaler stapelt. Im nächsten Kapitel möchte ich deswegen einige Gebiete beschreiben, in denen sich die Theorie der Kugelpackungen anwenden läßt.

15

Allgegenwärtige Packungen

Wir wollen zum Ende des sechzehnten Jahrhunderts zu Thomas Harriot und Johannes Kepler zurückkehren, um einige Anwendungen der Theorie der dichtesten Packung zu beschreiben. Harriot, der über Raleighs Kanonenkugeln „hinausging", fragte sich, wie Atome rund um einander angeordnet sind. Das ist außerordentlich bemerkenswert, da die Atome damals lediglich ein Phantasiegebilde waren. So glaubte etwa Kepler nicht, daß diese kleinen „Kugeln" überhaupt existieren. Aber Harriot war auf dem richtigen Weg. Die Packung von Kugeln im dreidimensionalen Raum dient als korrektes Modell für das Verständnis dessen, wie Materie aufgebaut ist.

Packungen sind besonders nützlich für das Verständnis der Struktur von Kristallen.[1] Zum Beispiel sind die meisten Metallatome entweder in einer FCC-Struktur (*face-centered cubic packing*) oder in einer HCP-Struktur (*hexagonal close packing*) angeordnet. Wie Harriot vermutete, ist das ein Grund dafür, warum Metalle schwerer sind als andere Materialien: sie sind dichter gepackt.[2] Außer der FCC und der HCP gibt es noch andere kristalline Strukturen: die einfache kubische Packung (simple cubic packing, SCP) und die körperzentrierte kubische Packung (body centered cubic packing, BCC). Die körperzentrierte kubische Packung ergibt sich aus der einfachen kubischen Packung dadurch, daß ein zusätzliches Atom in der Mitte des Würfels sitzt.[3] Offensichtlich sind diese beiden Strukturen weniger dicht als die FCC und die HCP. Schließlich bestand ja der ganze Zweck der Übung von Tom Hales in dem Nachweis, daß die Dichte der Keplerschen Anordnung (74,05 Prozent) die größtmögliche ist.

---

[1] Im allgemeinen Sprachgebrauch werden Kristalle mit Quarzkristallen oder Kristallglas in Verbindung gebracht. Nicht so in der Chemie. Dort beschreiben Kristalle den Zustand eines chemischen Elements, dessen Atome in einem periodischen Gitter angeordnet sind.

[2] Die beiden anderen Erklärungen für die Masse eines Elements sind die Anzahl der Protonen in jedem Atom und die Größe des Atoms.

[3] Es gibt weitere Kristallstrukturen, mit denen wir uns aber hier nicht befassen werden.

G.G. Szpiro, *Die Keplersche Vermutung*,
DOI 10.1007/978-3-642-12741-0_15, © Springer-Verlag Berlin Heidelberg 2011

Die SCP ist eine sehr ineffiziente Packung. Die Atome füllen nur 52 Prozent des Volumens (vgl. Anhang zu Kapitel 1) und es gibt nur *ein* chemisches Element, dessen Atome dieser Anordnung entsprechen: das radioaktive Polonium, das 1898 von Pierre und Marie Curie entdeckt wurde. Die BCC-Packung ist mit 68 Prozent etwas dichter. Zum Beispiel sind Chrom-, Natrium- und Eisenatome in BCC-Packungen angeordnet. Kadmium, Kobalt und Zink sind Beispiele für HCP-Packungen. Und schließlich finden wir die Königin der Packungen, die FCC-Packung, – wie könnte es auch anders sein – bei Silber, Gold und Platin.

Das Kugelpackungsmodell zeigt auch, warum einige Elemente biegsamer sind als andere. Wenn man ein Material deformiert, dann schiebt man eigentlich die Atomebenen übereinander. Atome in der BCC-Struktur passen in die Zwischenräume, die von vier Atomen der niedrigeren Schicht gebildet werden. Bei der FCC-Struktur ruht ein Atom in dem Zwischenraum, der von nur drei Atomen der niedrigeren Schicht gebildet werden. Folglich passen die BCC-Atome tiefer in die Spalten und es ist schwerer, sie aus ihren Nestern zu bewegen. Deshalb sind BCC-Atome, wie etwa Chrom, gewöhnlich fester als FCC-Strukturen, zum Beispiel Gold.

Das Kugelpackungsmodell klärt uns auch über die Vorteile von Verunreinigungen in einigen Materialien auf. Defekte im Gitter funktionieren wie die Zähne von Zahnrädern: sie verhindern ein Verrutschen. Genau deswegen bestehen die „echt" goldenen Ohrringe, die Sie gerade beim Juwelier gekauft haben, zu höchstens 75 Prozent (18 Karat) aus Gold, aber mit größerer Wahrscheinlichkeit sind es nur 58 Prozent (14 Karat). Der Rest besteht aus Silber, Kupfer oder irgendeinem anderen Metall. Vierundzwanzigkarätiges Gold wäre zu stark verformbar.

Wie vorherzusehen war, kann die Packungstheorie auch zur Lösung von Problemen verwendet werden, wie man Objekte in Behälter packt. Zu den Anwendungen gehören das Behälterproblem[4] („Man packe so viele Objekte wie möglich in die kleinste Anzahl von Behältern"), das duale Behälterproblem („Man fülle so viele Behälter wie möglich mit möglichst wenigen Objekten"), das Rucksack-Problem[5] („Zu Objekten, die verschiedene Werte und Gewichte haben, finde man die wertvollsten Stücke, die in einen Rucksack von gegebener Größe passen"), das Zuschnittproblem[6] („Man finde eine abfallminimierende Anordnung von Formen auf einer Fläche") oder das Strip-Packing-Problem („Aus Streifen von gegebener Länge schneide man möglichst viele Streifen von spezifizierten Längen heraus"). Bei jedem dieser Beispiele müssen die Objekte so dicht wie möglich gepackt werden, das heißt, der vergeudete Raum muß minimiert werden.

Diese Beispiele kommen aus einem Gebiet der Mathematik, das man als Operationsforschung bezeichnet. In der Praxis treten diese Beispiele beim Sta-

---

[4] Bin packing problem.
[5] Knapsack problem.
[6] Cutting stock problem.

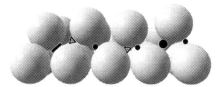

Abb. 15.1. FCC-Struktur mit deformierendem Material

peln von Containern auf Schiffen und beim Verladen von Paletten in Flugzeuge und Lastwagen auf. Diese Probleme sind sehr schwer. In der guten alten Zeit wurden die Waren von den Frachtspediteuren holterdiepolter auf die Rampe befördert. Wenn kein Platz mehr für zusätzliche Posten vorhanden war, starteten die Schiffe, Lastwagen und Flugzeuge – sehr zum Verdruß der Eigentümer, deren Schiffe und Fahrzeuge gewöhnlich noch teilweise leer waren. Den Frachtspediteuren war das natürlich egal, da sie nach Gewicht bezahlt wurden. Aber dann hatten die Behörden eine gute Idee. Sie beschlossen, die Container und die Paletten zu standardisieren: Die Abmessungen der Container betrugen $8' \times 8,5' \times 20'$ oder $8 \times 8,5' \times 40'$ und die Abmessungen der Paletten betrugen $48'' \times 40''$ in den Vereinigten Staaten und $120\,\text{cm} \times 80\,\text{cm}$ in Europa; die Höhe wird gewöhnlich nicht angegeben. Werden Container und Paletten in diesen Größen gebaut, dann passen die Kisten ordentlich nebeneinander und übereinander. Die Schiffe wurden entsprechend den Spezifikationen gebaut, so daß man die Container ohne Platzverschwendung in den Laderaum und auf das Deck verladen konnte. Damit hatte sich erneut ein vollständiger historischer Kreis geschlossen. Erinnern Sie sich noch an Sir Walter Raleigh? Die ganze Saga fing damit an, daß er sich die Frage stellte, wie man Kanonenkugeln optimal auf einem Schiff unterbringt.

Mit der Standardisierung der Container hatten sich die Schiffseigentümer eines ernsthaften Problems entledigt. Aber das Problem der Platzverschwendung war natürlich nicht spurlos verschwunden. Es war einfach nur auf die Frachtspediteure verlagert worden. Sie waren jetzt diejenigen, die sich Gedanken machen mußten, wie sie ihre Waren so dicht wie möglich in ihre Container packen. „Wer zuletzt lädt, lädt am besten", heißt es. Bei unserem obigen Problem hatten die Schiffseigentümer das letzte Lachen.

Aber es ist nicht immer möglich zu standardisieren. Die Arbeit eines Schneiders, das Zuschneiden von Stoff für Hemden und Hosen, wäre viel leichter, wenn die Kleidung aus standardisierten rechteckigen Stoffstücken gemacht würde.[7] Aber Abwechslung muß bei vielen industriellen Anwendungen sein, wie zum Beispiel bei Metallblechfabriken, Papiermühlen und Bekleidungs-Sweatshops. Plastilin kann immer eingestampft und recycelt werden. Gold und Silber können eingeschmolzen und wieder verwertet werden. Nicht so die teure Spitzenarbeit aus Brokat. Zu viel Abfall senkt den Gewinn. Das Schneiden von

---

[7] Aber sogar dann ist das Problem keineswegs trivial.

Leder führt sogar zu noch schwierigeren Problemen, da Unvollkommenheiten bei Tierhäuten vermieden werden müssen.

Eine weitere Illustration eines Packungsproblems ist die Unterbringung von Angelruten, Golfschlägern, Tennisschlägern, Wurstbüchsen sowie Behältern mit Golf- und Tennisbällen im Kofferraum Ihres Autos. Die Entscheidungen, die Sie treffen müssen, wenn Sie eine Flasche Cola an einem Automaten kaufen und wissen, daß Sie Kleingeld für die Straßenbenutzungsgebühr und ein 25-Cent-Stück als Trinkgeld für den Typen brauchen, der die Autoscheiben an der nächsten Kreuzung bei „rot" wäscht – all das gehört ebenfalls zu dem allgemeinen Gebiet der Packungsprobleme. Beschäftigen Sie sich also mit Tangram, dem alten chinesischen Geduldsspiel, oder mit dessen dreidimensionaler Version, dem Somawürfel! Es gibt keine allgemeine Methode, diese Probleme zu lösen. Für viele spezifischen Probleme wurden Algorithmen entwickelt, um optimale Lösungen zu finden. In den einfachsten Fällen kann der Simplex-Algorithmus eine Lösung liefern, aber meistens sind viel subtilere Programme erforderlich.

Und schließlich gibt es einige weit hergeholte Anwendungen von Packungsproblemen. Betrachten wir etwa die Telekommunikation. Angenommen, ein Signal besteht aus einer Kette von zehn Ziffern zwischen null und neun, also etwa 3849001823 oder 8640923902. Folglich wird jedes Signal durch einen Punkt in einem zehndimensionalen Würfel mit Kantenlänge 10 dargestellt. Insgesamt ist in diesem Hyperwürfel Platz für 10.000.000.000 verschiedene Signale. Aber nun fügen wir eine Einschränkung hinzu. Aufgrund des Rauschens in den Übertragungsleitungen könnte man ähnliche Ketten miteinander verwechseln und deswegen lassen wir keine Signale zu, die „nahe" beieinander liegen wie zum Beispiel 1234567890 und 1234567891. Es werden nur Zeichenketten zugelassen, die sich in mindestens einer Dimension um mindestens zwei Einheiten unterscheiden. Trifft nun beim Empfänger eine leicht verzerrte und deswegen illegale Nachricht ein, dann kann man diese dadurch korrigieren, daß man ihr die nächstliegende legale Zeichenkette zuordnet. Die Nebenbedingung besagt, daß jedes Signal illegitim ist, das sich innerhalb einer Kugel mit Radius 1 befindet, deren Mittelpunkt das ursprüngliche Signal ist.[8] Das wirft nun seinerseits folgende Frage auf: Wieviele verschiedene Signale können unter Voraussetzung dieser Nebenbedingung durch Ketten der Länge 10 dargestellt werden? Letzteres ist mit folgender Frage gleichbedeutend: Was ist in einem zehndimensionalen Hyperwürfel die dichteste Packung von Kugeln mit dem Radius 1? Diese Anwendung der Theorie der Kugelpackungen firmiert unter dem Namen „fehlerkorrigierende Codes (error correcting codes)". Man vermutet, daß die größte Dichte von Kugeln im zehndimensionalen Raum weniger als 10 Prozent beträgt. Folglich können 400.000.000 Signale dargestellt werden,

---

[8] Tatsächlich wird dadurch ein Würfel definiert, aber wir gehen hier nicht auf Einzelheiten ein.

was für alle Wörter in allen Sprachen der Erde ausreicht.[9] Wird jedoch der Radius der Kugeln auf vier Einheiten erhöht, um Fehler noch unwahrscheinlicher zu machen, dann ermöglicht ein zehndimensionales Signal nur ungefähr 374 Wörter.[10] Wie groß die Dimension sein muß, hängt wesentlich davon ab, wie dicht die Kugeln gepackt werden können. Hales gab die Antwort für drei Dimensionen. Für Dimensionen größer als drei ist die Antwort unbekannt.

Wir wollen noch ein anderes weit hergeholtes Beispiel beschreiben: die Führung eines Geschäftes. „Gewinne müssen maximiert werden" – das ist eines der ersten Dinge, die ein Student der Betriebswirtschaftslehre lernt. Als nächstes lernt unser Student, daß die Märkte zwecks Gewinnmaximierung segmentiert werden müssen. Von Geldverschwendern sollte man hohe Preise verlangen, aber Cheapies sollten nicht ignoriert werden. Eine Illustration dieser Maxime findet man bei den meisten kommerziellen Fluggesellschaften. Üblicherweise gibt es vorne eine „first class", nach der die „business class" folgt und dann kommt hinten die „economy class." Das „Produkt" ist dasselbe (Transport einer Person, beispielsweise von London nach New York), aber diejenigen, die es sich leisten können, müssen einen höheren Preis bezahlen als diejenigen, die dazu außerstande sind. Dementsprechend betonen Werbekampagnen gegenüber den verschiedenen potentiellen Kunden die unterschiedlichen Vorzüge des Produktes. Ein marketingbewußter Bekleidungslieferant hebt gegenüber seinen jungen Käufern hervor, wie cool es ist, eine Krawatte zu tragen; gegenüber den älteren Käufern hebt er dagegen die Eleganz einer Krawatte hervor. Eine Firma für Tennisschuhe verkauft zum Beispiel dasselbe Produkt an Männer und Frauen, verpackt es aber in unterschiedlichen Farben. Manchmal muß ein Markt gemäß mehr als nur einem Kriterium segmentiert werden: Alter, Geschlecht, Einkommen, Ausbildung und so weiter. Für jede Nische kann eine andere Werbestrategie entworfen werden: Eine Strategie für hochgebildete Frauen zwischen fünfundvierzig und fünfundfünfzig Jahren und mit Einkommen von mehr als 100 000 USD pro Jahr, eine andere für junge Männer ohne Abitur, die weniger als 25 000 USD verdienen und so weiter. Der Stellvertretende Direktor für Marketing möchte möglichst viele potentielle Kunden erreichen und so wenig wie möglich ausgeben; er möchte auch niemanden ignorieren und es soll auch keine Überlappungen geben. Und hier liegt das Bindeglied zu den Kugelpackungen: Die Zuweisung der Werbemittel in segmentierten Märkte ist äquivalent zur Packung von Kugeln in Räumen höherer Dimensionen.

Ob Sie es glauben oder nicht: die Theorie der Kugelpackungen kann auch auf die Politwissenschaften angewendet werden. Politische Parteien müssen sich entscheiden, wie sie sich im Raum der potentiellen Wähler positionie-

---

[9] Das Volumen einer zehndimensionalen Kugel mit Radius 1 beträgt ungefähr 2,55. Zehn Prozent von zehn Milliarden dividiert durch 2,55 sind ungefähr 400 Millionen.

[10] Eine zehndimensionale Kugel mit Radius 4 hat das Volumen 2674041. Zehn Prozent von zehn Milliarden dividiert durch 2674041 ist ungefähr 374.

ren; dabei sollten sowohl der verbleibende Raum als auch Überlappungen minimiert werden. Zum Beispiel kann eine Gitterpackung einen Kopiermechanismus in der Positionierung der politischen Parteien widerspiegeln (nach der Devise „Man kopiere die nahestehenden Parteien, achte aber darauf, daß sich die eigene Plattform in mindestens einer Dimension unterscheidet"). Bei zunehmender Dimension tun sich zwischen den Wahlkreisen Lücken auf, die üblicherweise von den großen Konsens-Parteien zugedeckt waren. In diesen Lücken könnten Politiker mit speziellen Interessengebieten Fuß fassen.

16

Irrwege eines mathematischen Beweises

Am 8. August 1998 hatte Thomas Hales per E-Mail Dutzenden von Kollegen mitgeteilt, daß er die fast 400 Jahre alte Vermutung von Johannes Kepler gelöst habe. Sechs Jahre später war der Beweis immer noch in keiner Fachzeitschrift veröffentlicht worden. Wieso?

Bevor eine ernstzunehmende wissenschaftliche Arbeit in einer gedruckten Fassung erscheinen kann, muß sie einen rigorosen Prozeß der Begutachtung durchlaufen. Je renommierter die Zeitschrift ist, in der die Arbeit veröffentlicht werden soll, desto rigoroser ist das Begutachtungsverfahren. Nach Bekanntwerden von Hales' Mammutleistung wollte Robert MacPherson, Professor am Institute of Advanced Studies in Princeton und einer der sechs Herausgeber der *Annals of Mathematics*, dem jungen Professor die Veröffentlichung in der wohl renommiertesten mathematischen Zeitschrift vorschlagen. Ganz wohl war ihm dabei nicht, denn es handelte sich ja um einen der von vielen Mathematikern verpönten Computerbeweise. Also holte er zuerst die Meinung seiner fünf Kollegen im Herausgeberkollegium ein. Diese meinten, daß ein Computerbeweis im Prinzip akzeptabel sei, doch beharrten alle Seiten darauf – Thomas Hales inbegriffen –, daß der Begutachtungsprozeß den allerhöchsten Ansprüchen genügen müsse.

Daraufhin beauftragte MacPherson nicht weniger als ein Dutzend Mathematiker mit der Aufgabe, den Beweis minutiös durchzuarbeiten und auf Schwachstellen abzuklopfen. Ihre Aufgabe bestand darin, den Beweis inklusive aller Computerprogramme auf Herz und Nieren zu prüfen. Geleitet wurde das Begutachtungsverfahren von dem ungarischen Mathematiker Gábor Fejes Tóth, Sohn des legendären Geometrieprofessors László Fejes Tóth, der schon in den 1950er Jahren vorhergesagt hatte, daß ein Beweis der Keplerschen Vermutung eines Tages mit Hilfe eines Computers möglich sein würde. Die Gutachter arbeiteten vier Jahre lang an dem Beweis. Eine Inspektion der Computercodes, der Berechnungen und des Outputs war auf jeden Fall illusorisch und die Referees beschränkten sich auf eine eingehende Rekonstruktion der Gedankengänge, auf Konsistenzprüfungen sowie auf die logische Überprüfung aller Schritte und Folgerungen. Ganzjährige Seminare wurden

G.G. Szpiro, *Die Keplersche Vermutung*,
DOI 10.1007/978-3-642-12741-0_16, © Springer-Verlag Berlin Heidelberg 2011

veranstaltet, in denen die Teilnehmer einzelne Teile des Beweises unter die Lupe nahmen. Wie MacPherson einst in einem Interview erklärte, war er zutiefst beeindruckt, wie selbstlos diese Leute an die undankbare Arbeit gingen, denn für die Überprüfung eines Manuskripts war kein Ruhm zu erringen.

Aber der Erfolg blieb aus und nach fünfjähriger intensiver Arbeit warfen sie das Handtuch. Zwar hatten sie keine Lücken oder Fehler gefunden, doch sie konnten die Richtigkeit der elektronischen Berechnungen nicht mit letzter Sicherheit garantieren. In einem Brief nach Princeton schrieb Gábor Fejes Tóth, daß er von der Richtigkeit des Beweises zwar zu 99 Prozent überzeugt sei, daß sein Team aber nicht in der Lage gewesen sei, den Beweis mit allerletzter Sicherheit zu zertifizieren.

Leider sind 99 Prozent und auch 99,9999 Prozent Sicherheit für einen mathematischen Beweis nicht ausreichend. Nicht weniger als eine absolut lupenreine und 100-prozentige Sicherheit wird verlangt. Das ist bei dem Keplerschen Packungsproblem besonders augenfällig. Denn daß Kugeln wahrscheinlich am besten pyramidenförmig gestapelt werden müssen, um die dichteste Packung zu erzielen, wußte man schon seit 400 Jahren. Es war ja gerade der Sinn der ganzen Übung, einen mathematisch strengen Beweis zu liefern. Daß dies durchaus keine Marotte verschrobener Mathematikprofessoren ist, wird durch eine Begebenheit aus dem Jahre 1993 klar. Damals hatte der chinesische Geometer Wu-Yi Hsiang von der University of California in Berkeley seinen hundertseitigen Beweis der Keplerschen Vermutung im *International Journal of Mathematics*, der Hauszeitschrift seines Departments, veröffentlicht. Vorher war er mit seiner Arbeit bei den *Annals of Mathematics* abgeblitzt. Nach ausführlicher Begutachtung war Hsiang aufgefordert worden, das Manuskript zu revidieren, was er auch tat, doch wurde es schließlich trotzdem abgelehnt. Die nachträgliche Begutachtung des angeblichen Beweises durch Hsiangs Kollegen in Berkeley war offenbar sehr oberflächlich, denn schon kurz nach der Veröffentlichung stellte sich erneut heraus, daß der vermeintliche Beweis große Lücken aufwies und somit ungültig war.

Nach Eintreffen des Briefes von Gábor Fejes Tóth schrieb MacPherson umgehend an Hales. „Die Nachrichten der Referees sind schlecht. Sie waren nicht in der Lage, die Richtigkeit des Beweises festzustellen und werden auch in Zukunft nicht dazu in der Lage sein. Sie sind mit ihrer Energie am Ende." Vielleicht, so fügte er noch hinzu, wären die Begutachter zu einer definitiven Antwort gekommen, wenn das Manuskript von Anfang an klarer geschrieben worden wäre. In dem Satz schwang ein Ton der Ungehaltenheit mit. Der Beweis, den Hales zusammen mit seinem Doktoranden und Mitarbeiter Sam Ferguson geliefert hatte, war nämlich keine stilistisch ausgefeilte Arbeit. Sie bestand vielmehr aus einer Reihe von „Laborberichten", die Hales und Ferguson jedesmal dann anfertigten, wenn der Computer einen Teil des Beweises abgeschlossen hatte. Lesbarkeit und Verständlichkeit des Manuskripts litten sehr unter dem für Mathematiker ungewohnten Vorgehen. Ursprünglich hatte MacPherson die Autoren ersucht, das Manuskript vor der Weiterleitung an die Referees zu redigieren, aber die beiden, die viele Jahre mit Keplers Vermutung verbracht hatten, waren der Sache mehr als überdrüssig. Zu der langweiligen Überarbeitung der 250 Seiten hatten sie einfach keine Lust mehr.

Unterdessen schrieb man das Jahr 2004. Auch sechs Jahre nach dem Erscheinen des Beweises war die Debatte, wie und wo er veröffentlicht werden soll, nicht geklärt. Der Beweis der Keplerschen Vermutung war drauf und dran, zu einem Dauerbrenner zu werden. Schließlich beschlossen die Herausgeber dennoch, den Beweis zu publizieren. Allerdings sollte er mit einem Vermerk versehen werden, in dem auf die Problematik von Computerbeweisen hingewiesen würde.

Mit diesem Vorgehen waren viele Kollegen nicht einverstanden. Entweder ist ein Beweis richtig oder er ist es nicht. Grauzonen gibt es in der Mathematik nicht. Ein Warnetikett werfe ein schlechtes Licht auf die von Hales und seinem Studenten Sam Ferguson vorgelegte Arbeit, die viel ausführlicher und besser belegt sei, als so mancher undurchsichtige Beweis, den auch Experten nicht nachprüfen könnten.

Die Herausgeber überlegten sich das Ganze noch einmal und fällten dann ein salomonisches Urteil. Sie beschlossen, lediglich den Teil der Arbeit in den *Annals* zu publizieren, der die Beweisstrategie darlegt. Eine zweite, mehr als doppelt so lange Version, die auch die beanstandeten Teile enthält, sollte in der Zeitschrift *Discrete and Computational Geometry* veröffentlicht werden.

Im Herbst 2005 erschien dann auch Hales' 120-seitige Arbeit „A proof of the Kepler conjecture" in den *Annals* – versehen mit einem Vorwort, in dem die Herausgeber darauf hinweisen, daß sie die Richtigkeit des Beweises nicht mit allerletzter Sicherheit verifizieren konnten. Ein Jahr später erschien die Arbeit „The Kepler conjecture" von Hales und Sam Ferguson in der Zeitschrift *Discrete and Computational Geometry*. Es war der einzige Artikel in der betreffenden Nummer der Zeitschrift. Mit 270 Seiten füllte er die gesamte Nummer.

Aber auch damit gab sich Hales nicht zufrieden. Daß sein Beweis mit einem Warnschild versehen wurde – „Benutzung auf eigene Gefahr!" –, ließ ihn nicht ruhen. 2004 startete er ein Projekt, mit dem seinem Beweis doch noch ein Gütesiegel verliehen werden sollte. In dem von ihm „Flyspeck" (oder FPK, Formal Proof of Kepler) getauften Projekt sollte mit Hilfe von Computern jeder einzelne Schritt seines Beweises kontrolliert werden. Keine Vorbildung der Referees wird vorausgesetzt, keine Annahmen werden gemacht. Die Computer sollen automatisch und ohne menschliches Eingreifen jede einzelne Behauptung und jede noch so triviale Folgerung auf ihren Wahrheitsgehalt überprüfen. Erst wenn es keine einzige Lücke mehr gibt, wird Hales' Beweis der Keplerschen Vermutung als korrekt gelten. So bald wird das nicht geschehen: Das Projekt ist auf zwanzig Jahre angesetzt und soll in Zusammenarbeit mit Freiwilligen aus aller Welt durchgeführt werden, die sich mit einer speziell entwickelten Computersprache vertraut machen und ihre Rechenzeit zur Verfügung stellen müssen. Im Juli 2009 referierten und diskutierten Experten bei einem internationalen Arbeitstreffen in Hanoi drei Wochen lang über den Stand der Arbeiten.

Damit geht unser Bericht zu Ende. Aber die Story geht weiter, denn Mathematik ist nichts Abgeschlossenes. Die Geschwindigkeit, mit der Fragen, Probleme und Vermutungen gelöst werden, wird nur durch das Tempo übertroffen, mit dem neue Fragen entstehen. Im Anhang listen wir einige Dutzend Vermutungen auf, die im Laufe der Jahre formuliert worden sind. Einige von ihnen sind bereits gelöst worden, andere sind vielleicht gelöst, wenn Sie dieses Buch lesen, aber die meisten werden wohl noch lange Zeit ungelöst bleiben.

Anhang zu Kapitel 1

Volumen n-dimensionaler Kugeln

Dimension	Kugel	Volumen	Volumen für $r = 1$ cm
1	Strecke, die beide Endpunkte verbindet	$2r$	2 cm
2	Kreis mit allen darin befindlichen Punkten	πr^2	3,14 cm^2
3	Vollkugel	$\frac{4}{3}\pi r^3$	4,19 cm^3
4	4-dimensionale Vollkugel	$\frac{1}{2}\pi^2 r^4$	4,93 cm^4
$\vdots$	$\vdots$	$\vdots$	$\vdots$

Dichte von Münzen in der Ebene

Man erhält die Fläche eines Dreiecks, indem man seine Grundlinie mit seiner Höhe multipliziert und das Ergebnis durch zwei dividiert:

$$\text{Dreiecksfläche} = \frac{\text{Grundlinie} \cdot \text{Höhe}}{2}.$$

Die Fläche eines Kreises ist das Produkt der Zahl π mit dem Quadrat des Radius:

$$\text{Kreisfläche} = \pi r^2.$$

Wir nehmen in diesem Buch üblicherweise an, daß die Kugelradien r gleich 1 sind. Es folgt, daß die Länge einer jeden Dreieckseite gleich 2 ist (vgl. Abbildung A.1.1 (links)). Da eine Fläche mit identischen Dreiecken parkettiert werden kann, reicht es aus, nur ein solches Dreieck zu untersuchen.

Nach dem Satz des Pythagoras ist die Höhe eines gleichseitigen Dreiecks mit Seitenlänge 2 gleich $\sqrt{3}$. Somit erhalten wir für die Fläche unseres Dreiecks

G.G. Szpiro, *Die Keplersche Vermutung*,
DOI 10.1007/978-3-642-12741-0, © Springer-Verlag Berlin Heidelberg 2011

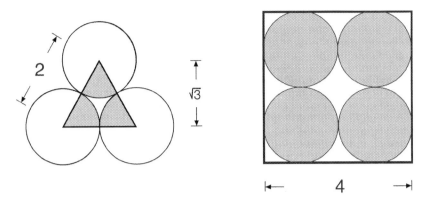

Abb. A.1.1. Dichte von Packungen in zwei Dimensionen

$$\frac{\text{Grundlinie} \cdot \text{Höhe}}{2} = \frac{2\sqrt{3}}{2} = \sqrt{3} \approx 1,732.$$

Die Dichte ist definiert als das Verhältnis von (1) der Teilfläche des Dreiecks, die von Kreisen überdeckt ist, zu (2) der Gesamtfläche des Dreiecks. Nun ist *ein Sechstel* eines jeden der *drei* Kreise in diesem Dreieck enthalten. Demnach sind diejenigen Teile der Kreisflächen, die in dem Dreieck enthalten sind, gleich

$$\frac{1}{6}3(\pi r^2) \approx 1,571.$$

Wir hatten für den Radius $r = 1$ angenommen. Daher ist das Verhältnis der in dem Dreieck enthalten Kreisflächenanteile zur Gesamtfläche des Dreiecks gleich

$$\text{Dichte} \approx \frac{1,571}{1,732} \approx 0,907.$$

Mit anderen Worten: Fast 90,7 Prozent des Dreiecks sind von den Kreisflächen überdeckt. Und da sich die Ebene mit identischen Dreiecken parkettieren läßt, ist das auch die Packungsdichte der Ebene.

Dichte der regulären quadratischen Packung

Man betrachte ein Quadrat mit der Seitenlänge 4. Seine Fläche ist 16. Vier ganze Kreise können in ein solches Quadrat „eingepaßt" werden und die Gesamtfläche dieser Kreise beträgt

$$4(\pi r^2) \approx 12,566.$$

Demnach läßt sich die Dichte der Packung innerhalb dieses Quadrates folgendermaßen berechnen:

$$\text{Dichte} \approx \frac{12,566}{16,0} \approx 0,785.$$

Also beträgt die Dichte etwa 78,5 Prozent. Da sich eine unendliche Fläche mit identischen Quadraten überdecken läßt, ist die Dichte des Quadrates identisch mit der Packungsdichte der ins Unendliche erweiterten Fläche.

Die Melonenschale

Die folgende Tabelle enthält die Flächen und Volumen runder Melonen (mit Radius $r = 1$) und würfelförmiger Melonen (mit Kantenlänge s):

	Fläche	Volumen
rund	$4\pi r^2 \approx 12,566$	$\frac{4}{3}\pi r^3 \approx 4,189$
würfelförmig	$6s^2$	s^3

Welche Kantenlänge muß eine würfelförmige Melone haben, damit sie das gleiche Volumen aufweist, wie eine runde Melone mit dem Radius $r = 1$? Wir setzen die Volumen beider Melonenarten gleich:

$$4,189 = s^3.$$

Auflösen nach s liefert

$$s = \sqrt[3]{4,189} \approx 1,612.$$

Demnach hat eine würfelförmige Melone der Kantenlänge 1,612 das gleiche Volumen und das gleiche Gewicht wie eine runde Melone mit Radius 1. Gemäß obiger Tabelle hat die Oberfläche einer würfelförmigen Melone der Kantenlänge $s = 1,612$ den Wert

$$6s^2 \approx 6(1,611)^2 \approx 6(2,599) \approx 15,591,$$

während die Oberfläche der runden Melone nur 12,566 beträgt. Daher benötigen runde Melonen fast zwanzig Prozent weniger Schale als würfelförmige Melonen.

Dichte von Melonenhaufen

Im ersten Teil des Anhangs hatten wir uns reguläre quadratische Packungen in zwei Dimensionen angesehen. Wir betrachten nun Würfel der Kantenlänge 2. (Da sich der ganze Raum vollständig mit identischen Würfeln ausfüllen läßt, reicht es aus, nur einen solchen Würfel zu untersuchen.) Jeder dieser Würfel hat ein Volumen von $2^3 = 8,0$ und in jeden solchen Würfel paßt genau eine Kugel. Das Volumen einer Kugel beträgt

$$\frac{4}{3}(\pi r^3) \approx 4,189$$

und deswegen ist die Dichte dieser Packung gleich $4,189/8,0 \approx 0,52$, das heißt, 52 Prozent.

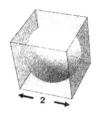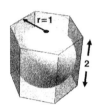

Abb. A.1.2. Dichte von Packungen in drei Dimensionen

Aber wir können das noch verbessern. Wir wissen bereits, daß in zwei Dimensionen bei der hexagonalen Anordnung mehr Münzen hineingepackt werden können, als bei der quadratischen Anordnung. Wir wollen uns nun ansehen, was geschieht, wenn wir die Münzen durch Melonen ersetzen und Schichten hinzufügen. Wir erweitern die Sechsecke in die dritte Dimension, indem wir sie zu Zylindern der Höhe zwei machen. Nun können wir in jedem dieser hexagonalen Zylinder eine Kugel unterbringen. Wir berechnen jetzt die Dichte dieser Anordnung. Für die Fläche eines Hexagons haben wir

$$\text{Fläche (Hexagon)} = 2\sqrt{3}r^2,$$

wobei r der Radius des einbeschriebenen Kreises ist, das heißt, der Abstand des Mittelpunktes des regulären Sechsecks zu seiner Kante. Das Volumen eines hexagonalen Zylinders der Höhe 2 beträgt (unter Beachtung von $r = 1$)

$$\text{Volumen (Hexagon)} = 2(2\sqrt{3}r^2) \approx 6,928.$$

Das Volumen der Melone ist 4,189 (s. oben) und daher beträgt die Dichte dieser Packung $4,189/6,928 \approx 0,605$, also 60,5 Prozent. Das ist auch die Dichte der hexagonalen Packung in drei Dimensionen, denn alle zusätzlichen Schichten sind mit der ersten Schicht identisch. Offensichtlich sind diese 60,5 Prozent besser als die 52 Prozent der quadratischen Packung. Aber sie sind nicht so gut wie die Dichte der FCC und der HCP (74,05 Prozent), bei der sich die Melonen jeder zusätzlichen Schicht in den Vertiefungen befinden, die von den Melonen der vorhergehenden Schicht gebildet werden. Das werden wir uns im Anhang zu Kapitel 2 ansehen.

Anhang zu Kapitel 2

In diesem Anhang zeigen wir, daß die quadratische und die hexagonale Packung von Kugeln in drei Dimensionen ungefähr 74 Prozent des Raumes ausfüllt. Zum Beweis partitionieren wir zunächst den Raum derart in gleiche Zellen, daß jede Kugel innerhalb einer solchen Voronoi-Zelle liegt. (In Kapitel 9 haben wir die Voronoi-Zellen ausführlicher diskutiert.) Was ist die Form einer solchen Zelle? Wäre die Anordnung der Kugeln eine einfache quadratische Packung, dann wären die Voronoi-Zellen Würfel, die übereinander und nebeneinander gestapelt würden. Bei Kepler sind die Kugeln jedoch komplizierter angeordnet: Sie liegen in den Vertiefungen, die von den darunter liegenden Kugeln gebildet werden und jede Kugel wird von zwölf anderen berührt; somit haben auch die Zellen eine kompliziertere Form. Die Voronoi-Zellen, von denen die Kugeln umgeben sind, haben die Form von sogenannten *Rhombendodekaedern*.

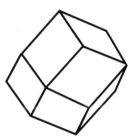

Abb. A.2.1. Rhombendodekaeder

Zur Berechnung der Dichte einer Zelle muß man nun nichts weiter tun, als die Volumen der Kugel und des sie umgebenden Rhombendodekaeders zu berechnen. Da der Raum bis ins Unendliche lückenlos mit Rhombendodekaedern ausgefüllt werden kann, gilt die Dichte, die man für eine einzige Kugel und ihre Voronoi-Zelle berechnet, auch für die Packung im unendlichen Raum.

262 Anhang zu Kapitel 2

Das hört sich ziemlich einfach an, aber leider gibt es da ein kleines Problem: Die Berechnung des Volumens der Voronoi-Zelle für Keplers Packung ist keine einfache Prozedur. Ich bemerke hier nur, daß das Rhombendodekaeder (für Kugeln mit Radius $r = 1$) ein Volumen von $4\sqrt{2}$ hat, was ungefähr $5,6568\ldots$ ist.

Andererseits ist das Volumen einer Kugel mit Radius 1 gleich $\frac{4}{3}\pi$ oder $4,1887\ldots$. Wir können nun die Dichte der Packung berechnen, indem wir das Volumen der Kugel durch das Volumen des Rhombendodekaeders dividieren, also $4,1887/5,6568$ ausrechnen. Wir erhalten $0,74048\ldots$, das heißt, etwas mehr als 74 Prozent.

Anhang zu Kapitel 3

Die quadratische Form und die Diagonalen der Fundamentalzelle

Was ist die Länge der kurzen Diagonale (d_1) der Fundamentalzelle? In der Abbildung fügen wir die Höhe (h) der Fundamentalzelle hinzu und zerlegen den Vektor c in zwei Komponenten der Längen p and q. Aus dem Satz des Pythagoras folgt, daß das Quadrat von d_1 gleich der Summe der Quadrate von h und q ist:

$$d_1^2 = h^2 + q^2.$$

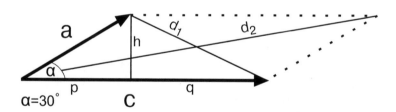

Abb. A.3.1. Quadratische Form und die Diagonalen

Wir können den Satz des Pythagoras ein weiteres Mal anwenden, um h^2 zu bestimmen:

$$h^2 = a^2 - p^2.$$

Aus der Abbildung ist ersichtlich, daß $q = c - p$. Daher haben wir

$$
\begin{aligned}
d_1^2 &= a^2 - p^2 + (c - p)^2 \\
&= a^2 - p^2 + c^2 - 2cp + p^2 \\
&= a^2 - 2cp + c^2.
\end{aligned}
$$

Wir bezeichnen den Winkel zwischen den beiden Vektoren mit α. Unglücklicherweise haben Winkel die lästige Angewohnheit, in Grad gemessen zu werden. Um Komplikationen zu vermeiden, führen wir eine neue Variable b ein, die in reellen Zahlen gemessen wird:

$$b = a \cdot c \cdot \cos \alpha.$$

Wir können das in der Form $\cos \alpha = b/ac$ ausdrücken. Aber $\cos \alpha$ ist auch gleich p/a, so daß $p = a \cos \alpha$. Einsetzen von b/ac für $\cos \alpha$ liefert $p = b/c$. Setzen wir das in die obige Gleichung ein, dann erhalten wir

$$d_1^2 = a^2 - 2b + c^2.$$

Demnach ist die Quadratwurzel der quadratischen Form gleich der Länge der kurzen Diagonale. Und genau das ist es, was wir beweisen wollten. Auf ähnliche Weise können wir zeigen, daß die Länge der zweiten Diagonale d_2 gleich der quadratischen Form ist, bei der das Vorzeichen des mittleren Terms in ein „plus" geändert wird:

$$d_2^2 = a^2 + 2b + c^2.$$

Die Diskriminante und die Fläche der Fundamentalzelle

Die Fläche F der Fundamentalzelle ist gleich dem Produkt ihrer Grundlinie und ihrer Höhe, das heißt, $F = c \cdot h$. Daher haben wir

$$F^2 = h^2 c^2.$$

Wir wissen aus der elementaren Trigonometrie, daß

$$\sin \alpha = \frac{h}{a}, \quad \text{also} \quad h = a \sin \alpha.$$

Nach dem Satz des Pythagoras ist

$$h^2 + p^2 = a^2$$

oder

$$h^2 = a^2 - p^2.$$

Aus $\cos \alpha = p/a$ folgt $p = a \cos \alpha$ und deswegen erhalten wir

$$h^2 = a^2 \left(1 - \cos^2 \alpha\right).$$

Aus der Definition von b folgt, daß $\cos \alpha$ gleich b/ac ist. Alles zusammengenommen liefert

$$F^2 = a^2 c^2 \left(1 - \frac{b^2}{a^2 c^2}\right)$$

und nach Umordnen erhält man

$$F^2 = a^2c^2 - b^2.$$

Die rechte Seite der letzten Gleichung ist die Diskriminante der quadratischen Form, womit wir gezeigt haben, daß ihre Quadratwurzel gleich der Fläche der Fundamentalzelle ist.

Beispiele

Zur Illustration kehren wir nach Manhattan zurück und betrachten den gitterförmigen Grundriß. Der Winkel zwischen den Avenues und den Streets ist $90°$, und da der Kosinus eines rechten Winkels gleich null ist, ist auch b gleich null. Folglich ist $300^2 + 0 + 100^2$ die quadratische Form. Die Quadratwurzel hieraus ist 316, und das ist (in Metern) die Länge der Diagonale durch einen Block. Die zu dieser quadratischen Form gehörende Diskriminante ist $300^2 \cdot 100^2 - 0$, und die Fläche eines Blocks ist die Quadratwurzel aus dieser Zahl, das heißt, 30000 [Quadratmeter]. Quadratische Formen und ihre Diskriminanten können für beliebige Gitter verwendet werden, nachdem man die entsprechenden Werte für a, b und c eingesetzt hat.[1]

Lagrange hat auch Formeln angegeben, die man auf Flächen anwenden kann, die mehr als nur eine Street und eine Avenue überdecken. Wir wollen einen *Superblock* betrachten, der sich über X Avenues (von jeweils der Länge a) und Y Streets (von jeweils der Länge c) erstreckt. Die Diagonalabstände durch diesen Superblock sind gleich den Quadratwurzeln der quadratischen Formen $a^2X^2 + 2bXY + c^2Y^2$ und $a^2X^2 - 2bXY + c^2Y^2$. Die Fläche ist die Quadratwurzel der Diskriminante $a^2c^2X^2Y^2 - b^2X^2Y^2$. Sind a, b und c bekannt, dann muß man nur noch X und Y in die Formeln einsetzen, um die Längen der beiden Diagonalen und die Fläche zu erhalten. Die Länge der Diagonalen durch *einen* Block kann man leicht ausrechnen, indem man X und Y gleich 1 setzt. Die Länge der Diagonalen durch vier Blöcke (zum Beispiel, von der 3. Ave., 50. Street, zur 5. Ave., 52. Street) kann man ausrechnen, indem man X und Y in der Formel gleich 2 setzt. Der Leser kann als Übung überprüfen, daß die Diagonale des Superblocks 632 Meter und seine Fläche 120000 Quadratmeter beträgt.

Angenommen, wir haben Kreise mit einem Radius von 50 Metern. Wir wollen diese Kreise in Manhattan positionieren. Sowohl die Seiten (100 und 300 Meter) als auch die Diagonalen (316 Meter) sind hinreichend lang, um Kreise mühelos an den vier Ecken der Blöcke zu positionieren, ohne daß es dabei zu irgendwelchen Überschneidungen kommt. Folglich ist das Manhattan-Gitter ein Konkurrent um den Titel der dichtesten Packung. Die Diskriminante $a^2c^2 - b^2$ ist 900000000 und die Quadratwurzel hieraus ist gleich 30000. Die Fläche des Blocks beträgt also 30000 Quadratmeter.

---

[1] Wenn α gleich $90°$ ist, könnten wir einfach den Satz des Pythagoras verwenden, um die Diagonale der Zelle zu berechnen. Die Bedeutung der quadratischen Formen besteht darin, daß unabhängig vom Winkel die Diagonale jeder *beliebigen* Zelle berechnet werden kann. (Übrigens ist die Fläche eines *Superblocks* gleich xy mal Quadratwurzel der Diskriminante.)

Wir wollen überprüfen, wie gut das Manhattan-Gitter ist. Nach Lagrange kann die Diskriminante nie kleiner als $\sqrt{\frac{3}{4}a^4}$ werden, was gleich $0,866a^2$ ist. Das entspricht 8660 Quadratmetern. Wir haben also nicht erwartet, daß irgendeine Fläche einen kleineren Wert hat. Aber der Manhattan-Block kommt ja nicht einmal in die Nähe dieses Wertes. Vielleicht können wir ein besseres Gitter konstruieren, wenn wir den Winkel zwischen den beiden Vektoren ändern. Wir wollen jetzt die Fläche eines *deformierten* Manhattan-Gitters berechnen, bei dem wir den Winkel zwischen den beiden Vektoren auf ungefähr 70° reduzieren. Das entspricht einem Wert von 10000 für b. Als Erstes ist zu überprüfen, ob die Diagonalen länger als 100 Meter sind. Nur dann können zwei Kreise mit jeweils 50-Meter-Radius in die Ecken passen, ohne zu überlappen, und nur dann ist das deformierte Gitter ein legitimer Konkurrent. Die Quadratwurzeln der quadratischen Formen liefern die Längen der Diagonalen eines Blockes:

$$\sqrt{(10000 + 2(10000) + 90000)} = \sqrt{120000} \approx 346\,[\text{Meter}],$$

$$\sqrt{(10000 - 2(10000) + 90000)} = \sqrt{80000} \approx 283\,[\text{Meter}].$$

Folglich sind die Diagonalen hinreichend lang und die Kreise passen bequem in die vier Ecken des Blockes des deformierten Manhattan-Gitters. Wie groß ist nun die Fläche eines solchen Blockes? Die Diskriminante $a^2c^2 - b^2$ ist gleich

$$300^2 \cdot 100^2 - 10000^2 = 900000000 - 100000000 = 800000000.$$

Die Quadratwurzel aus dieser Zahl ist 28284 und demnach hat der Block eine Fläche von 28284 Quadratmetern. Der deformierte Manhattan-Block ist etwas kleiner als 30000 m² geworden, aber immer noch sehr, sehr weit von 8660 m² entfernt. Wir versuchen es nun mit einem deformierten Manhattan-Gitter, verkürzen dabei aber die Avenues. Um wie viel kann der Avenue-Vektor verkürzt werden? Offensichtlich kann der Vektor nicht kürzer als 100 Meter sein, weil es genug Platz für zwei nebeneinander liegende Kreise geben muß. Die kürzestmögliche Avenue hat somit dieselbe Länge wie die Street, das heißt, $a = c$. Hierzu nehmen wir (ohne einen Beweis zu geben) einen Winkel von 60° und erhalten die hexagonale Anordnung.

Aus Neugier wollen wir die Dichte einer solchen Packung überprüfen. Die Fläche eines Kreises mit einem Radius von 50 Metern ist $\pi \cdot 50^2 = 7,854$ m². Dividiert man diesen Wert durch die Fläche der kleinsten vorstellbaren Zelle, also durch 8660 m², dann ergibt sich $^{7854}/_{8660} = 90,69\%$. Toll, das ist gerade die Dichte der dichtesten Packung (vgl. Anhang zu Kapitel 1). Na ja, vielleicht ist das doch nicht ganz so überraschend, da wir ja bereits wissen, daß von allen möglichen Gittern das hexagonale Gitter die dichteste Anordnung von Kreisen in einer Ebene ermöglicht.

Anhang zu Kapitel 4

Kreis um ein gleichseitiges Dreieck

Man betrachte ein gleichseitiges Dreieck der Seitenlänge D. Wir wollen einen Kreis ziehen, der durch die drei Ecken des Dreiecks geht. Offensichtlich fallen die Mittelpunkte des Kreises und des Dreiecks zusammen. Wie groß ist der Radius des Kreises?

Die Höhe H des Dreiecks kann mit der Hilfe des Satzes des Pythagoras berechnet werden:

$$H = \sqrt{D^2 - \left(\frac{D}{2}\right)^2} = \frac{\sqrt{3}}{2}D.$$

Die Höhe des Dreiecks besteht aus zwei Komponenten: aus dem Radius r, den wir suchen, und aus einer anderen Strecke, die wir mit s bezeichnen:

$$H = R + S.$$

Daher haben wir

$$R = \frac{\sqrt{3}}{2}D - S. \tag{A.4.1}$$

Wir können den Satz des Pythagoras noch einmal anwenden und erhalten

$$R^2 = S^2 + \left(\frac{D}{2}\right)^2. \tag{A.4.2}$$

Schreiben wir Gleichung (A.4.1) als

$$S^2 = \left(\frac{\sqrt{3}}{2}D\right)^2 - \sqrt{3}DR + R^2$$

und setzen wir diesen Wert in Gleichung (A.4.2) ein, dann ergibt sich

$$R^2 = \left(\frac{\sqrt{3}}{2}D\right)^2 - \sqrt{3}DR + R^2 + \left(\frac{D}{2}\right)^2.$$

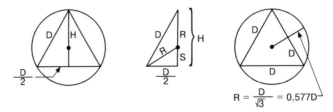

Abb. A.4.1. Kreis um ein gleichseitiges Dreieck

Subtrahieren wir R^2 von beiden Seiten dieser Gleichung, dann erhalten wir

$$D^2 - \sqrt{3}DR = 0$$

und hieraus folgt

$$R = \frac{D}{\sqrt{3}}.$$

Demnach ist $D/\sqrt{3}$ die Länge des Radius des Kreises um ein gleichseitiges Dreieck der Seitenlänge D.

Seitenlängen von Achtecken und Siebenecken

Wir betrachten einen Kreis mit Radius $2D/\sqrt{3}$. Zuerst beschreiben wir dem Kreis ein reguläres Achteck ein und anschließend machen wir dieselbe Übung mit einem regulären Siebeneck. Ein Achteck kann in acht Dreiecke partitioniert werden. Offensichtlich hat der im Kreismittelpunkt liegende Winkel eines jeden Dreiecks den Wert $360/8 = 45°$. Deswegen ergibt sich für die Hälfte der Seitenlänge C des Achtecks

$$\frac{C}{2} = \sin\left(\frac{45°}{2}\right)\frac{2D}{\sqrt{3}} = 0{,}383\frac{2D}{1{,}732} = 0{,}442\,D.$$

Die Seitenlänge des Achtecks ist das Doppelte dieser Länge, das heißt, $C = 0{,}884D$. Das ist zu kurz! Zwei benachbarte Punkte haben nicht den erforderlichen Abstand D voneinander.[1]

Wir gehen nun zum Siebeneck über. Der im Kreismittelpunkt liegende Winkel eines jeden der sieben Dreiecke ist $360/7 = 51{,}43°$. Deshalb ist die Hälfte der Seitenlänge G des Siebenecks

$$\frac{G}{2} = \sin\left(\frac{51{,}43°}{2}\right)\frac{2G}{\sqrt{3}} = 0{,}434\frac{2G}{1{,}732} = 0{,}501\,D.$$

Die Seitenlänge des Heptagons ist das Doppelte dieser Länge, das heißt, wir haben $G = 1{,}002D$.

---

[1] Wir müssen auch den Fall der sternförmigen Achtecke behandeln, bei denen die Ecken auf dem Außenrand und auf dem Innenrand des Ringes liegen. Berechnungen zeigen, daß dies den Abstand zwischen zwei beliebigen benachbarten Ecken sogar noch mehr verringert.

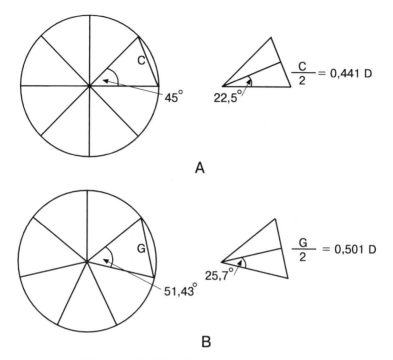

Abb. A.4.2. (A) Achteck und (B) Siebeneck

Fläche eines Sechsecks

Man betrachte ein gleichseitiges Dreieck mit Seitenlänge D. Wie wir im ersten Teil dieses Anhangs gezeigt hatten, hat der Radius des Kreises, der durch die drei Ecken des Dreiecks geht, die Länge $D/\sqrt{3}$. Das ist die Seitenlänge des Sechsecks, das wir jetzt betrachten müssen.

Wie groß ist die Fläche eines regulären Sechsecks der Seitenlänge K? Das Sechseck kann in sechs Dreiecke zerlegt werden und die Fläche eines jeden Dreiecks läßt sich folgendermaßen berechnen. Zunächst berechne man die Höhe H des Dreiecks:

$$H = \sqrt{K^2 - \left(\frac{K}{2}\right)^2} = \frac{\sqrt{3}}{2}K.$$

Da die Fläche eines Dreiecks gleich der Hälfte des Produktes von Grundlinie und Höhe ist, erhalten wir

$$\text{Fläche}_{\text{Dreieck}} = \left(\frac{K}{2}\right) H = \frac{\sqrt{3}}{4}K^2.$$

Demnach überdecken die *sechs* Dreiecke des Sechsecks eine Fläche von

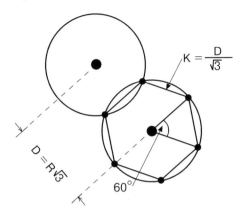

Abb. A.4.3. Fläche eines Sechsecks

$$\text{Fläche}_{\text{Hexagon}} = 6\frac{\sqrt{3}}{4}K^2 = 3\frac{\sqrt{3}}{2}K^2.$$

Wir betrachten Sechsecke mit einer Seitenlänge von $K = D/\sqrt{3}$. Daher überdecken die Sechsecke des Beweises von Fejes Tóth eine Fläche von

$$\text{Fläche}_{\text{Fejes Tóth}} = 3\frac{\sqrt{3}}{2}\frac{D^2}{3} \approx 0,866\,D^2.$$

Anhang zu Kapitel 5

Superkugel und die Schatten von sich küssenden Kugeln

Im Gymnasium haben wir gelernt (und wenn wir es nicht gelernt haben, dann können wir in jeder mathematischen Formelsammlung nachschlagen), daß die Fläche einer Kugelkappe durch

$$C = 2\pi\, r(r - h)$$

gegeben ist, wobei $r = 3$ ist und $r - h$ die Höhe der Kappe bezeichnet. Wie groß ist h? Nach dem Satz des Pythagoras haben wir

$$h = \sqrt{r^2 - x^2},$$

wobei x der Durchmesser der Kappe ist. Aus Kapitel 4 wissen wir, daß sechs Kreise den mittleren Kreis in zwei Dimensionen berühren können. Demnach hat der Winkel, der jeden Kreis „umfaßt", eine Größe von $60°$. Der Sinus der Hälfte dieses Winkels ermöglicht die Berechnung von x:

$$\sin 30° = \frac{x}{3}.$$

Wegen $\sin 30° = \frac{1}{2}$ erhalten wir $x = \frac{3}{2}$. Das wiederum ermöglicht es uns, den Wert von h zu bestimmen:

$$h = \sqrt{r^2 - x^2} = \sqrt{9 - \frac{9}{4}} = 3\left(\sqrt{1 - \frac{1}{4}}\right) = 3\sqrt{\frac{3}{4}} = \frac{3}{2}\sqrt{3}.$$

Einsetzen des Wertes von h in die Formel für die Kappenfläche liefert

$$C = 2\pi 3\left(3 - \frac{3}{2}\sqrt{3}\right) = 18\pi - 9\pi\sqrt{3} = 9\pi\left(2 - \sqrt{3}\right) = 7,6.$$

Folglich ist 7,6 der Schatten, den jede umgebende Kugel auf die Oberfläche der Superkugel wirft. Andererseits ist die Gesamtoberfläche der Superkugel gleich $4\pi r^2$. Mit $r = 3$ ergibt das 36π oder $113,1$. Für wieviele Schatten ist also Platz auf der Oberfläche der Superkugel? Die Division der letzteren Zahl durch die erstere liefert $^{113,1}/_{7,6} = 14,9$.

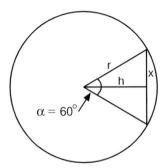

Abb. A.5.1. Fläche einer Kugelkappe

Anhang zu Kapitel 6

Der Beweis von Leech

Leech untersuchte die Punkte, an denen die 12 (oder 13) äußeren Kugeln in Kontakt zur mittleren Kugel treten und schlug vor – so wie es Hoppe achtzig Jahre zuvor getan hatte –, ein Netz zu weben. Die Kontaktpunkte sind die Knoten und die Fäden werden zwischen diesen Knoten gewoben. Die Länge eines jeden Fadens muß mindestens $1,047$ betragen, damit sich die Kugeln unterbringen lassen.[1] Im Prinzip kann das Netz aus Dreiecken, Rechtecken, Fünfecken, Sechsecken, Siebenecken usw. gewoben werden.

Er berechnete anschließend die minimalen Flächen eines jeden dieser Vielecke und addierte diese Flächen. Leech kam zu dem Schluß, daß die Gesamtfläche des Netzes größer sein muß als $0,5513$, multipliziert mit einer gewichteten Summe der Vielecke.[2] Andererseits muß das Netz eng um die Kugel herum liegen: seine wahre Fläche muß gleich der Kugeloberfläche sein. Es ist bekannt, daß eine Kugel mit dem Radius 1 eine Oberfläche von 4π hat, und somit muß 4π größer sein als $0,5513$-mal die gewichtete Summe der Polygone. Wir notieren diesen Sachverhalt für künftige Zwecke:

$$4\pi \geq 0,5513 \times (\text{gewichtete Summe der Polygone}).$$

In dieser Phase macht der Satz, dem wir zuerst in Kapitel 5 begegnet sind, einen weiteren Gastauftritt. Dieses Mal kommt er in einer dreidimensionalen Gestalt daher und stellt eine Beziehung zwischen den Ecken (E), Flächen (F) und Kanten (K) eines Netzes im *Raum* her[3]: $E + F = K + 2$. Wir können diese Tatsache für ein einfaches Netz im Raum nachprüfen: Ein würfelförmiges Netz

---

[1] Damit sechs Kugeln rund um einen Großkreis der mittleren Kugel passen, der eine Länge von 2π hat, benötigt jede Kugel eine Fadenlänge von $\pi/3 = 1,047$.

[2] Ich werde keine Begründung dafür geben, warum es sich um eine gewichtete Summe und keine gewöhnliche Summe handelt. Es sei hier nur bemerkt, daß Dreiecke das Gewicht 1 haben, Vierecke das Gewicht 2, Fünfecke das Gewicht 3 und so weiter.

[3] Das heißt, für Polyeder anstelle von Polygonen.

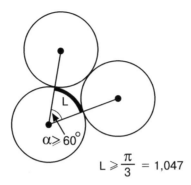

$$L \geqslant \frac{\pi}{3} = 1{,}047$$

Abb. A.6.1. Netz mit Winkeln von mindestens 60° (Abstand zwischen den Knoten ≥ 1, 047)

hat 8 Ecken, 6 Flächen und 12 Kanten, das heißt, $8 + 6 = 12 + 2$. Fügt man eine Pyramide zu einer der Würfelflächen hinzu, dann erhält man 9 Ecken, 9 Flächen und 16 Kanten, das heißt, $9 + 9 = 16 + 2$. Und so weiter, und so weiter. Wir können Eulers Gleichung für Netze im Raum folgendermaßen formulieren:

$$2E - 4 = 2K - 2F.$$

Auch das wollen wir uns für später notieren.

Leech zählte als Nächstes die Kanten und die Flächen des Netzes und drückte sie durch die Polygone aus: Jede Dreiecksfläche ist von drei Kanten umgeben, jede Rechteckfläche von vier Kanten usw. Danach berechnete Leech das Ergebnis für die rechte Seite $2K - 2F$ der Eulerschen Gleichung, indem er die Kanten und die Flächen durch Dreiecke, Vierecke usw. ausdrückte. Er vergaß auch nicht die überaus wichtige Toleranz wegen des doppelten Zählens – benachbarte Polygone haben ja immer gemeinsame Kanten. Dabei stellt sich heraus, daß die rechte Seite der umformulierten Eulerschen Gleichung dieselbe gewichtete Summe der Polygone enthält, um die es oben ging.

Wir erinnern uns, daß Leech bereits eine untere Schranke für die Oberfläche des Netzes berechnet hatte: 0, 5513-mal die gewichtete Summe der Polygone. Jetzt hat er einen Ausdruck für die rechte Seite von Eulers Gleichung erhalten und diese rechte Seite ist gleich der linken Seite $2E - 4$, ausgedrückt durch die gewichtete Summe von Polygonen. Alles in allem sah er, daß die Fläche des Netzes größer sein muß als $0, 5513(2E - 4)$. Da aber die wahre Fläche gleich 4π ist, impliziert das, daß $4\pi \geq 0, 5513(2E - 4)$. Hieraus wiederum folgt, daß E, die Anzahl der Knoten, kleiner als 14 sein muß. Und da jeder Knoten für eine Kugel steht, sind vierzehn oder mehr Kugeln nicht möglich.

Wow, das ist aber großzügig! Wir hatten die Möglichkeit nicht einmal in Betracht gezogen, daß 14 oder mehr Kugeln die mittlere Kugel berühren – die Frage war, ob 13 Kugel jeweils einen Kuß bewerkstelligen können oder nicht. Somit legen die ersten ein und ein Viertel Seiten des zweiseitigen Beweises leider den Newton-Gregory-Disput überhaupt nicht bei. Aber Leech machte

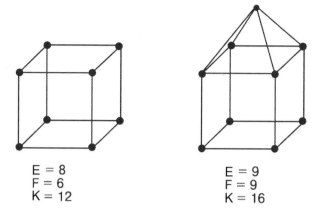

E = 8
F = 6
K = 12

E = 9
F = 9
K = 16

Abb. A.6.2. Eulers Gleichung für Netze, wobei E, F und K die Anzahl der Ecken, Flächen bzw. Kanten bezeichnet

an dieser Stelle nicht Schluß: Er kämpfte sich noch eine weitere dreiviertel Seite voran. Und wenn Sie gedacht haben, daß es bis jetzt schon schwierig war, dann warten Sie, was noch kommt! Wir wollen um der Beweisführung willen annehmen, daß das Netz aus 13 Knoten zusammengesetzt werden *kann.* Leech zeigte, daß diese Annahme zu einer unmöglichen Situation führt. Als Erstes bewies er, daß es in einem Netz mit 13 Knoten keine Fünfecke oder Sechsecke oder Vielecke höherer Ordnung geben kann, weil die Oberfläche eines solchen Netzes zu groß wäre. Würde man das Netz über die Kugel ziehen, dann würde es absacken und schlaff herumhängen. Um also dafür zu sorgen, daß das Netz straff um die Kugel anliegt, müssen alle Polygone von höherer Ordnung als Vierecke ausgeschlossen werden. Die Schlußfolgerung war, daß das Netz aus Dreiecken und höchstens *einem* Viereck gewoben werden muß.

Bewaffnet mit diesem Wissen wollen wir feststellen, wieviele Dreiecke das Netz hat. Der Schlüssel liegt in der Gleichung von Euler. Mit $E = 13$, also mit 13 Knoten, wird die linke Seite $2E - 4$ der Gleichung zu $22(= 2 \cdot 13 - 4)$. An

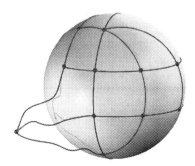

Abb. A.6.3. Das Leech-Netz mit einem „Durchhänger"

dieser Stelle muß man sich daran erinnern, daß die rechte Seite der Eulerschen Gleichung gleich der gewichteten Summe von Polygonen ist. Das gestattet entweder 22 Dreiecke und null Vierecke[4] oder ein Viereck und ... nein, Sie waren mit Ihrer Vermutung ziemlich nahe dran, aber die Antwort ist nicht 21 Dreiecke. Aus esoterischen Gründen, auf die wir hier nicht eingehen, wird jedes Viereck in der Summe der Polygone zweimal gezählt und deswegen hat das Netz nur 20 Dreiecke, falls es ein Viereck enthält. Wir sehen uns nun jede der beiden Möglichkeiten etwas genauer an.

Wir konzentrieren uns zuerst auf den letztgenannten Fall. Mit insgesamt 21 Flächen (1 Viereck und 20 Dreiecke) wird die rechte Seite $2K - 2F$ von Eulers Gleichung zu $2K - 42$. Setzen wir das gleich der linken Seite, also gleich 22, und stellen wir nach K um, dann sehen wir, daß das Netz 32 Kanten oder Fäden haben muß. Offensichtlich haben 32 Kanten 64 Endpunkte und diese Endpunkte müssen an den 13 Knoten anliegen.

An dieser Stelle verraten wir ein raffiniertes Netzwebegeheimnis: In unserem Netz können höchstens fünf Fäden zu jedem Knoten führen. Warum ist das so? Stellen Sie sich eine Kugel vor, die am Nordpol oder in der Nähe des Nordpols der mittleren Kugel liegt, und stellen Sie sich Fäden vor, die zu 6 benachbarten Kugeln gehen, die ihrerseits um den Äquator herum liegen. Bis jetzt haben wir 7 Kugeln. Um insgesamt 13 Kugeln zu erhalten, müssen wir demnach 6 zusätzliche Kugeln zur unteren Halbkugel hinzufügen. Es ist aber nicht genug Platz vorhanden. Wir versuchen deswegen, Platz zu schaffen, indem wir die 6 Kugeln vom Äquator aufwärts in Richtung Nordpol rollen. Sie können aber nicht alle nach oben gerollt werden, ohne sich in die Quere zu kommen. Man kann höchstens 5 Kugeln gleichzeitig nach Norden bewegen. Es gibt somit höchstens 5 Fäden.

Die Details des Puzzles, das wir bis jetzt vorgelegt haben, sind die folgenden: Ein Netz muß aus 1 Viereck und 20 Dreiecken gewoben werden oder aber aus 22 Dreiecken. Es muß 13 Knoten, 32 Fäden und 64 Endpunkte haben. Offensichtlich müssen die Fäden an den 13 Knoten anliegen und wir wissen auch, daß höchstens 5 Fäden jeden Knoten erreichen können. Mit diesem Wissen wollen wir nun weiterarbeiten.

Wir beginnen mit dem Fall von 0 Vierecken und 22 Dreiecken. Gemäß Eulers Gleichung muß ein solches Netz 33 Fäden haben und deren 66 Endpunkte müssen an den 13 Knoten anliegen. Aber die einzige Möglichkeit für ein solches Netz bestünde darin, 12 Knoten mit je 5 Fäden und einen 13. Knoten mit 6 Fäden zu weben. Das geht aber nicht, denn laut Netzwebegeheimnis können höchstens 5 Fäden zu jedem beliebigen Knoten im Netz führen.

Wir sehen uns jetzt den Fall von 1 Viereck und 20 Dreiecken an. Die einzige Möglichkeit, 64 Endpunkte zu 13 Knoten zu verweben – ohne daß mehr als 5 Fäden jeden Knoten erreichen – besteht darin, 4 Fäden zu 1 Knoten zu führen und 5 Fäden zu jedem der anderen 12 Knoten ($4 \cdot 1 + 5 \cdot 12 = 64$). Machen

---

[4] Das ist es, was Hoppe in seinem mehr als achtzig Jahre zurückliegenden Beweis verwendet hat.

wir uns also daran, ein solches Netz zu weben! Wie wir es auch anstellen, wir schaffen es nicht! Und John Leech schaffte es auch nicht. Niemand schafft es. Es ist unmöglich.

Stimmt das wirklich? Auf eine für Mathematiker ziemlich untypische Weise entschied sich John Leech dafür, auf einen formalen Unmöglichkeitsbeweis zu verzichten. Er schrieb einfach nur, daß er „keinen besseren Beweis dieser Tatsache kennt als bloßes Herumprobieren." Deswegen wollen auch wir jetzt herumprobieren. Wir beginnen mit dem Viereck und fügen an jede Seite Dreiecke an. Danach fügen wir einen freien Faden zu jeder der 4 Ecken des Vierecks hinzu. Von den verbleibenden 9 Knoten müssen 8 mit jeweils 5 Fäden versehen sein und 1 Knoten muß 4 zu ihm laufende Fäden haben. Versucht man, den Graphen fortzusetzen, dann stellt man Folgendes fest: Um die mittlere Kugel mit dem Netz einzuhüllen, müssen die Knoten und Fäden, die auf der Peripherie liegen, aneinander gehängt werden. Jetzt gerät man bald in eine Situation, in der man keine Fäden mehr an Knoten knüpfen kann, ohne irgendwelche Details des Puzzles (20 Dreiecke, 32 Fäden, 12 Knoten mit 5 Fäden, 1 Knoten mit 4 Fäden) zu zerstören.[5]

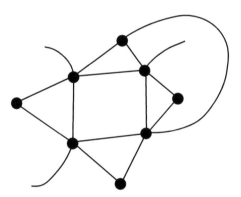

Abb. A.6.4. Ein unmögliches Netz

---

[5] Man muß auch den Fall behandeln, bei dem 5 Fäden zu 3 der 4 Ecken des Vierecks führen, und die 4. Ecke nur 4 Fäden hat.

Anhang zu Kapitel 7

Gauß' Beweis der Vermutung von Seeber

In Kapitel 3 haben wir bereits die Bekanntschaft mit quadratischen Formen in zwei Variablen gemacht: Diese Formen werden als $a^2x^2 + 2bxy + c^2y^2$ definiert. Wir rufen uns einige wichtige Eigenschaften ins Gedächtnis. Geometrisch können quadratische Formen als der Abstand zwischen zwei Punkten auf einem Gitter betrachtet werden. Der Abstand zwischen den Gitterlinien ist a in der x-Richtung und c in der y-Richtung. Das System braucht nicht rechtwinklig zu sein. Der Kosinus des Winkels zwischen den beiden Achsen ist b/ac. (Nur für $b = 0$ ist das System rechtwinklig.) Die numerischen Werte x und y stellen die Anzahl der „Ticks" zwischen den beiden Punkten auf jeder Achse dar.

Die *Diskriminante* der quadratischen Form ist die Zahl $a^2c^2 - b^2$ (oder, falls das Vorzeichen negativ ist, die Zahl $b^2 - a^2c^2$). Diese Zahl wird Diskriminante genannt, weil sie zwischen quadratischen Formen mit verschiedenen Eigenschaften unterscheidet (*discriminare* (lat.) bedeutet *unterscheiden*). Zum Beispiel ist die Fläche der Fundamentalzelle des Gitters durch die Quadratwurzel aus der Diskriminante gegeben. Zwei quadratische Formen können sogar dann dieselbe Diskriminante haben, wenn sich die Werte a, b und c unterscheiden.[1] Von allen quadratischen Formen, die ein und dieselbe Diskriminante haben, werden einige als *äquivalent* betrachtet. (Sie sind äquivalent, weil sie alle durch eine gewisse algebraische Operation ineinander überführt werden können, die wir hier nicht beschreiben.) Zusammen bilden sie eine *Klasse äquivalenter quadratischer Formen*. Ein Element einer jeden solchen Klasse wird als Repräsentant „herausgegriffen." Dieser Repräsentant wird *reduzierte* quadratische Form genannt und kann in einem gewissen Sinn als das einfachste Element der ganzen Klasse betrachtet werden.[2]

---

[1] Zum Beispiel haben $a = 3, b = 4, c = 1,375$ und $a = 2, b = 5, c = 2,550$ die gleiche Diskriminante: $D = 1,01$.

[2] Alle quadratischen Formen aus einer beliebigen Äquivalenzklasse können in ein und dieselbe reduzierte quadratische Form überführt werden.

Lagrange, Seeber, Minkowski und andere entwickelten Algorithmen, um eine quadratische Form in die entsprechende reduzierte Form zu überführen. Wir werden diese Methoden hier nicht beschreiben, sondern stellen nur folgende Frage: Wie kann man bei einer gegebenen quadratischen Form entscheiden, ob diese bereits reduziert ist? In Kapitel 3 haben wir geschildert, daß Joseph-Louis Lagrange diese Frage beantwortet hat. Eine quadratische Form ist dann und nur dann reduziert, wenn $a \leq c$ und $2b \leq a^2$. Wenn diese zwei Bedingungen erfüllt sind – und nur dann –, ist die quadratische Form reduziert.

Quadratische Formen hängen eng mit Gittern zusammen. Jedes Gitter kann durch eine Basis beschrieben werden. (Wir erinnern uns, daß Basen Vektoren oder kleine Pfeile sind – einer für jede Achse.) Ein Gitter läßt sich durch mehr als eine Basis beschreiben – tatsächlich gibt es unendlich viele verschiedene Basen. Die „einfachste" Basis entspricht der reduzierten quadratischen Form.

Die quadratischen Formen, mit denen sich Lagrange befaßte, werden *binär* genannt, weil *zwei* Variablen auftreten: x und y. Seebers Beitrag bestand darin, eine dritte Variable z hinzuzufügen – das war der Gegenstand seines Buches. Die Objekte seiner Aufmerksamkeit waren *ternäre* quadratische Formen $a^2x^2 + b^2y^2 + c^2z^2 + 2dyz + 2exz + 2fxy$. So wie die binären quadratischen Formen haben auch ihre ternären Cousins eine geometrische Interpretation: a, b und c sind die Abstände zwischen den Gitterlinien in x-, y- bzw. z-Richtung eines dreidimensionalen Gitters und d, e und f bestimmen die Winkel zwischen den Achsen. Ternäre quadratische Formen haben ebenfalls Diskriminanten und diese sind als $\Delta = a^2d^2 + b^2e^2 + c^2f^2 - a^2b^2c^2 - 2def$ definiert. Wie im binären Fall können ternäre quadratische Formen äquivalent sein und für jede Klasse von äquivalenten quadratischen Formen gibt es einen einfachsten Repräsentanten, die *reduzierte* quadratische Form. Woher wissen wir, ob eine quadratische Form reduziert ist? Seeber bewies, daß eine ternäre quadratische Form genau dann reduziert ist, wenn die folgenden Bedingungen erfüllt sind:

1. $a \leq b \leq c$.
2. $2|d| \leq b^2$, $2|e| \leq a^2$ und $2|f| \leq a^2$.
3. d, e und f müssen das gleiche Vorzeichen haben. Sind die Werte negativ, dann ist $-2(d + e + f) \leq a^2 + b^2$.

Er bewies auch, daß $a^2b^2c^2 \leq 3\Delta$ und vermutete, daß $a^2b^2c^2 \leq 2\Delta$ gilt. Als Gauß die Vermutung von Seeber bewies, mußte er zwei Fälle unterscheiden: entweder sind d, e und f alle positiv oder sie sind alle negativ. Im ersten Fall führte er sechs neue Variablen ein:

$$D = b^2 - 2d, E = c^2 - 2e, F = a^2 - 2f,$$

$$G = c^2 - 2d, H = a^2 - 2e, I = b^2 - 2f.$$

Offensichtlich sind a^2, b^2 und c^2 positiv. In Anbetracht der Seeberschen Bedingungen für reduzierte quadratische Formen überzeugt man sich leicht davon, daß D, E, F, G, H und I ebenfalls positiv sind. Gauß bildete den Ausdruck $2\Delta - a^2 b^2 c^2$ (der Leser ist eingeladen, die Details zu überprüfen):

$$2\Delta - a^2 b^2 c^2 = a^2 dD + b^2 eE + c^2 fF + dHI + eGI + fGH + GHI.$$

Alle Terme auf der rechten Seite sind positiv. Demnach gilt $2\Delta - a^2 b^2 c^2 \geq 0$, woraus Seebers Behauptung folgt:

$$a^2 b^2 c^2 \leq 2\Delta.$$

Nun muß der Fall analysiert werden, bei dem d, e und f alle negativ sind. Dieses Mal führte Gauß *neun* neue Variablen ein:

$$
\begin{aligned}
J &= b^2 + 2d,\\
K &= c^2 + 2e,\\
L &= a^2 + 2f,\\
M &= c^2 + 2d,\\
N &= a^2 + 2e,\\
O &= b^2 + 2f,\\
P &= b^2 + c^2 + 2d + 2e + 2f,\\
Q &= a^2 + c^2 + 2d + 2e + 2f,\\
R &= a^2 + b^2 + 2d + 2e + 2f.
\end{aligned}
$$

Aus Seebers Bedingungen für reduzierte quadratische Formen folgt, daß alle diese Werte positiv sind. (Überprüfen Sie das, wenn Sie möchten.) Gauß schrieb danach die folgende Gleichung nieder:

$$
\begin{aligned}
6\Delta - 3abc = {}&-a^2 d(J + 2P) - b^2 e(K + 2Q) - c^2 f(L + 2R)\\
&- dNO - eMO - fMN + JKL + 2MNO.
\end{aligned}
$$

(Auch das könnten Sie gegebenenfalls überprüfen. Alternativ könnten Sie sich natürlich auch auf das Wort von Gauß verlassen.) Da die Werte d, e und f negativ oder 0 sind, sind alle Terme auf der rechten Seite positiv und somit ist auch die linke Seite positiv. Folglich ist $6\Delta - 3abc \geq 0$ und deswegen haben wir

$$a^2 b^2 c^2 \leq 2\Delta$$

QED

Somit hatte Seeber die richtige Vorahnung!

Gauß bewies nicht nur Seebers zahlentheoretische Vermutung, sondern gab auch eine geometrische Interpretation für dieses Ergebnis. Und das hat eine Implikation für Kugelpackungen. Wir betrachten eine rechtwinklige Schachtel mit den Kantenlängen a, b und c. Diese Schachtel hat also das Volumen abc. Wir reduzieren nun das Volumen der Schachtel, indem wir die Achsen verdrehen. Wie wir es auch anstellen – der Beweis von Gauß sagt uns, daß das Volumen der Schachtel niemals um mehr als 29,3 Prozent reduziert werden kann. Wie kommt das? Betrachten wir dieses Mal ein Gitter mit den Kanten a, b und c und mit einer quadratischen Form, deren Diskriminante Δ ist. Gauß hat klargelegt, daß $\sqrt{\Delta}$ das Volumen der Fundamentalzelle des Gitters ist (diese Fundamentalzelle ist unsere „Schachtel"). Der von Seeber vermutete Satz ist demnach äquivalent zu der Aussage, daß es kein Gittersystem gibt, dessen Fundamentalzelle kleiner ist als das um 29,3 Prozent reduzierte Volumen der rechtwinkligen Schachtel:

$$\sqrt{\Delta} \geq abc/\sqrt{2} = 0,707abc = (1 - 0,293)abc.$$

Bedeutet das, daß eine Schachtel nie zerquetscht werden kann? Daß man ihr Volumen niemals auf null reduzieren kann, indem man den Fuß darauf setzt? Nicht ganz. Gauß' Aussage gilt nur für Schachteln in *reduzierter* Form. Das bedeutet, daß die Werte d, e und f, welche die Winkel der Schachtel bestimmen, die drei obengenannten Bedingungen erfüllen müssen. Eine zerquetschte Schachtel ist *nicht* äquivalent zu einer rechtwinkligen Schachtel, auch wenn sie dieselben Kantenlängen a, b und c haben kann. Deswegen rufen wir allen Recycling-Anhängern zu: „Ihr dürft es tun! Zerquetscht sie, die Schachtel!"

Um ein Konkurrent für die beste Packung zu sein, muß in jeder Ecke der Schachtel eines Gitters eine Kugel mit Radius 1 (und Volumen $4/3\pi = 4,189$) „sitzen" können. Somit müssen die Kanten mindestens die Länge 2 haben. Folglich hat die rechtwinklige Schachtel ein Volumen von $2 \cdot 2 \cdot 2 = 8$. Andererseits wissen wir, daß sich das Volumen einer Schachtel nicht um mehr als 29,3 Prozent reduzieren läßt. Deswegen hat die kleinstmögliche Schachtel ein Volumen von 5,657. Hieraus folgt, daß die beste Packungsdichte $4,189/5,657 = 74,05$ Prozent beträgt.

Welche Schachtel hat dieses minimale Volumen? Diese Frage ist äquivalent zu der Frage, unter welchen Bedingungen $a^2b^2c^2$ gleich 2Δ ist. Soll das gelten, dann müssen die rechten Seiten der beiden obigen Gleichungen gleich 0 sein. Wir behandeln das nur ganz kurz. Gauß hat gesagt, daß die *Kosinus* der Gitterwinkel gleich d/bc, e/ac und f/ab sind. Die rechten Seiten der Gleichungen sind dann und nur dann gleich 0, wenn diese drei Verhältnisse gleich $1/2$ sind. Und der Winkel, für den der *Kosinus* gleich $1/2$ ist, beträgt $60°$. Und eine Schachtel, deren Kanten um $60°$ geneigt sind, repräsentiert gerade die FCC-Anordnung und die HCP-Anordnung.

Anhang zu Kapitel 9

Dichte von Kugeln in einem Dodekaeder

Zunächst wird das Dodekaeder in zwölf Pyramiden zerlegt, die sämtlich regelmäßige fünfeckige Grundflächen haben. Es bezeichne a die Kantenlänge der Fünfecke. Das war der leichtere Teil. Von nun an werden die Dinge etwas komplizierter, aber alles liegt im Bereich der Elementarmathematik (Pythagoras und etwas Trigonometrie). Die Ableitungen sind jedoch lang und ermüdend. Tatsächlich sind sie so verwickelt, daß ich mich meistens mit der Angabe der Ergebnisse begnüge.

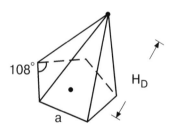

Abb. A.9.1. Volumen eines Dodekaeders

1. Das Volumen einer Pyramide ist gegeben durch

$$V_D = \frac{1}{3}\,(\text{Größe der fünfeckigen Grundfläche}) \cdot \text{Höhe}$$

2. Die Größe der fünfeckigen Grundfläche ist

$$S_D = 5(\tan 54°)\left(\frac{a}{2}\right)^2 = \frac{5}{4}(\tan 54°)a^2.$$

Die „54°" kommen dadurch zustande, daß der Winkel eines regelmäßigen Fünfecks 108° beträgt.

3. Die Höhe der Pyramide ist

$$H_D = \frac{1}{2}(\tan 54°)\tan\left(\arcsin\left(\frac{1}{2\sin(36°)}\right)\right)a.$$

4. Das Volumen des Dodekaeders ist

$$\begin{aligned}
V_D &= 12 \cdot \text{Volumen der Pyramide} \\
&= 12 \cdot S_D \cdot H_D \cdot \tfrac{1}{3} \\
&= \tfrac{5}{2}(\tan 54°)^2 \tan\left(\arcsin\left(\tfrac{1}{2\sin 36°}\right)\right)a^3 \\
&\approx 7,66a^3.
\end{aligned}$$

5. Der Radius einer einbeschriebenen Kugel ist

$$r = \frac{a}{20}\sqrt{250 + 110\sqrt{5}}.$$

Somit ist die Kantenlänge a des Dodekaeders mit einer einbeschriebenen Kugel mit Radius 1 durch

$$a = \frac{20r}{\sqrt{250 + 110\sqrt{5}}} = 0,898$$

gegeben und deswegen beträgt das Volumen des Dodekaeders $V_D = 5,55$.

6. Das Volumen der Kugel (mit Radius 1) ist $\frac{4}{3}\pi \approx 4,1888$ und deswegen beträgt die Dichte $\frac{4,1888}{5,55} = 75,46$ Prozent.

Dichte von Kugeln in einem Tetraeder

Wir nehmen Bezug auf die nachfolgende Abbildung.

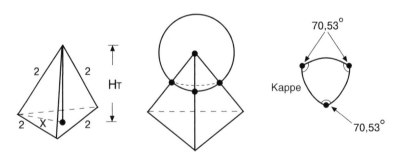

Abb. A.9.2. Dichte von Kugeln in einem Tetraeder

1. Volumen eines Tetraeders der Kantenlänge 2:
   Das Basisdreieck hat nach Pythagoras die Fläche

$$S_T = \sqrt{3}.$$

Die Höhe H_T des Tetraeders beträgt (wieder nach Pythagoras)

$$H_T^2 + X^2 = 2^2.$$

Wir wissen, daß $X = 2/\sqrt{3}$ (man substituiere 2 für D im Anhang zu Kapitel 4). Deswegen gilt

$$H_T^2 + \frac{4}{3} = 4$$

und hieraus folgt, daß $H_T = \sqrt{\frac{8}{3}}$.

Das Volumen einer Pyramide (und daher des Tetraeders) ist

$$V_T = \tfrac{1}{3}(\text{Grundfläche des Basisdreiecks}) \cdot \text{Höhe}$$
$$= \tfrac{1}{3}\sqrt{3}\sqrt{\tfrac{8}{3}} = \tfrac{\sqrt{8}}{3} = 0,943.$$

2. Volumen der Kugelteile, die sich innerhalb des Tetraeders befinden:

Befindet sich eine Kugel in der Ecke eines Tetraeders, dann wird aus der Kugel ein sphärisches Dreieck ausgeschnitten, das wir „Kappe" nennen.

Aus der sphärischen Trigonometrie wissen wir, daß die Fläche einer Kappe mit N Ecken gleich der Summe der Winkel minus $(N-2)\pi$ ist.

Für ein sphärisches Dreieck, das heißt, für eine Kappe mit drei Ecken, ist N gleich 3. Wie groß sind die Winkel der Kappe?

Man ziehe Strecken von der Mitte einer Kante zu den beiden gegenüberliegenden Ecken. Nach Pythagoras haben diese Strecken die Länge $\sqrt{3}$.

Der Sinus des halben Winkels zwischen diesen Strecken ist $1/\sqrt{3}$. Daher hat der Winkel eine Größe von $70,53°$. Die Fläche der Kappe beträgt deswegen $3 \cdot 70,53° - \pi = 31,6°$.

Andererseits ist die Gesamtfläche der Kugel $4 \cdot \pi = 720°$. Somit repräsentieren $31,6°$ einen Anteil von 4,388% der Gesamtfläche.

Das *Volumen* des im Tetraeder enthaltenen Teils der Kugel ist proportional zur *Oberfläche* dieses Teils.

Deswegen repräsentieren die Kugeln in den vier Ecken (insgesamt) 17,55% des Kugelvolumens.

Das Volumen einer Kugel ist $\frac{4}{3}\pi \approx 4,189$ und 17,55% von 4,189 ist gleich 0,735.

3. Die Dichte beträgt deswegen $\frac{0,735}{0,943} \approx 77,97\%$.

Dichte von Kugeln in einem Oktaeder

Wir untersuchen eine quadratische Pyramide, die ein halbes Oktaeder ist.

1. Volumen der Pyramide mit Kantenlänge 2:

Die Fläche des Basisvierecks ist $2 \cdot 2 = 4$.

Die Höhe der Pyramide ist $\sqrt{2}$.

Das Volumen der Pyramide ist

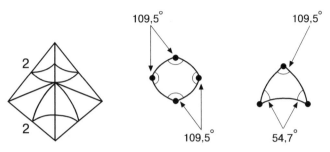

Abb. A.9.3. Dichte eines Oktaeders

$$V_O = \tfrac{1}{3}(\text{Fläche des Basisvierecks}) \cdot \text{Höhe}$$

$$= \tfrac{1}{3} 4\sqrt{2} = 1,885$$

und das ist genau das Doppelte des Tetraedervolumens.

2. Volumen der Kugelteile, die in der Pyramide enthalten sind:
Es gibt eine Kugel mit Mittelpunkt in der Pyramidenspitze und vier Kugeln mit Mittelpunkt in den vier Ecken der Basis.

(a) Die Kugel an der Spitze schneidet vier Winkel von je $109,5°$ aus. Wieder benötigt man zum Nachweis nicht mehr als den Satz des Pythagoras und Trigonometrie, aber wir verzichten hier auf Einzelheiten. Die Fläche dieser Kappe mit vier Ecken ist

$$S_1 = (\text{Summe der Winkel}) - (N-2)\pi,$$

wobei N, die Anzahl der Ecken der Basis, in diesem Fall gleich 4 ist. Somit beträgt die in der Pyramide enthaltene Fläche

$$S_1 = 4 \cdot 109,5° - 360° = 78°.$$

Das entspricht 10,8% einer ganzen Kugel.

(b) Die vier Kugeln an den Basisecken schneiden Dreiecke aus. Ohne auf Einzelheiten einzugehen, halten wir fest, daß die sphärischen Dreiecke einen Winkel von $109,5°$ und zwei Winkel von $54,7°$ haben. Deswegen beträgt die in der Pyramide enthaltene Fläche einer jeden Kugel (N ist diesmal gleich 3)

$$S_2 = 109,5° + 2 \cdot 54,7° - 180° = 38,9°.$$

Das entspricht 5,4% einer ganzen Kugel.

(c) Zusammenfassend gesagt: Es gibt vier Kugeln an den Basisecken und eine Kugel an der Spitze. Daher beträgt das Gesamtvolumen derjenigen Teile der fünf Kugeln, die in der Pyramide enthalten sind:

$$S = 4S_1 + S_2$$
$$= 4 \cdot 5,4\% + 10,8\%$$
$$= 32,4\% \text{ einer ganzen Kugel.}$$

Das Volumen einer ganzen Kugel ist $4,1888 \, (= \frac{4}{3}\pi)$ und deswegen ist 1,358 das Volumen der in der Pyramide enthaltenen Teile der Kugel.[1]

3. Dividieren wir ein Volumen durch das andere, dann ergibt sich

$$\text{Dichte} = \frac{1,358}{1,885} \approx 72\%.$$

---

[1] Auch hier wird verwendet, daß Volumen und Oberflächen der betrachteten Teile proportional sind, und deshalb der Schritt von der Fläche zum Volumen gemacht werden kann.

Anhang zu Kapitel 11

Anzahl der Dreiecke im Netz

Für sich allein betrachtet haben X Dreiecke $3X$ „Kanten". Da die Dreiecke zu einem Netz verwoben sind, gehört jeder „Faden" gleichzeitig zu zwei Dreiecken. Deswegen hat das Netz insgesamt nur $\frac{1}{2}(3X) = 1,5X$ Fäden. Eulers Formel, die wir in Kapitel 6 diskutierten, besagt:

$$\text{Ecken} - \text{Kanten} + \text{Flächen} = 2$$

oder

$$\text{Flächen} = \text{Kanten} - \text{Ecken} + 2.$$

Mit anderen Worten

$$\text{Dreiecke} = \text{Fäden} - \text{benachbarte Kugeln} + 2.$$

Bei X Dreiecken, $1,5X$ Fäden und 44 benachbarten Kugeln erhalten wir

$$X = 1,5X - 44 + 2$$

und das ergibt

$$X = 84.$$

Deswegen besteht das Netz aus 84 Dreiecken.

Anzahl der benachbarten Kugeln

Andererseits hat Hales gezeigt, daß man die Netze der Delaunay-Sterne aus höchstens 102 Fäden zusammensetzen kann. Da jeder Faden zu zwei Dreiecken gehört, hat das Netz höchstens 51 Dreiecke. Eulers Formel

$$\text{Dreiecke} = \text{Fäden} - \text{benachbarte Kugeln} + 2$$

liefert also

$$51 = 102 - \text{benachbarte Kugeln} + 2.$$

Demnach beträgt die Anzahl der benachbarten Kugeln höchstens 53.

Anhang zu Kapitel 13

Der Beweis – Eine Erklärung

Für seinen Beweis schlug Tom Hales drei Dinge vor: Man webe ein Netz, man partitioniere den Raum und man partitioniere den Raum ein weiteres Mal.

Zunächst betrachten wir eine gesättigte Packung – eine Ansammlung von Kugeln, die so dicht gepackt sind, daß man keine weitere Kugel mehr hinzufügen kann. Wir greifen eine Kugel aufs Geratewohl heraus und nennen sie den Nukleus. Das Netz wird folgendermaßen gewoben: Wir ziehen rote Linien vom Mittelpunkt des Nukleus zu den Mittelpunkten der benachbarten Kugeln.[1] Das erzeugt eine Art Maschendraht. Danach markieren wir die Punkte, an denen die Drähte den Nukleus durchschneiden. Der Nukleus ist jetzt von einer Reihe von Sommersprossen durchsetzt. Anschließend verbinden wir benachbarte Sommersprossen entlang der Nukleusfläche mit gelben Fäden. Das definiert ein Netz, das rund um den Nukleus herum gewoben ist. Das Netz besteht aus Loops unterschiedlicher Formen.[2]

Als Nächstes schlug Hales vor, die Drähte mit roten Wänden zu überspannen. Diese Wände definieren eine Menge von roten Tetraedern. Und schließlich machte er auch den Vorschlag, Voronoi-Zellen um den Nukleus und um benachbarte Kugeln zu bilden. Die Wände der Zellen sollten blau gemalt werden. Der Raum ist folglich zweimal partitioniert worden: einerseits in rote Tetraeder und andererseits in blaue Zellen.

Nun werden sternförmige Strukturen rund um jede Kugel errichtet. Die Komponenten dieser Strukturen sind die roten Tetraeder und die blauen Zellen. Ist ein roter Tetraeder hinreichend klein, dann wird er als Baustein verwendet, andernfalls werden Teile der entsprechenden blauen Zelle aus-

---

[1] Wir bezeichnen Kugeln als „Nachbarn", wenn ihre Mittelpunkte nicht mehr als 2,51 voneinander entfernt liegen. Die Farben (rot, gelb und so weiter) sind nur zur Illustration genannt worden. In Wirklichkeit sind unsere Abbildungen schwarzweiß.

[2] Das Wort „Loop" suggeriert normalerweise etwas rundes, aber das muß nicht so sein. Die Loops eines Netzes haben Ecken, das heißt, sie sind Polygone.

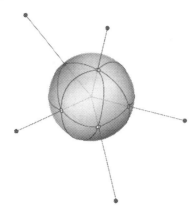

Abb. A.13.1. Maschendraht und Netz rund um den Nukleus

gewählt.[3] Ist der Stern errichtet worden, dann ähnelt er einer blauen Zelle mit invertierten roten Tetraedern, die aus einigen Zellenseiten herausragen. Dieser vielfarbige Stern repräsentiert Hales' Hybridansatz zur Lösung der Keplerschen Vermutung.

Netze und Sterne sind austauschbar. Die Fäden des Netzes sind nämlich genau die Linien, an denen der Stern die Schale des Nukleus durchschneidet, und das bewirkt eine enge Beziehung zwischen Sternen und Netzen. Somit ist per Definition und durch Messen des Wertes eines Netzes auch der Wert des entsprechenden Sterns bestimmt. Aber alle diese gelben Fäden tragen nur zu einem ziemlich tristen Netz bei. Wir beleben nun dieses Netz dadurch, daß wir alle Loops, bei denen rote Teile des Sterns die Schale durchschneiden, orange färben (gelb + rot = orange), und alle Loops, bei denen blaue Teile des Sterns die Schale durchschneiden, grün färben (gelb + blau = grün). Liegt ein grüner Loop neben einem orangefarbenen Loop, dann sind die Fäden auf einer Seite orange und auf der anderen Seite grün.

Der Rest des Beweises besteht darin, die Werte aller möglichen Netze zu berechnen. Wie Hales schon bald erkannte, wird der Wert eines Netzes exakt durch die Formen der Loops und durch die Farben der Fäden bestimmt. Offensichtlich sind Form und Farbe sogar in den egalitärsten aller Welten von Bedeutung. Die Farbe bestimmt die Art des Messens: Orangefarbige Loops werden durch ihren Überschuß (*surplus*) bewertet, grüne Loops hingegen durch ihre Prämie (*premium*).[4] (Für Fäden, die auf einer Seite orange und auf der anderen dagegen grün gefärbt sind, wird für jeden der benachbarten Loops eine geeignete Methode verwendet.) Das einzige verbleibende Problem sind die Formen der Loops der Netze. Alles in allem hatte Hales es geschafft, das

---

[3] Mit „hinreichend klein" bezeichnete Hales ein Tetraeder, dessen Außenradius (das heißt, der Radius der kleinsten Kugel, die das Tetraeder enthält), höchstens 1,41 ist. Das reguläre Tetraeder mit der Kantenlänge 2 hat einen Außenradius von 1,22.

[4] Die Begriffe „Überschuß" und „Prämie" wurden in Kapitel 11 eingeführt.

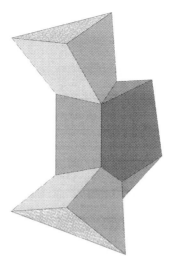

Abb. A.13.2. Zelle mit hervorstehenden Tetraedern

Packungsproblem auf die Betrachtung von Sternen zu reduzieren, die Betrachtung von Sternen auf die Untersuchung von Netzen und die Untersuchung von Netzen auf die Erforschung der Loops. Dadurch wurde das Problem immer einfacher.

Wie wir im vorhergehenden Kapitel ausgeführt haben, entspricht ein Wert von 8 pts einer Dichte von 74,05 Prozent. Die grundlegende Philosophie hinter dem Beweis von Hales bestand in dem Nachweis, daß gleichseitige Dreiecke einen Wert von 1 pt haben und der Wert der anderen Dreiecke zwischen 0 und 1 pt liegt, während vierseitige Loops den Wert 0 und alle anderen Loops einen negativen Wert haben. Tom Hales vermutete – tatsächlich war er davon überzeugt –, daß bei der Addition der Werte aller Loops kein Netz mehr als 8 pts erreichen könne. Und daß nur zwei Netze einen Wert von genau 8 pts erreichen können. Welche Kugelanordnungen werden von diesen Netzen repräsentiert und warum beträgt ihr Wert genau 8 pts?

Die Antwort auf die erste Frage ist: Die Kugelanordnungen von Kepler. Sowohl die FCC als auch die HCP bestehen aus acht regulären Tetraedern und sechs regulären Oktaedern. Folglich bestehen die entsprechenden Netze aus acht gleichseitigen Dreiecken und sechs Quadraten. Welche Werte haben diese Netze? Überschuß und Prämie waren so konstruiert, daß reguläre Tetraeder und folglich gleichseitige Dreiecke einen Wert von 1 pt haben, während reguläre Oktaeder und folglich Quadrate einen Wert von 0 pts haben. Demnach haben die acht Dreiecke insgesamt einen Wert von 8 pts. Andererseits liefern die sechs Quadrate keinen Beitrag zum Gesamtwert. Deswegen haben die Netze und folglich auch die Sterne und daher auch Kugelpackungen von Keplers Anordnung genau 8 pts.

Die Aufgabe, der Hales gegenüberstand, bestand in dem Nachweis, daß kein anderes Netz ebenfalls einen Wert von 8 pts haben kann. Hales legte sich einen Schlachtplan zurecht. Zuerst wollte er alle Netze entsprechend den Formen der Loops in einige wohlunterschiedene Gruppen einteilen. Danach würde er innerhalb jeder Gruppe das repräsentative Netz mit dem Maximalwert suchen. Und schließlich würde er zeigen, daß dieser Maximalwert immer unter 8 pts liegt. Sollte sich diese Strategie in allen Schritten als erfolgreich erweisen, dann hätte er gezeigt, daß alle Netze ohne Ausnahme einen Wert von weniger als 8 pts haben. Das wäre gleichbedeutend damit, daß – außer den Keplerschen Anordnungen – keine Packung eine Dichte von 74,05 Prozent erreichen kann. Aber er konnte seine Strategie nicht über Nacht umsetzen. Es sollte vier Jahre intensiver Arbeit dauern, alle denkbaren Netze zu eliminieren.

In Abschnitt 1 zeigte Hales, daß alle Netze, die vollständig aus Dreiecken bestehen, einen Wert von höchstens 8 pts haben. Er bestimmte zunächst die Eigenschaften, die erfüllt sein müssen, damit wenigstens die Hoffnung besteht, daß ein Netz einen Wert von mehr als 8 pts aufweist. Wieviele Knoten muß es haben? Wieviele Fäden können zu einem Knoten führen? Wie lang müssen die Fäden sein? Um diese Fragen zu untersuchen, leitete Hales Beziehungen zwischen den verschiedenen Attributen der Dreiecke eines Netzes ab. Einige dieser Beziehungen waren sehr esoterisch. Eine der einfacheren Beziehungen lautete: „Der Wert des Dreiecks ist kleiner als 0,5 pts, wenn einer der Fäden länger als 2,2, aber kürzer als 2,51 ist".[5] Ein komplizierteres Beispiel war: „Der Wert ist kleiner als 0,287389 minus dem Produkt von 0,37642101 und dem Winkel des entsprechenden Tetraeders". Oder: „Ist die Summe der drei Fadenlängen kleiner als 6,3 und kann das Dreieck nicht innerhalb eines Kreises mit Radius 1,41 untergebracht werden, dann ist der Winkel größer als 0,767."

Insgesamt benötigte Hales fünfunddreißig solche Ungleichungen. Er hätte sie mit Hilfe von Bleistift und Papier beweisen können, aber das wäre sehr langweilig gewesen. Außerdem hatte er den Verdacht, daß in den kommenden Jahren noch Hunderte solcher Aussagen auftauchen könnten. Es würde alles sehr viel schneller gehen, wenn er ein Computerprogramm hätte, das diese langweilige Aufgabe automatisiert. Aber auch das Schreiben eines Programms, das die Beziehungen und Ungleichungen zwischen Variablen automatisch beweist, ist außerordentlich mühevoll. Hales entschied jedoch, daß es langfristig effizienter sei, ein Programm zu schreiben und die ganze Sache damit ein für allemal zu erledigen.

Angenommen, wir haben zwei Funktionen und möchten zeigen, daß eine von ihnen immer kleiner ist als die andere. Wir stellen uns die Funktionen als Kurven auf einem Blatt Papier vor. Wir unterteilen das Blatt in Quadrate und prüfen, ob die Quadrate, durch welche die erste Kurve verläuft, immer unter den Quadraten liegen, welche die zweite Kurve durchläuft. Ist das der

---

[5] Exakt ausgedrückt, beziehen sich die Maße nicht auf die Längen der Fäden, sondern auf die Längen der Kanten der Delaunay-Sterne. Die Fäden sind die Projektionen dieser Kanten auf die mittlere Kugel und sind deswegen kürzer.

Fall, dann sind wir fertig und die Ungleichung ist bewiesen. Wenn aber die beiden Kurven in einigen Quadraten überlappen, dann werden die „anstößigen" Quadrate in Subquadrate unterteilt und mit einem Vergrößerungsglas nochmals kontrolliert. Mit etwas Glück sind wir in diesem Stadium bereits fertig. Gibt es aber auch noch weiterhin anstößige Quadrate, dann teilen wir diese in Subsubquadrate auf, verwenden ein Mikroskop und so weiter. Ist die Ungleichung tatsächlich erfüllt, dann stellen wir irgendwann einmal fest, daß alle Miniquadrate, durch welche die erste Kurve geht, unterhalb der Miniquadrate der zweiten Kurve liegen. (Sollte sich die Ungleichung nach mehreren Unterteilungen in immer kleinere Quadrate nicht nachweisen lassen, dann ist sie möglicherweise gar nicht richtig.)

So wird es in zwei Dimensionen gemacht. In höheren Dimensionen wird die Arbeit ermüdender, aber nicht schwieriger. Wir ersetzen einfach nur die Quadrate durch n-dimensionale Schachteln und wenden das gleiche Verfahren an. Hales ließ den Computer die schmutzige Aschenbrödelarbeit für alle fünfunddreißig Ungleichungen verrichten. Eine dieser Ungleichungen erforderte nur sieben Schachteln, bevor sie sich als richtig herausstellte, bei einer anderen Ungleichung wurden mehr als zwei Million Schachteln benötigt. Am Ende waren alle Aussagen als richtig bestätigt.

Auf der Grundlage der fünfunddreißig Ungleichungen erkannte Hales, daß ein Netz neun Voraussetzungen erfüllen muß, um sich einem Wert von 8 pts zu nähern. Zum Beispiel muß die Anzahl der Knoten zwischen 13 und 15 liegen und in jedem Knoten müssen sich 4, 5 oder 6 Dreiecke treffen. Ein Netz kann nicht mehr als 2 Knoten enthalten, in denen sich je 4 Fäden treffen, und diese 2 Knoten können nicht nebeneinander liegen. Und so weiter. Offensichtlich schränken diese Voraussetzungen die Anzahl derjenigen Netze signifikant ein, deren mögliche Werte über 8 pts liegen könnten. Hales vermutete, daß es mehrere hundert solcher Netze geben könnte. Er setzte kombinatorische Techniken ein, um eine Liste von Netzen zu erzeugen und diese einzeln zu untersuchen.

Zuerst dachte er, den Computer die Liste sämtlicher Netze erzeugen zu lassen, welche die neun Voraussetzungen erfüllen. Aber an dieser Stelle haben

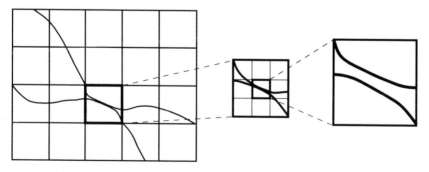

Abb. A.13.3. Beweis von Ungleichungen durch Vergrößerung

wir ein Beispiel dafür, daß der menschliche Geist den elektronischen Rechnern immer noch überlegen ist. Der Mensch, der diese Leistung vollbrachte, war kein Geringerer als Doug Muder, der Weltrekordhalter im Wettlauf um die kleinste obere Schranke. Ohne einen Computer zu verwenden, gab er – nur mit Bleistift und Papier bewaffnet – eine direkte Klassifikation aller Netze, welche die neun Voraussetzungen erfüllen. Damals war Muder bereits eine Art mathematischer Einsiedler geworden. Er war dermaßen enttäuscht von der akademischen Welt, daß er sich nicht einmal damit aufhielt, sein Ergebnis zu veröffentlichen. Er bat Hales nur, daß dieser das Ergebnis als Anhang zu einem seiner Artikel bringen möge.

Gestützt auf Muders Ergebnis konnte Hales zeigen, welche Netze die neun Voraussetzungen erfüllen. Es gab nicht Hunderte von ihnen, wie er ursprünglich vermutet hatte. Es gab nicht einmal Dutzende von ihnen. Nein, es gab genau ein Netz, das alle neun Voraussetzungen erfüllt. Dieses Netz bestand aus vierundzwanzig Dreiecken, die durch vierzehn Knoten verbunden waren. Der Beweis, daß dieses Netz einen Wert von weniger als 8 pts hat, erwies sich als Kinderspiel. Alles, was Hales tun mußte, bestand darin, erneut einige der fünfunddreißig Ungleichungen zu verwenden.

Es war jedoch keine Zeit zum Ausruhen angesagt: Weiter ging's mit Abschnitt 2, in dem sich Hales mit n-seitigen Loops befaßte, bei denen n gleich drei oder größerer ist.[6] Hales zeigte, daß dreiseitige Loops höchstens den Wert 1 pt haben, während Rechtecke höchstens den Wert 0 haben und jeder Loop mit mehr als vier Seiten einen negativen Wert hat. Mit anderen Worten: Außer den Dreiecken und den Quadraten verschwenden alle anderen Loops so viel Raum, daß dem Gesamtwert des Netzes eine Strafe auferlegt werden muß! Daher sollten Netze mit einem großen Wert so viele Dreiecke wie nur möglich enthalten. Werden Loops unterschiedlicher Formen benötigt, dann sollte man Quadrate bevorzugen. Jede andere Form war nach Möglichkeit zu vermeiden. Müssen derartige Formen aber dennoch aufgenommen werden, dann sollten sie von zusätzlichen Dreiecken begleitet werden, um die Strafen zu kompensieren.

 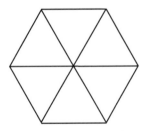

Abb. A.13.4. Muders Netz (Diagramm 6.2 von Hales)

---

[6] Die Ergebnisse dieses Abschnitts wurden nicht unmittelbar benötigt, bereiteten aber den Boden für spätere Teile des Beweises vor.

Das ist der Punkt, an dem die Träume von Hales ihre ersten Früchte trugen. Bis jetzt hatte er die Werte von Sternen immer durch deren Überschuß berechnet, das heißt, durch den Gewinn (oder Verlust) an Dichte, den sie gegenüber Oktaedern haben. Die Methode war ein echter Fortschritt im Vergleich zu früheren Anstrengungen, denn alle Versuche, Voronoi-Zellen zu verwenden, endeten mit ernsthaften Problemen – wie Fejes Tóths falsche dodekaedrische Vermutung zweifelsfrei gezeigt hatte.[7] Deshalb war die Idee mit den Sternen ein Schritt vorwärts, sozusagen eine Sternstunde. Aber diese Idee war keineswegs eine Antwort auf sämtliche Probleme. Die Methode lieferte bessere Schranken für die Packungsdichten bei kleinen Simplizes, geriet aber immer dann in Schwierigkeiten, wenn die Teile und Stücke des Sterns zu groß wurden. Insbesondere lagen die Überschuß-Abschätzungen weit daneben, wenn die Größe des Tetraeders ungefähr 1,8 erreichte.[8]

Demnach hat eine Methode in eine Sackgasse geführt, die andere hingegen auf eine Straße ohne Ausweg. Oder gab es vielleicht doch einen Weg? Hales kombinierte die Sackgasse mit der ausweglosen Straße, haute die Sperrmauer um und bahnte einen neuen Weg. Sein Geistesblitz führte zu einer hybriden Bewertungsmethode, bei der er die Dichteschätzungen von Simplizes und Zellen miteinander verband. Man betrachte etwa ein Tetraeder mit je einer Kugel in den vier Ecken und ein Oktaeder mit je einer Kugel in den sechs Ecken. Der Dichte-Überschuß eines Tetraeders war als dessen Gewinn oder Verlust im Vergleich zur Dichte des Oktaeders (72,09 Prozent) definiert. Die Prämie wird auf ähnliche Weise definiert. Man nehme die Voronoi-Zelle einer Kugel und zerschneide die Zelle in Keile. Jeder Keil enthält an seiner unteren Ecke einen Teil der Kugel. Nun berechne man die im Keil vorherrschende Dichte und vergleiche sie mit der Dichte des Oktaeders. Der Gewinn oder der Verlust ist die Prämie des Keils.

Hales nahm den Überschuß des Tetraeders und die Prämie der Zellen in den Wert auf. War die Größe eines Tetraeders kleiner als 1,41, dann wurde sein Wert durch den Überschuß berechnet, so wie in Abschnitt 1. War jedoch die Größe des Tetraeders größer als 1,41, dann schaltete Hales auf die Berechnung der Prämie der entsprechenden Zelle um.[9] Die Kombination der beiden Meßmethoden führt zu einer brauchbaren Wertezuordnung für Sterne aller Größen. Dieser Hybridansatz vereinigt in sich die besten Eigenschaften beider Methoden, ohne dabei irgendwelche schädlichen Nebenwirkungen zu haben. Hales hatte auch einige weitere phantasievolle Ideen – etwa die Zuordnung

---

[7] Wir erinnern daran, daß Fejes Tóth gezeigt hat, daß das Dodekaeder die kleinstmögliche Zelle ist. Da aber die Dodekaeder den Raum nicht parkettieren, müssen sie mit anderen Formen kombiniert werden, um eine effiziente Packung zu bilden.

[8] Wie bereits erwähnt, meinte Hales mit der „Größe" eines Simplex dessen Außenradius.

[9] Die „Cutoff-Zahl" von 1,41 war ein bißchen willkürlich. Von Bedeutung war nur, daß diese Zahl reichlich unter 1,8 liegt.

„anstößiger" Ecken der Voronoi-Zellen zu deren benachbarten Zellen – aber wir wollen uns hier nicht mit diesen Einzelheiten belasten.

Nun waren die Voraussetzungen für die Untersuchung der Loops geschaffen. Hales wußte bereits, daß gleichseitige Dreiecke einen Wert von genau 1 pt haben. Außerdem implizierte eine der fünfunddreißig Ungleichungen, die Hales' Computerprogramm für Abschnitt 1 ausgespien hatte, daß nichtgleichseitige Dreiecke einen Wert zwischen 0 und 1 pt haben. Um zu zeigen, daß Loops von beliebiger anderer Form höchstens 0 pts haben, kehrte Hales zu dem Stern zurück, der zu dem Netz geführt hat. Er spaltete ihn in mehrere Keile auf, von denen jeder entweder die Form eines kleinen Tetraeders oder die Form eines von vier verschiedenen Archetypen hatte. Er wollte zeigen, daß die Dichte jedes Keils höchstens 72,09 Prozent beträgt. Da diese Zahl die Dichte des Oktaeders darstellt, wäre der Zuordnungswert höchstens null.

Hales machte sich an die Arbeit. Keile wurden in Unterkeile aufgeteilt, der Computer wurde programmiert, um noch einige weitere Ungleichungen auszuspucken, die Überschußwerte und die Prämienwerte aller Stücke und Teile wurden berechnet. Nach und nach stellte sich heraus, daß jeder der vier Archetypen eine geringere Dichte als das Oktaeder hat. Das implizierte, daß Loops, deren Form weder ein Dreieck noch ein Quadrat ist, negative Werte haben. Eine weitere Implikation war, daß die entsprechenden Dichten niemals größer als die des Oktaeders sein können – und zwar unabhängig davon, welche Teile man zum Auffüllen des Raumes rund um das Tetraeder benötigte.

Nachdem Hales nun Abschnitt 1 und Abschnitt 2 sicher in der Tasche hatte, war Abschnitt 3 seine nächste Herausforderung. Hier befaßte er sich mit Netzen, die aus Dreiecken und Vierecken gewoben sind. Er wollte beweisen, daß kein solches Netz einen Wert von mehr als 8 pts haben kann. Natürlich bestehen Keplers Anordnungen ebenfalls aus Dreiecken und Vierecken, und wir wissen, daß sie einen Wert von genau 8 pts haben. Das Problem war, ob auch ein anderes Netz 8 pts erreichen könnte. Hales dachte, daß das außer Frage stünde.

Wir wollen uns zunächst zerquetschte Versionen von Keplers Anordnung ansehen. Kann eine Deformierung des Netzes dessen Punktwert erhöhen? Die Antwort ist *nein*. Sogar die allergeringfügigste Deformation transformiert gleichseitige Dreiecke in ungleichseitige, senkt folglich den Punktwert unter 1 pt und deformiert Quadrate zu Rechtecken, wodurch ihr Punktwert negativ wird. Demnach fällt der Gesamtpunktwert des Netzes unter 8 pts, das heißt, zerquetschte Versionen von Keplers Anordnung sind keine Konkurrenten für den perfekten Punktwert. Wie steht es aber nun mit anderen Netzen, die aus Dreiecken und Vierecken zusammengesetzt sind? Vielleicht kann man einige Dreiecke, die positive Punktwerte haben, zu einem vorhandenen Netz hinzufügen und damit seinen Wert erhöhen? Hales war überzeugt davon, daß das unmöglich sei. Dachte er zumindest. Bald sollte er jedoch entdecken, daß es noch ein anderes Netz gibt, das aus zehn Dreiecken und fünf Vierecken besteht und dem perfekten Punktwert ziemlich nahe kommt. Es war das dreckige Dutzend. Hales tat etwas ganz Kluges. Anstatt sich durch dieses lästige Netz frustrieren zu lassen, schaute er ihm direkt in die Netzhaut – und ignorierte es. Das dreckige Dutzend, das eine sehr subtile Behandlung erfordert, sollte in einem gesonderten Abschnitt behandelt werden.

Aber wir greifen der Sache vor. Hales begann seine Arbeit damit, daß er sich einen ähnlichen Plan zurechtlegte wie den Plan, der sich für Abschnitt 1 als erfolgreich erwiesen hatte. Zuerst machte er sich daran, eine Liste von Eigenschaften zusammenzustellen, die für ein Netz notwendig sind, um überhaupt eine Hoffnung zu haben, daß der Wert mehr als 8 pts erreicht. Danach listete er alle Netze auf, die diese Eigenschaften erfüllen, und teilte sie in Klassen ein. Anschließend suchte er in jeder dieser Klassen den Maximalwert. Hales hoffte zu zeigen, daß diese Maximalwerte immer sicher unter 8 pts liegen. Auf diese Weise wollte er nacheinander alle Netze eliminieren. Aber es war eine furchterregende Aussicht. In Abschnitt 1 hatte er viel Glück, weil es nur ein einziges Netz gab, das eventuell einen großen Wert gehabt hätte. Dieses Netz ließ sich aber leicht eliminieren. In Abschnitt 3 könnten es jedoch Abermillionen von ihnen sein und in diesem Fall wäre das Unterfangen hoffnungslos. Würde er nochmals Glück haben?

Die Suche nach den erforderlichen Eigenschaften beruhte auf sechsundzwanzig Ungleichungen zwischen den Attributen von Loops und ihren Punktwerten. Es stellte sich heraus, daß ein aus dreieckigen und viereckigen Loops gewobenes Netz genau sieben Bedingungen erfüllen müßte, um auch nur den Hauch einer Chance zu haben, einen Wert von 8 pts oder mehr zu erreichen. Zum Beispiel müssen akzeptable Netze mindestens acht Dreiecke und dürfen höchstens sechs Vierecke enthalten. Knoten wurden nicht zugelassen, wenn sie ein Dreieck und vier Vierecke verbinden würden. Und so weiter.

Die Erzeugung einer Liste der besagten Netze war eine der wichtigsten Teilaufgaben von Abschnitt 3. Bei der Suche nach allen Netzen, welche die sieben Voraussetzungen erfüllen, setzte Hales den Computer erneut ein. Der Algorithmus beginnt mit teilweise vervollständigten Netzen. Zusätzliche Loops werden hinzugefügt, indem man lose Ende zusammenknotet. Vorhandene Netze werden modifiziert, indem man Fäden hinzufügt und Teil-Loops bildet. Sind alle losen Fäden angeknüpft, dann führt das Programm eine Qualitätskontrolle durch: Sind die sieben Bedingungen erfüllt? Wenn sie es nicht sind, wird das Netz ad acta gelegt. Nur Netze, die wirklich die sieben Bedingungen erfüllen, sind Konkurrenten um einen hohen Punktwert und werden auf die Kandidatenliste gesetzt. Der Computer surrte und brummte einige Stunden, bevor er das Ergebnis verriet: 1749 Netze. Zuerst war Hales überrascht. Das waren gewiß viele Netze. Aber dann stieß er einen Seufzer der Erleichterung aus, denn das Problem war machbar. Wichtig war, daß nun eine explizite Liste vorlag.

Jetzt war es an der Zeit, nachzuprüfen, ob die Werte der 1749 Netze wirklich sicher unter 8 pts liegen. Der Computer spuckte einundfünfzig Ungleichungen aus, welche die Punktwerte der Loops zu den Längen der Fäden und zu den Winkeln in Beziehung setzten, die sich an den Ecken befinden. Zusätzlich gab es die Einschränkung Nummer zweiundfünfzig. Dabei handelte es sich um eine Gleichung mit der offensichtlichen Aussage, daß die Summe der

Winkel rund um einen Knoten 360° betragen muß. Unter Verwendung dieser
zweiundfünfzig Bedingungen war der Computer bereit, die maximalen Punktwerte zu berechnen, welche die Netze erreichen können. Würden diese Werte
unter 8 pts liegen?

Leider ist es notorisch schwer, nichtlineare Gleichungen in vielen Variablen
zu maximieren, insbesondere dann, wenn die Anzahl der Dreiecke, Vierecke
und Knoten ganze Zahlen sein müssen. Aber Göttin Fortuna war Hales ein weiteres Mal freundlich gesinnt. Bis auf dreiundzwanzig der 1749 Fälle konnten
die Nichtlinearitäten durch die Technik der „lineearen Relaxation" vermieden
werden. Diese Technik besteht darin, die Voraussetzung der Ganzzahligkeit
und einige der Nichtlinearitäten einfach fallen zu lassen. Wir wollen diese
Technik nun mit einigen Worten beschreiben.

Je weniger Einschränkungen es in einem System gibt, desto mehr Frei-
heiten gibt es. Das gilt in einem mathematischen System ebenso wie in einem politischen System. Zum Beispiel sind in einer Diktatur – mit ihren
zahlreichen Beschränkungen aller Formen der menschlichen Tätigkeit – die
Erfolgsmöglichkeiten für die meisten Unternehmungen extrem eingeschränkt.
Das hat zur Folge, daß die Wirtschaft ineffizient, die Lebensqualität nied-
rig und die Kunst langweilig ist. In einem freien Land dagegen, in dem alles
entspannter zugeht und jeder tun kann, was er möchte, florieren die Innovationen und die Wirtschaft boomt. Läßt man in einem Maximierungsproblem
Einschränkungen fallen oder relaxiert diese, dann hat das einen ähnlichen Effekt wie die Befreiung eines Landes von einer Diktatur. Plötzlich gibt es mehr
Freiheit und mit mehr Bewegungsfreiheit werden die Lösungsmöglichkeit aller
Wahrscheinlichkeit nach besser. Die obere Schranke eines Maximierungspro-
blems wird gewiß nicht niedriger sein – sehr wahrscheinlich wird sie höher
liegen. Liefert also die lineare Relaxation, die relativ leicht gefunden werden
kann, einen Wert, der um einiges unter 8 pts liegt, dann würde das für das
nichtlineare ganzzahlige Problem erst recht zutreffen. Und das war es schließlich, was Hales beweisen wollte. Die Technik, die er zum Auffinden der linearen
relaxierten Maxima verwendete, wird als „Simplex-Algorithmus" bezeichnet.
Dieses Verfahren ist einer der wichtigsten Computeralgorithmen des zwanzigsten Jahrhunderts.[10]

In 1726 der 1749 Fälle lieferte die lineare relaxierte Version des Problems
Werte unter 8 pts. Es blieben dreiundzwanzig Netze – vier von ihnen waren
offensichtlich, die restlichen neunzehn waren pathologischen Fälle –, bei denen
die lineare Relaxation Werte von 8 pts oder mehr lieferte. Von den offensichtlichen Netzen gehörten zwei zu den Keplerschen Packungen, von denen bereits
bekannt war, daß ihr Wert genau 8 pts beträgt. Dann gab es noch das ikosaedrische Netz. Dieses Netz entspricht der dodekaedrischen Voronoi-Zelle. Und
die dodekaedrische Voronoi-Zelle, die nur Dreiecke enthält, war in Abschnitt 1

---

[10] Diese Methode und das auf der nächsten Seite genannte „Branch-and-Bound-
Verfahren" werden in Kapitel 12 etwas ausführlicher beschrieben.

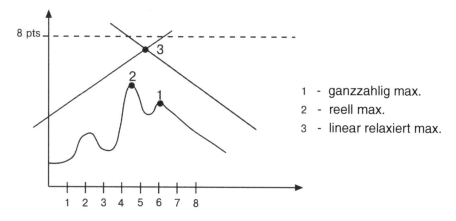

8 pts

1 - ganzzahlig max.
2 - reell max.
3 - linear relaxiert max.

1 2 3 4 5 6 7 8

Abb. A.13.5. Lineare Relaxation

eliminiert worden. Und schließlich gab es da noch das dreckige Dutzend, das Hales vorläufig einfach ignoriert hatte.

Das wirkliche Problem waren jetzt die neunzehn restlichen Netze. Ihre Anzahl verringerte sich auf achtzehn, nachdem Hales erkannt hatte, daß zwei der Netze Spiegelbilder voneinander waren. Die Tatsache, daß diese pathologischen Netze nicht eliminiert werden konnten, bedeutete nicht, daß ihre Werte tatsächlich 8 pts erreichen oder übertreffen. Das alles bedeutete, daß die von Hales verwendeten Methoden nicht stark genug waren, um festzustellen, daß die wahren Punktwerte unter 8 pts lagen. Folglich erforderten diese Fälle eine subtilere Behandlung.

Hales begann seine Arbeit über die pathologischen Netze durch Anpassen der linearen Programme. Er teilte die Bereiche des Optimierungsproblems in mehrere tausend kleinere Mengen ein und arbeitete mit diesen. Schließlich gelang ihm der Nachweis, daß vierzehn Netze Werte unter 8 pts haben und deswegen eliminiert werden konnten. Bei zwei zusätzlichen Netzen wandte er eine fortgeschrittene Optimierungstechnik an, die als B&B-Verfahren bezeichnet wird. B&B bedeutet hier nicht „bed and breakfast", sondern steht für das „Branch-and-Bound-Verfahren". Die beiden zusätzlichen Netze konnten dem doppelten Sperrfeuer der verfeinerten linearen Programme und B&B nicht standhalten. Die oberen Schranken für ihre Punktwerte wurden unter 8 pts gedrückt.

Die letzten beiden Netze erforderten sogar eine noch intensivere Spezialbehandlung. Bei näherer Betrachtung stellte sich heraus, daß die Keile des Sterns, der zu den „anstößigen" Netzen führte, ziemlich klein waren. Das ermöglichte die Hinzunahme neuer Einschränkungen. Mit der Zunahme der Einschränkungen nahm die „Ellenbogenfreiheit" ab, das heißt, der Spielraum wurde kleiner. Und mit weniger Bewegungsfreiheit kann die obere Schranke gewiß nicht größer sein. Sehr wahrscheinlich wird sie sogar niedriger liegen. Tatsächlich verhielt es sich so, daß die Hinzunahme der zusätzlichen Einschränkungen der „linearen Relaxation" entgegenwirkte: Läßt man die Voraussetzung fallen, daß es sich um ganze Zahlen handelt, dann bekommen die virtuellen Netze die Freiheit, einen größeren Punktwert anzunehmen.[11] Nachfolgende Bemühungen konzentrierten sich dann darauf, die relaxierten Schranken durch Hinzunahme neuer Einschränkungen wieder nach unten zu drücken. Und genau das geschah. Nachdem Hales die zusätzlichen Einschränkungen hinzugenommen hatte, sank die Schranke unter 8 pts. Damit waren die letzten beiden Netze erledigt.

Zusammengefaßt: 1745 Netze mit dreieckigen und viereckigen Loops waren eliminiert worden. Die einzigen Netze, deren Werte 8 pts erreichen oder übertreffen konnten, gehörten zum dreckigen Dutzend (das in Abschnitt 5 behandelt werden sollte), zum ikosaedrischen Netz (das in Abschnitt 1 behandelt wurde) und zu den beiden Kepler-Packungen.

Als nächstes stand Abschnitt 4 auf der Liste. Dieser Abschnitt behandelte Netze mit Loops, die von Dreiecken und von Vierecken verschieden sind. Hales argumentierte, daß Loops mit mehr als vier Seiten zu viel Raum einnehmen und dafür zu wenig geben. Außerdem haben diese Loops laut Hales derart inkompatible Formen, daß sie nicht Bestandteil einer Gewinnenstrategie sein können. Ein einziger solcher Loop würde bewirken, daß das ganze Netz inkompatibel wird, weil sein Punktwert zu groß ist. Keine noch so große Anzahl von Dreiecken wäre dann in der Lage, den verplemperten Raum wettzumachen. Um sein Argument deutlich zu machen, schrieb Hales eine Arbeit von siebenundvierzig Seiten, die dicht mit Gleichungen und Formeln übersät waren. Aber sogar siebenundvierzig Seiten reichten nicht aus: um alle „Beweismittel" vorzulegen, mußte Hales eine weitere Arbeit von dreiundsechzig Seiten schreiben.

Das Verfahren ähnelt den in den Abschnitten 1 und 3 verwendeten Methoden. Zuerst mußte Hales die Eigenschaften finden, die notwendig sind, damit die Hoffnung besteht, daß ein Netz einen Wert von mindestens 8 pts erhält. Danach mußte er auf kombinatorische Weise eine Liste aller Netze erzeugen, die diese Eigenschaften haben. Und schließlich mußte er sich vergewissern, daß keines der auf der Liste stehenden Netze tatsächlich einen Wert von 8 pts erreicht.

Einige der geforderten Eigenschaften besagen zum Beispiel, daß das Netz höchstens 100 Knoten hat, daß zwei Knoten mit je vier Fäden nicht nebeneinander liegen können und so weiter. Eine wichtige Tatsache ist, daß Netze, die Anwärter auf einen Wert von 8 pts sind, keine neunseitigen Polygone enthalten können. Sie können auch weder Zehnecke noch Polygone mit mehr als zehn Seiten enthalten. Der Grund hierfür ist, daß ein solcher Loop zu viel verschwendet und zu wenig einbringt. Alles in allem liefern derartige Loops einen negativen Beitrag zum Gesamtpunktwert des Netzes.

---

[11] *Virtuell* deswegen, weil ein reales Netz beispielsweise nicht 2,5 Dreiecke enthalten kann.

Übrigens gibt es einen Maximalwert, der erreicht werden kann. Ein Netz kann – unabhängig von seiner Form – niemals einen Punktwert von mehr als 22,8 pts erreichen. Diese signifikante Tatsache folgt aus der oberen Schranke für die Packungsdichte; diese Schranke war 1958 von Rogers gefunden worden (77,97 Prozent, wie in Kapitel 9 gezeigt).[12] Das entspricht vier Kugeln in den Ecken des Tetraeders und wäre die maximale Packungsdichte, wenn Tetraeder den Raum lückenlos ausfüllen könnten. Da sie das aber nicht können, sind 77,96 Prozent oder 22,8 pts die Maximaldichte bzw. der Maximalwert, die ein Stern bzw. ein Netz lokal erreichen kann.

Um diese interessante Tatsache zu verwenden und die Definition des Punktwertes zu ergänzen, führte Hales ein zusätzliches Maß für Sterne und Netze ein: den Verschwendungsbetrag. Während der Punktwert die Dichteverbesserung gegenüber den 72,09 Prozent des Oktaeders widerspiegelt, stellt der Verschwendungsbetrag das Defizit im Vergleich zu den 77,96 Prozent des Tetraeders dar. Die Tatsache, daß kein Netz mehr als 22,8 pts kann, hat eine sehr wichtige Folge: Verschwendet ein Loop oder eine Menge von Loops mehr als 14,8 pts, dann muß das Netz einen Wert von weniger als 8 pts haben. (Wird mehr als 14,8 von 22,8 subtrahiert, dann ist die Differenz kleiner als 8.)

Wieder war es an der Zeit, kombinatorische Techniken zu verwenden, um eine Liste von Netzen mit den erforderlichen Eigenschaften zu erzeugen. Der Computer brummte und summte erneut. Der Drucker bebte und ratterte. Schließlich hielt Hales den Output in den Händen: Es gab 2469 Netze mit mindestens einem Fünfeck, 429 mit mindestens einem Sechseck, 413 mit mindestens einem Siebeneck und 44 Netze mit mindestens einem Achteck. Insgesamt wurden 3345 Netze aufgelistet, die das Potential hatten, den Wert von 8 pts zu erreichen oder sogar zu übertreffen. Diese Netze wurden mit dem uns inzwischen vertrauten linearen Programm untersucht. Gesucht wurde der Maximalwert bei gegebenen Einschränkungen in Bezug auf die Winkel, die Fadenlängen, die Plazierung von Loops usw. Als die Netze Loop für Loop inspiziert wurden, hielt der Computer fest, wie groß die Raumverschwendung war. Sobald der vergeudete Raum 14,8 pts erreichte, wurde das Netz als Ausschuß entsorgt. Keine noch so vielen raumsparende Dreiecke hätten den verlorenen Raum wettmachen können.

Die Methode funktionierte in den meisten Fällen: 3156 Netze konnten sofort rausgeschmissen werden. Aber 189 Netze hielten dem Angriff stand. Mit den Methoden der linearen Programmierung ließ sich nicht zeigen, daß die Punktwerte unter 8 pts lagen. Diese Netze erforderten eine besondere Aufmerksamkeit und Hales mußte schwerere Geschütze auffahren.

Hales hielt sich wieder an das Stichwort von einer guten Diktatur und schränkte die Freiheit der Netze ein, indem er weitere Nebenbedingungen hinzufügte. Dadurch verhinderte er, daß die Netze einen zu hohen Punktwert bekommen. Die neuen Einschränkungen waren keineswegs einfach. Nummer 131574415 lautet zum Beispiel folgendermaßen: „Der Wert ist kleiner als 1,01

---

[12] $22, 8$ pts bedeutet $22, 8 \times 0, 05537 = 1, 2624$ und das entspricht $77, 96\%$.

minus 0,1-mal die Länge von Faden 1 minus 0,05-mal die Länge von Faden 2
minus 0,05-mal die Länge von Faden 3 minus 0,15-mal die Länge von Faden 5
minus 0,15-mal die Länge von Faden 6 – unter der Voraussetzung, daß der
Winkel kleiner als 1,9 ist, Faden 1 kürzer als 2,2 ist und Faden 4 länger als 2,83
ist." Oder nehmen wir Einschränkung 941700528: „Der verschwendete Raum
ist größer als 0,14-mal die Länge von Faden 5 plus 0,19-mal die Länge von
Faden 6 minus 0,676 – unter der Voraussetzung, daß die Länge von Faden 1
und Faden 4 gleich 2 ist, Faden 5 länger als 2,83, aber kürzer als 3,23 ist, und
Faden 6 länger als 3,06, aber kürzer als 3,105 ist."

Derart wild aussehende Ungleichungen entzogen der Mehrheit der verbleibenden 189 Netze den Saft und die Kraft. Einhundertundeine der Ungleichungen wurden von dem verfeinerten linearen Programm niedergerungen. Aber
achtundachtzig widerspenstige, störrische und hartnäckige Netze widerstan-
den immer noch allen Anstrengungen. Sie mußten Fall für Fall untersucht
und behandelt werden. Die „anstößigen" Loops wurden in kleinere Sub-Loops
unterteilt und dann kam erneut B&B zum Einsatz. Dadurch erhielten auch
die achtundachtzig verbliebenen Netze den Todesstoß und Hales konnte Abschnitt 4 abschließen.

Zur Vervollständigung des Beweises fehlte nun nur noch das dreckige Dutzend. Die ersten Computerexperimente von Hales hatten beunruhigend hohe
Ergebnisse für diese Konfiguration geliefert. Hales hatte sich zunächst entschieden, die unberechenbare und launenhafte Konfiguration zu ignorieren
und erst einmal den Rest des Beweises in Ordnung zu bringen. Aber jetzt gab
es keine Entschuldigungen mehr. Er mußte mit der unangenehmen Konfiguration auf Konfigurationskonfrontationskurs gehen. Das dreckige Dutzend war
die Arbeit von Abschnitt 5.

Wir erinnern daran, daß Hales üblicherweise nicht den Punktwert an sich
berechnete, sondern nur obere Schranken für den wahren, aber unbekannten
Wert. Die beste obere Schranke, die er bis jetzt für das dreckige Dutzend
gefunden hatte, war 8,156 pts. Das half aber nicht viel. Der Punktwert des
dreckigen Dutzends liegt zwar unter 8,156, aber liegt er auch unter 8,000?
Nur wenn diese Frage mit „ja" beantwortet ist, kann Keplers Vermutung als
bewiesen betrachtet werden. Wenn Hales und Ferguson die Schranke nicht
unter 8 pts drücken können, dann ist alles verloren. Gäbe es keine Gewißheit,
daß der Wert des dreckigen Dutzends 8 pts oder weniger beträgt, dann würden
immer Zweifel bleiben. Hales setzte Ferguson auf die Sache an.

Das Netz des dreckigen Dutzends besteht aus zehn Dreiecken und fünf
Vierecken. Im Prinzip hätte es in Abschnitt 3 behandelt werden sollen, in dem
Hales derartige Netze analysiert hatte. Aber als Hales an diesem Abschnitt
arbeitete, stellte sich bald heraus – so wie er es bereits in seinen früheren Com-
puterexperimenten vermutet hatte –, daß die notwendigen Abschätzungen viel
heikler sein würden als bei den anderen Dreiecksnetzen.

Mit Hilfe ihres vertrauten Freundes, des Computers, bewies Ferguson verschiedene Beziehungen zwischen den Punktwerten und den Winkeln der beiden Arten von Loops. Danach multiplizierte er die Ungleichungen für den

Punktwert der Dreiecke mit zehn und die Ungleichungen für den Punktwert der Vierecke mit fünf. Zum Schluß addierte er alles. Bei den Berechnungen kamen ihm zwei Tatsachen sehr gelegen: Die Summe aller Winkel, die sich in einem Knoten treffen, ist $360°(= 2\pi)$, und die Summe aller räumlichen Winkel, die sich im Mittelpunkt des Nukleus treffen, ist 4π. Nach vielen Versuchen und Widerwärtigkeiten bekam Ferguson die folgende Ungleichung für den Gesamtpunktwert des dreckigen Dutzends heraus:

$$\text{Gesamtpunktwert des dreckigen Dutzends} \leq 5b + 10c - 4\pi m,$$

wobei $b = 0,49246$, $c = 0,253095$ und $m = 0,3621$. Setzen wir diese numerischen Werte in die Ungleichung ein, dann haben wir schon, was wir suchen: Auf der rechten Seite der Ungleichung kommt 7,99961 heraus! Das ist eine obere Schranke für den Wert des Netzes. Die Ableitung dieser Schranke scheint ziemlich unkompliziert zu sein, aber der Schein trügt. Es war ein äußerst schwierige und mühsame Aufgabe, bei der unterwegs viele komplexe Probleme gelöst werden mußten.

Demnach hat das dreckige Dutzend oder – um zu seinem wissenschaftlichen Namen zurückzukehren – das pentagonale Prisma einen Wert von höchstens 7,99961 pts. Ferguson konnte das sogar noch unterbieten und die noch kleinere obere Schranke von 7,98 pts beweisen, aber warum sollte er sich mit solchen Feinheiten überhaupt noch abgeben? Es hat locker gereicht zu zeigen, daß der Punktwert des dreckigen Dutzends unter 8 pts lag und dabei waren sogar noch 0,00039 pts übrig geblieben.

Damit war der letzte Abschnitt des Gesamtplans erledigt. Das pentagonale Prisma, das in früheren Arbeiten so große Probleme verursacht hatte, war kein Konkurrent mehr für den Titel der „besten Packung". Hales und Ferguson stießen einen kollektiven Seufzer der Erleichterung aus: Nur die beiden Kugelanordnungen, die Johannes Kepler vor vierhundert Jahren beschrieben hatte – ein Dutzend Kugeln in entsprechender Weise rund um eine mittlere Kugel angeordnet – haben einen Wert von exakt 8 pts. Sie sind die *arctissima coaptatio*, die dichteste Packung. Der Beweis war damit abgeschlossen. Keplers Vermutung war endlich gelöst. QED

Insgesamt hatte Hales die Punktwerte von 5093 Netzen überprüft und Ferguson hatte ein zusätzliches Netz kontrolliert. (Nicht, daß Hales das 5093-fache der Arbeit gemacht hätte, aber Ferguson war es, dem der schwierigste und leidigste Fall aufgebürdet worden war.) Die bei weitem überwiegende Mehrzahl der Netze wurde durch den Computer eliminiert. Ungefähr 100 Netze mußten manuell mit subtileren Methoden überprüft werden. Auch diese Netze wurden nacheinander eliminiert. Alle – das heißt, mit Ausnahme der FCC und der HCP. Wir erinnern an dieser Stelle daran, daß Barlow 1907 gezeigt hat, daß es unendlich viele Anordnungen gibt, die – obgleich keine gitterförmigen Anordnungen – eine Dichte von 74,05 Prozent erreichen (vgl. Kapitel 1). Bei genauerer Untersuchung dieser Anordnungen sehen wir jedoch, daß sie alle aus FCCs und HCPs zusammengesetzt sind.

Somit sind die FCC und die HCP tatsächlich die dichtesten Packungen. Überrascht? Wohl kaum. Die meisten Mathematiker und alle Physiker wären über ein anderes Ergebnis erstaunt gewesen. Keplers Vermutung hatte sich den Anstrengungen der Mathematiker vier Jahrhunderte lang widersetzt. Das Überraschende war, daß man nur fortgeschrittene lineare Methoden benötigte, um die Vermutung zu beweisen. Die Arbeiten *Sphere Packings I, II, III, IV, V* und *VI* füllten mehr als 250 Seiten. Die Programme und der Output, die man auf Hales' Website findet, umfassen 3 Gigabytes an Daten.

Anhang zu Kapitel 16

Einige mathematische Vermutungen

Die folgende Liste von 116 Vermutungen ist nur eine unvollständige Auswahl von Problemen, mit denen die Mathematiker konfrontiert sind. Einige der Vermutungen sind bereits gelöst worden, einige sind als falsch nachgewiesen worden und andere werden vielleicht gelöst, wenn Sie dieses Buch lesen. Und natürlich werden in jedem Jahr neue Vermutungen formuliert.

Adams Vermutung, Alperins Vermutung, Andrew-Curtis-Vermutung, Annulus-Vermutung, Artins Vermutung, Banachs Vermutung, Bernsteins Vermutung, Vermutung von Birch und Swinnerton-Dyer, Birch-Tate-Vermutung, Bombieri-Dworke-Vermutung, Borsuks Vermutung, Brauers $k(B)$-Vermutung, Brauer-Thrall-Vermutung, Bunjakowskis Vermutung, Burnside-Vermutung, C^1 Stabilitätsvermutung, Calabis Vermutung, Carmichaels Vermutung, Catalan-Dirkson-Vermutung, Catalans Vermutung, Cherlin-Zilber-Vermutung, Collatz-Vermutung, Conner-Floyd-Vermutung, Dysons Vermutung, Eckmann-Ruelle-Vermutung, Entropie-Vermutung, Epsilon-Vermutung, Vermutung von Erdős und Heilbronn, Erdős-Wintner-Vermutung, Evans' Vermutung, Fejérs Vermutung, Fermatsche Vermutung, Vierfarbenvermutung, Frobenius-Vermutung, Hauptvermutung der kombinatorischen Topologie, Gilbert-Pollak-Vermutung, Goldbachsche Vermutung, Golod-Gulliksen-Vermutung, Gottschalks Vermutung, Grothendiecks Vermutung, Hadamards Vermutung, Hadwigers Vermutung, Halberstams Vermutung, Heawoods Vermutung, Hedetniemis Vermutung, Hodge-Vermutung, Iwasawa-Gleason-Vermutung, Kazhdan-Lustig-Vermutung, Kelloggs Vermutung, Rekonstruktionsvermutung von Kelly und Ulam, Kneser-Tits-Vermutung, verallgemeinerte Vermutung von Kostrikin und Schafarewitsch, Kummers Vermutung, Landaus Vermutung, Leopoldts Vermutung, Lindelöfs Vermutung, Luzins Vermutung, Macdonalds Vermutung, MacWilliams-Sloane-Vermutung, Mahlers Vermutung, Minkowskis Vermutung, Modularitätsvermutung, Mordells Vermutung, Morleys Vermutung, Mumford-Vermutung, Nagatas Vermutung, Nevanlinnas Vermutung, Noethers Vermutung, Novikows Vermutung, P = NP Vermutung, Palis-Smale-

Vermutung, Peterssons Vermutung, Pillais Vermutung, Platonows Vermutung, Poincarés Vermutung, Ramanujans Vermutung, Reifenbergs Vermutung, Riemannsche Vermutung, Schanuels Vermutung, Schläflis Vermutung, Schönflies-Vermutung, Segals Vermutung, Selbergs Vermutung, Serres Vermutung, Shapiros Vermutung, Vermutung von Schafarewitsch, Siegels Vermutung, Stone-Weierstraß-Vermutung, Suslins Vermutung, Szpiros Vermutung[13], Tate-Vermutung, van der Waerdens Vermutung, Wagners Vermutung, Weils Vermutung, Weil-Tamiyama-Vermutung, Weinsteins Vermutung, Wittens Vermutung, XYZ-Vermutung, Zeemans Vermutung.

[13] Keine verwandtschaftliche Beziehung zum Autor.

Literaturverzeichnis

BÜCHER ÜBER KUGELPACKUNGEN

Aste, T. und D. Weaire, *The Pursuit of Perfect Packing*, Institute of Physics, Philadelphia 2000.

Conway, John H. und N. J. A. Sloane, *Sphere Packings, Lattices and Groups*, 3. Auflage, Springer-Verlag, Heidelberg 1999.

Fejes Tóth, László, *Lagerungen in der Ebene, auf der Kugel und im Raum*, Springer-Verlag, Heidelberg 1953 (zweite Auflage 1972).

Hsiang, Wu-Yi, *Least Action Principle of Crystal Formation of Dense Packing Type and Kepler's Conjecture*, World Scientific Publishing Company, Singapore 2001.

Leppmeier, Max, *Kugelpackungen von Kepler bis heute*, Vieweg, Braunschweig 1997.

Melissen, J. B. M., *Packing and Covering with Circles*, Ph. D. Thesis, Utrecht 1997.

Rogers, Carl A., *Packing and Covering*, Cambridge University Press, Cambridge 1964.

Zong, Chuanming, *Strange Phenomena in Convex and Discrete Geometry*, Springer-Verlag, Heidelberg 1996.

Zong, Chuanming, *Sphere Packings*, Springer-Verlag, Heidelberg 1999.

WEITERE BÜCHER

Bak, Per, *How Nature Works*, Copernicus, New York 1996.

Baumgardt, Carola, *Johannes Kepler: Life and Letters*, Gollancz, London 1952.

Bialas, Volker, *Johannes Kepler*, Verlag C. H. Beck, München 2004.

Bigalke, H.-G., *Heinrich Heesch. Kristallgeometrie, Parkettierungen, Vierfarbenforschung*, Birkhäuser Verlag, Basel 1988.

Bühler, W. K., *Gauss: A Biographical Study*, Springer-Verlag, Heidelberg 1981.

Conway, J. H. und F. Y. Fung, *The Sensual (Quadratic) Form*, Mathematical Association of America, Washington, D. C., 1997.

Coxeter, H. M. S., *Introduction to Geometry*, John Wiley & Sons, Inc., New York 1961.

Coxeter, H. M. S., *Unvergängliche Geometrie*, Birkhäuser Verlag, Basel, Boston, Stuttgart 1981 (zweite Auflage der deutschen Übersetzung des Buches *Introduction to Geometry*).

Encyclopedia of Mathematics, Kluwer Academic Publishers, Dordrecht 1997.

Fejes Tóth, László, *Reguläre Figuren*, Verlag der Ungarischen Akademie der Wissenschaften, Budapest 1965.

Fuller, R. Buckminster, *Synergetics*, Macmillan, New York 1975.

Gruber, P. M. und J. M. Wills, *Handbook of Convex Geometry*, North Holland, Amsterdam 1993.

Grunbaum, Branko und G. C. Shepherd, *Tilings and Patterns: An Introduction*, W. H. Freeman and Company, New York 1986.

Hammer, Franz (Hrsg.), *Johannes Kepler: Selbstzeugnisse*, Friedrich Frommann Verlag, Stuttgart-Bad Cannstadt 1971.

Hemleben, Johannes, *Johannes Kepler in Selbstzeugnissen und Bilddokumenten*, Rowohlt Taschenbuch Verlag, Reinbek bei Hamburg 1971.

Kepler, Johannes, *Vom sechseckigen Schnee*, Frankfurt/Main 1611 (Faksimile-Verlag Bremen, 1982).

Keyes, J. Gregory, *Newton's Cannon*, Random House, New York 1998.

Keynes, John M., *Essays in Biography*, Rupert Hart-Davis, London 1951.

Koestler, A., *The Sleepwalkers*, (Erstveröffentlichung 1959), Viking Penguin, New York 1990.

Koza, John R., *Genetic Programming*, MIT Press, Cambridge, Mass. 1992.

Lemcke, Mechthild, *Johannes Kepler*, Rowohlt Taschenbuch Verlag, Reinbek bei Hamburg 1995.

Meschkowski, Herbert, *Ungelöste und unlösbare Probleme der Geometrie*, Vieweg, Braunschweig 1969.

Minkowski, Hermann, *Gesammelte Abhandlungen*, Band 1, Teubner, Leipzig 1911.

More, Louis T., *Isaac Newton: A Biography*, Scribner, New York 1934.

Nagell, Trygve, Atle Selberg, Sigmund Selberg und Knut Thalberg, *Selected Mathematical Papers of Axel Thue*, Universitetsforlaget, Oslo 1977.

Rassias, George M. (Ed.), *The Mathematical Heritage of C. F. Gauss*, World Scientific Publishing, Singapore 1991.

Rukeyser, Muriel, *The Traces of Thomas Harriot*, Random House, New York 1971.

Scharlau W. und H. Opolka, *From Fermat to Minkowski*, Springer-Verlag, Heidelberg 1985.

Serret, J.-A., *Oeuvres de Lagrange*, Volume 3, Gauthier-Villars, Paris 1869.

Shirley, John W. (Ed.), *Thomas Harriot, Renaissance Scientist*, Clarendon Press, Oxford 1974.

Siegel, Carl Ludwig, *Lectures on Quadratic Forms*, Tata Institute of Fundamental Research, Bombay 1957.

Siegel, Carl Ludwig, *Lectures on the Geometry of Numbers*, Springer-Verlag, Heidelberg 1989.

Szpiro, George G., *Das Poincaré-Abenteuer*, Pieper, München, Zürich 2008.

Turnbull, H. W., J. F. Scott und A. R. Hall, *The Correspondence of Isaac Newton*, 7 Bände, Cambridge University Press, Cambridge 1959–1977.

Tymoczko, Thomas (Ed.), *New Directions in the Philosophy of Mathematics: An Anthology*, Princeton University Press, Princeton 1998.

ARTIKEL UND KAPITEL AUS ZEITSCHRIFTEN

Barlow, William, Probable Nature of the Internal Symmetry of Crystals, *Nature* (December 20, 1883), 186–188.

Barlow, William und William Jackson Pope, The Relation Between the Crystalline Form and the Chemical Constitution of Simple Inorganic Substances, *Journal of the Chemical Society* 91 (1907), 1150–1214.

Bender, C., Bestimmung der grössten Anzahl gleich grosser Kugeln, welche sich auf eine Kugel von demselben Radius, wie die übrigen, auflegen lassen, *Archiv der Mathematik und Physik* 56 (1874), 302–306.

Bezdek, Károly, Isoperimetric Inequalities and the Dodecahedral Conjecture, *International Journal of Mathematics* 8 (1997), 759–780.

Blichfeldt, Hans F., The Minimum Value of Quadratic Forms and the Closest Packing of Spheres, *Mathematische Annalen* 101 (1929), 605–608.

Boerdijk, A. H., Some Remarks Concerning Close-Packing of Equal Spheres, *Philips Research Reports* 7 (1952), 303–313.

Cipra, Barry, Gaps in a Sphere-Packing Proof?, *Science* 259 (12. Februar 1993), 895.

Cipra, Barry, Music of the Spheres, *Science* 251 (1991), 1028.

Cipra, Barry, Packing Challenge Mastered at Last, *Science* 281 (28. August 1998), 1267.

Cipra, Barry, Rounding out Solutions to Three Conjectures, *Science* 287 (17. März 2000), 1910–1911.

Coxeter, H. S. M., An Upper Bound for the Number of Equal Nonoverlapping Spheres That Can Touch Another of the Same Size, in: *Proceedings of Symposia in Pure Mathematics* 7, Providence, American Mathematical Society (1963), 53–71.

Dewar, Robert, Computer Art: Sculptures of Polyhedral Networks Based on an Analogy to Crystal Structures Involving Hypothetical Carbon Atoms, *Leonardo* 15 (1982), 96–103.

Dold-Samplonius, Yvonne, Interview with Bartel Leendert van der Waerden, *Notices of the American Mathematical Society* 44 (März 1997), 313–320.

Drösser, Christoph, Preis ohne Träger, DIE ZEIT Nr. 24, 10. Juni 2010, S. 36.

Elkies, Noam D., Lattices, Linear Codes, and Invariants, *Notices of the American Mathematical Society* 47 (November und December 2000), 1238–1245 und 1382–1391.

Fejes Tóth, László, Über einen geometrischen Satz, *Mathematische Zeitschrift* 46 (1940), 83–85.

Fejes Tóth, László, Über die dichteste Kugellagerung, *Mathematische Zeitschrift* (1943), 676–684.

Fejes Tóth, László, Über dichteste Kreislagerungen und dünnste Kreisüberdeckungen, *Commentarii Mathematici Helvetici* 23 (1949), 342–349.

Fejes Tóth, László, Remarks on the Closest Packing of Convex Discs, *Commentarii Mathematici Helvetici* 53 (1978), 536–541.

Fejes Tóth, Gábor und W. Kuperberg, Blichfeldt's Density Bound Revisited, *Mathematische Annalen* 295 (1993), 721–727.

Fejes Tóth, Gábor und W. Kuperberg, Packing and covering with convex sets, Chapter 3.3, Vol. B, in: P. Gruber und J. Wills (Eds.), *Handbook of Convex Geometry*, North-Holland, Amsterdam 1993.

Ferguson, Samuel R., Sphere Packings V, Preprint (1997).

Frank, F. C., Descartes' Observations on the Amsterdam Snowfalls of 4, 5, 6 and 9 February 1634, *Journal of Glaciology* 13 (1974), 535.

Freedman, David H., Round Things in Square Spaces, *Discover* (Januar 1992), 36.

Gabai, David, G. Robert Meyerhoff und Nathaniel Thurston, Homotopy Hyperbolic 3-Manifolds Are Hyperbolic, *Annals of Mathematics* 157 (2003), 335–431.

Gauß, Carl Friedrich, Recension der 'Untersuchungen über die Eigenschaften der positiven ternären quadratischen Formen' von Ludwig August Seeber, *Göttingische*

312   Literaturverzeichnis

gelehrte Anzeigen 108 (9. Juli 1831) und *Journal für die reine und angewandte Mathematik* (1840), 312–320.

Goldberg, David, What Every Computer Scientist Should Know About Floating Point Arithmetic, *ACM Computing Surveys*, 23 (1) (März 1991), 5–48.

Gregory, David, Notebooks, Christ Church: manuscript number 131.

Guenther, S., Ein stereometrisches Problem, *Archiv der Mathematik und Physik* 57 (1875), 209–215.

Hales, Thomas C., The Sphere Packing Problem, *Journal of Computational and Applied Mathematics* 44 (1992), 41–76.

Hales, Thomas C., Remarks on the Density of Sphere Packings in Three Dimensions, *Combinatorica* 13 (1993), 181–197.

Hales, Thomas C., The Status of the Kepler Conjecture, *The Mathematical Intelligencer* 16 (1994), 47–58.

Hales, Thomas C., Sphere Packings I, *Discrete and Computational Geometry* 18 (1997), 135–149.

Hales, Thomas C., Sphere Packings II, *Discrete and Computational Geometry* 17 (1997), 1–51.

Hales, Thomas C., A Formulation of the Kepler Conjecture, Preprint (1998).

Hales, Thomas C., The Kepler Conjecture, Preprint (1998).

Hales, Thomas C., An Overview of the Kepler Conjecture, Preprint (1998).

Hales, Thomas C., Sphere Packings III, Preprint (1998).

Hales, Thomas C., Sphere Packings IV, Preprint (1998).

Hales, Thomas C., Cannonballs and Honeycombs, *Notices of the American Mathematical Society* 47 (April 2000), 440–449.

Hales, Thomas C., A proof of the Kepler conjecture, *Annals of Mathematics* 162 (2005), 1063–1183.

Hales, Thomas C., und Sam Ferguson, The Kepler conjecture, *Discrete and Computational Geometry* 36 (2006), 1 – 269.

Hales, Thomas C., und Sean McLaughlin, A Proof of the Dodecahedral Conjecture, Preprint (1998).

Hargittai, István, Lifelong Symmetry: A Conversation with H. M. S. Coxeter, *The Mathematical Intelligencer* 18 (1996), 35–41.

Henk, M. und Günter M. Ziegler, Kugeln im Computer – Die Kepler-Vermutung. In: M. Aigner und E. Behrends (Hrsg.), *Alles Mathematik. Von Pythagoras zum CD-Player.* (2. Auflage), 153–175, Friedr. Vieweg & Sohn Verlagsgesellschaft mbH, Braunschweig/Wiesbaden 2002.

Hermite, Charles, Sur la réduction des formes quadratiques ternaires. In: *Oeuvres* III, Gauthiers-Villars, Paris 1908.

Hermite, Charles, Sur la théorie des formes quadratiques ternaires. In: *Oeuvres* I, Gauthiers-Villars, Paris 1905.

Hilbert, David, Mathematische Probleme, *Archiv der Mathematik und Physik* 1 (1901), 44–63 und 213–237.

Hoppe, Reinhold, Bemerkung der Redaction, *Archiv der Mathematik und Physik* 56 (1874), 307–312.

Horgan, John, The Death of Proof, *New Scientist* (May 8, 1993), 74–82.

Hsiang, Wu-Yi, On the Sphere Packing Problem and the Proof of Kepler's Conjecture, *International Journal of Mathematics* 4 (1993), 739–831.

Hsiang, Wu-Yi, A Rejoinder to Hales's Article, *The Mathematical Intelligencer* 17 (1995), 35–42.

Kantor, Jean-Michel, Hilbert's Problems and Their Sequels, *The Mathematical Intelligencer* 18 (1996), 21–30.

Kershner, Richard, The Numbers of Circles Covering a Set, *American Journal of Mathematics* 61 (1939), 665–671.

Klarreich, Erica, Foams and Honeycombs, *Scientific American* 88 (März/April 2000), 152–161.

Kleiner, Israel und Nitsa Movshovitz-Hadar, Proof A Many Splendored Thing, *The Mathematical Intelligencer* 19 (1997), 16–26.

Kolata, Gina, Scientist at Work: John H. Conway, *The New York Times* (October 12, 1993).

Lagarias, J. C., Local Density Bounds for Sphere Packings and Kepler's Conjecture, Preprint (1999).

Lam, C. W. H., How Reliable Is a Computer-Based Proof?, *The Mathematical Intelligencer* 12 (1990), 8–12.

Lampe, E., Nachruf für Reinhold Hoppe, *Archiv der Mathematik und Physik* 1 (1900), 4–19.

Lebesgue, V. A., La réduction des formes quadratiques définie positives à coefficients réels quelconques, démonstration du théorème de Seeber sur les réduites des formes ternaires, *Journal de Mathématiques Pures et Appliquées* Série 2, Volume 1 (1956).

Leech, John, The Problem of the Thirteen Spheres, *The Mathematical Gazette* 40 (1956), 22–23.

Lindsey, J. H. Jr., Sphere Packing in R^2, *Mathematika* 33 (1986), 137–147.

Logothetti, Dave, H. S. M. Coxeter. In: Albers and Anderson (Eds.), *Mathematical People*, Basel, Birkhäuser (1985).

Lüthy, Christoph, Bruno's Area Democriti and the origins of atomist imagery, *Bruniana and Campanelliana* 1 (1998), 59–92.

Lüthy, Christoph, The invention of atomist iconography, Preprint 141, Max-Planck-Institut für Wissenschaftsgeschichte Berlin (2000).

Mac Lane, Saunders, Mathematics at Göttingen Under the Nazis, *Notices of the American Mathematical Society* 42 (October 1995), 1134–1138.

Mac Lane, Saunders, Van der Waerden's Modern Algebra, *Notices of the American Mathematical Society* 44 (März 1997), 321–322.

Mahler, K., On Reduced Positive Definite Ternay Quadratic Forms, *Journal of the London Mathematical Society* 15 (1940), 193–195.

Melmore, Sidney, Densest Packing of Equal Spheres, *Nature* (June 14, 1947), 817.

Milnor, John, Hilbert's Problem 18: On Crystallographic Groups, Fundamental Domains, and on Sphere Packing, *Proceedings of Symposia in Pure Mathematics* 28 (1976) 491–506.

Möhring, Willi, Hilbert's 18th Problem and the Göttingen Town Library, *The Mathematical Intelligencer* 20 (1998), 43–44.

Muder, Douglas J., A New Bound on the Local Density of Sphere Packings, *Discrete and Computational Geometry* 10 (1993), 351–375.

Muder, Douglas J., Putting the Best Face on a Voronoi Polyhedron, *Proceedings of the London Mathematical Society* 56 (1988), 329–358.

Oler, N., An Inequality in the Geometry of Numbers, *Acta Mathematica* 105 (1961), 19–48.

Oppenheim, A., Remark on the minimum quadratic form, *Journal of the London Mathematical Society* 21 (1946), 251–252.

Peli, Gabor und Bart Noteboom, Market Partitioning and the Geometry of the Resource Space, *American Journal of Sociology* 104 (1999), 1132–1153.

Phillips, Ralph, Reminscences About the 1930s, *The Mathematical Intelligencer* 16 (1994), 6–8.

Pohlers, Wolgang, In Memoriam: Kurt Schütte 1909–1998, *The Bulletin of Symbolic Logic* 6 (2000), 101–102.

Rankin, R. A., On the Closest Packing of Spheres in n Dimensions, *Annals of Mathematics* 48 (1947), 1062–1081.

Rogers, Carl A., The Packing of Equal Spheres, *Proceedings of the London Mathematical Society* 8 (1958), 609–620.

Rousseau, G., On Gauss's Proof of Seeber's Theorem, *Aequationes Mathematicae* 43 (1992), 145–155.

Sangalli, Arturo, The Easy Way to Check Hard Maths, *New Scientist* (October 1993).

Schütte K. und B. L. van der Waerden, Das Problem der dreizehn Kugeln, *Mathematische Annalen* 125 (1953), 325–334.

Segre, B. und K. Mahler, On the Densest Packing of Circles, *American Mathematical Monthly* 51 (1944), 261–270.

Seiden, Steve, Can a Computer Proof Be Elegant?, Preprint (2000).

Seiden, Steve, A Manifesto for the Computational Method, Preprint (October 2000).

Seife, Charles, Mathemagician, *The Sciences* (Mai/Juni 1994), 12–15.

Severance, Charles, An Interview with the Old Man of Floating Point, *IEEE Computer* (März 1998).

Singh, Simon, Packing Them In, *New Scientist* (June 28, 1997).

Sloane, N. J. A., The Packing of Spheres, *Scientific American* 250 (Januar 1984), 116–125.

Sloane, N. J. A., The Sphere Packing Problem, *Documenta Mathematica* (1998).

Solomon, Ron, On Finite Simple Groups and Their Classification, *Notices of the American Mathematical Association* 32 (Februar 1995), 231–239.

Stewart, Ian, Has the Sphere Packing Problem Been Solved?, *New Scientist* (Mai 1992), 16.

Stewart, Ian, The Kissing Number, *Scientific American* (February 1992), 90–92.

Swart, E. R., The Philosophical Implications of the Four-Color Problem, *American Mathematical Monthly* 87 (1980), 697–707.

Szpiro, George G., Cycles and Circles in Roundoff Errors, *Physical Review* E 47 (1993), 4560–4563.

Szpiro, George G., Forecasting Chaotic Time-Series with Genetic Algorithms, *Physical Review* E 55 (1997), 2557–2568.

Thue, Axel, Dichteste Zusammenstellung von kongruenten Kreisen in einer Ebene, *Kra. Vidensk. Selsk. Skrifter I. Mat. Nat. Kl.* (1910).

Thue, Axel, Om nogle geometrisk-taltheoretiske Theoremer, *Forh. Ved de skandinaviske naturforskeres* (1892), 352–353.

Thurston, William P., On Proof and Progress in Mathematics, *Bulletin of the American Mathematical Society* 30 (April 1994), 161–177.

Torquato, S., T. M. Truskett und R. G. Debenedetti, Is Random Close Packing of Spheres Well Defined, *Physical Review Letters* 84 (März 2000), 2064–2067.

Wills, J. M., Finite Sphere Packings and the Methods of Blichfeldt and Rankin, *Acta Mathematica Hungarica* 75 (1997), 337–342.

Zeilberger, Doron, Theorems for a Price: Tomorrow's Semi-Rigorous Mathematical Culture, *Notices of the American Mathematical Society* 40 (Oktober 1993), 978–981.

Namensverzeichnis

Sachverzeichnis

Abbildungsnachweise

Illustrationen

1.1, 1.2, 1.3, 1.4, 2.2, 2.3, 2.4, 2.5, 3.1, 3.3, 3.4, 3.5, 4.1, 4.4, 4.5, 4.6, 4.7, 4.8, 4.9, 4.10, 4.11, 4.12, 4.13, 5.1, 5.2, 5.3, 5.5, 6.1, 6.2, 7.2, 8.2, 8.3, 9.1, 9.2, 9.3, 9.4, 9.5, 9.6, 9.7, 10.1, 10.2, 10.3, 10.4, 11.1, 11.3, 11.4, 11.5, 11.6, 11.7, 11.8, 12.1, 12.2, 14.1, 14.2, 14.3, 14.5, 14.6, 14.7, 15.1, A.1.1, A.1.2, A.2.1, A.3.1, A.4.1, A.4.2, A.4.3, A.5.1, A.6.1, A.6.2, A.6.3, A.6.4, A.9.1, A.9.2, A.9.3, A.13.1, A.13.2, A.13.3, A.13.4, A.13.5   Copyright © Itay Almog.

Fotografien

2.1, 3.2, 4.3, 5.4, 7.1, 8.1	© Niedersächsische Staats- und Universitätsbibliothek, Göttingen.
4.2	© Department of Mathematics, University of Oslo.
6.3	© AT&T Labs.
11.2	© Thomas C. Hales, University of Michigan.
11.9	© Helaman P. Ferguson.
11.10	© Samuel L. P. Ferguson.
14.4	© Denis Weaire.